KB015696

개정판

디지털 논리회로 설계 및 실험

김선규 · 염의종 · 이봉수 · 김진우 공저

光文閣
www.kwangmoonkag.co.kr

디지털 교과는 3차 산업혁명으로 대표되는 반도체, PC, 인터넷 기술 등에서 기초 학문으로 사용되어 왔으며, 이를 기반으로 한 4차 산업혁명에서도 '초연결성(Hyper-Connected)', '초지능화(Hyper-Intelligent)의 특성을 지닌 사물인터넷(IoT), 클라우드 등 정보통신기술(ICT)을 통해 인간과 인간, 사물과 사물, 인간과 사물이 상호 연결되고 빅데이터와 인공지능 등으로 보다 지능화된 사회로 변화되는 데 필요한 디지털 분야의 기초 학문이다.

이 책은 디지털 분야의 이론과 실험을 처음 접하는 전자 · 통신 · 컴퓨터 · 전기 · 자동제어 · 자동차 · 메카트로닉스 등의 분야에 근무하는 산업체 실무자들과 대학에서 마이크로프로세서, PLC, 아두이노, 각종 인터페이스 등의 학습을 필요로 하는 학생들에게 선이수 도서로 적합하다.

최신 디지털 분야의 이론을 전체 15장으로 구성하였으며, 장마다 실습에 필요한 기본 개념을 설명하고 이론에 대한 결과를 실습을 통해 동작을 확인할 수 있도록 했다.

전체 15장에 대한 구성은 다음과 같다.

1장. 브레드보드(Bread Board)/IC
2장. 논리 게이트(Logic Gate)
3장. 논리회로 간소화
4장. 발신기(Oscillator)
5장. 가산기/감산기(Adder/Subtracter)
6장. 디코더/인코더((Decoder/Encoder)
7장. 멀티플렉서/디멀티플렉서(Multiplexer/Demultiplexer)

8장. 코드(Code) 변환/패리티 비트(Parity Bit)

9장. 비교기(Comparator)

10장. 플립플롭(Flip-Flop)

11장. 카운터(Counter)

12장. 시프트 레지스터(Shift Registers)

13장. 링/존슨 카운터(Ring/Johnson Counter)

14장. DAC/ADC(Digital-Analog Converter)

15장. 디지털 응용 회로

끝으로 이 책이 만들어질 수 있도록 많은 도움을 주신 광문각출판사 박정태 회장님과 임직원 여러분께 진심으로 감사의 말씀 드립니다.

저자 일동

Contents

Contents

Contents

Contents

제1장 브레드보드 (Bread Board), IC

1. 브레드보드(Bread Board)
2. IC(Integrated Circuit)

1. 브레드보드(Bread Board)

1) 브레드보드 외형

브레드보드는 전자회로를 구성할 때 사용되며, 점퍼 선으로 회로를 구성하여 간편하게 동작실험을 할 수 있도록 내부가 연결되어 있다. 보통 브레드보드는 핀 수에 따라 구분하는 경우가 많으며 작은 사이즈는 30핀부터 1660핀, 3220핀 등 모양에 따라서 다양하게 분류된다.

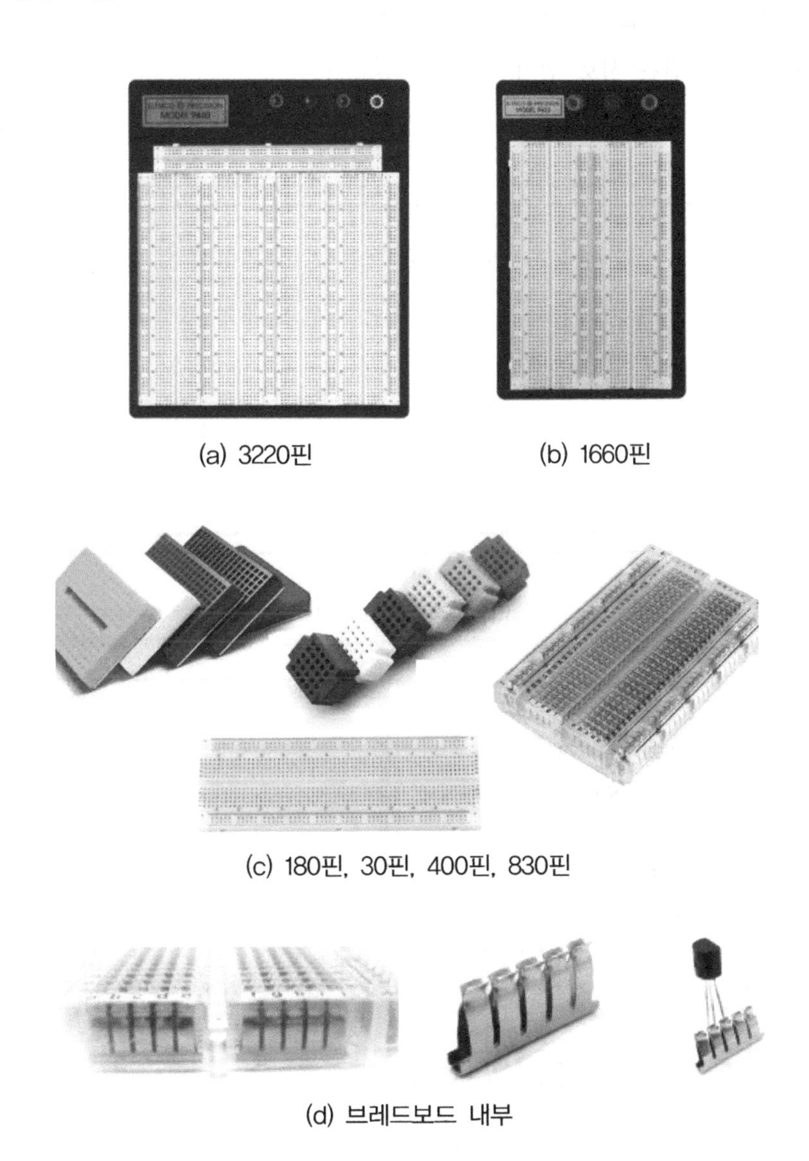

(a) 3220핀

(b) 1660핀

(c) 180핀, 30핀, 400핀, 830핀

(d) 브레드보드 내부

2) 브레드보드 사용

브레드보드는 구멍들 내부에 금속이 세로 방향, 가로 방향으로 들어 있으므로 전자회로를 구성하기 위해서는 사용법을 익혀야 한다. 그림에 파란색, 빨간색, 초록색으로 선을 표시해 두었는데 이것은 브레드보드 내부의 금속선을 나타낸다.

그림에서 파란색 선과 빨간색 선이 지나가는 부분은 버스 부분이라 부르고 파란색에 '-', 빨간색에 '+' 전원을 연결하며 중간에 세로로 5칸씩 구멍이 있는 부분은 IC영역, 부품영역이라 부르며 여기에 부품을 꼽는다.

부품영역은 위 아래로 5칸씩 되어있는데 이 부분은 위 아래 5칸이 격리되어 있어 위에 5칸과 아래 5칸은 서로 전기가 통하지 않는다.

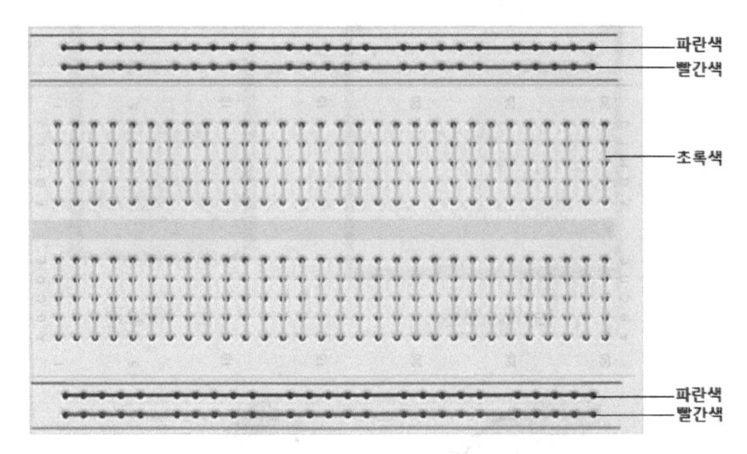

(a) 부품을 꼽기 전

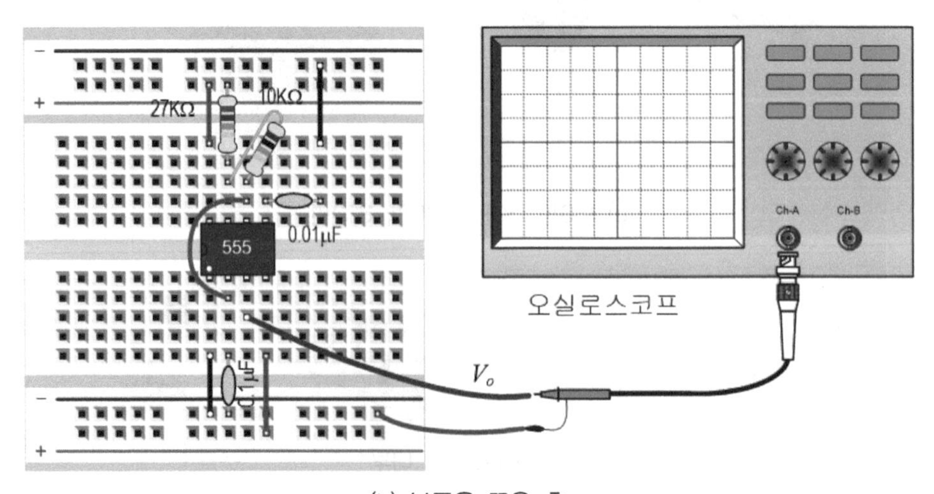

(b) 부품을 꼽은 후

3) 부품 연결

① 저항, LED

전원 6V 전압을 인가하면 R1과 LED1을 통해 전류가 흘러 LED1이 점등한다.

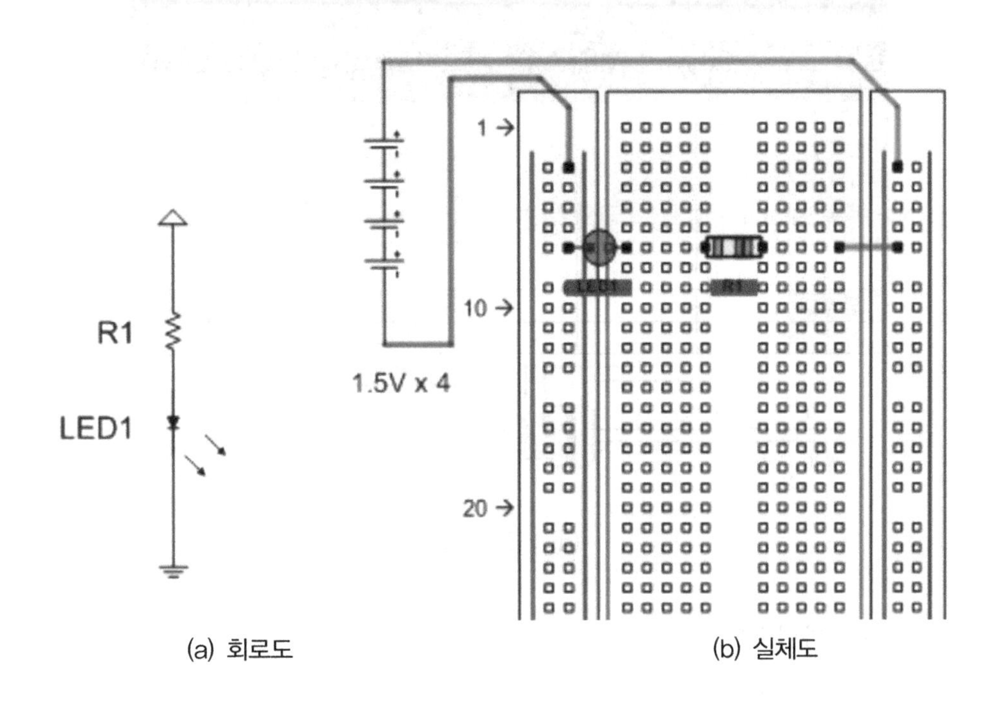

(a) 회로도 (b) 실체도

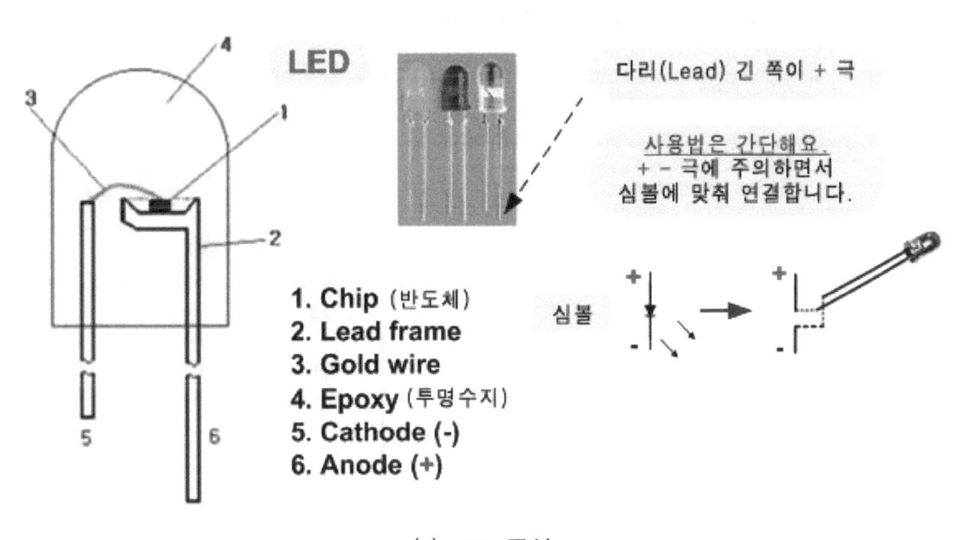

(c) LED 극성

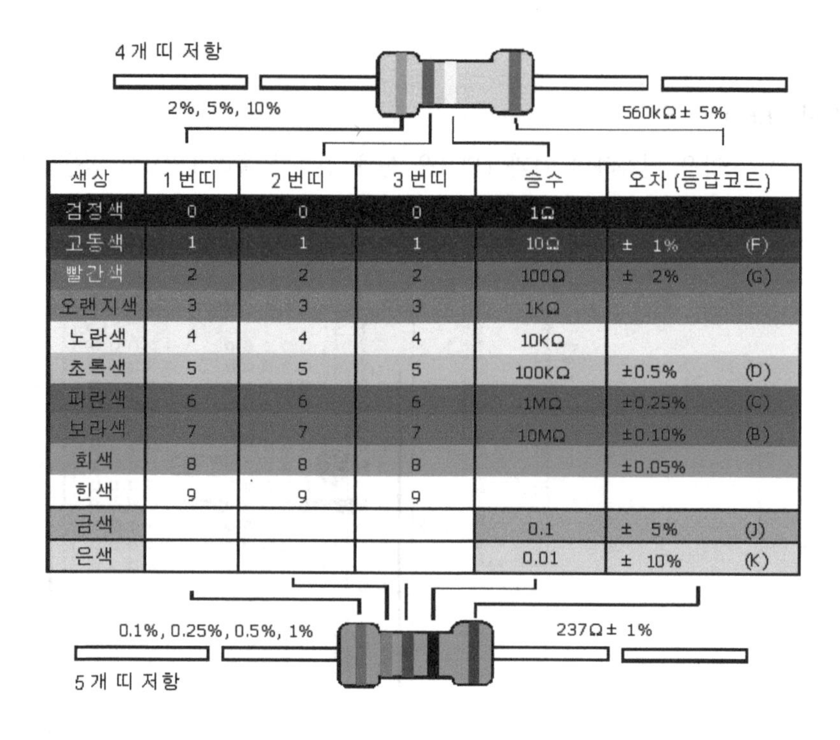

색상	1번띠	2번띠	3번띠	승수	오차(등급코드)
검정색	0	0	0	1Ω	
고동색	1	1	1	10Ω	± 1% (F)
빨간색	2	2	2	100Ω	± 2% (G)
오렌지색	3	3	3	1KΩ	
노란색	4	4	4	10KΩ	
초록색	5	5	5	100KΩ	±0.5% (D)
파란색	6	6	6	1MΩ	±0.25% (C)
보라색	7	7	7	10MΩ	±0.10% (B)
회색	8	8	8		±0.05%
흰색	9	9	9		
금색				0.1	± 5% (J)
은색				0.01	± 10% (K)

(d) 저항 판독

② **스위치, 다이오드**

회로의 스위치(S1)가 ON 상태이면 D1→R1→LED1을 통해 전류가 흘러 LED1이 점등된다. 이때 LED2는 소등 상태

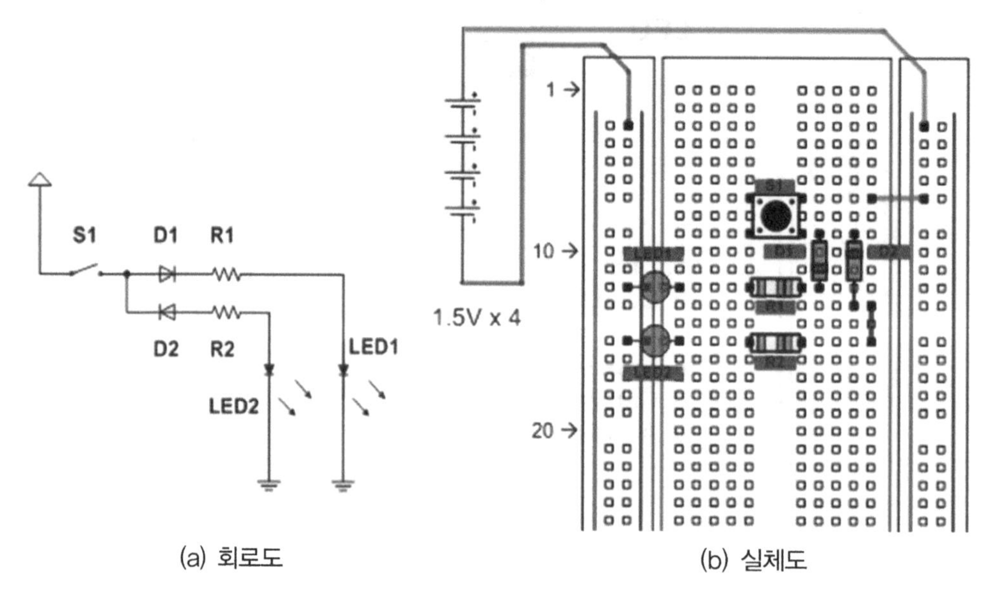

(a) 회로도 (b) 실체도

③ 스위치, 다이오드, 콘덴서

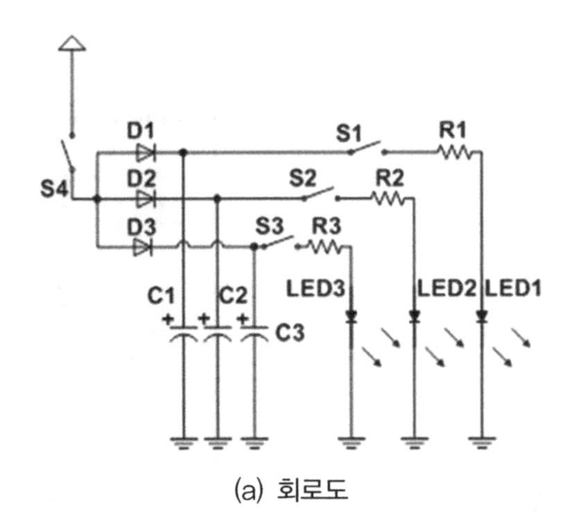

(a) 회로도

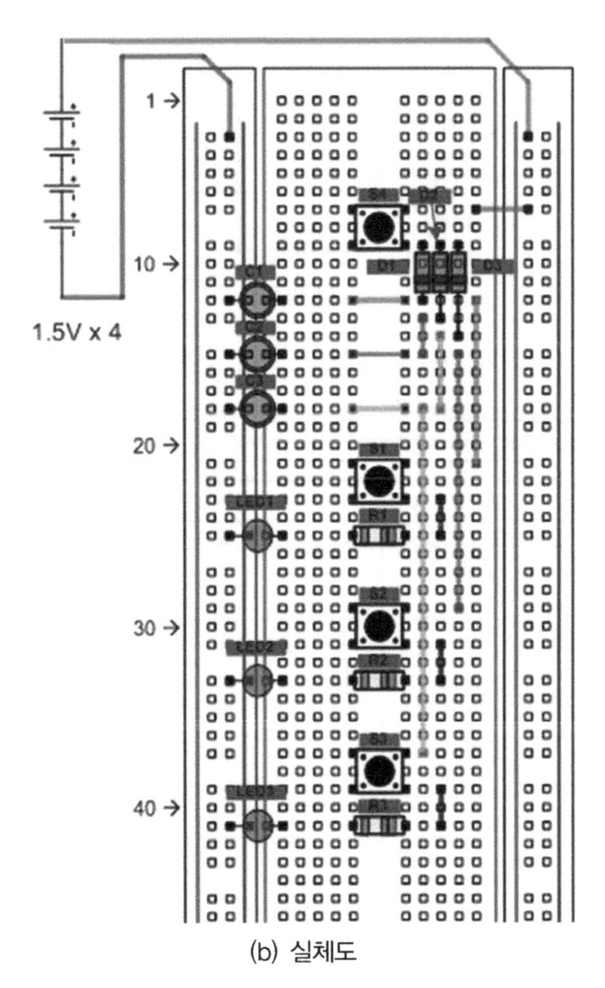

(b) 실체도

④ Timer IC(555)

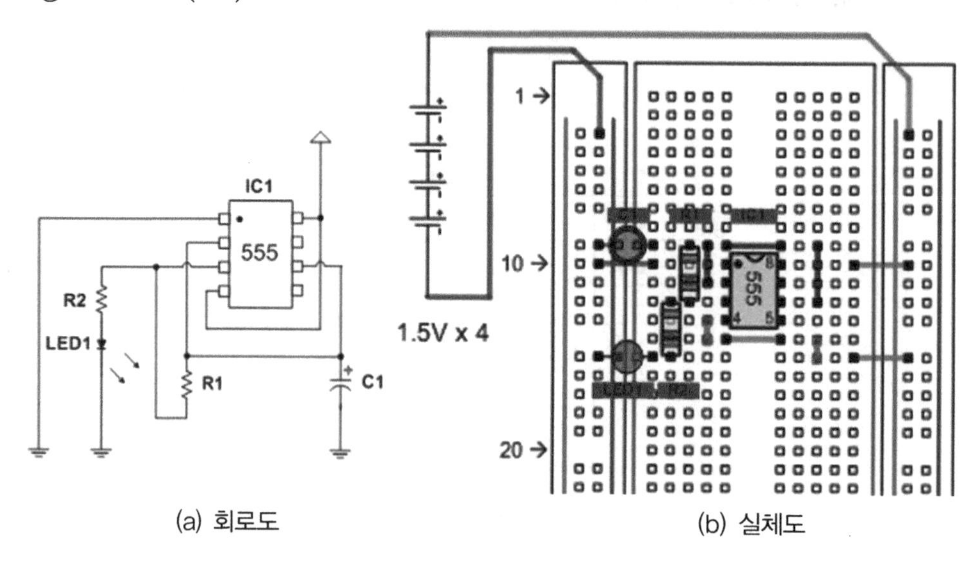

(a) 회로도 (b) 실체도

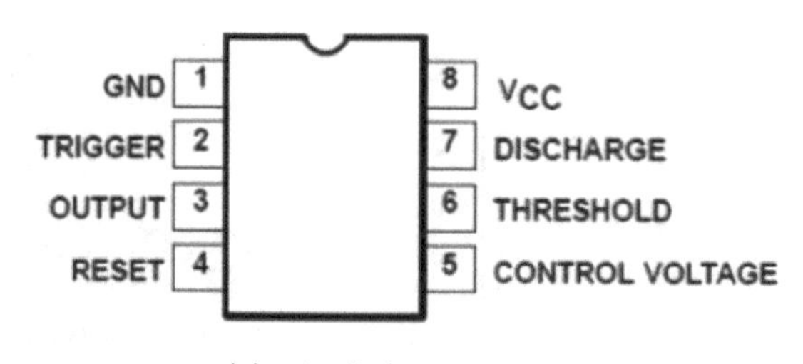

(c) 핀 배치도

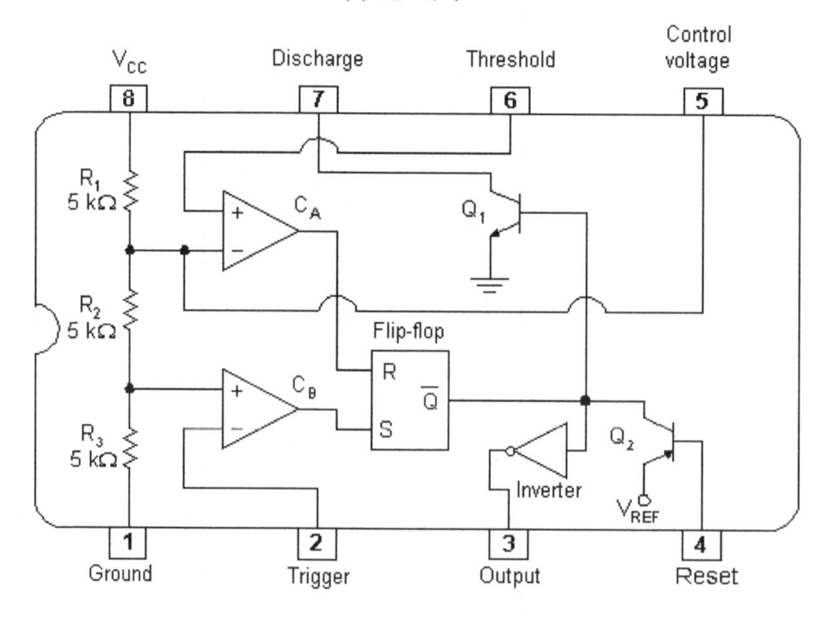

(d) IC 내부

⑤ 로직 IC

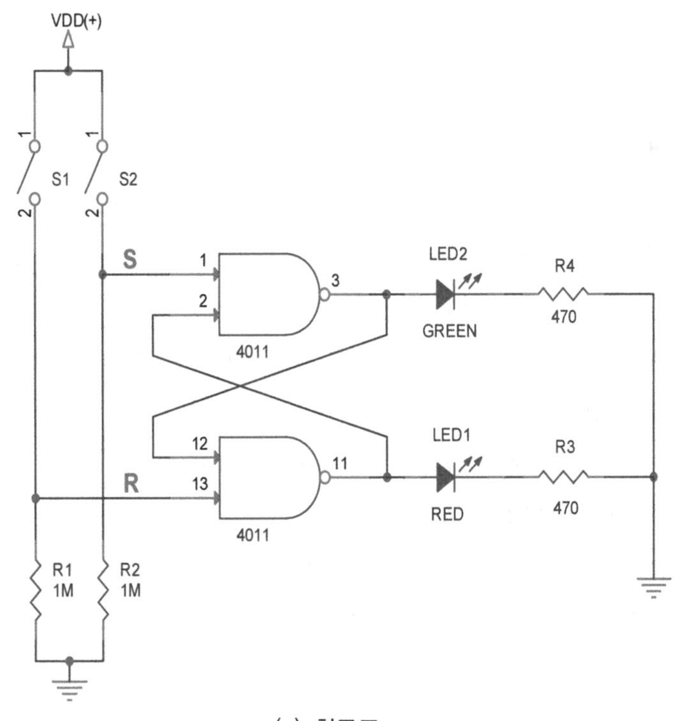

(a) 회로도

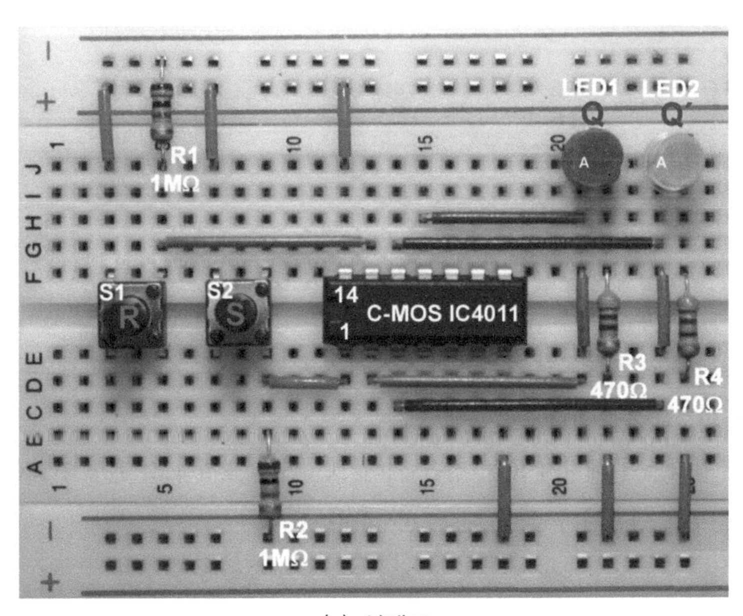

(b) 실체도

2. IC(Integrated Circuit)

1) IC 사용

① IC 핀 번호

IC는 많은 모습의 외형을 가지고 있는데 외형에 따라 핀 번호를 판단하는 방법은 각기 다르다. 가장 쉽게 접하는 IC는 DIP(dual in-line package) 형태로 아래 위 두 라인에 많은 핀이 달린 까맣고 네모난 모양을 가지고 있다.

DIP IC 윗면을 보면 플라스틱 위에 글자가 적혀 있고, 동그란 점도 파져 있고, 한쪽 면이 반달 모양으로 파인 곳도 있다.

DIP IC는 패키지에 작은 점이 파져 있는 곳이 1번 핀이고, 이 핀을 기준으로 시계 반대 방향으로 핀 번호가 매겨진다.

만약 점인 파진 곳이 없다면 반달 모양으로 파진 곳을 찾아 반달 모양으로 파여진 면을 왼쪽으로 놓고 왼쪽 첫 번째 핀을 1번 핀으로 기준 삼아 시계 반대 방향으로 번호를 부여하면 된다.

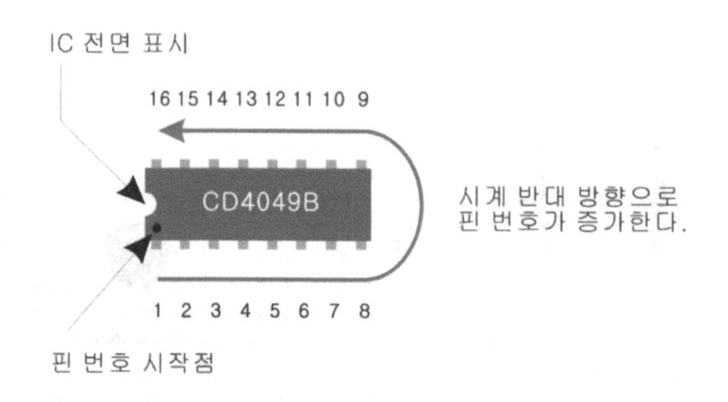

DIP 형태가 아닌 동그란 모양이나 정사각형, 길죽한 모양 등은 아래 그림과 같이 IC에 핀 번호를 부여한다.

사각형 플라스틱 패키지 IC는 점을 찍어 1번 핀을 표시하고, 원형 TO-XX 타입은 작은 돌출부를 만들어서 끝번 핀을 표시한다.

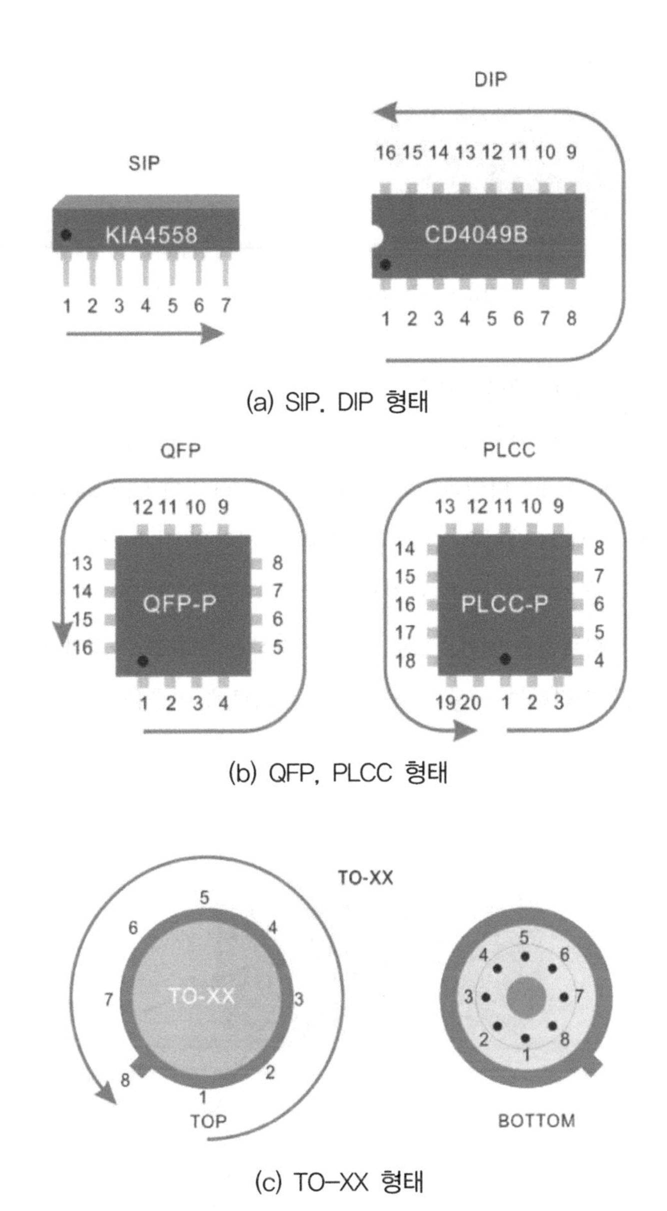

(a) SIP, DIP 형태

(b) QFP, PLCC 형태

(c) TO–XX 형태

집적회로(IC) TTL 타입의 내부 게이트와 핀 번호를 읽는 방법은 아래와 같다.

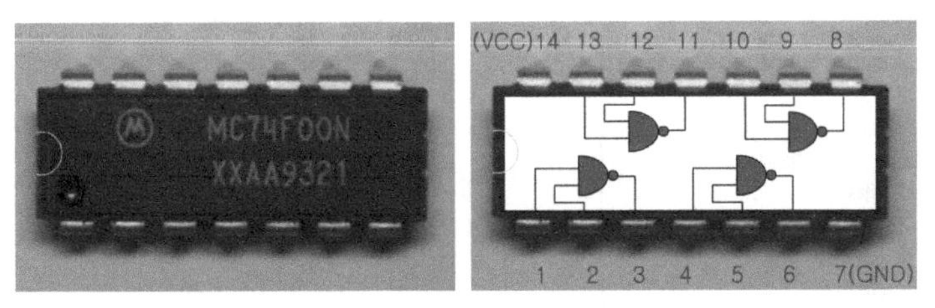

(a) IC 74F00 외형과 내부 회로

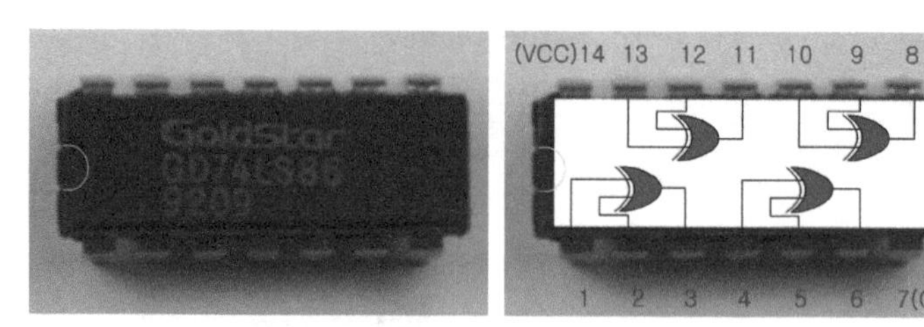

(b) IC 74LS86 외형과 내부 회로

② TTL/CMOS 패밀리 이름 규칙

현재 디지털 회로에 널리 사용되고 있는 집적회로는 제조하는 기술에 따라 TTL(Transistor Transistor Logic) 타입과 CMOS(Complementary Metal Oxide Semiconductor) 타입 등이 있다. CMOS 타입은 TTL 타입에 비해 전력을 적게 소모한다는 장점이 있으나 상대적으로 동작 속도가 느리며 정전기에 취약하다는 단점이 있다.

TTL 타입 집적회로들은 일반적으로 74로 시작하는 이름을 가지며, CMOS 타입 집적회로들은 40으로 시작하는 이름을 갖는다. 집적회로에 이름을 붙이는 규칙은 아래 그림와 같다.

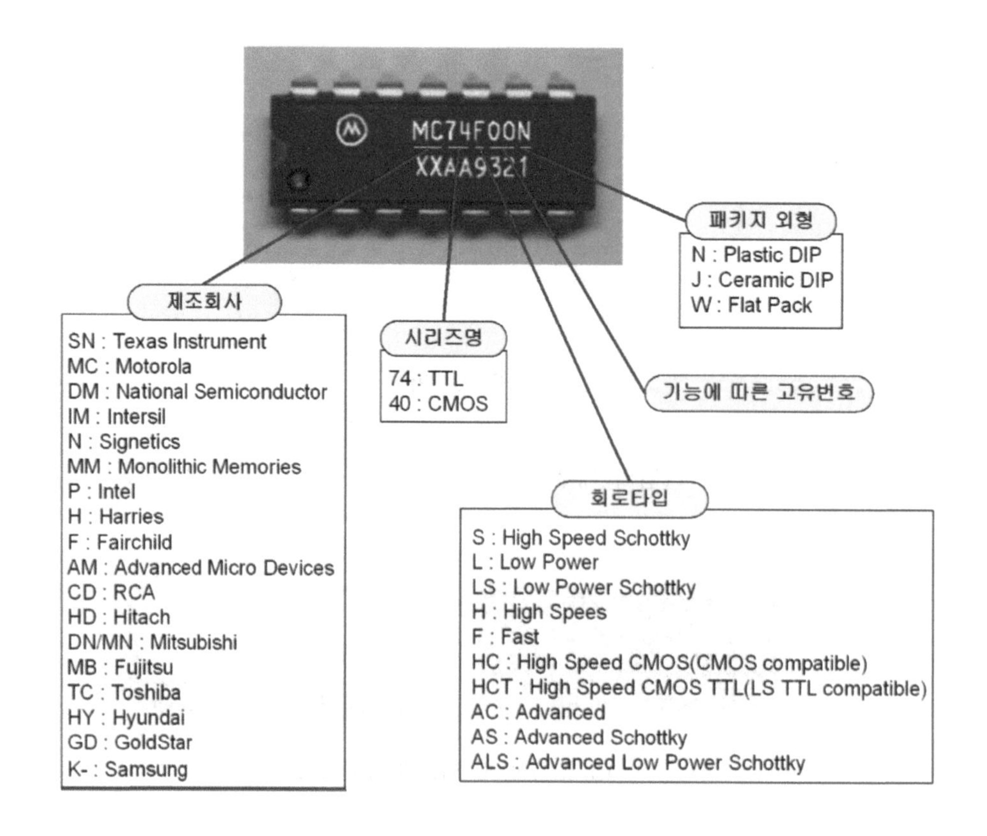

2) IC의 전기적 특성

① TTL/CMOS 논리 레벨(Logic level)

TTL은 전원 전압이 5[V]이고 이때의 핀 전압이 2.5~5[V]의 범위일 때가 '1'의 상태, 0~0.8[V]의 범위일 때가 '0'의 상태이다.

CMOS의 경우는 전원 전압의 범위가 3~16[V]로 넓은데 이 전 영역에 걸쳐서 전원 전압(VDD)의 2/3 이상일 때가 '1'의 상태, 전원 전압의 1/3 이하일 때 가 '0'의 상태가 된다.

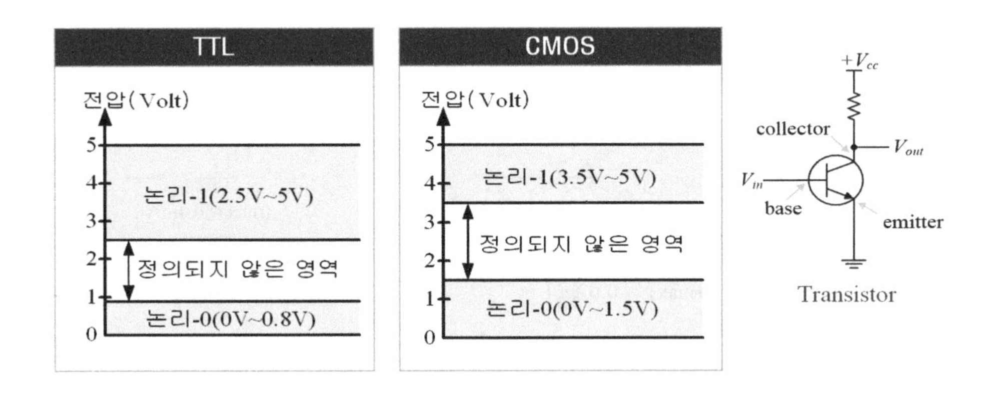

② 싱크 전류(sink current)와 소스 전류(source current)

싱크 전류 : 출력 쪽으로 전류가 흘러 들어가는 것을 말한다.

소스 전류 : 출력에서 바깥으로 전류가 흐르는 것을 말한다.

74시리즈 TTL의 경우에 많는 칩에서 싱크 전류는 16mA까지 가능하며, 소스 전류는 0.25mA 이하이다.

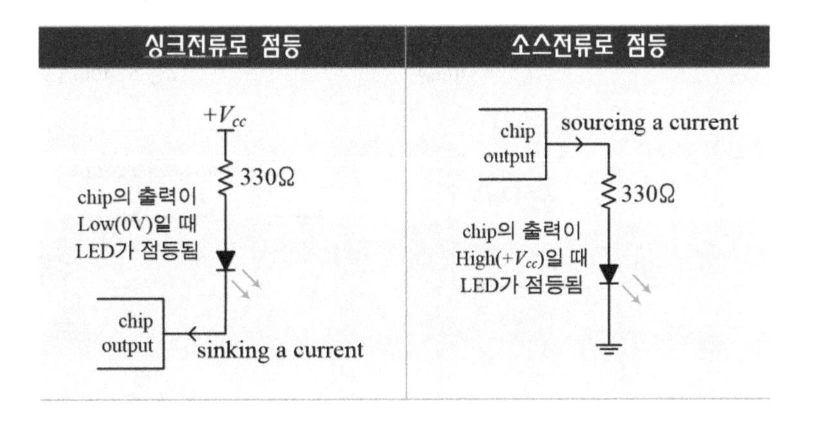

③ **팬-인(fan-in)과 팬-아웃(fan-out)**

팬-아웃은 1개의 게이트에서 다른 게이트의 입력으로 연결 가능한 최대 출력단의 수를 의미하며, 팬-인은 1개의 게이트에 입력으로 접속할 수 있는 단 수를 의미한다.

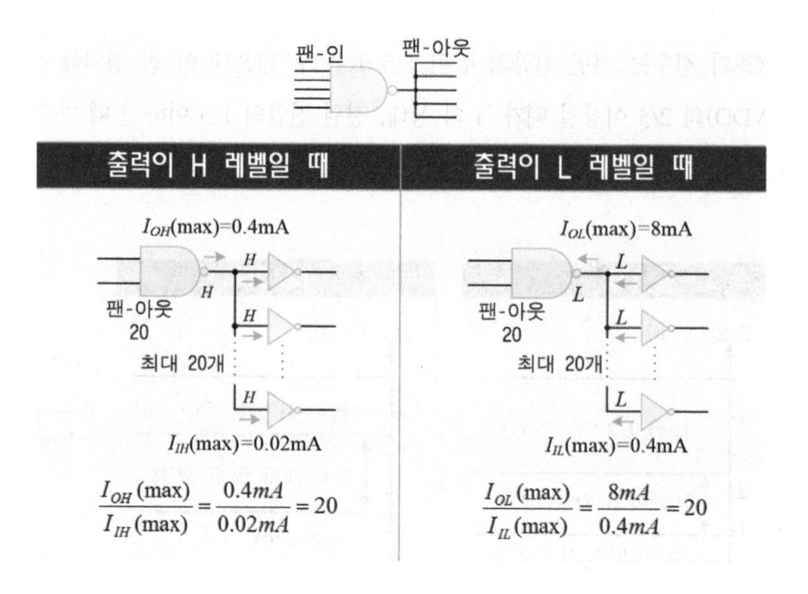

높은 팬-아웃 IC를 LSI 출력 측에 접속하기 위한 소자로서 74LS06, 74LS07과 같은 버퍼를 사용한다. 이들은 게이트에 외부로부터 공급되는 싱크전류를 40mA까지 허용하며, 게이트가 공급하는 소스전류는 0.25mA이다.

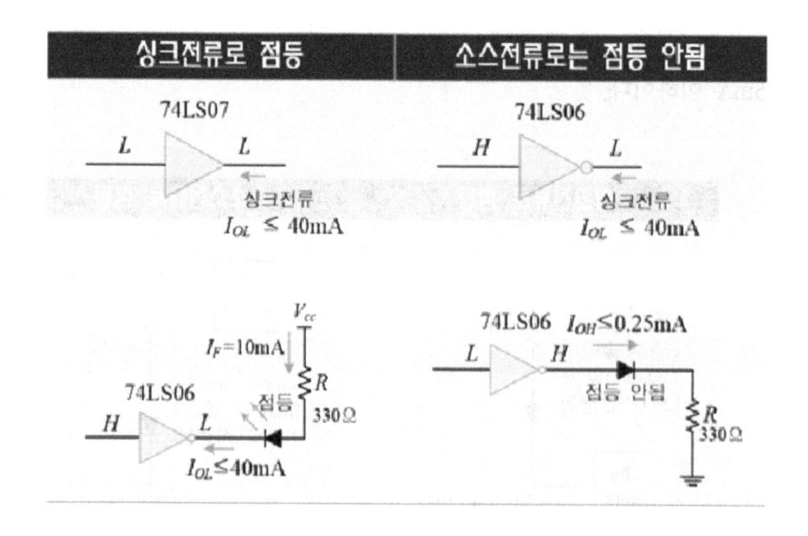

④ **잡음 여유도(noise margin)**

디지털 회로에서 데이터의 값에 변경을 주지 않는 범위 내에서 최대로 허용된 noise margin으로, 논리 레벨에서 H, L를 유지시킬 수 있는 여유도를 말한다.

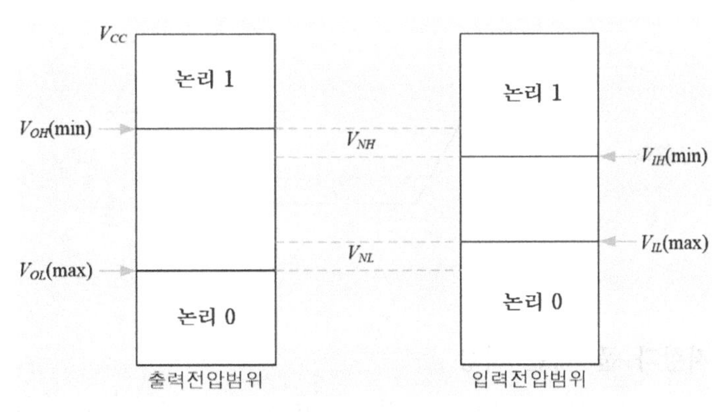

(a) 입출력 전압 범위

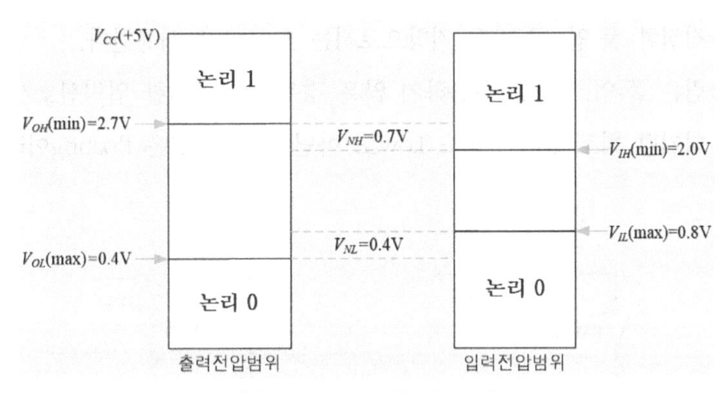

(b) LS-TTL 입출력 레벨

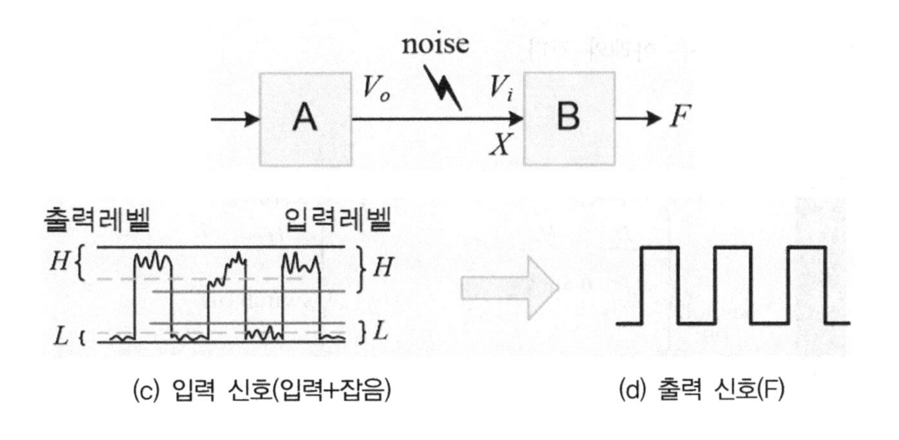

(c) 입력 신호(입력+잡음)

(d) 출력 신호(F)

⑤ **전파지연시간(gate propagation delay time)**

신호가 입력되어서 출력될 때까지의 시간을 말하며, 게이트의 동작 속도를 나타낸다.

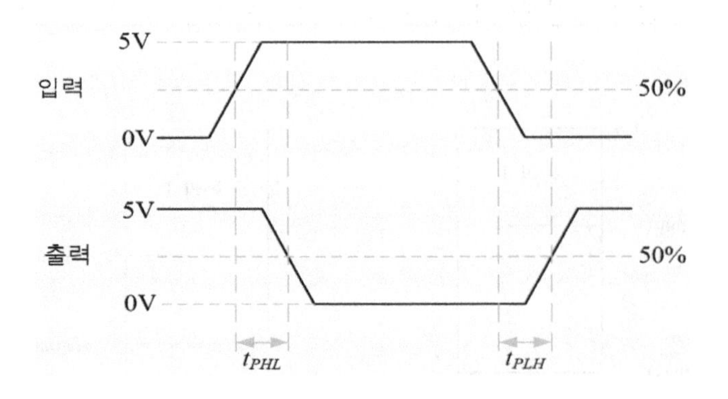

⑥ **풀-업 저항과 풀-다운 저항**

입력레벨의 불확실성을 제거하여 정확한 신호를 얻기 위하여 사용하는 저항으로, 풀-업 저항(전원 쪽으로 연결할 때 사용)과 풀-다운 저항(접지 쪽으로 연결할 때 사용)이 있으며 적절한 풀-업, 풀-다운 저항으로서는 3~10㏀을 사용한다.

아래 그림은 풀-업 저항을 사용하지 않은 경우로 불확실한 입력신호가 될 수 있다. 이렇게 디지털 회로에서 High도 Low도 아닌 논리 레벨은 floating이라 한다.

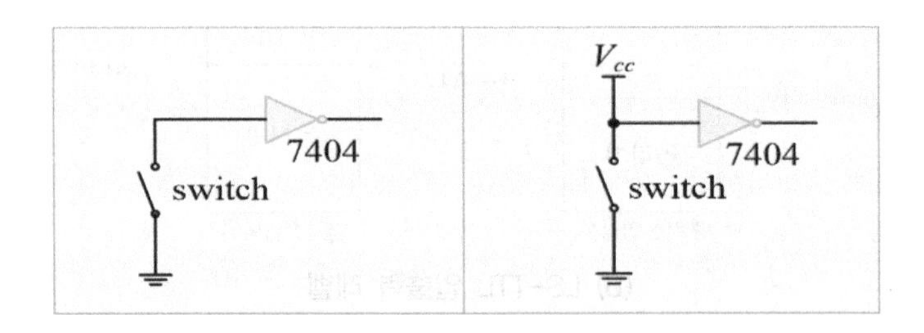

풀-업 저항 사용은 아래와 같다.

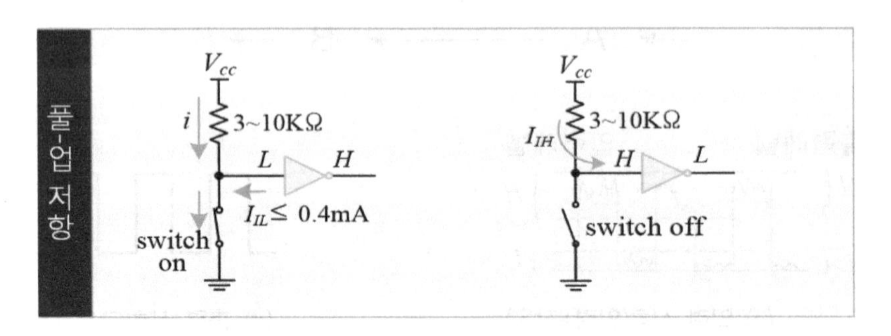

풀-다운 저항 사용은 아래와 같다.

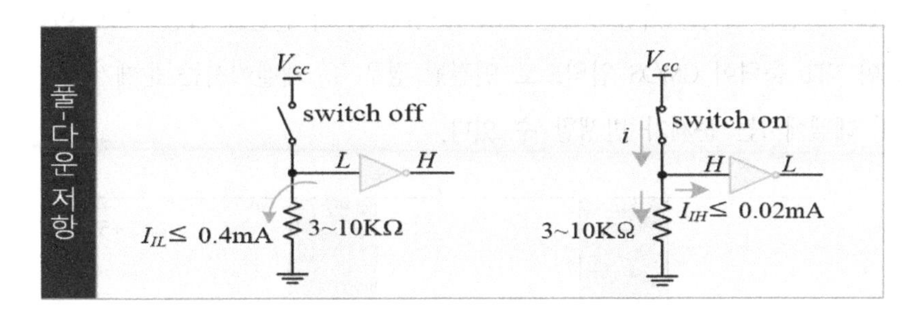

3) TTL/CMOS의 인터페이스

① TTL 및 CMOS IC의 일반적인 전기적 특성은 아래와 같다.

특성 / 유형	입력 논리 레벨				출력 논리 레벨			
	V_{IH}	V_{IL}	I_{IH}	I_{IL}	V_{OH}	V_{OL}	I_{OH}	I_{OL}
TTL 74LS 시리즈	2~5V	0~0.8V	20㎂	-0.4㎃	5~2.7V	0~0.5V	-0.4㎃	4~8㎃
CMOS 40/45B	3.5~5V	0~1.5V	10^{-5}㎂	-10^{-5}㎂	4.9~5V	0~0.1V	-0.16㎃	0.44㎃
CMOS 74HC 시리즈	3.5~5V	0~1.5V	1㎂	-1㎂	4.9~5V	0~0.1V	-5㎃	5㎃

	t_{PHL} (max) [ns]	t_{PLH} (max) [ns]	V_{OH} (min) [V]	V_{OL} (max) [V]	V_{IH} (min) [V]	V_{IL} (max) [V]	I_{OH} (max) [mA]	I_{OL} (max) [mA]	I_{IH} (max) [μA]	I_{IL} (max) [mA]
7400	22	15	2.4	0.4	2	0.8	-0.4	16	40	-1.6
74S00	4.5	5	2.7	0.5	2	0.8	-1	20	50	-2
74LS00	15	15	2.7	0.4	2	0.8	-0.4	8	20	-0.4
74ALS00	11	8	3	0.4	2	0.8	-0.4	8	20	-0.1
74F00	5	4.3	2.5	0.5	2	0.8	-1	20	20	-0.6
74HC00	23	23	3.84	0.33	3.15	0.9	-4	4		
74AC00	8	6.5	4.4	0.1	3.15	1.35	-75	75		
74ACT00	9	7	4.4	0.1	2	0.8	-75	75		

t_{PHL} : *L*에서 *H*로 변할 때의 전파 지연 시간
t_{PLH} : *H*에서 *L*로 변할 때의 전파 지연 시간
V_{OH} : 논리 레벨 *H*일 때 출력 전압
V_{OL} : 논리 레벨 *L*일 때 출력 전압
V_{IH} : 논리 레벨 *H*일 때 입력 전압
V_{IL} : 논리 레벨 *L*일 때 입력 전압
I_{OH}, I_{OL}, I_{IH}, I_{IL} : 위와 같을 때 전류

② TTL IC에 CMOS IC를 연결할 때

- TTL의 전원은 5[V]를 사용하지만 CMOS는 3~18[V]의 전원을 사용하므로 아래 그림과 같이 TTL 출력이 CMOS 입력으로 연결될 경우 'L' 레벨에서는 문제가 되지 않지만 'H' 레벨에서는 문제가 발생할 수 있다.

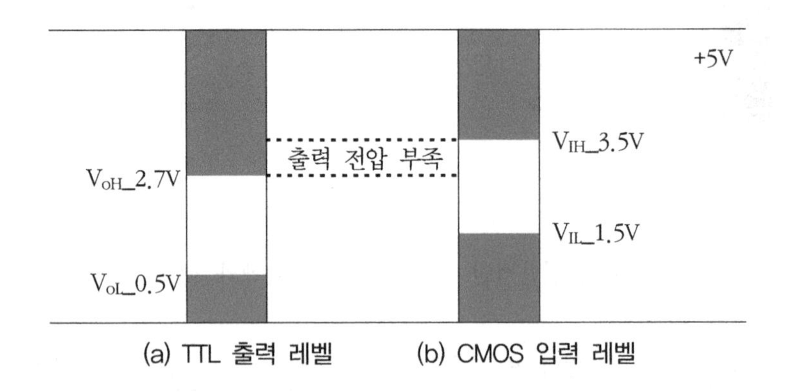

(a) TTL 출력 레벨 (b) CMOS 입력 레벨

- TTL의 출력 전압이 'H'일 때 V_{OH}=2.7[V], CMOS의 입력전압은 V_{IH}=3.5[V]가 되어 서로 전압 레벨이 맞지 않아 오동작이 발생할 수 있다.
- 그림과 같이 CMOS 전원이 5V일 경우에는 3~6.9㏀ 정도의 풀업(pull up) 저항을 연결하여 'H' 레벨이 걸리도록 하며, CMOS 전원이 5V 이상이 되면 TTL의 출력 레벨과 CMOS의 입력 레벨 차이가 커지므로 트랜지스터나 버퍼를 접속하여 사용한다.

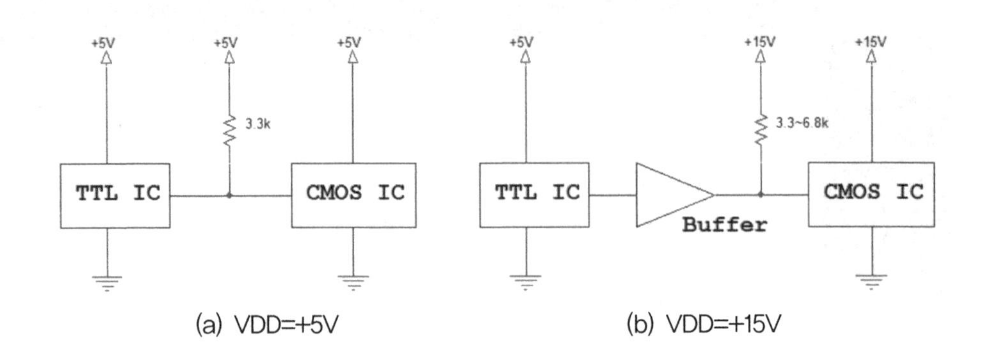

(a) VDD=+5V (b) VDD=+15V

③ CMOC IC에 TTL IC를 연결할 때

- CMOS의 전원이 5[V]인 경우는 TTL IC와의 입출력 레벨을 만족하므로 직접 연결이 가능하나 구동 전류가 충분하지 않아 1개 이상의 TTL을 구동하기 어렵다.
  여러 개의 TTL을 구동하기 위해서는 CMOS 버퍼를 사용하여야 한다.

- CMOS의 전원이 15[V] 이상일 경우에는 TTL IC와의 입출력 레벨 차가 발생하여 직접 연결이 불가능하므로 그림과 같이 CMOS IC에서 TTL IC로의 인터페이스를 위하여 저항과 트랜지스터를 사용한다.

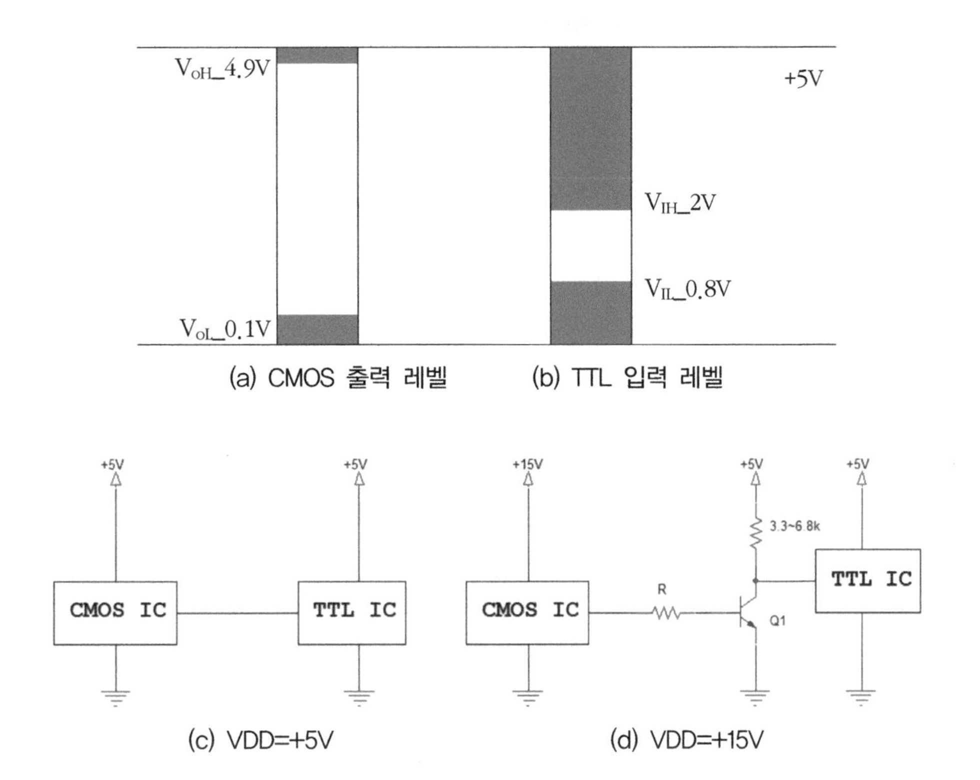

(a) CMOS 출력 레벨 (b) TTL 입력 레벨

(c) VDD=+5V (d) VDD=+15V

제2장 논리 게이트(Logic Gate)

1. 기본 논리게이트

1) NOT(Inverter) Gate

NOT 게이트는 1개 입력과 1개의 출력으로 구성된 논리게이트이며, 이 게이트는 입력 신호를 반전시키는 기능을 하므로 인버터(Inverter)라고 부른다.

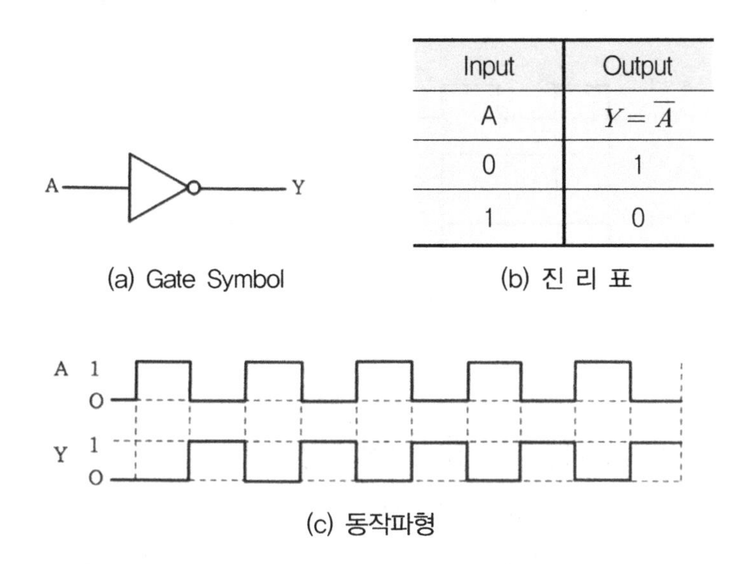

Input	Output
A	$Y=\overline{A}$
0	1
1	0

(a) Gate Symbol

(b) 진 리 표

(c) 동작파형

2) OR Gate

OR 게이트는 2개 이상의 입력과 1개의 출력으로 구성된 논리게이트이며, 출력 신호는 입력 신호의 논리조합(논리합)에 의하여 결정된다.

입력이 한 개 이상 또는 모두 '1' 상태일 때 출력이 '1' 상태로 되는 게이트를 OR 게이트라 한다.

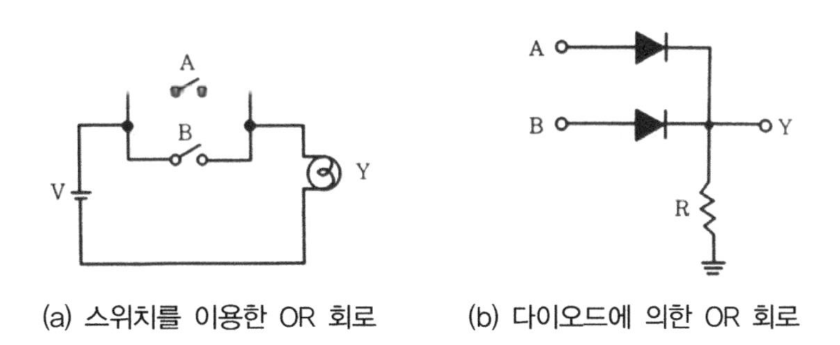

(a) 스위치를 이용한 OR 회로

(b) 다이오드에 의한 OR 회로

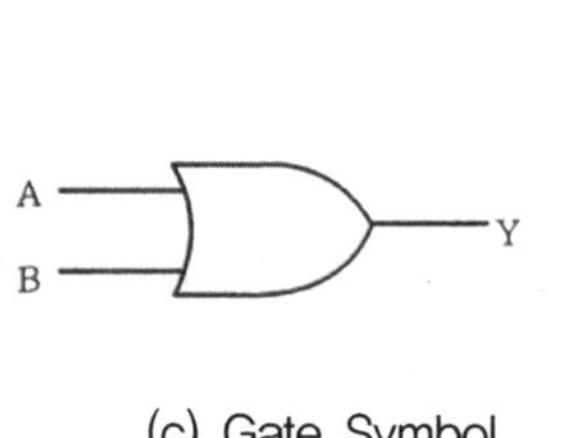

(c) Gate Symbol

Input		Output
A	B	Y=A+B
0	0	0
0	1	1
1	0	1
1	1	1

(d) 진 리 표

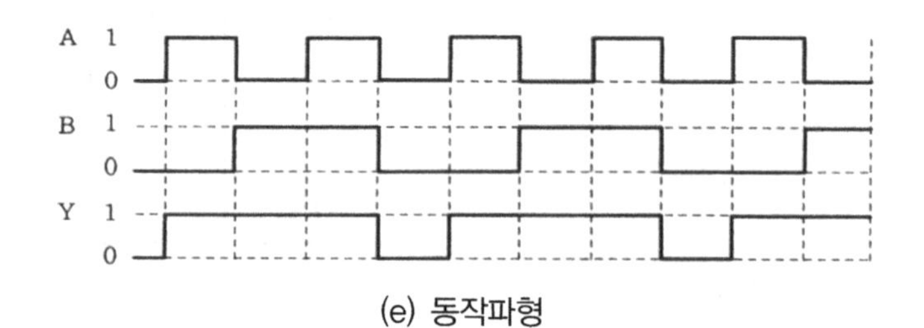

(e) 동작파형

3) NOR Gate

NOR 게이트는 2개 이상의 입력과 1개의 출력으로 구성된 논리 게이트이며, 아래 그림과 같이 OR 게이트의 출력에 Inverter를 삽입한 것과 같다.

그러므로 OR 게이트와 반대의 출력 신호를 내보낸다. 즉, 모든 입력이 '0' 상태일 때만 출력이 '1' 상태로 되고, 그 이외의 경우에는 출력이 '0' 상태를 나타내는 게이트를 NOR 게이트라 한다.

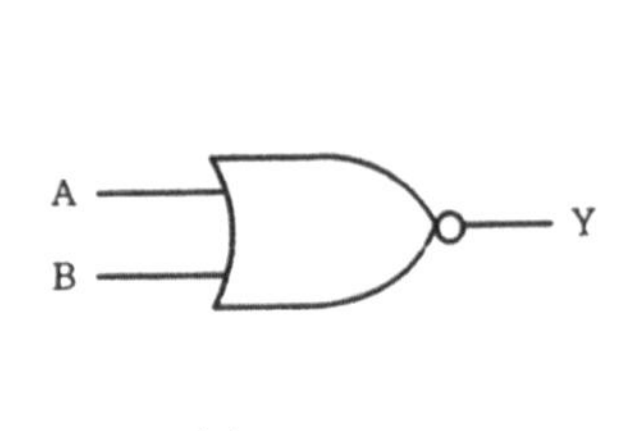

(a) Gate Symbol

Input		Output
A	B	$Y=\overline{A+B}$
0	0	1
0	1	0
1	0	0
1	1	0

(b) 진 리 표

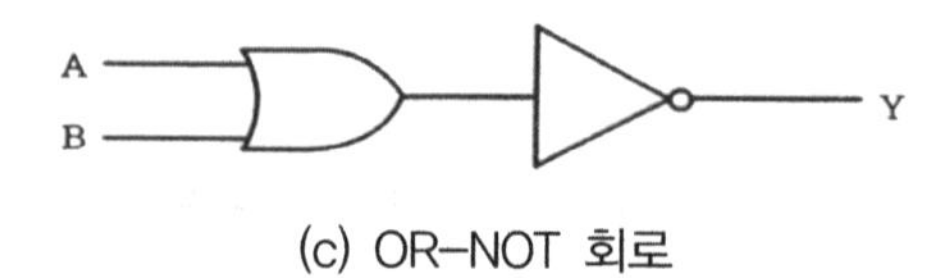

(c) OR-NOT 회로

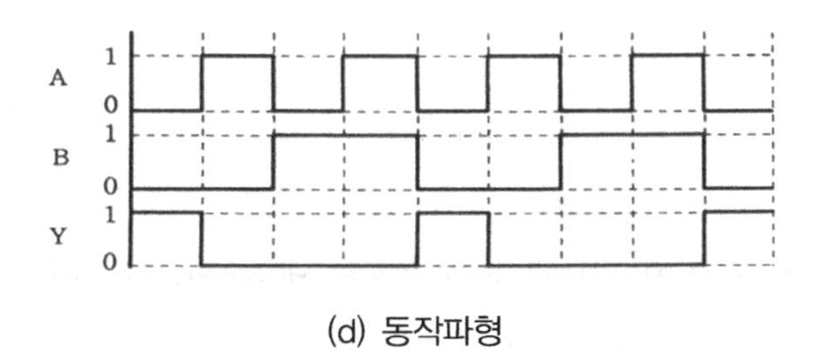

(d) 동작파형

4) AND Gate

AND 게이트는 2개 이상의 입력과 1개의 출력으로 구성된 논리게이트이며, 출력 신호는 입력 신호의 논리조합(논리곱)에 의하여 결정된다.

모든 입력이 '1' 상태일 때만 출력이 '1' 상태로 되는 게이트를 AND 게이트라 한다. AND 게이트의 회로는 아래 그림과 같다.

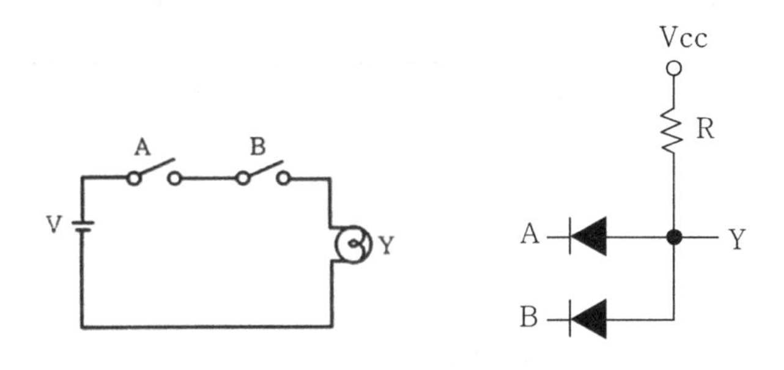

(a) 스위치를 이용한 AND 회로 (b) 다이오드에 의한 AND 회로

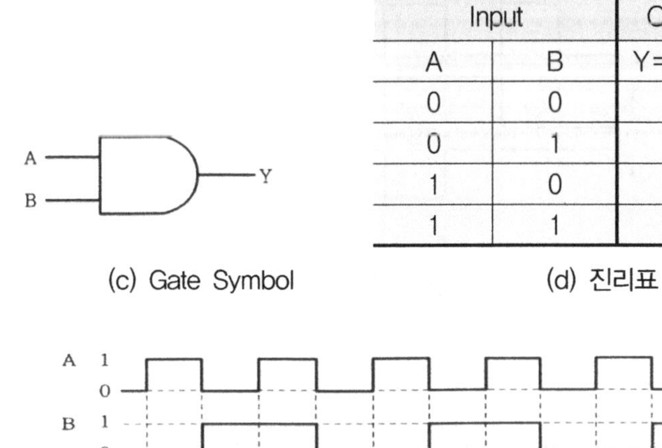

Input		Output
A	B	Y=A · B
0	0	0
0	1	0
1	0	0
1	1	1

(c) Gate Symbol (d) 진리표

(e) 동작파형

5) NAND Gate

NAND 게이트는 2개 이상의 입력과 1개의 출력으로 구성된 논리 게이트이며, 아래 그림과 같이 AND 게이트의 출력에 Inverter를 삽입한 것과 같다.
그러므로 AND 게이트와 반대의 출력 신호를 내보낸다. 즉, 모든 입력이 '1' 상태일 때만 출력이 '0' 상태로 되고 그 이외의 경우에는 출력이 '1' 상태를 나타내는 게이트를 NAND 게이트라 한다.

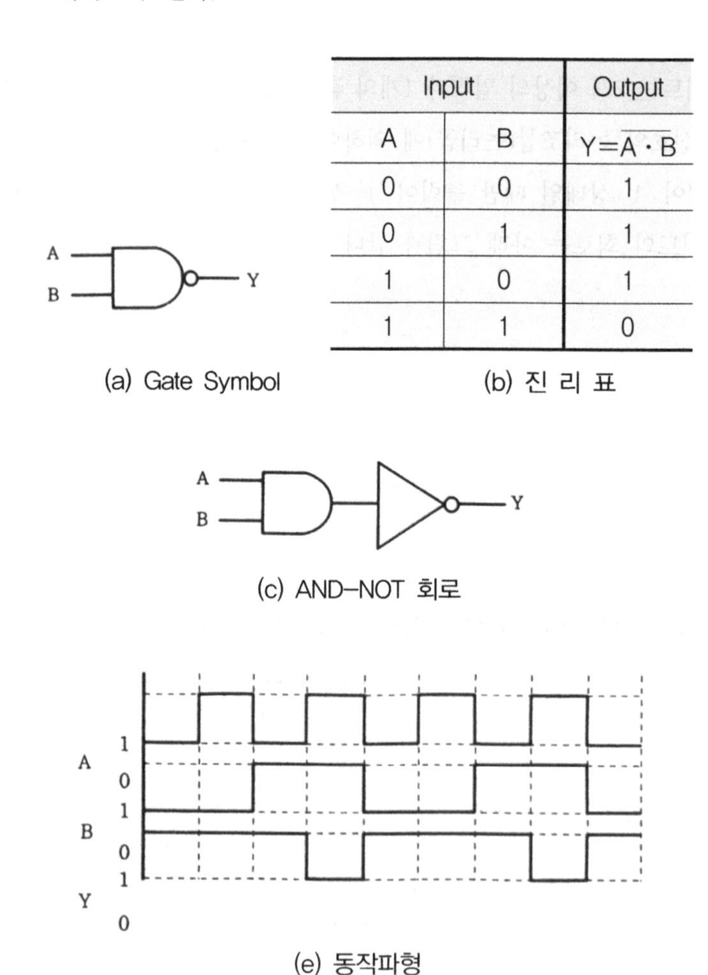

Input		Output
A	B	$Y=\overline{A \cdot B}$
0	0	1
0	1	1
1	0	1
1	1	0

(a) Gate Symbol (b) 진 리 표

(c) AND-NOT 회로

(e) 동작파형

6) XOR(Exclusive-OR) Gate

XOR 게이트는 2개 이상의 입력과 1개의 출력으로 구성되며, 입력이 2개일 경우 입력에 각각 '0'과 '1'의 서로 다른 신호를 가할 때 '1'의 출력을 나타내고, 입력에 서로 같은 신호를 가할 때 '0'의 출력을 나타낸다. 또한 3입력 이상의 XOR 게이트에서는 입력신호의 '1'이 홀수개일 때 '1'의 출력을 나타내고 입력 신호의 '1'이 짝수개일 때 '0'의 출력을 나타내는 변형된 OR 게이트 회로이다. 따라서 Boolean 함수로 표시할 때 원 안에 OR 연산자를 넣은 '⊕' 형태로 표시한다.

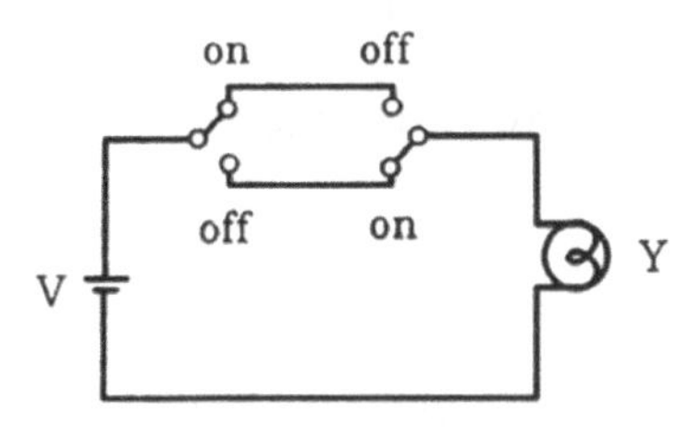

스위치에 의한 XOR 게이트 회로는 위와 같다.

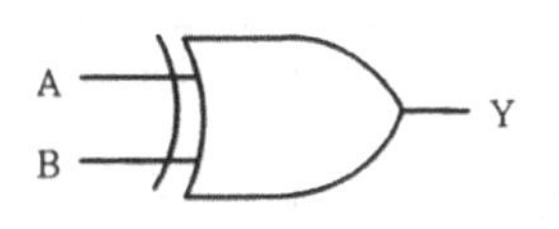

(a) Gate Symbol

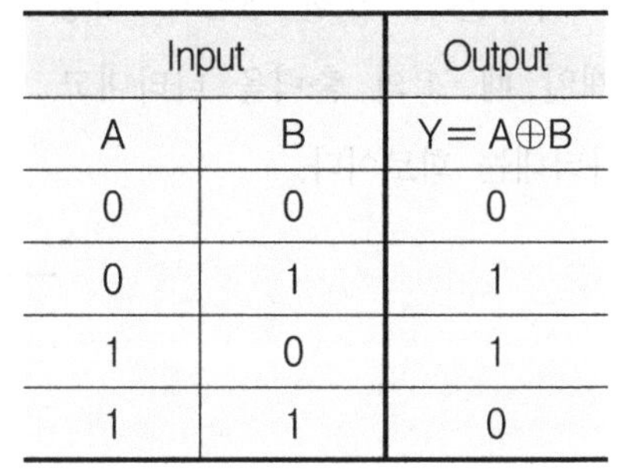

Input		Output
A	B	$Y = A \oplus B$
0	0	0
0	1	1
1	0	1
1	1	0

(b) 2입력 XOR 게이트 진리표

Input			Output
A	B	C	$Y = A \oplus B \oplus C$
0	0	0	0
0	0	1	1
0	1	0	1
0	1	1	0
1	0	0	1
1	0	1	0
1	1	0	0
1	1	1	1

(c) 3입력 XOR 게이트 진리표

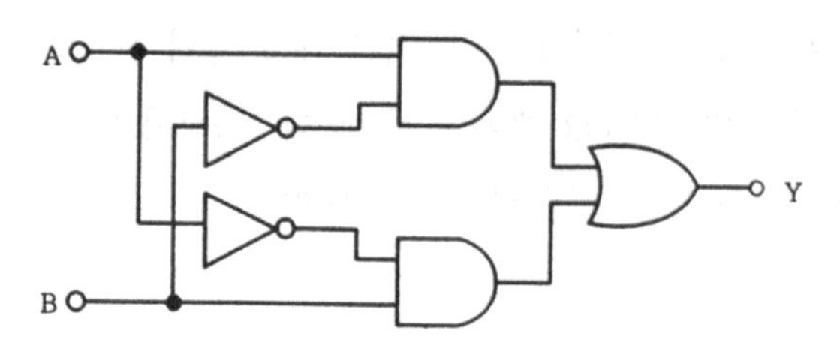

(d) AND, OR, NOT를 이용한 XOR 게이트

7) XNOR(Exclusive-NOR) Gate

XNOR은 XOR 게이트의 출력에 인버터를 삽입한 게이트를 XNOR (Exclusive-NOR) 게이트라 한다. 예컨대 입력이 2개일 경우 입력에 서로 같은 신호를 가할 때 '1'의 출력을 나타내고 입력에 각각 '0'과 '1'의 서로 다른 신호를 가할 때 '0'의 출력을 나타낸다. 또한 3입력 이상의 XNOR 게이트에서는 입력신호의 '1'이 짝수 개일 때 '1'의 출력을 나타내고 입력 신호의 '1'이 홀수 개일 때 '0'의 출력을 나타내는 회로이다.

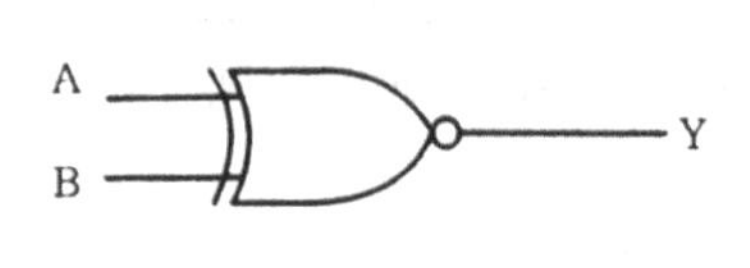

(a) Gate Symbol

Input		Output
A	B	Y= A⊙B
0	0	1
0	1	0
1	0	0
1	1	1

(b) 2입력 XNOR 게이트 진리표

Input			Output
A	B	C	Y=A⊙B⊙C
0	0	0	1
0	0	1	0
0	1	0	0
0	1	1	1
1	0	0	0
1	0	1	1
1	1	0	1
1	1	1	0

(c) 3입력 XNOR 게이트 진리표

8) ANSI/IEEE 표준 게이트 기호

Logic Function	Traditional Logic Symbol	IEEE Logic Symbol
AND		&
OR		≥1
NOT		1
NAND		&
NOR		≥1
XOR		=
XNOR		=

9) TTL과 CMOS

집적회로(IC)들은 NAND 또는 NOR게이트를 기본으로 해서 구성한다. 이 논리회로의 내부 구성은 주로 트랜지스터인 BJT(Bipolar Junction Transistor)와 FET(Field Effect Transistor) 소자에 수동소자인 R, L, C를 연결한다.

능동소자에 따른 분류는 다음과 같다.

능동소자	종 류
DIODE	Diode Logic
BJT	DCTL(Direct Coupled Transistor Logic) RTL(Resistor Transistor Logic) DTL(Diode Transistor Logic) HTL(High Threshold Logic) I^2L(Integrated Injection Logic) TTL(Transistor Transistor Logic) ECL(Emitter Coupled Logic)
FET	PMOS(P-channel Metal-Oxide Semiconductor) NMOS(N-channel Metal-Oxide Semiconductor) CMOS(Complementary Metal-Oxide Semiconductor)

▶ **Diode Logic**

다이오드 논리회로는 부분적으로 간단히 이용하고는 있지만, 출력 전류가 작고 위상반전이 없기 때문에 트랜지스터 회로를 추가하여 사용되는 경우가 많다.

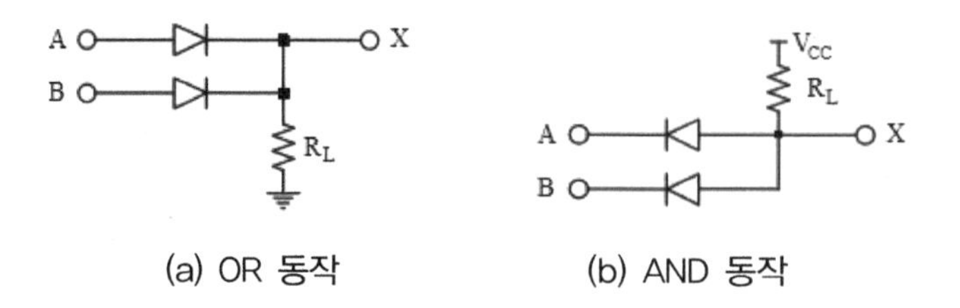

(a) OR 동작 (b) AND 동작

▶ **BJT Logic**

- DCTL

DCTL은 소자가 적게 들고 칩의 면적을 작게 할 수 있다. 스위칭 속도의 한계가 있으며, 베이스 전류의 호깅(hogging) 현상이 존재하기 때문에 베이스 단자에 저항을 삽입하여야 한다.

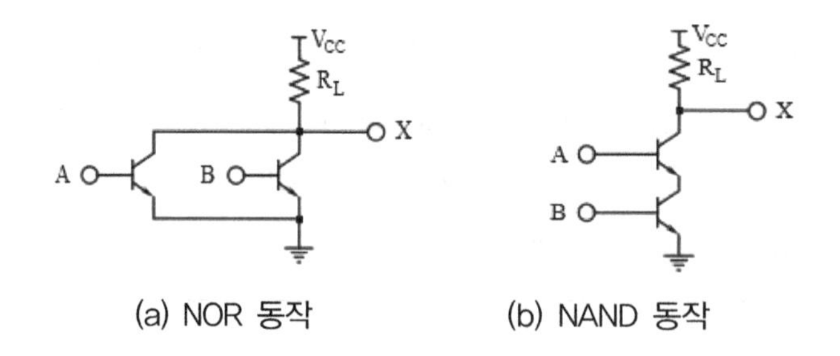

(a) NOR 동작 (b) NAND 동작

- RTL

RTL은 DCTL에 비해 잡음 여유가 크고, 전류의 호깅 현상은 개선되었지만 속도가 저하되고, 단위면적이 크다. 팬-아웃은 전원에 연결된 저항에 의해 결정되며, 게이트의 평균 전력 소모는 12[mW], 전파 지연시간은 약 25[ns] 정도이다.

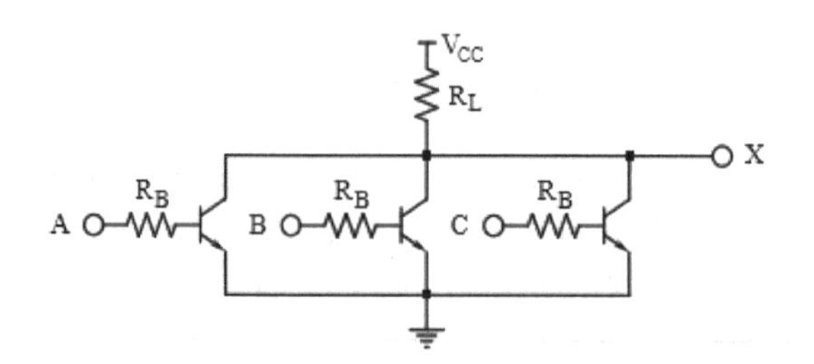

- DTL

다이오드 논리회로에 트랜지스터로 전류 증폭 및 위상반전의 특성을 포함시킨 것이 DTL이다. 전류 호깅 현상이 없고, 팬-아웃은 증가하며, 칩 면적은 크게 감소한다.

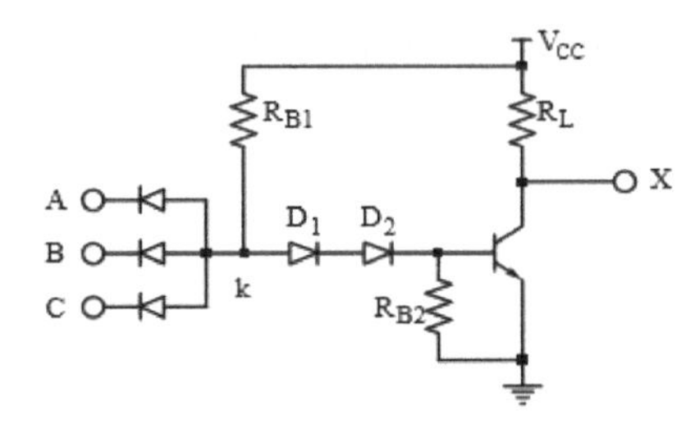

- HTL

모터제어, 고전압 스위칭, ON-OFF 제어 등 잡음이 많은 부하에 디지털 회로가 동작할 경우에 적합하도록 DTL을 변형한 것이 HTL이다.

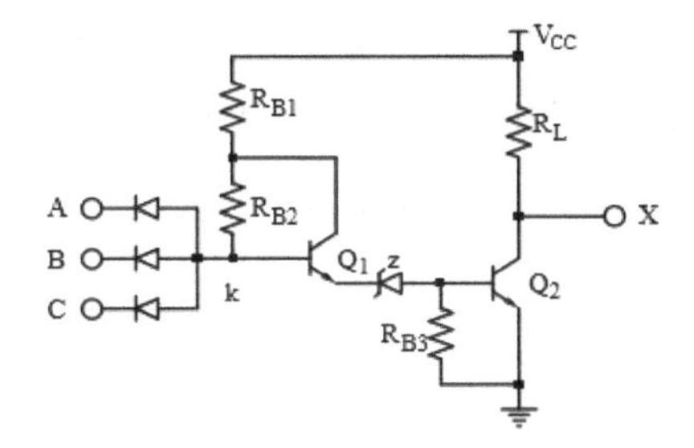

- I^2L

I^2L은 MTL(Merged Transistor Logic)이라고 한다. 많은 회로를 한 칩에 넣어 복잡한 디지털 기능을 가진 LSI에 쓰인다. I^2L의 기본 게이트는 RTL의 동작과 유사하지만, RTL에서의 베이스 저항이 제거되며, RTL에서의 컬렉터 저항이 PNP형 트랜지스터로 대치되고, RTL에서의 여러 개 트랜지스터를 다중 컬렉터 트랜지스터로 만드는 차이가 있다.

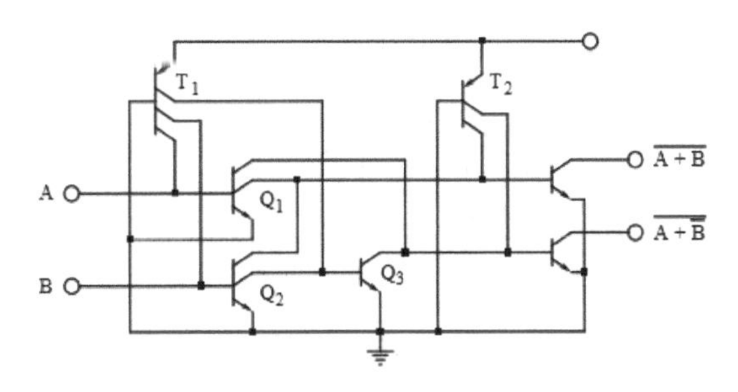

I^2L의 장점은 전력 소모가 거의 없고 MOS보다 더 고밀도로 제작이 가능하며 제조 공정이 무척 간단하며, 마스크 횟수도 감소되지만, 입출력 단에 버퍼(buffer)를 달지 않고는 다른 로직 패밀리와 연결 사용할 수 없다.

위 회로를 논리회로로 구성하면 아래와 같다.

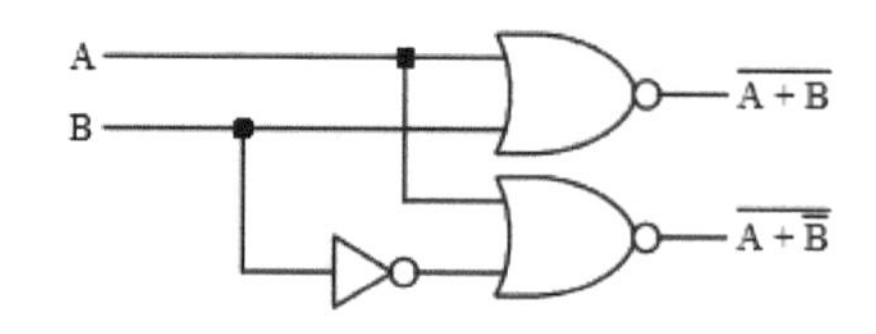

- TTL

DTL에 비해 전력 소모를 감소시키고 동작 속도를 향상시킨 TTL은 DTL의 입력단 다이오드를 트랜지스터로 대치시킨 것으로서, TTL의 기술이 점점 발달함에 따라 여러 가지 개선점들이 추가되어 가장 많이 사용된다.

TTL의 종류는 회로에 사용되는 저항 값과 트랜지스터의 종류에 의하여 구분되며, 저전력 쇼트키(LS) 형태가 가장 널리 사용되고 있다.

TTL의 출력단은 3가지 경우로 분류할 수 있다.

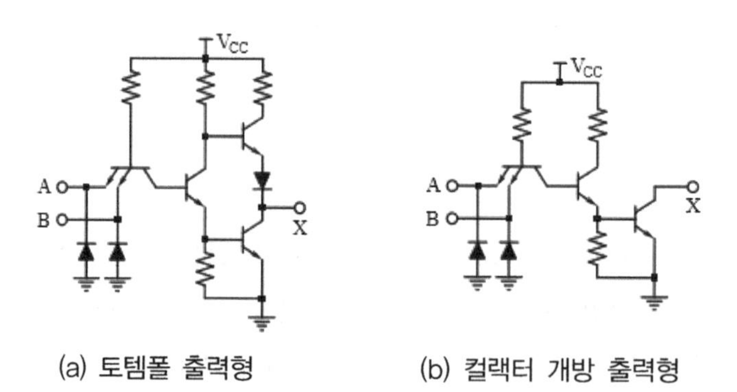

(a) 토템폴 출력형 (b) 컬랙터 개방 출력형

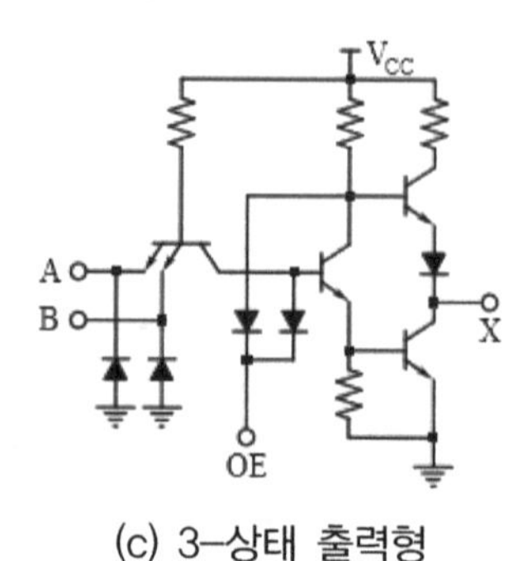

(c) 3-상태 출력형

토템폴 출력은 출력이 높은 레벨이면 컬렉터 전류를 흘려내고, 낮은 레벨이면 싱크 전류(sink current)를 받아들인다. 단일 게이트를 사용할 때는 대부분 토템폴 출력단 집적회로를 사용하며 출력 논리 전압 폭은 전압 전원 크기와 같다.

컬렉터 개방 출력은 칩 내부에서 전원에 연결되는 트랜지스터가 없고, 출력 트랜지스터의 컬렉터가 그대로 출력핀에 연결되어 있다. 출력단 트랜지스터가 포화되면 싱크 전류를 받아들일 수 있으나, 차단되면 높은 임피던스(high impedance)가 되어 개방 회로가 된다. 하나의 게이트로 사용할 때는 풀-업(pull-up) 저항을 달아야 하며, 여러 게이트를 사용할 때는 와이어드 AND가 가능하다.

3-상태 출력은 토템폴 출력과 같거나 아니면 출력단 트랜지스터를 모두 차단하여 높은 임피던스(high impedance), 즉 개방 회로를 만들 수 있다. 이 방법의 출력단은 주로 버스(bus)를 형성할 때 사용된다.

- ECL

ECL(Emitter Coupled Logic)은 차동증폭기의 원리를 이용하여 트랜지스터를 활성영역에서 동작하게 함으로써 전달 속도를 극히 빠르게 할 수 있으며 동시에 보수 출력을 나타낼 수 있고, 와이어드-OR(wired-OR) 또는 와이어드-AND(wired-AND)가 가능하며 팬-아웃이 크다는 장점을 가진다. 그러나 출력 논리 전압의 폭이 좁고 2개의 전원 전압이 필요하며 잡음 감도나 전력 소모 면에서 가장 나쁘다.

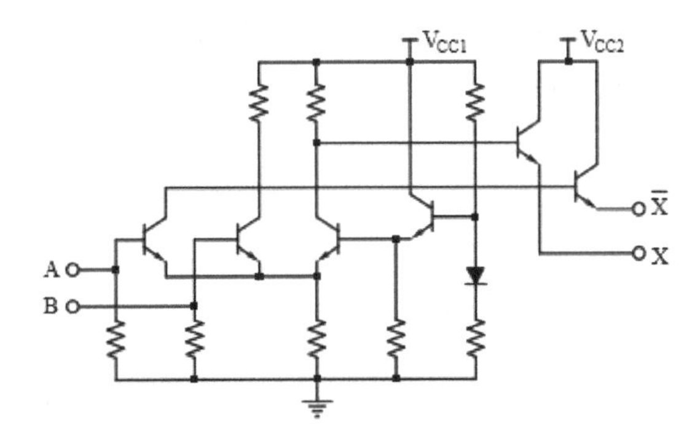

- FET Logic(MOS)

MOS(Metal Oxide Semiconductor)의 종류에는 PMOS(P-channel MOS), NMOS (N-channel MOS), CMOS(Complementary channel MOS)가 있다. BJT는 전류 제어인데 비해 MOS는 전압 제어이므로 입력단에 저항이 필요치 않으며, 고정 바이어스

MOS는 그 자체를 저항으로 사용할 수 있기 때문에 칩 면적이 극히 작고, 고밀도 집적회로 설계가 용이하다.

자체 전력 소모가 적고 입력 임피던스가 크기 때문에 팬-아웃이 아주 크고, 마스크 횟수가 감소되어 제조 공정이 간단하다. 그러나 출력 전류가 작고 속도는 많이 떨어지는 편이다. PMOS와 NMOS는 모든 입력 및 출력 변수와 상태가 반대의 관계를 가진다. 아래 그림은 NMOS로 구현한 NOT, NAND, NOR 동작을 하는 기본 논리회로를 나타내고 있다.

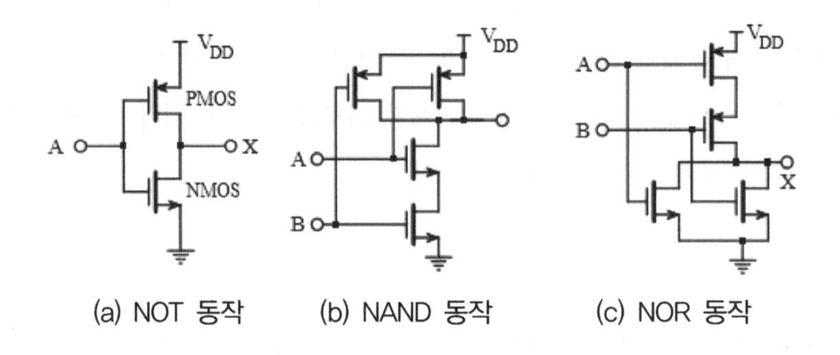

(a) NOT 동작 (b) NAND 동작 (c) NOR 동작

N 채널과 P 채널의 MOS를 한 기판에 동시에 제조할 수 있는 점을 이용하여, 논리회로를 구성한 것이 CMOS이다. 전원 측에 PMOS를, 접지 측에 NMOS를 사용함으로써 하나의 신호에 대해 둘 중의 하나는 차단되므로 자체 전력 소모를 극소화시켰고, CMOS의 가장 큰 장점 중의 하나는 허용 전원 전압의 범위가 3~18[V]로 광범위하다는 점이다. 아래 그림은 CMOS로 구현한 NOT, NAND, NOR 동작을 하는 기본 논리회로를 나타내고 있다.

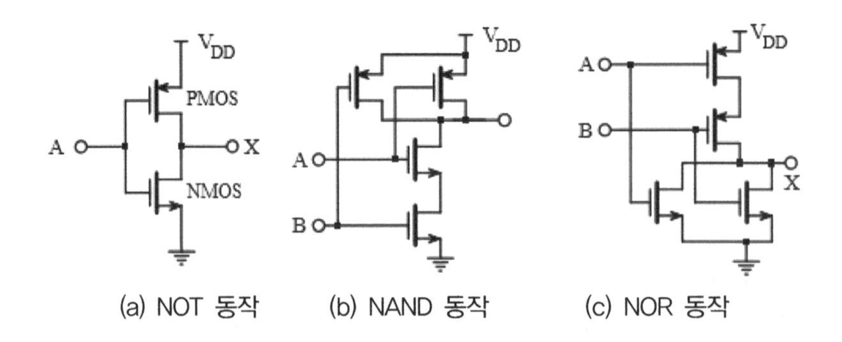

(a) NOT 동작 (b) NAND 동작 (c) NOR 동작

집적회로의 비교는 아래 표와 같다.

능동소자	TTL	DTL	HTL	TTL	ECL	CMOS
게이트	NOR	NAND	NAND	NAND	OR-NOR	NAND
최소 팬-아웃	5	8	10	10	25	>50
게이트당 소비전력[mW]	12	8	55	10	40	0.01
잡음감응도	보통	양호	좋음	매우좋음	양호	매우좋음
전달 지연 시간[ns]	12	30	90	10	2	50

2. 논리 게이트 실험

1) NOT(Inverter) Gate 실험

가. NOT Gate 회로

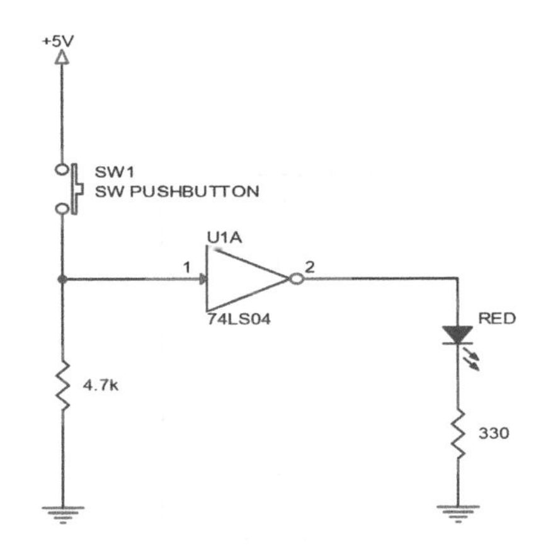

입력(SW1)	출력(LED)
A	
0	
1	

나. 요구사항

① NOT 게이트 회로를 브레드보드에 구성한다.

② 전원을 인가한 후 스위치 조작에 따른 LED의 출력 상태를 위 표에 기록한다.

③ NOT 게이트의 논리식과 진리표가 실험 결과와 일치하는지 확인한다.

2) OR Gate 실험

가. OR Gate 회로

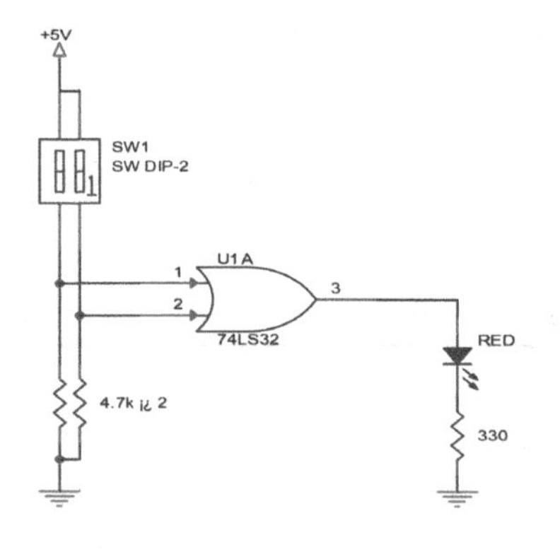

입력(SW1)		출력(LED)
A	B	
0	0	
0	1	
1	0	
1	1	

나. 요구사항

① OR 게이트 회로를 브레드보드에 구성한다.

② 전원을 인가한 후 스위치 조작에 따른 LED의 출력 상태를 위 표에 기록한다.

③ OR 게이트의 논리식과 진리표가 실험 결과와 일치하는지 확인한다.

3) NOR Gate 실험

가. NOR Gate 회로

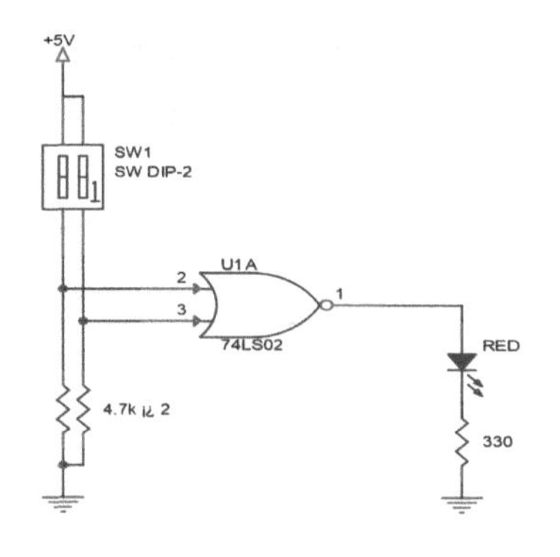

입력(SW1)		출력(LED)
A	B	
0	0	
0	1	
1	0	
1	1	

나. 요구사항

① NOR 게이트 회로를 브레드보드에 구성한다.

② 전원을 인가한 후 스위치 조작에 따른 LED의 출력 상태를 위 표에 기록한다.

③ NOR 게이트의 논리식과 진리표가 실험 결과와 일치하는지 확인한다.

4) AND Gate 실험

가. AND Gate 회로

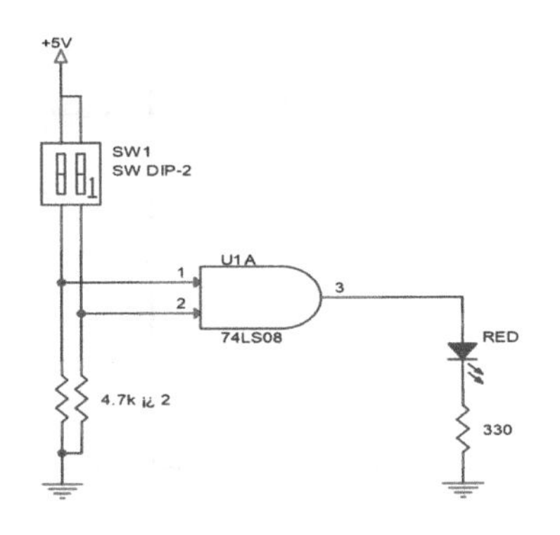

입력(SW1)		출력(LED)
A	B	
0	0	
0	1	
1	0	
1	1	

나. 요구사항

① AND 게이트 회로를 브레드 보드에 구성한다.

② 전원을 인가한 후 스위치 조작에 따른 LED의 출력 상태를 위 표에 기록한다.

③ AND 게이트의 논리식과 진리표가 실험 결과와 일치하는지 확인한다.

5) NAND Gate 실험

가. NAND Gate 회로

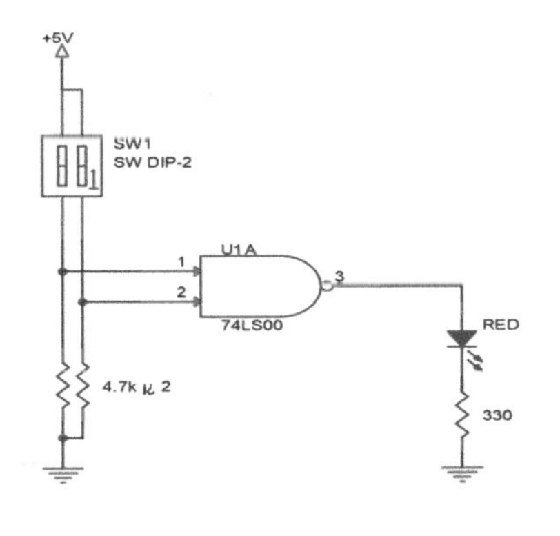

입력(SW1)		출력(LED)
A	B	
0	0	
0	1	
1	0	
1	1	

나. 요구사항

① NAND 게이트 회로를 브레드보드에 구성한다.

② 전원을 인가한 후 스위치 조작에 따른 LED의 출력 상태를 위 표에 기록한다.

③ NAND 게이트의 논리식과 진리표가 실험 결과와 일치하는지 확인한다.

6) XOR Gate 실험

가. XOR Gate 회로

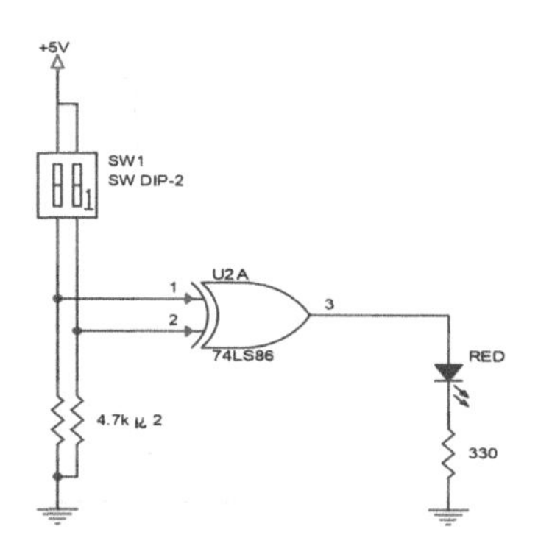

입력(SW1)		출력(LED)
A	B	
0	0	
0	1	
1	0	
1	1	

나. 요구사항

① XOR 게이트 회로를 브레드보드에 구성한다.

② 전원을 인가한 후 스위치 조작에 따른 LED의 출력 상태를 위 표에 기록한다.

③ XOR 게이트의 논리식과 진리표가 실험 결과와 일치하는지 확인한다.

7) XNOR Gate 실험

가. XNOR Gate 회로

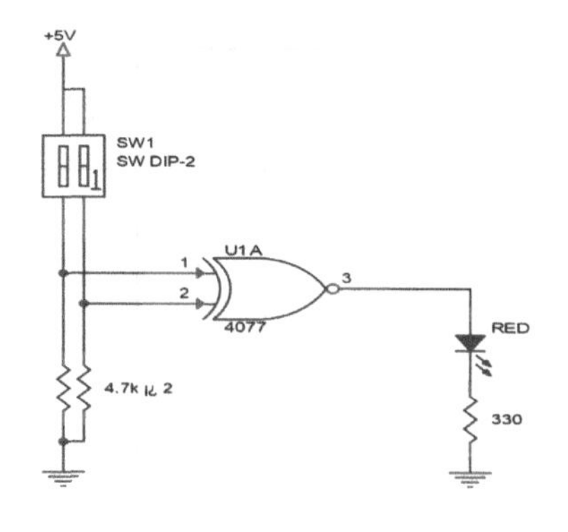

입력(SW1)		출력(LED)
A	B	
0	0	
0	1	
1	0	
1	1	

나. 요구사항

① XNOR 게이트 회로를 브레드보드에 구성한다.

② 전원을 인가한 후 스위치 조작에 따른 LED의 출력 상태를 위 표에 기록한다.

③ XNOR 게이트의 논리식과 진리표가 실험 결과와 일치하는지 확인한다.

8) 논리 Gate 응용 회로 실험

가. OR Gate 회로

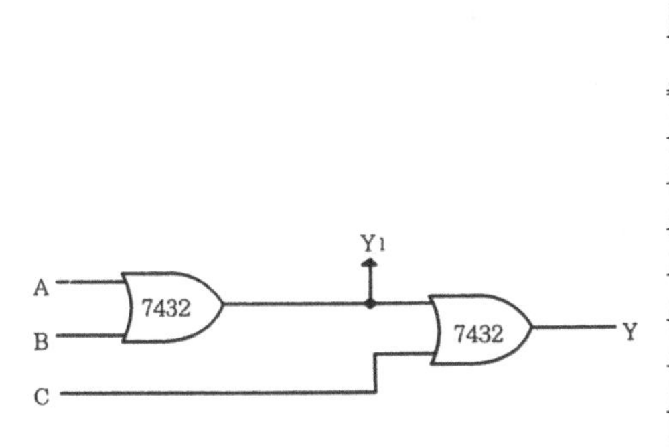

Input			Output	
A	B	C	Y_1	Y
0	0	0		
0	0	1		
0	1	0		
0	1	1		
1	0	0		
1	0	1		
1	1	0		
1	1	1		

〈요구사항〉

① 2입력 OR Gate를 사용하여 3입력 OR Gate 회로를 브레드보드에 구성한다.

② 스위치, 저항, LED를 사용하여 회로를 완성하고 전원을 인가한 후 스위치 조작에 따른 LED의 출력 상태를 위 표에 기록한다.

나. AND Gate 회로

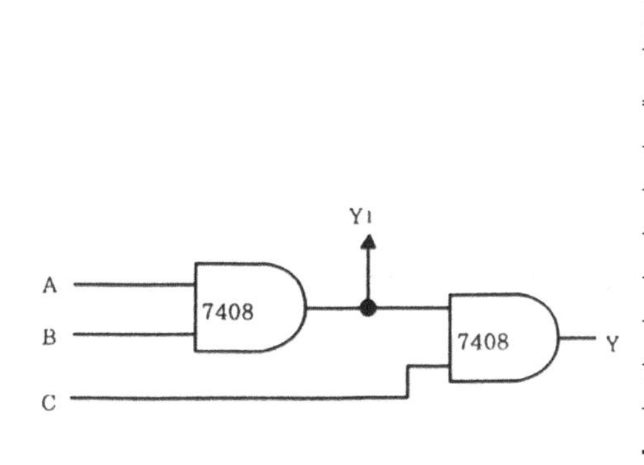

Input			Output	
A	B	C	Y_1	Y
0	0	0		
0	0	1		
0	1	0		
0	1	1		
1	0	0		
1	0	1		
1	1	0		
1	1	1		

〈요구사항〉

① 2입력 AND Gate를 사용하여 3입력 AND Gate 회로를 브레드 보드에 구성한다.

② 스위치, 저항, LED를 사용하여 회로를 완성하고 전원을 인가한 후 스위치 조작에 따른 LED의 출력 상태를 위 표에 기록한다.

다. NOR Gate 회로

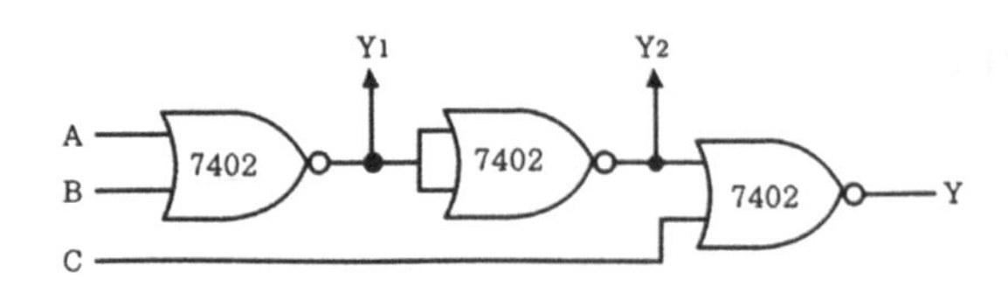

Input			Output		
A	B	C	Y_1	Y_2	Y
0	0	0			
0	0	1			
0	1	0			
0	1	1			
1	0	0			
1	0	1			
1	1	0			
1	1	1			

〈요구사항〉

① 2입력 NOR Gate를 사용하여 3입력 NOR Gate 회로를 브레드보드에 구성한다.

② 스위치, 저항, LED를 사용하여 회로를 완성하고 전원을 인가한 후 스위치 조작에 따른 LED의 출력 상태를 위 표에 기록한다.

라. NAND Gate 회로

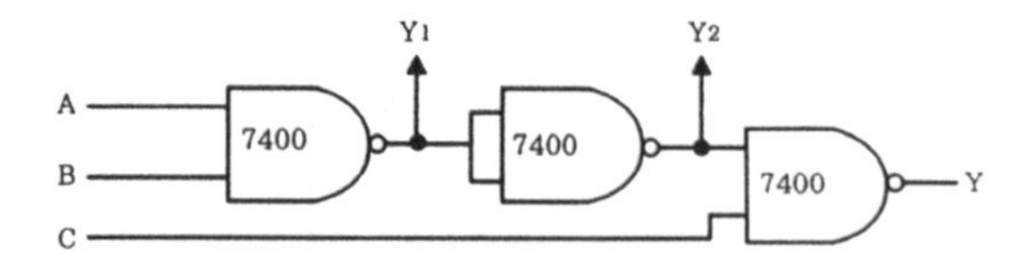

Input			Output		
A	B	C	Y_1	Y_2	Y
0	0	0			
0	0	1			
0	1	0			
0	1	1			
1	0	0			
1	0	1			
1	1	0			
1	1	1			

〈요구사항〉

① 2입력 NAND Gate를 사용하여 3입력 NAND Gate 회로를 브레드보드에 구성한다.

② 스위치, 저항, LED를 사용하여 회로를 완성하고 전원을 인가한 후 스위치 조작에 따른 LED의 출력 상태를 위 표에 기록한다.

마. XOR Gate 회로

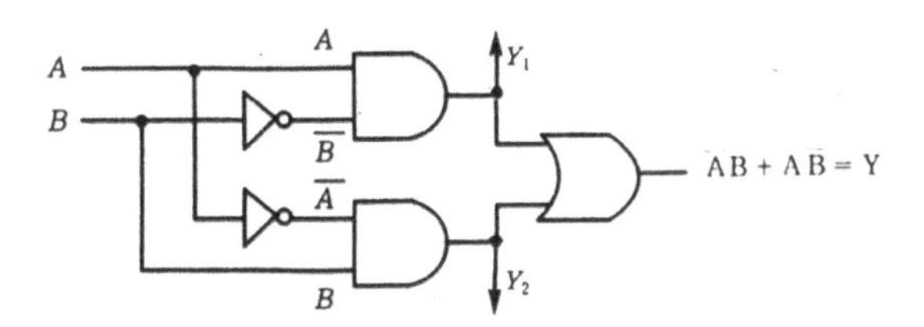

(a) AND, OR, NOT의 XOR Gate

표 1

Input		Output		
A	B	Y_1	Y_2	$Y = A \oplus B$
0	0			
0	1			
1	0			
1	1			

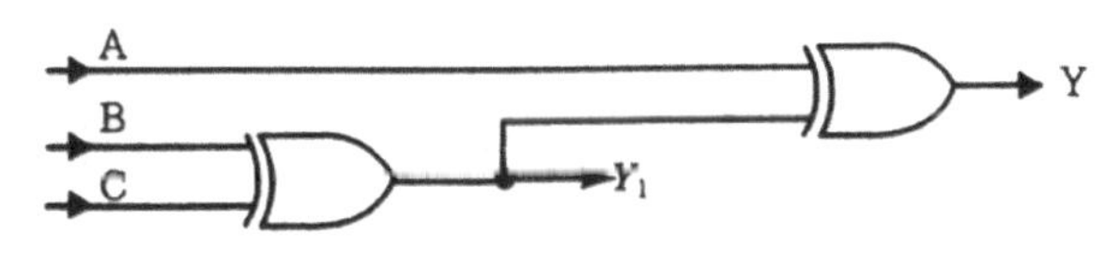

(b) 3입력 XOR Gate

표 2

Input			Output	
A	B	C	Y_1	Y
0	0	0		
0	0	1		
0	1	0		
0	1	1		
1	0	0		
1	0	1		
1	1	0		
1	1	1		

〈요구사항〉

① 그림(a) 회로를 브레드보드에 구성한다.

② 스위치, 저항, LED를 사용하여 회로를 완성하고 전원을 인가한 후 스위치 조작에 따른 LED의 출력 상태를 위 표 1에 기록한다.

③ 그림(b) 회로를 브레드보드에 구성한다.

④ 스위치, 저항, LED를 사용하여 회로를 완성하고 전원을 인가한 후 스위치 조작에 따른 LED의 출력 상태를 위 표 2에 기록한다.

제3장 논리회로 간소화

1. 부울식 정리와 간략화

1) 논리식의 다양한 표현

▶ **진리표 → 논리식**

다음에 주어진 진리표를 논리식으로 변화하여라.

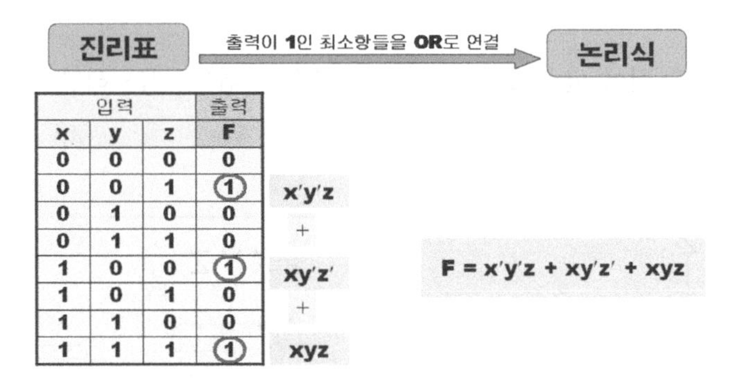

입력			출력
x	y	z	F
0	0	0	0
0	0	1	1
0	1	0	0
0	1	1	0
1	0	0	1
1	0	1	0
1	1	0	0
1	1	1	1

진리표를 논리식으로 변환하는 경우 출력 값이 1인 것만을 식으로 표현한다.
출력 값이 참인 것 중 입력 변수의 값이 0이면 입력 변수명에 보수로 ‘'’를 표시하고, 그렇지 않고 1이면 그냥 변수명만 표시한다.
같은 방법으로 출력 값이 1인 것을 모두 식으로 표시하고, 이들을 OR 연산자로 연결하여 곱의 합(Sum of Product)의 형태로 표시하면 된다. 작성한 식의 검증은 진리표의 입력 값을 논리식에 대입해 논리 계산을 하여 진리표와 동일한 출력 결과가 나오는지 확인하면 된다.

▶ **논리식 → 논리회로도**

다음에 주어진 논리식을 논리회로도로 변화하여라.
논리식을 논리회로도로 바꾸는 방법은 자칫 잘못하면 너무 복잡하게 되거나 누락되는 경우가 있으므로 주의하기 바란다. 먼저 입력 변수들을 표기하고 수직으로 연결선을 그려준다. 만일 보수를 사용하는 경우 추가로 수직으로 NOT이 있는 입력 선을 그리고 해당 변수에 연결시킨다.
그리고 논리식의 연산자 중 AND 개수만큼 오른쪽에 그림을 그린 후 식에 맞추어 입력 선을 연결한다. 마지막으로 OR를 그리고 AND의 출력을 OR의 입력으로 연결하면 된다.

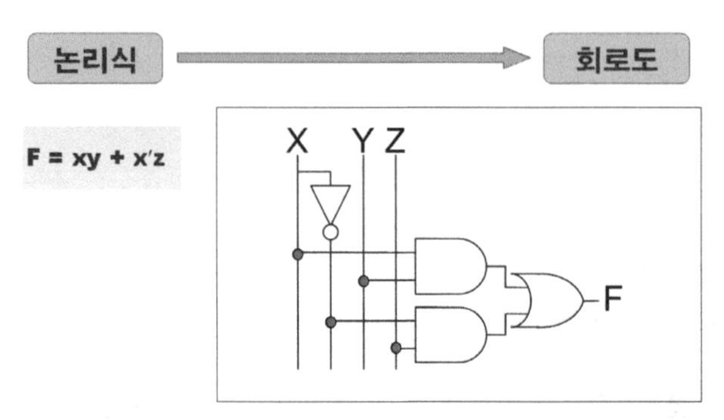

만일 주어진 식에 괄호로 묶인 상태로 보수를 취할 때는 해당 연산 기호 출력에 NOT을 붙이면 된다.

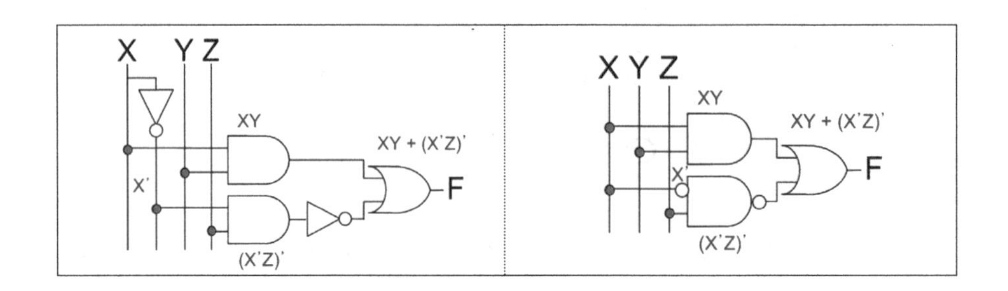

▶ 논리회로도 ➔ 논리식

다음에 주어진 논리회로도를 논리식으로 변화하여라.

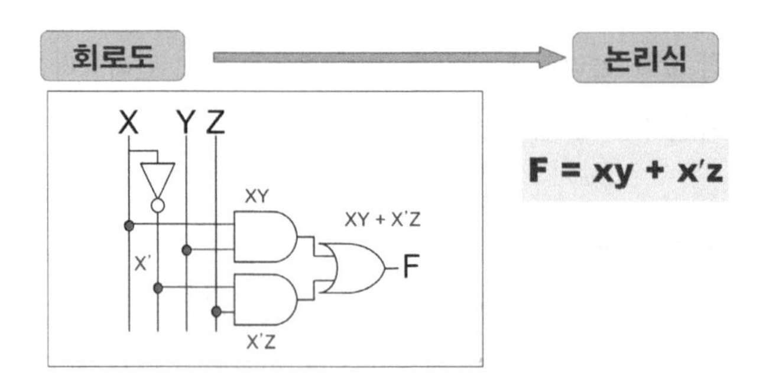

논리회로도를 이용하여 논리식을 추출하는 과정은 위 그림과 같이 각 논리 연산 기호마다 입력 변수에 따른 논리식을 표시하는 것으로 시작한다.

논리회로도가 여러 개의 기호로 연속된 경우 다음 단계의 논리 기호에 입력단의 식을 포함한 식을 작성함으로써 완성할 수 있다.

▶ 논리식 ➜ 진리표

다음에 주어진 논리식을 진리표로 변화하여라.

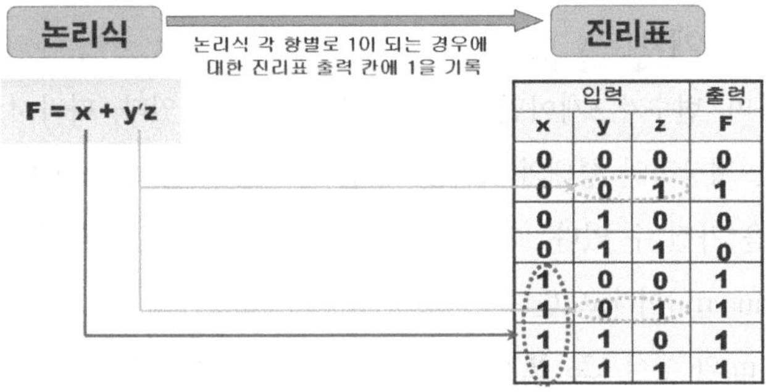

논리식 → 진리표

논리식 각 항별로 1이 되는 경우에 대한 진리표 출력 칸에 1을 기록

$F = x + y'z$

입력			출력
x	y	z	F
0	0	0	0
0	0	1	1
0	1	0	0
0	1	1	0
1	0	0	1
1	0	1	1
1	1	0	1
1	1	1	1

논리식에 의한 진리표의 작성은 주어진 변수 x, y, z를 기준으로 표를 작성하고, 입력 값을 식에 대입하여 출력 값을 계산하면 된다.

주어진 식에 입력 변수는 x, y, z 3개이므로 $2^3=8$ 행의 진리표를 작성한다.

입력란은 3자리의 2진수를 생각하면서 000부터 111까지 모든 경우의 값을 채운다.

결과 값은 주어진 논리식을 곱의 형태 단위로 구분하여 논리식이 참을 갖는 조건을 찾아 하나씩 진리표의 출력란에 표시하면 된다.

F = x + y'z 의 경우 x가 참인 경우 F는 참이므로 x가 1인 경우의 출력 값을 모두 1로 채운다. 그리고 y'z가 참인 경우를 계산한다. y'z가 참이려면 y=0이고 z=1이므로 진리표에서 y=0이고 z=1인 경우의 출력 값을 모두 1로 채운다. 그리고 나머지 출력 값은 모두 0으로 채우면 진리표 작성이 끝난다.

2) 부울식의 표현

부울식은 표준식(canonical expression)또는 비표준식(noncanonical expression)으로 나타내는데 보통 표준식으로 표현하며 두가지 형태가 있다.

표준식
곱의 합(Sum of Product, SOP)식 : AND 연산자 항들을 OR 연산자로 연결
합의 곱(Product of Sum, POS)식 : OR 연산자 항들을 AND 연산자로 연결

▶ 곱의 합(Sum of Product, SOP)식

논리 연산에서는 한 변수 x에 대해서 값을 할당하면 x = 1 또는 x = 0이 되므로 이들은 정상적인 형태 x와 보수를 취한 형태 x'로 표시할 수 있다.

예를 들어서 2개의 x, y 변수를 가질 경우에는 x'y', x'y, xy', xy의 4가지 입력 조합이 가능하며, 변수가 3개이면 8가지 조합을 가질 수 있다. 따라서 논리 변수가 n개인 경우는 정상적인 형태와 보수를 취한 형태를 결합하여 최대 2^n개의 서로 다른 입력조합을 가질 수 있다. 이와 같이 AND 연산으로 결합된 입력 변수들의 조합을 최소항(minterm)이라고 한다.

최소항은 m_j의 형식으로 표기하며 j는 해당되는 최소항의 2진수와 등가인 10진수의 값이다. 최소항은 0부터 (2^n-1)까지의 번호를 부여하여 구분하고, 해당되는 변수의 값이 0이면 보수를 취한 x' 형태가 되고, 1이면 정상적인 형태 x로 나타난다.

어떤 부울 함수의 값이 1인 변수들의 최소항을 구하여 그것을 OR 연산으로 표현함으로써 대수식을 구할 수 있다. 예를 들어 논리함수 F_1은 세 변수 x, y, z 가 000, 011, 100, 111일 경우에만 함수값이 1이라면 각각에 해당하는 최소항은 x'y'z'(m_0), x'yz(m_3), xy'z'(m_4), xyz(m_7)이고, 각 최소항은 해당 x, y, z 을 OR한 것이 함수 F_1이 된다. 따라서 최소항의 합을 표현한 F_1은 아래와 같다.

$$\begin{aligned} F_1 &= x'y'z' + x'yz + xy'z' + xyz \\ &= m_0 + m_3 + m_4 + m_7 \end{aligned}$$

이와 같이 부울함수는 최소항들의 합(OR)의 형태로 표현이 가능하며, 아래와 같이 간단히 표기하기도 한다.

$$F_1(x,y,z) = \Sigma(0,\ 3,\ 4,\ 7)$$

여기서 괄호 안의 문자는 최소항을 표기할 때 사용되는 변수들이고 Σ는 OR 연산을 의미하며 숫자는 최소항을 나타낸다. 이는 모든 부울 함수들을 최소항들의 합(OR)의 형태로 나타낼 수 있음을 의미한다. 따라서 n개의 변수는 서로 다른 2^n개의 최소항을 생성하므로 모든 부울 함수는 이러한 최소항들의 합으로 표현할 수 있으며, 최소항의 합으로 표현된 최소항들은 진리표상에서 함수값이 1인 항들이다.

표준형의 변환 방법은 세 개의 곱항들(xy', x'yz', xz)에서 xy', xz은 입력 변수들을 모두 포함하지 않았음으로 최소항들이 입력 변수들을 모두 포함하도록

$$F(x,y,z) = xy' + x'yz' + xz$$

다음과 같은 형태의 부울식으로 변환하는 방법이다.

$$F(x,y,z) = x'y'z'+x'yz'+x'yz+xy'z$$

이 식을 표준곱의 합(canonical SOP, CSOP)식이라고 부른다.

즉, 표준형 변환이란 표준형이 아닌 형태의 SOP식을 표준형으로 변환하자는 것이다. 표준형이 아닌 형태란 곱항이 모든 입력 변수들을 포함하지 않는 SOP식을 말하며 비표준곱의 합(noncanonical SOP, NSOP) 식이라고 한다. 다시 말하면 표준형 변환은 NSOP식을 CSOP식으로 변환하는 것이다. 이것은 곱항에 포함되지 않는 입력변수, 예를 들면 입력 변수들이 x, y, z라고 할 때 x변수가 곱항에 포함되어 있지 않다면 그 곱항에(x+x')를 곱해 준다. 즉

$$y'z = y'z(x+x)=xy'z+x'y'z$$

으로 변형될 수 있으므로 NSOP식이 CSOP으로 변환된다. NSOP 식

$$f(x,y,z) = xy'+x'z+xy'z$$

를 CSOP식으로 확장하면

$$\begin{aligned} f(x,y,z) &= xy'(z+z')+x'z(y+y')+xy'z \\ &= xy'z+xy'z'+x'yz+x'y'z+xy'z \\ &= xy'z+xy'z'+x'yz+x'y'z \end{aligned}$$

가 된다. 위 식에서 xy'z와 같이 중복된 항은 1개만 적고 나머지는 제거할 수 있다.

아래 표는 3변수에 대한 최소항들을 나타낸 것이다.

변 수			최소항(minterm)	
x	y	z	논리식	기호
0	0	0	$x'y'z'$	m_0
0	0	1	$x'y'z$	m_1
0	1	0	$x'yz'$	m_2
0	1	1	$x'yz$	m_3
1	0	0	$xy'z'$	m_4
1	0	1	$xy'z$	m_5
1	1	0	xyz'	m_6
1	1	1	xyz	m_7

▶ **합의 곱(Product of Sum)식**

최소항의 경우와 비슷한 방법으로 입력 변수들의 조합이 OR연산으로 결합된 각각의 항을 최대항(maxterm)이라 한다.

예를 들어서 어떤 최소항이 x'y'z'일 경우 최소항과 최대항은 서로 보수 관계를 가지므로 최대항은 x+y+z가 된다. 최대항은 해당되는 변수의 값이 0이면 변수는 정상 상태이고, 1이면 보수를 취한 상태가 된다. 따라서 최대항은 최소항의 보수를 나타낸다.

어떤 부울 함수의 보수는 진리표상에서 함수값이 0인 최소항들을 OR 연산자로 묶어주면 되므로 F_1의 보수 F_1'는 다음과 같다.

F_1은

$$F_1 = x'y'z'+x'yz+xy'z'+xyz$$
$$= m_0+m_3+m_4+m_7$$

F_1'는

$$F_1' = x'y'z+x'yz'+xy'z+xyz'$$
$$= m_1+m_2+m_5+m_6$$

F_1'에 대해서 보수를 다시 취하면 다음과 같은 함수 F_1을 구할 수 있다.

$$F_1 = (x'y'z+x'yz'+xy'z+xyz')'$$
$$= (x+y+z')(x+y'+z)(x'+y+z')(x'+y'+z)$$
$$= M1 \cdot M2 \cdot M5 \cdot M6$$

이와 같이 논리 함수 F_1은 최대항들의 곱(AND)의 형태로 표현이 가능하며, 아래와 같이 간단히 표기할 수 있다.

$$F_1(x,y,z) = \Pi(1, 2, 5, 6)$$

여기서 Π는 최대항의 AND 연산을 의미하며 숫자는 최대항을 나타낸다.

일반적으로 부울함수를 최대항의 곱으로 표현하기 위해서는 우선 함수를 x+yz=(x+y)(x+z)의 정리를 사용하여 OR항의 곱의 형태로 만든다.

합의 곱 형태에서의 표준식 변환 방법에서는 $xx'=0$을 사용할 수 없으므로 NPOS식을 CPOS식으로 변환하기 위해서는 드모르강 정리를 사용하여 함수 F의 역, 즉 F'를 만들어야 한다.

그 경우 결과 식은 SOP 형식이 될 것이다. 그런 다음 CPOS식으로 변환하기 위해 드모르강 정리를 이용한다. 다음 NPOS 형식의

$$F(x,y,z) = (x+y'+z)(x'+y)$$

부울식에서 역함수는 다음과 같이 변환된다.

$$\begin{aligned} F'(xyz) &= ((x+y'+z)(x'+y))' \\ &= ((x+y'+z))'+((x'+y))' \\ &= x'yz'+xy' \\ &= x'yz'+xy'(z+z') \\ &= x'yz'+xy'z+xy'z' \end{aligned}$$

다시 역함수를 구하면

$$\begin{aligned} F(x,y,z) &= (F'(x,y,z))' \\ &= (x'yz'+xy'z+xy'z')' \\ &= (x'yz')'(xy'z)'(xy'z')' \\ &= (x+y'+z)(x'+y+z')(x'+y+z) \end{aligned}$$

가 된다.

아래 표는 3변수에 대한 최대항들을 나타낸 것이다.

변 수			최대항(maxterm)	
x	y	z	항	기호
0	0	0	$x + y + z$	M_0
0	0	1	$x + y + z'$	M_1
0	1	0	$x + y' + z$	M_2
0	1	1	$x + y' + z'$	M_3
1	0	0	$x' + y + z$	M_4
1	0	1	$x' + y + z'$	M_5
1	1	0	$x' + y' + z$	M_6
1	1	1	$x' + y' + z'$	M_7

▶ 최소항과 최대항 변환

최소항의 합으로 표현된 함수의 보수(Complement)는 원래의 함수에서 빠진 최소항들의 합으로 나타낼 수 있다.

예를 들어 함수 F가

$$F_1(x,y,z) = \Sigma(0,3,4,7)$$

F_1'는

$$F_1'(x,y,z) = \Sigma(1,2,5,6) = m_1+m_2+m_5+m_6$$

이다. 다시 F'의 보수를 구하면 F가 되고, De Morgan의 정리에 의해

$$\begin{aligned} F_1 &= (m_1+m_2+m_5+m_6)' \\ &= m_1' \bullet m_2' \bullet m_5' \bullet m_6' \\ &= M_1 \bullet M_2 \bullet M_5 \bullet M_6 \\ &= \Pi(1, 2, 5, 6) \end{aligned}$$

이다.

즉, $F_1(x,y,z) = \Sigma(0,3,4,7) = \Pi(1, 2, 5, 6)$이다.

아래 표는 3변수에 대한 최소항과 최대항을 나타낸 것이다,

변 수			최소항(minterm)		최대항(maxterm)		출력	
x	y	z	논리식	기호	항	기호	최소항	최대항
0	0	0	$x'y'z'$	m_0	$x+y+z$	M_0	1	0
0	0	1	$x'y'z$	m_1	$x+y+z'$	M_1	0	1
0	1	0	$x'yz'$	m_2	$x+y'+z$	M_2	0	1
0	1	1	$x'yz$	m_3	$x+y'+z'$	M_3	1	0
1	0	0	$xy'z'$	m_4	$x'+y+z$	M_4	1	0
1	0	1	$xy'z$	m_5	$x'+y+z'$	M_5	0	1
1	1	0	xyz'	m_6	$x'+y'+z$	M_6	0	1
1	1	1	xyz	m_7	$x'+y'+z'$	M_7	1	0

3) 드모르강 정리(De Morgan's theorem)

드모르강 정리는 부울식을 간략히 하는데 사용될 수 있다. 드모르강 정리를 적용하는 방법은 다음과 같다.

① 연산자 AND 또는 OR 항으로 연결된 식에 프라임(') 또는 바(bar)가 있다면 프라임을 부분으로 나누고 연산자를 바꾼다(AND에서 OR로, OR에서 AND로).

② 이와 비슷하게, 만약 연산자로 연결된 항들에 프라임이 있다면 프라임을 결합하고 연산자는 바꾼다(AND에서 OR로, OR에서 AND로).

다음 부울식을 간소화하면

$$F(A,B,C,D\ ) = [(ABD+(BC'D)')\ B'C]+A'C]'$$
$$= [(ABD+(BC'D)')\ B'C]'\ (A'C)'$$
$$= [(ABD+(BC'D)')'+(B'C)']\ (A+C')$$
$$= [(ABD)'(BC'D)+(B+C')]\ (A+C')$$
$$= [(A'+B'+D')\ (BC'D)+(B+C')]\ (A+C')$$

항을 곱하면(단, BB'=0 그리고 DD'=0임)

$$F(A,B,C,D) = (A'BC'D+B+C')(A+C')$$
$$= AB+A\ C'+\ A'BC'D+BC'+\ C'$$

다시 그룹화하면 다음과 같이 간략화된다.

$$F(A,B,C,D) = AB+C'(A+\ A'BD+B+1)$$
$$= AB+C'$$

드모르강 정리는 다양한 항에 걸쳐서 여러 방법으로 부울식에 응용된다.

4) 카르노 맵에 의한 간략화(Karnaugh Map simplification)

1953년 카르노(M. Karnaugh)는 모든 최소항을 최소로 커버(minimal closed cover)할 수 있는 기하학적인 방법(Geometrical Method)을 발표하였다.
이 방법은 먼저 베이치(E. W. Veitch, 1592)에 의하여 구상되었다. 즉 진리표위에 그레이 코드(Gray Code)로 나타낸 변수들을 순서로 나열한 다음 도표(Chart)를 간략화 시키는 개념이다.

그 후 카르노에 의해 부울 함수의 간략화 방법이 수정되었기 때문에 베이치 다이어그램(Beitch Diagram)또는 카르노 맵(Karnaugh Map) 혹은 K-Map이라고 한다. 이 카르노 맵 방법은 진리표를 그림 모양으로 나타낸 것이며, 카르노 맵은 여러 개의 네모꼴로 구성되어 있고, 이러한 네모꼴들은 각기 하나의 최소항(minterm)을 나타낸다. 따라서 어떠한 부울 함수도 최소항의 합(Sum Of Minterm) 형태로 표현할 수 있으므로 함수 내의 최소항들이 차지하고 있는 네모들로 이루는 면적을 맵에서 직관적으로 간략화시킬 수 있다. 또한 같은 맵이라도 맵의 다양한 형태에 따라 다른 대수적 표현을 유도할 수 있으며, 이들 중 가장 간단한 것을 선택하게 된다. 다양한 함수 형태 중에서 항이 가장 적고 문자 수가 가장 적은 합의 곱(POS)이나 곱의 합(SOP) 형태로 된 것을 가장 간소화된 대수적 표현이라 할 수 있다. 이 방법은 적은 수의 변수(5개 이하)들을 가진 부울 함수를 간략화 시키는데 편리하다. 맵은 n개의 2진 변수들에 대한 모든 조합들을 나타내는 사각형(square)들의 배열로 이루어진다. 즉, 변수의 수를 n이라 하면 K-map은 2^n개의 셀(cell)을 가지게 되며, 이 셀들은 2^n개의 최소항(최대항)과 각각 대응된다.

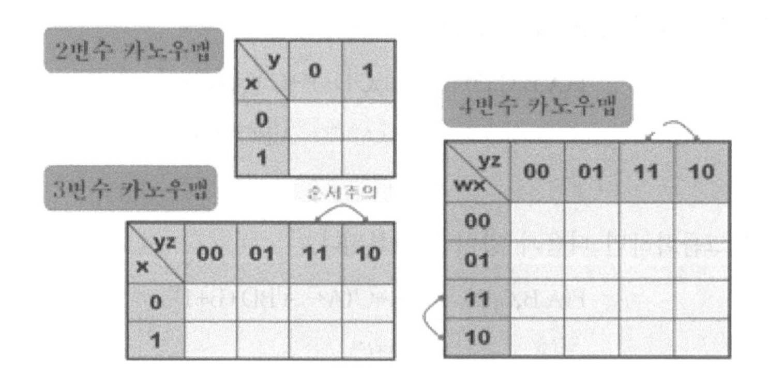

각 행(row)과 열(column)에 표시한 0과 1은 변수 x와 y에 대한 값을 나타낸다.
x와 y값이 0일 때는 보수를 붙이며, 1일 때는 보수 부호를 붙이지 않는다.
맵상의 셀들은 최소항 $m_0 = x'y'$, $m_1 = x'y$, $m_2 = xy'$, $m_3 = xy$와 일치하게 된다.
맵 방법에서 결합되는 인접한 사각형 셀의 개수는 2^n 개(2,4,8, . .)로 묶어야 한다.
맵 방법에서의 간략화를 위한 기본 개념은 가능한 한 많은 수의 인접한 사각형을 결합하도록 하여 보다 작은 수의 변수만을 갖는 항을 얻고자 하는 것이다.

2변수의 맵에 있어서 하나의 사각형은 2개의 변수로 구성된 항을 나타낸다. 그러나 2개의 인접한 사각형이 결합하면 한 항은 1개의 변수만을 갖게 된다. 예를 들어 인접한 두 칸이 1의 값을 가진다면 그 칸에 대응되는 항들은 한 변수의 값만 다르며, 이 경우에 그 두 항에서 다른 변수를 제거함으로써 합쳐질 수 있다. 만약, 4개의 인접한 사각형들이 전체의 맵을 둘러싼 경우 이것은 논리 1과 같다.

• 변수의 개수에 따른 카르노 맵의 모양

<table>
<tr><th>변수의 개수</th><th>정준형식</th><th>표준형식</th></tr>
<tr><td>$2^2 = 4$</td><td>
<table>
<tr><td>x \ y</td><td>0</td><td>1</td></tr>
<tr><td>0</td><td>m_0</td><td>m_1</td></tr>
<tr><td>1</td><td>m_2</td><td>m_3</td></tr>
</table>
</td><td>
<table>
<tr><td>x \ y</td><td>0</td><td>1</td></tr>
<tr><td>0</td><td>$x'y'$</td><td>$x'y$</td></tr>
<tr><td>1</td><td>xy'</td><td>xy</td></tr>
</table>
</td></tr>
<tr><td>$2^3 = 8$</td><td>
<table>
<tr><td>x \ yz</td><td>00</td><td>01</td><td>11</td><td>10</td></tr>
<tr><td>0</td><td>m_0</td><td>m_1</td><td>m_3</td><td>m_2</td></tr>
<tr><td>1</td><td>m_4</td><td>m_5</td><td>m_7</td><td>m_6</td></tr>
</table>
</td><td>
<table>
<tr><td>x \ yz</td><td>00</td><td>01</td><td>11</td><td>10</td></tr>
<tr><td>0</td><td>$x'y'z'$</td><td>$x'y'z$</td><td>$x'yz$</td><td>$x'yz'$</td></tr>
<tr><td>1</td><td>$xy'z'$</td><td>$xy'z$</td><td>xyz</td><td>xyz'</td></tr>
</table>
</td></tr>
<tr><td>$2^4 = 16$</td><td>
<table>
<tr><td>wx \ yz</td><td>00</td><td>01</td><td>11</td><td>10</td></tr>
<tr><td>00</td><td>m_0</td><td>m_1</td><td>m_3</td><td>m_2</td></tr>
<tr><td>01</td><td>m_4</td><td>m_5</td><td>m_7</td><td>m_6</td></tr>
<tr><td>11</td><td>m_{12}</td><td>m_{13}</td><td>m_{15}</td><td>m_{14}</td></tr>
<tr><td>10</td><td>m_8</td><td>m_9</td><td>m_{11}</td><td>m_{10}</td></tr>
</table>
</td><td>
<table>
<tr><td>wx \ yz</td><td>00</td><td>01</td><td>11</td><td>10</td></tr>
<tr><td>00</td><td>$w'x'y'z'$</td><td>$w'x'y'z$</td><td>$w'x'yz$</td><td>$w'x'yz'$</td></tr>
<tr><td>01</td><td>$w'xy'z'$</td><td>$w'xy'z$</td><td>$w'xyz$</td><td>$w'xyz'$</td></tr>
<tr><td>11</td><td>$wxy'z'$</td><td>$wxy'z$</td><td>$wxyz$</td><td>$wxyz'$</td></tr>
<tr><td>10</td><td>$wx'y'z'$</td><td>$wx'y'z$</td><td>$wx'yz$</td><td>$wx'yz'$</td></tr>
</table>
</td></tr>
</table>

논리 함수를 카르노 맵으로 간소화하는 방법은 다음과 같다.

- 논리식을 표준형으로 나타낸다.
- 카르노 맵에서 논리식에 해당하는 칸에 1이라고 기입한다.
- 수직, 수평으로 인접된 1의 항을 루프(loop)로 둘러싼다. 루프로 둘러싼 항의 수는 2^n개 이어야 하며, 루프는 최대가 되도록 하여 간소화한다.
- 카르노 맵의 같은 단 양 끝에 있는 1의 항은 합하여 하나의 루프를 만들어 간소화한다.

- 1은 여러 번 사용해도 된다.
- 각각의 루프로부터 SOP 형식의 논리식을 구한다.
- 0의 항이 적을 때는 POS 형식을 이용하여 간소화하는 것이 유리하고, 1의 항이 적을 때는 SOP 형식을 이용하여 간소화하는 것이 유리하다.

● 진리표와 카르노 맵의 대응 관계

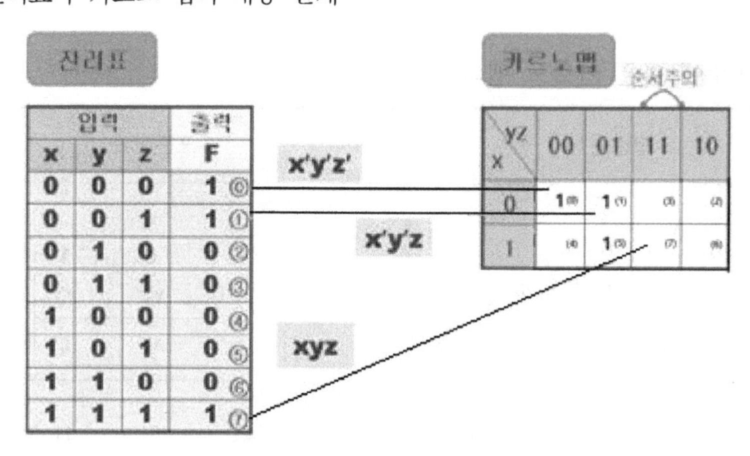

● **카르노 맵에서 인접한 네모칸의 관계**

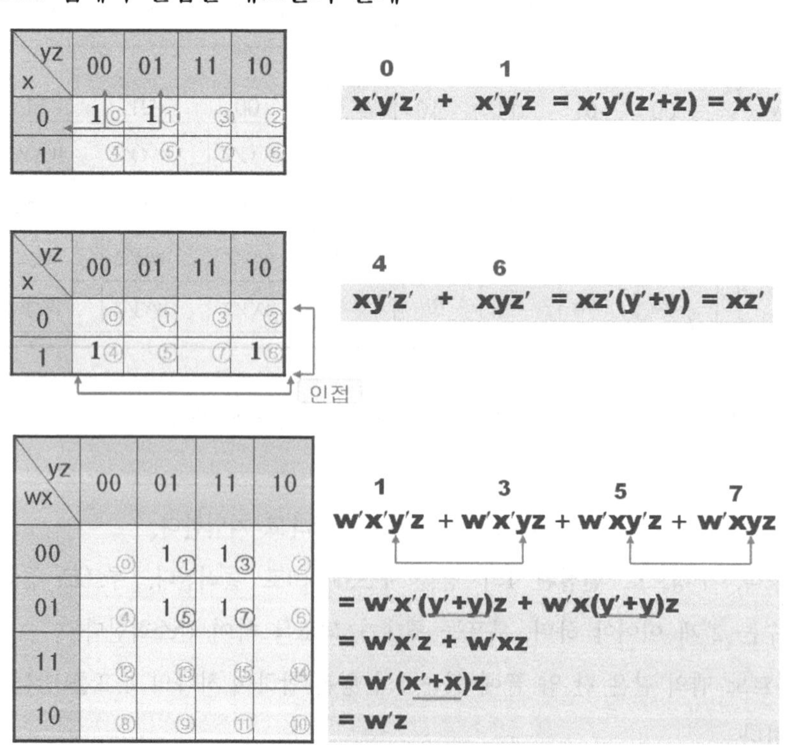

• **카르노 맵을 이용한 간략화**

단계 1 : 변수 개수에 따른 카르노 맵을 그린다

단계 2 : 논리식을 1로 하는 카르노 맵 네모칸에 1을 기록한다

단계 3 : 1이 들어있는 인접한 칸들끼리 그룹화한다.

단계 4 : 각 그룹의 논리식을 OR로 연결하여 최종 논리식을 구한다.

2. 논리식 간소화 실험

1) 배타적 논리합회로(XOR) 실험

가. 배타적 논리합회로

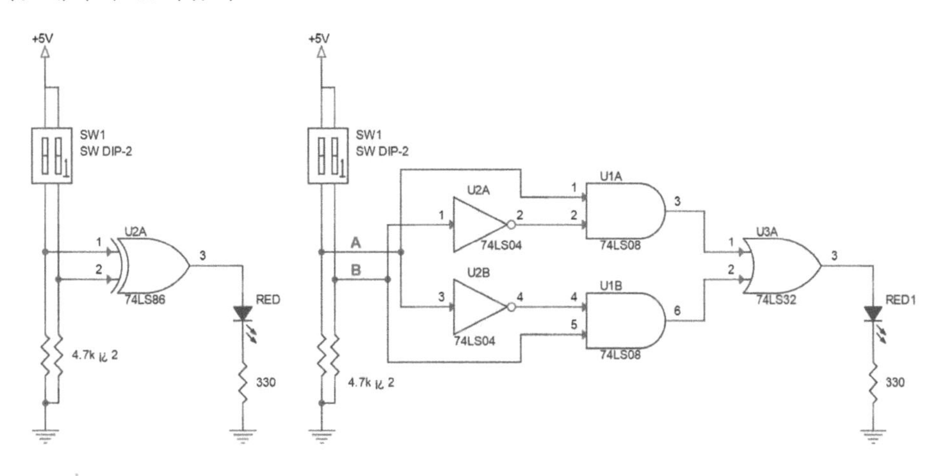

나. 요구사항

① 배타적 논리합 회로를 브레드보드에 구성한다.

② 전원을 인가한 후 스위치 조작에 따른 LED의 상태를 아래 표에 기록한다.

③ 배타적 논리합 회로의 논리식과 진리표가 실험 결과와 일치하는지 확인한다.

(XOR Gate)

입력(SW1)		출력(LED)
B	A	
0	0	
0	1	
1	0	
1	1	

(XOR 등가회로)

입력(SW1)		출력(LED)
B	A	
0	0	
0	1	
1	0	
1	1	

2) 드모르강(De Morgan) 회로 실험

가. NAND 게이트 등가회로

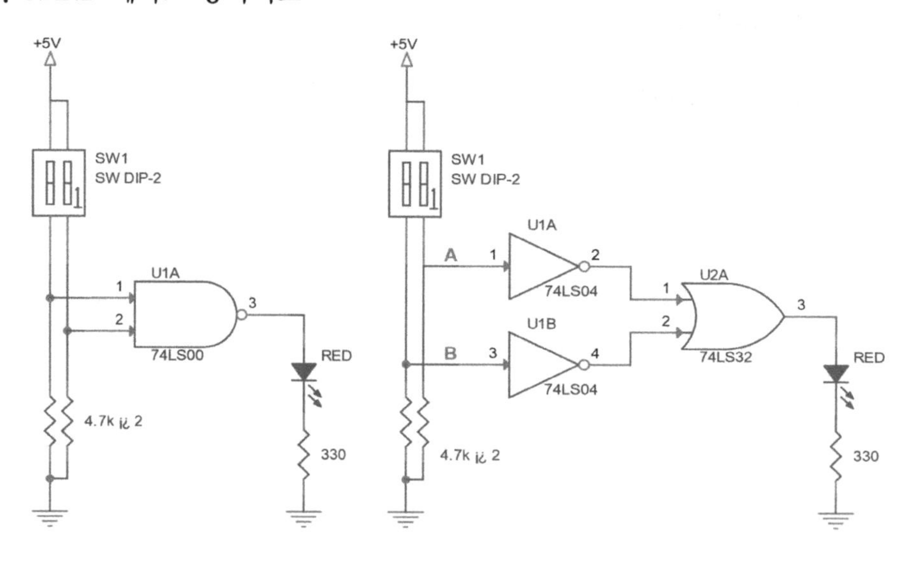

나. 요구사항

① 드모르간 법칙에 의한 NAND 게이트의 등가회로를 브레드보드에 구성한다.

② 전원을 인가한 후 스위치 조작에 따른 LED의 상태를 아래 표에 기록한다.

③ NAND 게이트의 논리식과 진리표가 등가회로의 실험 결과와 일치하는지 확인한다.

(NAND Gate)

입력(SW1)		출력(LED)
B	A	
0	0	
0	1	
1	0	
1	1	

(NAND 등가회로)

입력(SW1)		출력(LED)
B	A	
0	0	
0	1	
1	0	
1	1	

다. NOR 게이트 등가회로

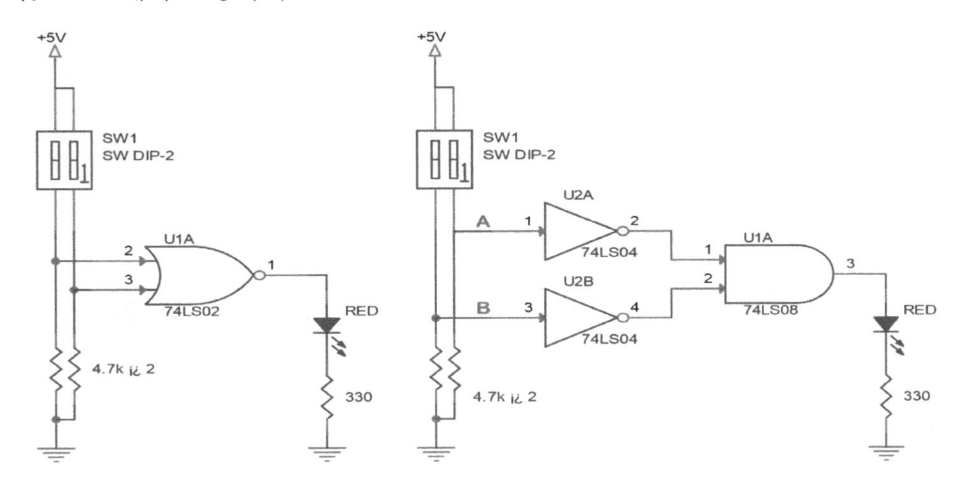

라. 요구사항

① 드모르간 법칙에 의한 NOR 게이트의 등가회로를 브레드보드에 구성한다.

② 전원을 인가한 후 스위치 조작에 따른 LED의 상태를 아래 표에 기록한다.

③ NOR 게이트의 논리식과 진리표가 등가회로의 실험 결과와 일치하는지 확인한다.

(NOR Gate)

입력(SW1)		출력(LED)
B	A	
0	0	
0	1	
1	0	
1	1	

(NOR 등가회로)

입력(SW1)		출력(LED)
B	A	
0	0	
0	1	
1	0	
1	1	

3) 드모르강(De Morgan) 응용회로 실험

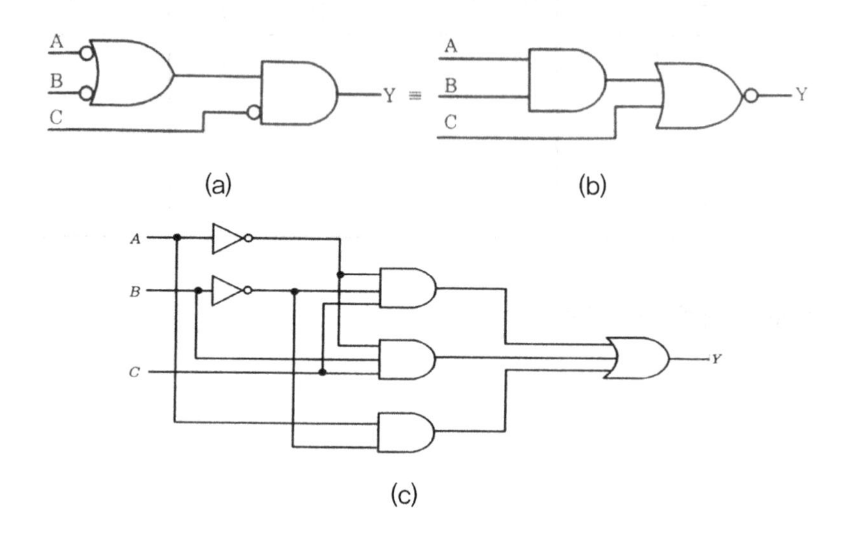

(a) (b)

(c)

표 1

Input			Output	
A	B	C	그림(a)	그림(b)
0	0	0		
0	0	1		
0	1	0		
0	1	1		
1	0	0		
1	0	1		
1	1	0		
1	1	1		

표 2

Input			Output
A	B	C	그림(c)
0	0	0	
0	0	1	
0	1	0	
0	1	1	
1	0	0	
1	0	1	
1	1	0	
1	1	1	

〈요구사항〉

① 그림(a), (b) (c) 회로를 브레드보드에 구성한다.

② 스위치, 저항, LED를 사용하여 회로를 완성하고 전원을 인가한 후 스위치 조작에 따른 LED의 출력 상태를 위 표에 기록한다.

③ 그림(a), (b) 출력 값을 비교하여라.

④ 그림(c) 출력 Y에 해당하는 간략화된 논리식을 구하여라.

제4장 발진기(Oscillator)

1. 발진기(Oscillator)
2. 비안정 멀티바이브레이터(M/V) 실험
3. 단안정 멀티바이브레이터(M/V) 실험

1. 발진기(Oscillator)

멀티바이브레이터(multivibrator)는 증폭기의 출력을 서로의 입력측에 피드백시킴으로써 ON · OFF 상태를 번갈아 되풀이하는 발진기로 피드백 결합소자의 구성에 따라 쌍안정(bistable), 단안정(monostable), 비안정(astable) 멀티바이브레이터로 구분된다.

쌍안정 멀티바이브레이터는 결합소자로 모두 저항을 이용하고, 단안정 멀티바이브레이터는 하나는 저항, 하나는 콘덴서를 사용하고, 비안정 멀티바이브레이터는 모두 콘덴서를 사용한다.

단안정 멀티바이브레이터는 한 개의 안정 상태를 가지고 있으며, 출력이 평상시에는 리셋 상태에 있다가 트리거 전압을 인가하면 출력이 세트 상태로 된다. 세트 상태로 된 출력은 저항과 콘덴서에 의해 정해지는 일정 시간이 지나면 다시 원래의 리셋 상태로 돌아간다.

비안정 멀티바이브레이터는 안정 상태를 가지고 있지 않다.

1) 논리회로 단안정 멀티바이브레이터

논리회로로 구성된 단안정 멀티바이브레이터 기본 회로는 다음과 같다.

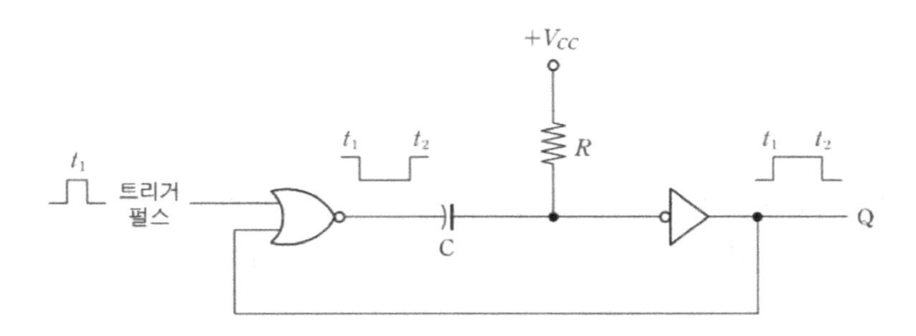

단안정 멀티바이브레이터 회로는 NOR 게이트와 인버터로 구성되며, 트리거 입력과 출력 Q를 가진다. 안정 상태에서 Q는 0 상태에 있고, 트리거 입력이 인가되지 않으면 출력은 계속 0의 상태를 유지하게 된다. 만약 트리거 펄스가 인가되면 출력 Q는 1의 상태로 바뀌어 세트된다. 세트 상태는 일정 시간 T 동안만 유지되다가 T가 지나면 원래의 안정 상태로 리셋된다. 입력 트리거 펄스의 rising edge에서 동작한다고 가정할 경우 출력 Q의 파형은 다음과 같다.

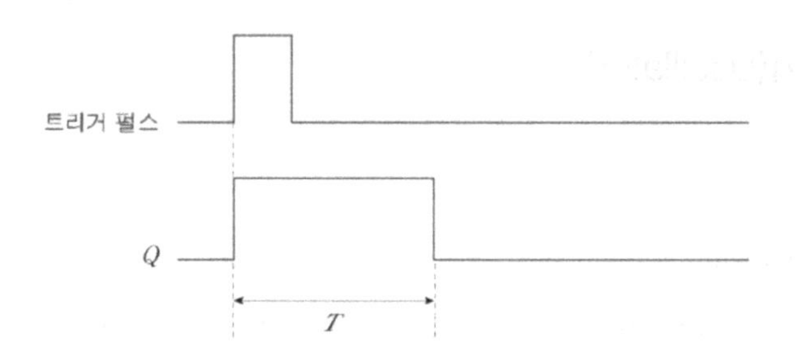

세트 상태의 지속 시간 T는 R과 C의 시정수로 결정된다. C의 용량을 크게 하면 지속 시간 T를 길게 할 수 있고 C의 용량을 작게 하면 T의 시간을 짧게 할 수 있다.
출력 Q는 세트 상태에 있다가 T 시간이 지나 리셋 상태로 돌아온 후 트리거 펄스가 인가되지 않으면 아무런 동작도 하지 않고 리셋 상태를 계속 유지한다.
준안정 시간보다 짧은 트리거 펄스가 여러 번 연달아 입력되더라도 단안정 멀티바이레이터의 출력은 첫 번째 트리거 펄스에만 동작한다.

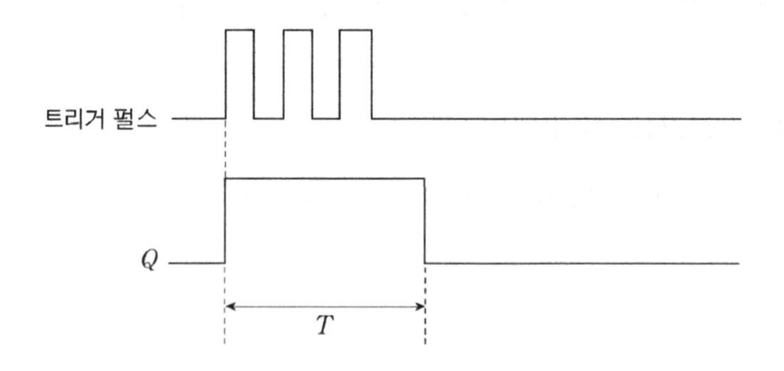

또한 준안정시간보다 긴 트리거 펄스가 입력되더라도 단안정 멀티바이브레이터의 출력에 영향을 미치는 것은 트리거 펄스의 폭이 아니라 트리거 edge이므로 트리거 edge에 맞추어 출력 Q가 동작한다.

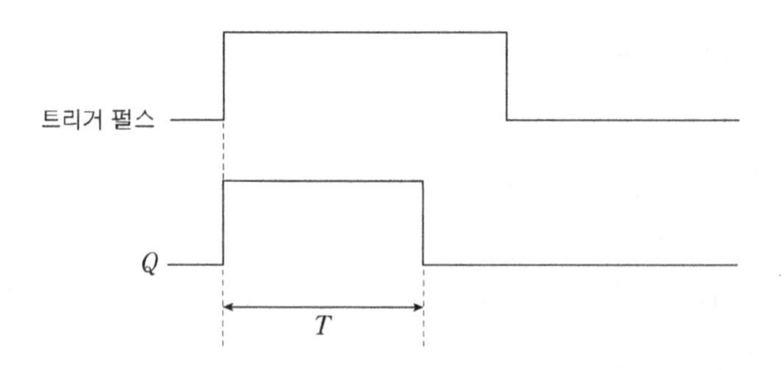

2) IC 단안정 멀티바이브레이터

TTL 시리즈 중에서 가장 많이 사용되는 One Shot 멀티바이브레이터는 SN74121이며, 슈미터 트리거(schmitt trigger) 입력을 가지는 단안정 멀티바이브레이터이다. 아래 그림에 74121의 논리 구조를 나타내었다.

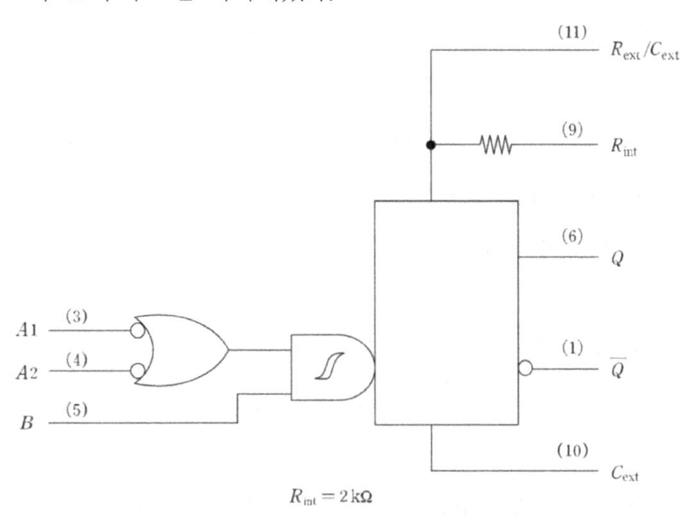

SN74121 동작은 아래 표와 같다.

입력			출력	
$A1$	$A2$	B	Q	$\overline{Q}$
L	×	H	L	H
×	L	H	L	H
×	×	L	L	H
H	H	×	L	H
H	↓	H	⎍	⊔
↓	H	H	⎍	⊔
↓	↓	H	⎍	⊔
L	×	↑	⎍	⊔
×	L	↑	⎍	⊔

SN74121은 두 개의 falling edge triggered 입력과 하나의 rising edge triggered 입력을 가지며, 입력 B에 대해 슈미트 트리거 동작을 한다. 슈미트 트리거 입력을 사용하므로써 1 volt/sec 정도의 전압으로도 주기 파형의 영점 교차가 가능한 구형파 출력을 얻을 수 있다.

동작표를 보면 입력 A_1, A_2, B가 rising edge나 falling edge의 트리거가 발생하지 않으면 출력은 변화하지 않고, 계속 안정 상태를 유지하는 것을 알 수 있다.
출력 Q의 펄스 폭은 내부 저항 R_{int}, 외부 저항 R_{ext}, 외부 캐패시터 C_{ext}에 의해 정해진다. 외부 저항 R_{ext}를($T_{\max} = 0.7C_{\text{ext}}R_{\text{ext}} = 28\text{s}$) 사용하지 않고, 내부 저항 R_{int}만 사용할 경우는 R_{int}를 V_{cc}에 연결하고 $R_{\text{ext}}/C_{\text{ext}}$는 개방시킨다. 이 경우 출력 펄스의 폭은 30~35ns 정도이다.
외부 저항 R_{ext}은 보통 2~40kΩ의 범위를 가지며, 외부 캐패시터 C_{ext}는 $10p\text{F} \sim 10\mu\text{F}$의 범위를 가진다. 펄스의 컷오프(cut-off)가 심하지 않다면 외부 캐패시터 C_{ext}는 $1000\mu\text{F}$까지 올라갈 수 있으며, 외부 저항 R_{ext}도 $1.4\text{k}\Omega$까지 낮아도 된다.

출력 펄스의 폭은 다음의 식으로 구해진다.

$$T \fallingdotseq 0.7C_{\text{ext}}\,R_{\text{ext}}$$

최대 펄스 폭은 C_{ext}가 $1000\mu\text{F}$, R_{ext}이 $40\text{k}\Omega$일 경우이므로 다음과 같이 구할 수 있다.

$$T_{\max} = 0.7C_{\text{ext}}\,R_{\text{ext}} = 28\text{s}$$

따라서 74121의 출력 펄스 폭의 범위는 30ns~28s의 범위를 가진다.
또한 출력 파형의 duty cycle은 내부 저항 R_{int}이나 외부 저항 R_{ext}에 의해 정해지는데, 내부 저항 R_{int}을 사용할 경우 duty cycle은 67%까지 허용되고, 외부 저항 R_{ext}을 최대 40kΩ까지 사용할 경우 90%까지 허용된다.
앞에서 살펴본 것처럼 One Shot 멀티바이브레이터는 처음 입력 펄스의 트리거로 인해 출력이 안정 상태에서 준안정 상태로 변한 뒤 일정 시간 동안의 지속 시간을 가진다.
이때 준안정 상태에서 다시 안정 상태로 돌아오기 전에 입력 펄스가 다시 트리거를 하더라도 출력의 변화에는 영향을 미치지 않는다.

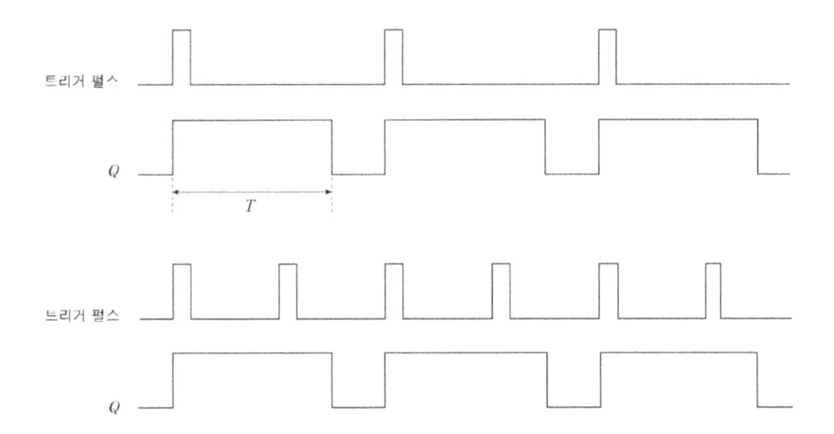

한편 아래 그림처럼 입력 펄스의 트리거로 인해 안정 상태에서 준안정 상태로 변한 뒤 안정 상태로 돌아오기 전에 다시 입력 펄스가 트리거할 경우 준안정 상태의 펄스 폭이 이 시점부터 다시 시작하는 형태의 One Shot 멀티바이브레이터를 재트리거 가능형이라 한다.

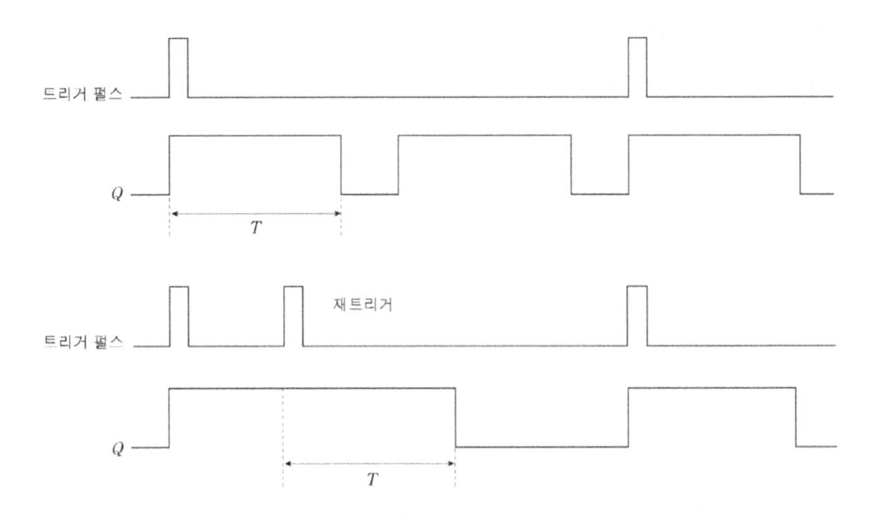

재트리거 가능형 One Shot 멀티바이브레이터는 준안정 상태에서 입력 펄스가 재트리거되면 그때부터 다시 원래의 준안정 상태의 지속 시간만큼 유지된다.
재트리거 가능형 One Shot 멀티바이브레이터인 74122는 74121에 비해 재트리거가 가능하다는 점과 준안정 상태를 강제로 안정 상태로 돌아오게 하는 클리어 기능이 있다는 점이 다르다. 아래 그림에 74122의 논리 구조를 나타내었다.

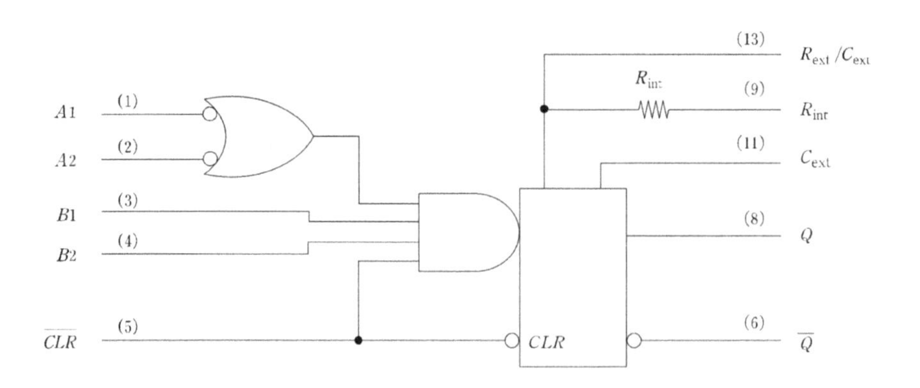

74122의 출력 펄스의 기본적인 펄스 지속 시간은 외부 저항 R_{ext}와 외부 캐패시터 C_{ext}에 의해 정해진다. 또한 내부 타이밍 저항을 가지고 있어 외부 캐패시터만 이용하여 회로가 구성된다. 일단 트리거가 되면 기본적인 펄스 주기 동안 유지하게 되는데 게이트된 active low 입력 A와 active high 입력 B에 의해 재트리거 되면 출력 펄스의 지속 시간이 늘어나게 된다.

SN74122에는 클리어 입력 단자가 있으며, 클리어 입력은 현재 출력의 준안정 상태를 강제로 안정 상태로 만들어 주는 것으로 동작은 다음과 같다.

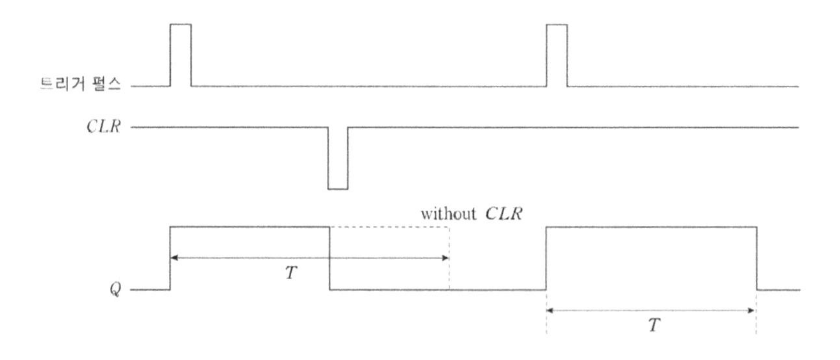

입력 트리거 펄스에 의해 출력이 안정 상태에서 준안정 상태로 된 후에 클리어 입력이 인가되면 준안정 상태가 끝나지 않았더라도 무조건 안정 상태로 복귀된다. 클리어 입력에 의해 다시 안정 상태로 돌아온 후 트리거 펄스가 인가되면 출력은 다시 원래의 동작대로 준안정 상태로 변한다.

출력 펄스의 준안정 상태 지속 시간은 외부 커패시터와 저항에 의해 결정되는데 만약 외부 캐패시터 C_{ext}가 1000pF보다 클 경우 출력 펄스의 지속시간을 구하는 식은 다음과 같다.

$$T = K \cdot R_T \cdot C_{\text{ext}}\left(1 + \frac{0.7}{\mathrm{R_T}}\right)$$

여기서

K : 0.32(74122의 경우)

R_T : 단위는 kΩ, 내부 혹은 외부 저항값

C_{ext} : 단위는 pF

T : 단위는 ns, 출력 펄스의 지속 시간

3) 타이머 IC

555 타이머는 발진회로로 많이 사용되며, 단안정 멀티바이브레이터 혹은 비안정 멀티바이브레이터로 동작한다. 아래 그림은 타이머 IC의 내부 회로로 NE555의 논리 구조를 나타내었다.

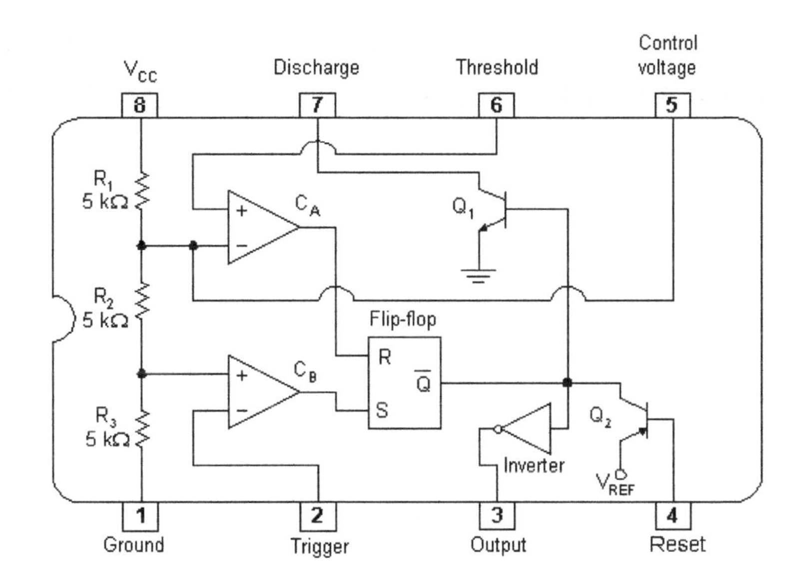

일반적으로 임계치(Threshold) 레벨은 Vcc의 2/3이고, 트리거(Trigger) 레벨은 Vcc 의 1/3이다. 이러한 레벨은 제어(Control) 전압을 이용하여 변경될 수 있다. 만약 트리거 입력이 트리거 레벨보다 떨어지면 플립플롭은 세트되고, 출력은 high로 된다. 트리거 입력이 트리거 레벨보다 높고 임계치 레벨보다 높으면 플립플롭은 리셋되고, 출력은 low로 된다.

Reset 단자는 모든 다른 입력에 우선할 수 있고 새로운 타이밍 사이클을 초기화할 때 사용될 수 있다.

Reset이 low로 되면 플립플롭은 리셋되고, 출력이 low로 된다. 출력이 low로 될 때마다 Discharge와 그라운드 사이에 저임피던스(low impedance) 경로가 제공된다.

① 단안정 멀티바이브레이터

555 타이머가 단안정 멀티바이브레이터로 동작할 경우 아래 그림과 같이 구성할 수 있다.

입력이 low이면 TRIG로 인가되는 low 레벨 펄스가 내부 플립플롭을 세트시키고($\overline{Q}$가 low로 된다), 출력을 high로 만든다. 커패시터 C는 커패시터에 인가되는 전압이 THRES 입력의 임계 전압에 이를 때까지 R_A를 통해 충전된다. 만약 TRIG가 high로 되면 임계 비교기의 출력이 플립플롭을 리셋시키고($\overline{Q}$가 high로 된다), 출력을 low로 만들어 C를 방전시킨다.

단안정 멀티바이브레이터의 동작은 TRIG 전압이 트리거 임계치보다 낮을 때 초기화된다. 한번 초기화되면 타이밍 인터벌의 끝에서 TRIG가 high로 될 때만 시퀀스가 종료된다.

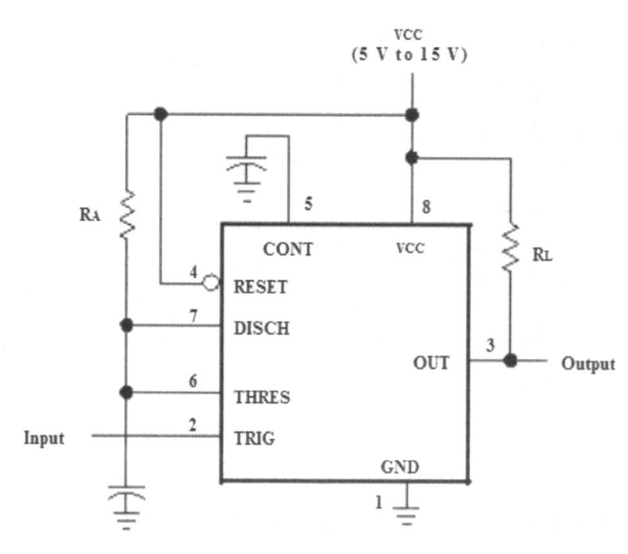

출력 펄스의 지속 시간은 다음과 같이 얻을 수 있다.

$$T = 1.1 R_A \cdot C[\mathrm{sec}]$$

임계치 레벨과 충전율은 공급 전압 V_{cc}에 비례하므로 T 동안 공급 전압이 일정하면 T는 공급 전압과 무관하다.

아래 그림은 NE555 타이머의 단안정, 비안정 모드의 파형을 나타내었다.

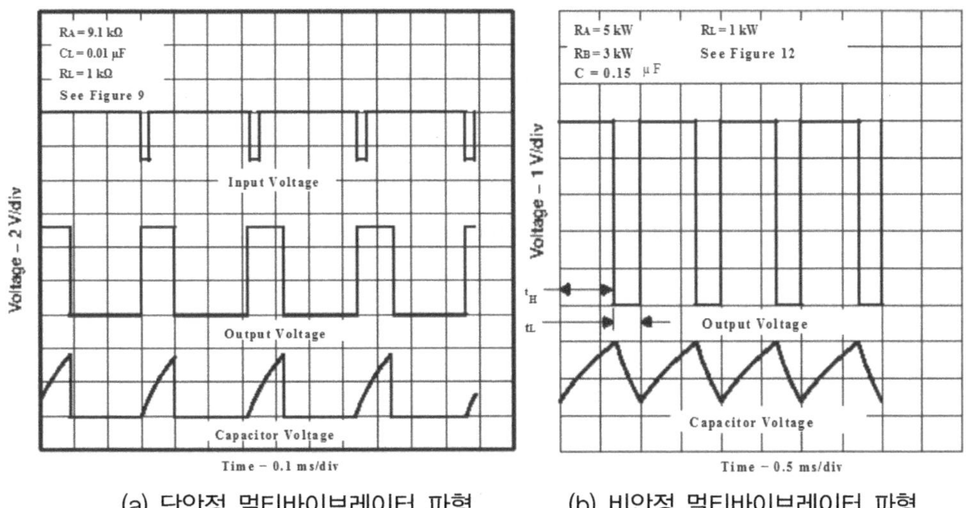

(a) 단안정 멀티바이브레이터 파형 (b) 비안정 멀티바이브레이터 파형

② **비안정 멀티바이브레이터**

타이머 IC인 NE555가 비안정 멀티바이브레이터로 동작할 경우 아래 그림과 같이 구성할 수 있다. 단안정 멀티바이브레이터 동작회로에 저항 R_B를 추가하고 TRIG 입력과 THRES 입력을 연결하여 주면 된다. 캐패시터 C가 R_A와 R_B를 통해 충전하게 되며 방전은 R_B를 통하여 이루어진다.

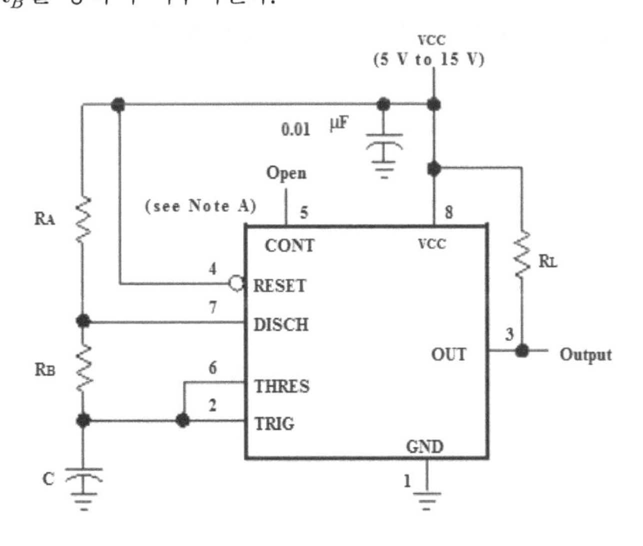

이러한 비안정 연결로 인해 캐패시터 C가 임계 전압 레벨($\approx 0.67\,V_{cc}$)과 트리거 전압 레벨($\approx 0.33\,V_{cc}$) 사이를 충전, 방전하도록 되어 있다.

HIGH로 지속되는 시간 t_H와 LOW로 지속되는 시간 t_L는 다음과 같다.

$$t_H = 0.693(R_A + R_B)C$$
$$t_H = 0.693(R_B)C$$

전체 주기는

$$T = t_H + t_L = 0.693(R_A + 2R_B)C$$

주파수는

$$f = \frac{1}{T} = \frac{1.44}{(R_A + 2R_B)C}$$

듀티사이클(duty cycle)은 다음과 같다.

$$\text{듀티사이클} = (\frac{R_A + R_B}{R_A + 2R_B}) \times 100\%$$

2. 비안정 멀티바이브레이터(M/V) 실험

가. TTL 논리게이트를 이용한 비안정 M/V 회로

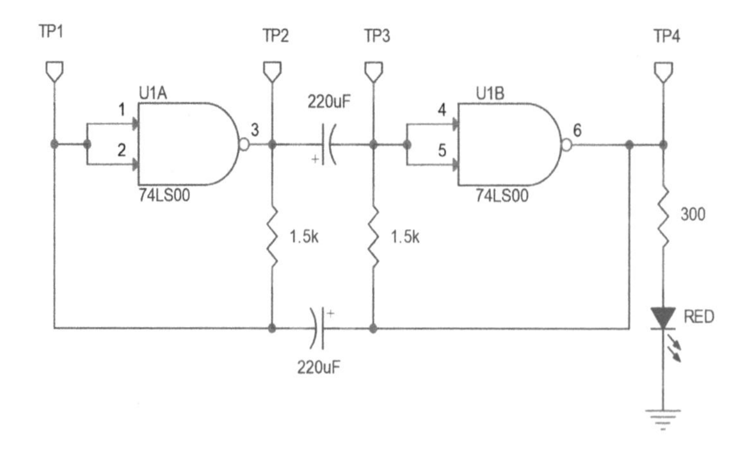

나. 요구사항

① TTL 논리게이트를 이용한 비안정 M/V 회로를 브레드보드에 구성한다.

② 전원을 인가한 후 출력의 상태를 오실로스코프로 측정하여 아래 표에 기록한다.

③ TTL 논리게이트를 이용한 비안정 M/V의 발진 주파수가 실험 결과와 일치하는지 확인한다.

(TP1 파형)

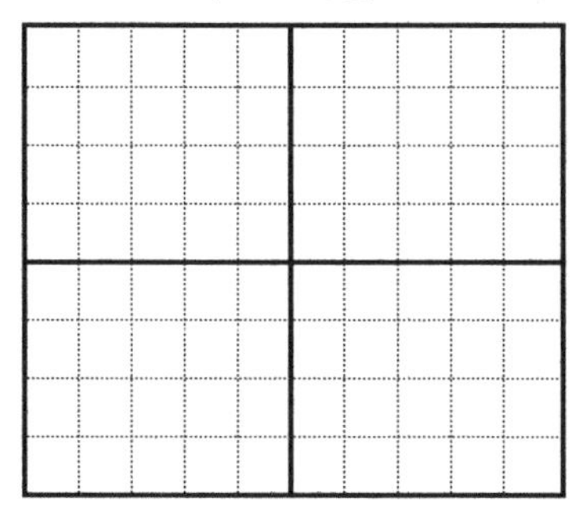

· Time/div :
· Volt/div :
· 전압(p-p) :
· 주 파 수 :

(TP2 파형)

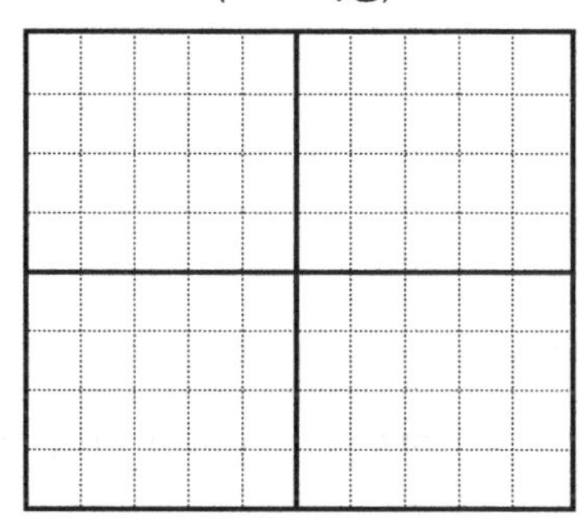

· Time/div :
· Volt/div :
· 전압(p-p) :
· 주 파 수 :

(TP3 파형)

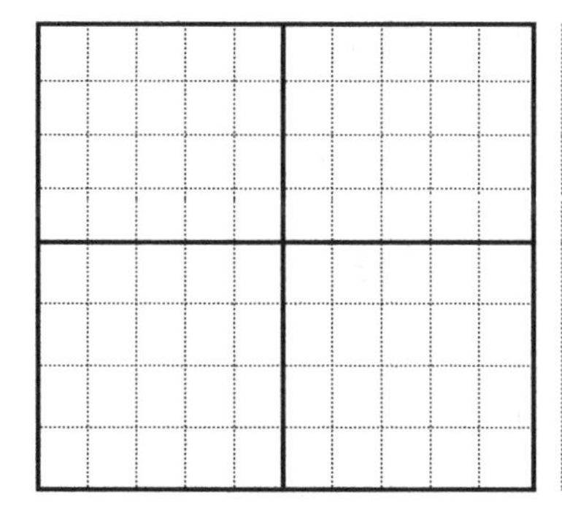

· Time/div :
· Volt/div :
· 전압(p-p) :
· 주 파 수 :

(TP4 파형)

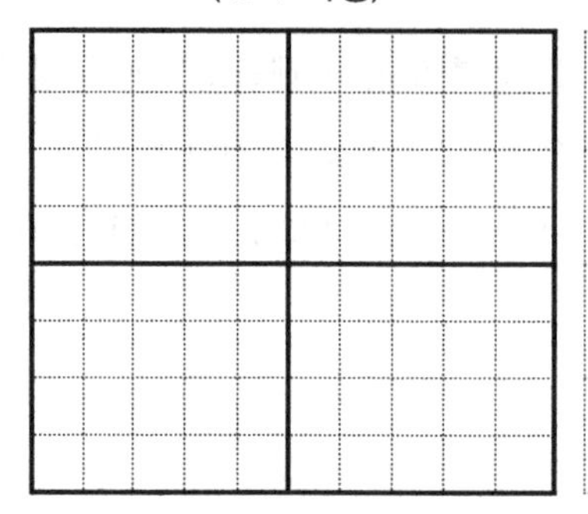

· Time/div :
· Volt/div :
· 전압(p-p) :
· 주 파 수 :

다. CMOS를 이용한 비안정 M/V 회로

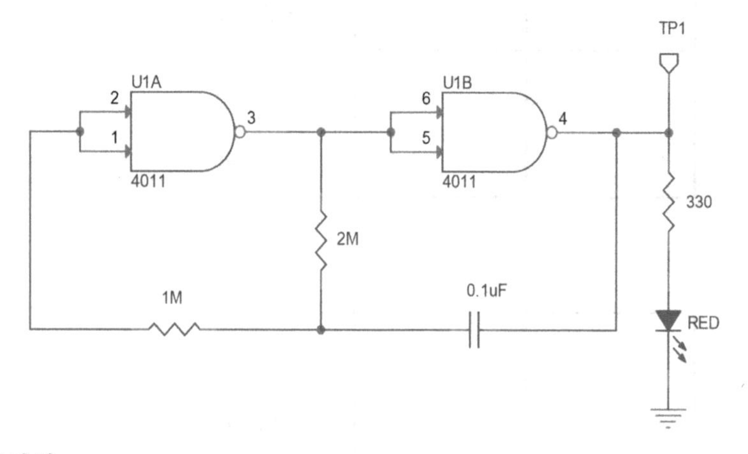

라. 요구사항

① CMOS를 이용한 비안정 M/V 회로를 브레드보드에 구성한다.

② 전원을 인가한 후 출력의 상태를 오실로스코프로 측정하여 아래 표에 기록한다.

③ CMOS를 이용한 비안정 M/V의 발진 주파수가 실험 결과와 일치하는지 확인한다.

(TP1 파형)

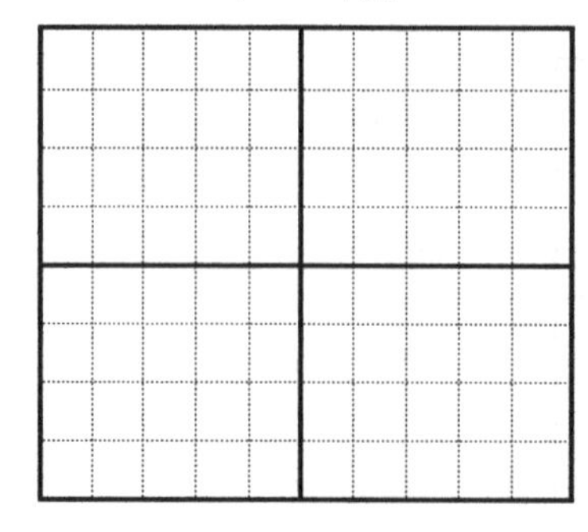

· Time/div :
· Volt/div :
· 전압(p-p) :
· 주 파 수 :

마. 타이머 IC(NE555)를 이용한 비안정 M/V 회로

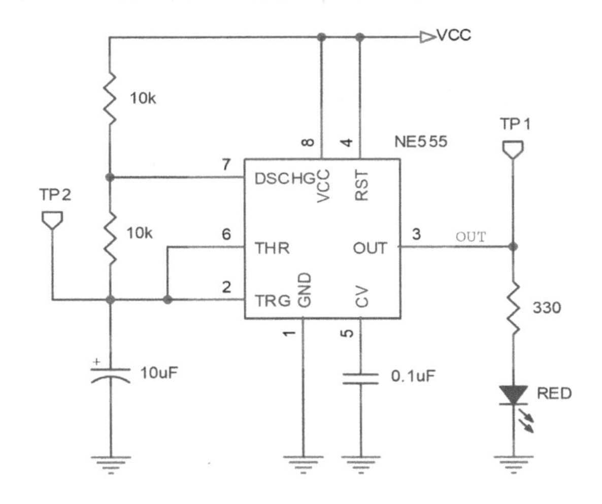

바. 요구사항

① 타이머 IC(NE555)를 이용한 비안정 M/V 회로를 브레드보드에 구성한다.

② 전원을 인가한 후 출력의 상태를 오실로스코프로 측정하여 아래 표에 기록한다.

③ 타이머 IC(NE555) 이용한 비안정 M/V의 발진 주파수가 실험 결과와 일치하는지 확인한다.

(TP1 파형)

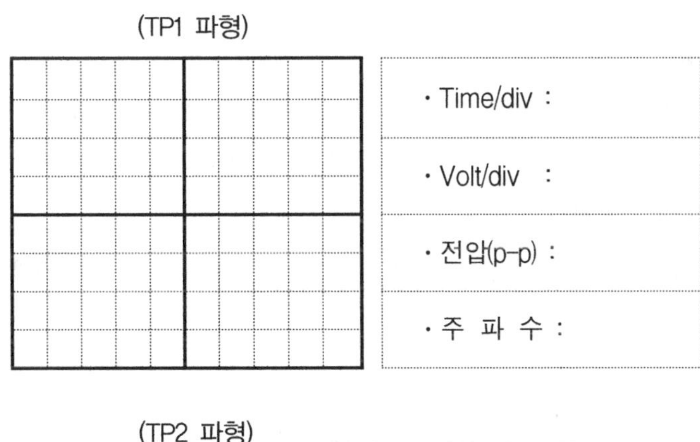

(TP2 파형)

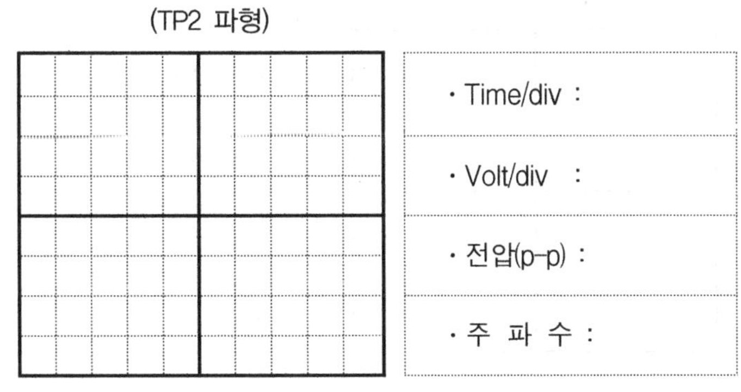

3. 단안정 멀티바이브레이터(M/V) 실험

가. 타이머 IC(NE555)를 이용한 단안정 M/V 회로

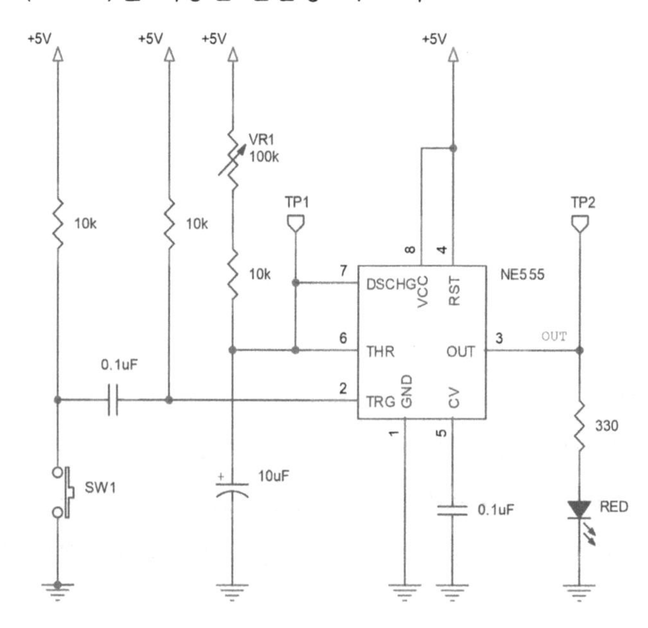

나. 요구사항

① 타이머 IC를 이용한 단안정 M/V 회로를 브레드보드에 구성한다.

② 전원을 인가한 후 타이머 IC를 이용한 단안정 M/V의 각 TP 점의 파형을 측정하여 아래 표에 기록한다.

③ 타이머 IC(NE555) 이용한 단안정 M/V의 발진 주파수가 실험 결과와 일치하는지 확인한다.

(TP1 파형)

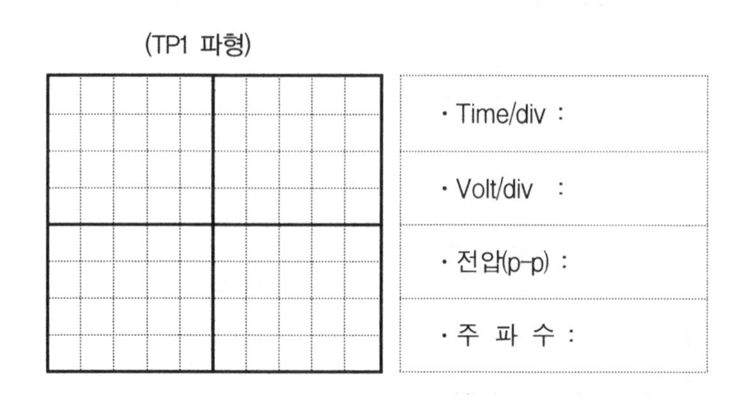

(TP2 파형)

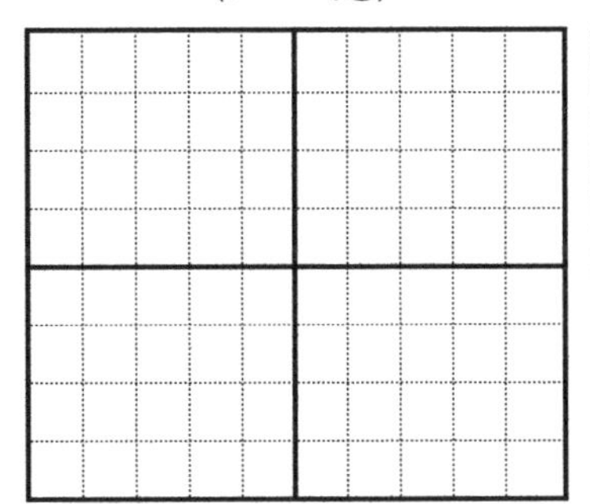

- Time/div :
- Volt/div :
- 전압(p-p) :
- 주 파 수 :

다. 논리 게이트를 이용한 단안정 M/V 회로

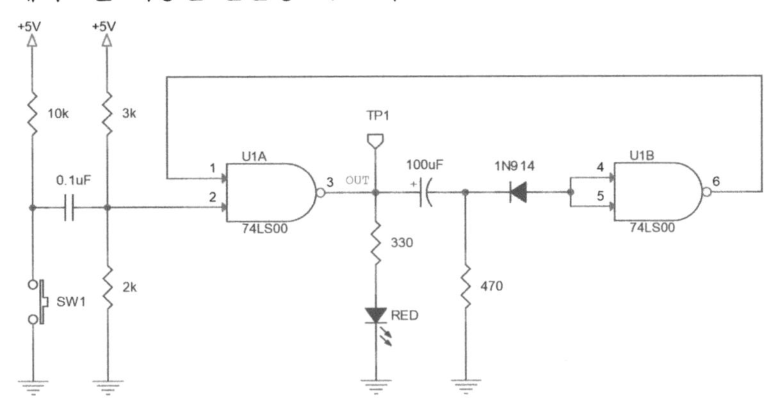

라. 요구사항

① 논리 게이트를 이용한 단안정 M/V 회로를 브레드보드에 구성한다.

② 논리 게이트를 이용한 단안정 M/V의 TP1 파형을 측정하여 아래 표에 기록한다.

③ 논리 게이트를 이용한 단안정 M/V의 발진 주파수가 실험 결과와 일치하는지 확인한다.

(TP1 파형)

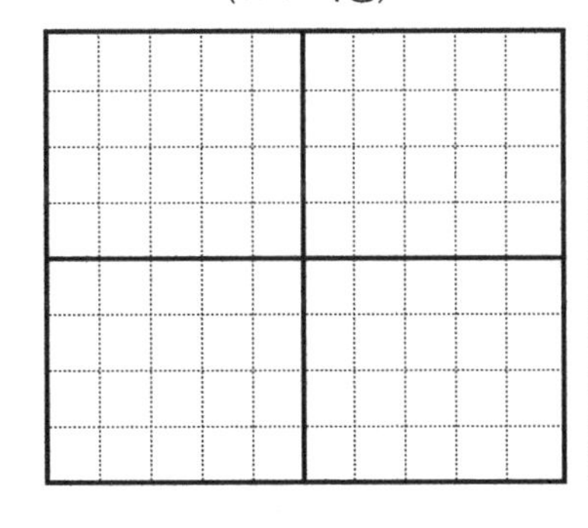

- Time/div :
- Volt/div :
- 전압(p-p) :
- 주 파 수 :

제5장 가산기/감산기 (Adder/Subtracter)

1. 가산기(Adder)
2. 감산기(Subtracter)
3. 반가산기(HA) 실험
4. 전가산기(FA) 실험
5. 4Bit 가산기 회로 실험(1)
6. 4Bit 가산기 회로 실험(2)
7. 반감산기(HS) 실험
8. 전감산기(FS) 실험
9. 2Bit 감산기 실험

1. 가산기(Adder)

1) 반가산기(Half Adder)

1+1의 연산 결과는 2진수 $10_{(2)}$ 2비트로 구성되므로 이때 최상위 비트(MSB: Most Significant Bit)인 1을 자리올림수(carry)라 한다.

이러한 연산은 2개의 비트를 입력으로 하여 덧셈한 결과를 출력 값으로 얻을 수 있으므로 아래와 같이 진리표를 통하여 논리식을 간단하게 표시할 수 있다.

A	B	SUM		CARRY	
0	0	0	A′B+AB′ =A⊕B	0	A · B
0	1	1		0	
1	0	1		0	
1	1	0		1	

위 논리식을 이용하여 논리 회로도를 표시하면 다음과 같으며 1bit Data 2개의 덧셈을 처리하는 회로를 반가산기(HA: Half Adder)라 한다.

반가산기를 카르노 맵을 이용하여 간략화하면 다음과 같다.

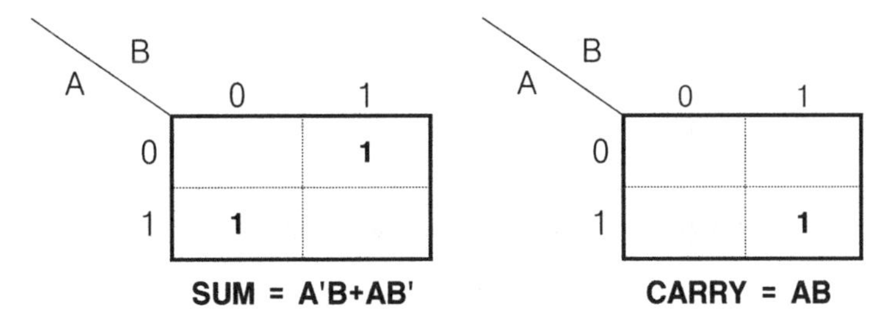

논리식은 AND 게이트와 XOR 게이트를 이용하여 나타낼 수 있다.

2) 전가산기(Full Adder)

1bit Data 3개를 입력받아 덧셈 연산을 수행하고 2개의 출력 값(Sum과 Carry)을 생성하는 조합회로를 전가산기(FA: Full Adder)라고 한다.

전가산기의 결과는 입력 변수 A,B,C의 3비트에 대해서 덧셈 연산을 수행하기에 출력은 000에서 111까지의 범위를 가진다.

전가산기에서도 반가산기와 마찬가지로 2비트의 출력을 지정하기 위해서 자리올림 값 Carry와 합의 값 Sum이 필요하다. 그리고 이제는 입력 변수가 3개로 늘어나 출력 값의 경우의 수가 2^3=8개로 직관적인 논리식을 생각하기 어렵다.

이와 같이 경우의 수가 많아져 직관적으로 논리식을 유추하기 어려운 상태에서 논리회로도를 그리기 위해서는 제일 먼저 회로의 동작을 진리표로 작성하고 그 진리표를 이용하여 논리식을 추출하여 정리하는 방법을 사용한다.

A	B	C	SUM		CARRY	
0	0	0	0		0	
0	0	1	1	A′B′C	0	
0	1	0	1	A′BC′	0	
0	1	1	0		1	A′BC
1	0	0	1	AB′C′	0	
1	0	1	0		1	AB′C
1	1	0	0		1	ABC′
1	1	1	1	ABC	1	ABC

진리표에서 출력 값이 1인 경우에 대해 논리식을 추출하면

$$SUM = A'B'C+A'BC'+AB'C'+ABC$$

$$\begin{aligned} CARRY &= A'BC+AB'C+ABC'+ABC \\ &= AB+BC+AC \end{aligned}$$

와 같이 표시할 수 있다.

AND 및 OR 게이트를 이용하여 전가산기를 나타내면 다음과 같다.

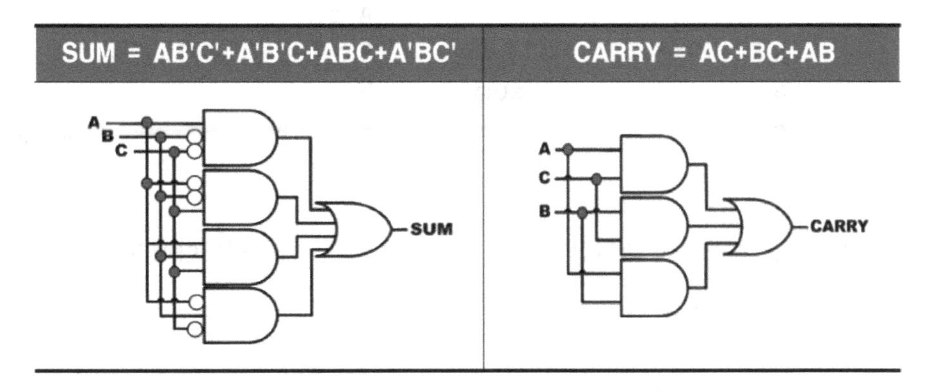

카노우 맵을 이용한 방법으로 간략화를 수행하면 다음과 같다.

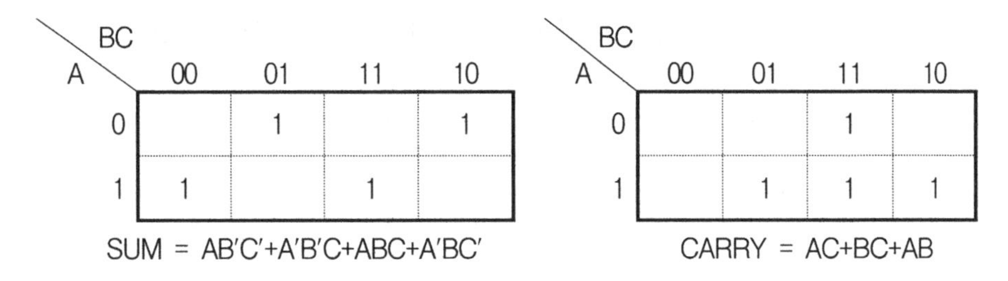

이들을 대수적인 방법으로 간략화를 수행하면 다음과 같다.

$$
\begin{aligned}
\text{SUM} &= A'B'C+A'BC'+AB'C'+ABC \\
&= C'(AB'+A'B)+C(AB+A'B') \\
&= C'(AB'+A'B)+C(A'B+AB')' \\
&= C'(A\oplus B)+C(A\oplus B)' \\
&= C\oplus(A\oplus B)
\end{aligned}
$$

$$
\begin{aligned}
\text{CARRY} &= A'BC + AB'C + ABC' + ABC \\
&= C(A'B+AB') + AB(C'+C) \\
&= C(A\oplus B)+AB
\end{aligned}
$$

카르노 맵으로 표시된 SUM은 모든 값들이 떨어져 있어 더 이상 간략화할 수 없는 것으로 보이지만 부울식 $(A\oplus B)\oplus C$로 유도할 수 있다.

그리고 전가산기의 논리식을 이용하여 논리 회로도를 표현하면 다음과 같다.

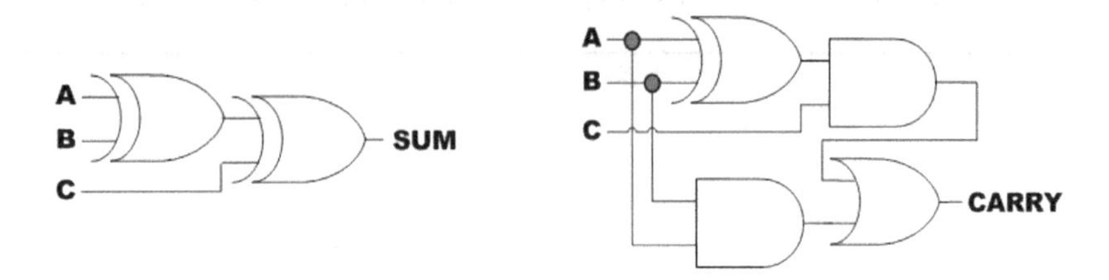

반가산기를 이용하여 전가산기를 구성하면 SUM과 CARRY는 아래와 같다.

$$\begin{aligned} \text{SUM} &= A'B'C+A'BC'+AB'C'+ABC \\ &= (A\oplus B)\oplus C \\ \text{CARRY} &= A'BC+AB'C+ABC'+ABC \\ &= (A\oplus B)C+AB \end{aligned}$$

반가산기를 이용한 전가산기의 블록도와 논리 회로도는 아래와 같다.

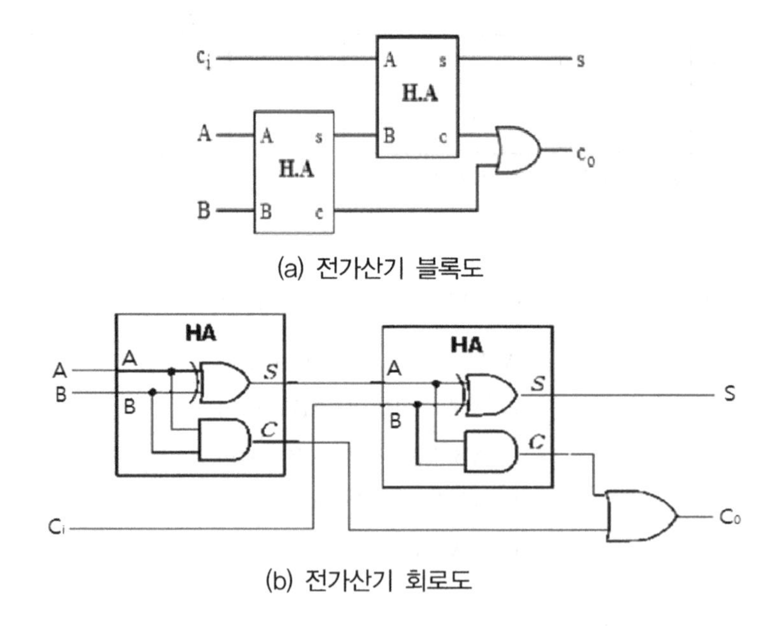

(a) 전가산기 블록도

(b) 전가산기 회로도

3) 2진 직 · 병렬 가산기

n비트로 구성된 2진수 A와 B에 대한 덧셈은 직렬 가산기(Serial Adder)와 병렬 가산기(Parallel Adder)에 의해서 실행할 수 있다.

직렬 가산기는 A와 B에 있는 비트의 쌍을 직렬로 전가산기의 입력으로 인가하여 가산기의 합을 만들어내는 회로이다. 이때 한 쌍의 비트로부터 기억된 출력 캐리는 캐리 저장기에 저장되며, 다음 쌍의 비트에 대한 입력 캐리로서 이용된다.

직렬 가산기는 회로의 구성이 간단하지만 두 개의 비트를 직렬로 연산하므로 비트의 길이만큼 연산 시간이 소요되는 단점이 있다.
직렬 가산기의 구성은 아래와 같다.

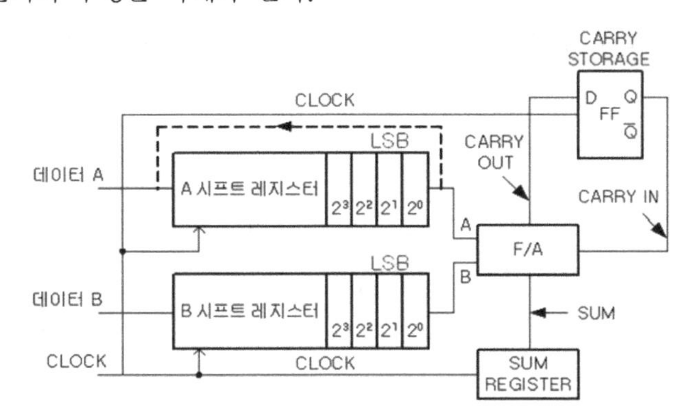

병렬 가산기는 n개의 전가산기를 사용하며 A, B의 모든 비트를 동시에 입력으로 인가하여 연산을 수행한다. 한 개의 전가산기로부터 나온 출력 캐리는 다음 단의 전가산기의 입력 캐리로 인가된다. 병렬 가산기는 각 비트마다 전가산기를 설치하여 모든 비트를 병렬로 연산하는 회로이다. 따라서 n비트 2진 병렬 가산기를 구현하기 위해서는 n개의 전가산기가 필요하게 된다.
2비트의 병렬 가산기의 블록도와 회로도는 아래와 같다.

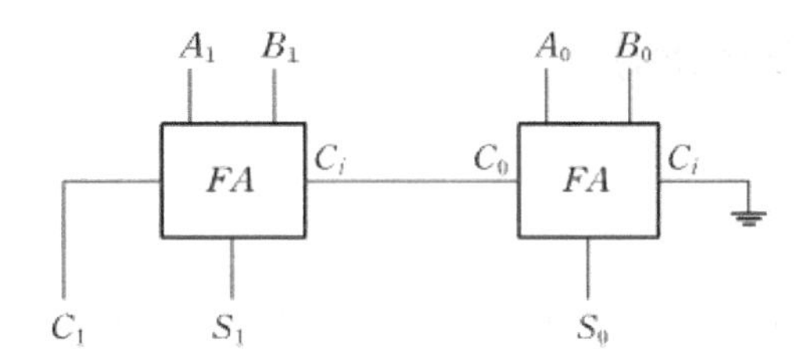

(a) 2비트 병렬 가산기 블록도

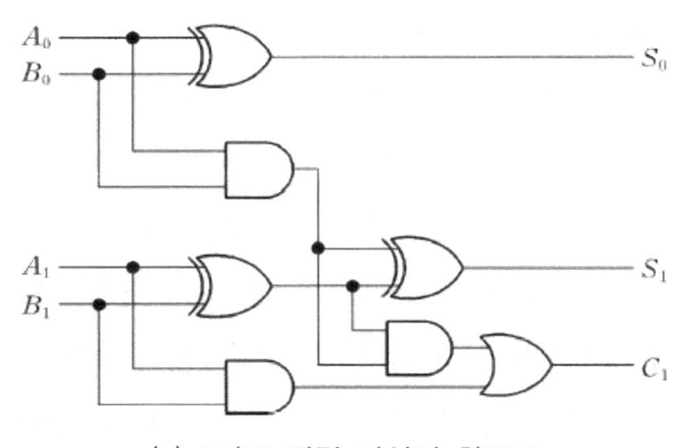

(b) 2비트 병렬 가산기 회로도

아래 그림은 4개의 전가산기로 구성된 4비트 2진 병렬 가산기(binary parallel adder)를 나타낸다. 피가수 A와 가수 B의 모든 비트들이 동시에 입력되며 전가산기의 출력 캐리는 바로 왼쪽 전가산기의 입력으로 인가된다. 이 회로에서 연산 결과인 합의 비트는 출력 S에 나타난다. 또한, C_0는 두 번째 FA의 입력 캐리이며, C_3는 네 번째 FA의 출력 캐리이다.

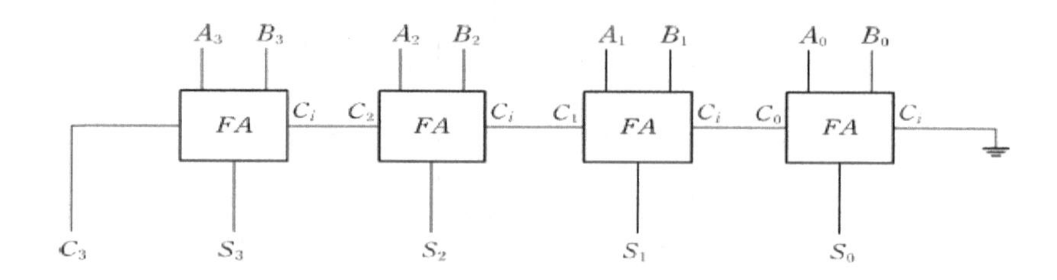

고전적인 방법에 의해서 4비트 2진 병렬 가산기를 설계하려면, 이 가산기의 입력은 입력 캐리를 포함하여 모두 9개가 필요하므로 $2^9 = 512$개의 입력 조합을 가진 진리표를 작성해야 하므로 회로가 매우 복잡하게 된다.

2. 감산기(Subtracter)

1) 반감산기

감산기(Subtracter)는 두 비트의 뺄셈을 수행하여 그 차(D : Difference)를 구하고, 피감수(minuend) 비트가 감수(subtrahend) 비트보다 작을 때 바로 앞의 비트로부터 1을 빌려오는 빌림수(B: Borrow)를 나타내는 논리 회로이다.

감산기 또한 가산기와 마찬가지로 전감산기와 반감산기로 나누어지는데 전감산기는 그 전단에 1을 빌려 주었는지에 대한 것이 고려된 경우이고, 1을 빌려 오기만 할 뿐 그 전단에 빌려줌은 고려하지 않는 것은 반감산기이다.

반감산기(HS : Half Subtracter)는 두 비트의 뺄셈을 수행하여 그 차와 1을 빌려왔는지를 나타내는 출력을 가진 논리회로이다. 즉, 피감수와 감수의 상대적인 크기를 비교한다. 1비트의 감수와 피감수의 감산을 하면 결과는 다음과 같다.

조건	계산식	차:Difference	빌림수:Borrow
X ≧ Y	0 - 0 = 0	0	0
	1 - 0 = 1	1	0
	1 - 1 = 0	0	0
X < Y	0 - 1 → 10 - 01 = 11	1	1

감산을 수행하기 위해 X와 Y의 상대적인 크기를 비교해야만 한다.

X≧Y인 경우에는 위와 같이 단순한 감산이 이루어진다. 그러나 X〈Y 인 경우, 즉 0-1인 경우에는 앞자리의 비트로부터 1을 빌려야 한다. 빌린 1은 2진수로서 2와 같으므로 피감수와 더해져 2+0이 되므로 결과 B(Borrow)가 1이 되고, 2-1을 수행하여 D(Difference)는 1이 된다.

X(minuend) 피감수	Y(subtrahend) 감수	D(difference) 차	B(borrow) 빌림수
0	0	0	0
0	1	1	1
1	0	1	0
1	1	0	0

반감산기를 구현하기 위해서는 먼저 입력 변수로는 X(피감수), Y(감수), 그리고 출력 변수로 차(Difference) D, 빌림수(Borrow) B를 할당한다.

반감산기의 진리표는 위와 같다.

위 진리표에 의해 논리식을 추출하면

$$D=X'Y+XY'=X \oplus Y$$

$$B=X'Y$$

가 된다.

함수식을 보면 반감산기의 D는 반가산기의 S와 동일하다는 것을 알 수 있다.

그리고 반가산기는 C=XY인데 반감산기는 B=X'Y이다. 그러므로 반가산기의 자리올림수를 결정하는 회로에서 X를 X'로 바꿀 경우 출력 C와 반감산기의 B는 동일하므로 반감산기의 논리도는 반가산기의 논리회로도에서 X를 X'로 바꾸어 쉽게 구현할 수 있다.

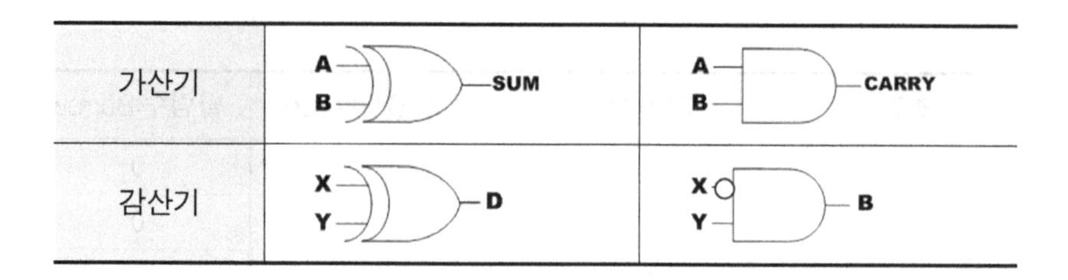

가산기	A, B → SUM	A, B → CARRY
감산기	X, Y → D	X, Y → B

반감산기를 카우노 맵을 이용하여 간략화하면 다음과 같다.

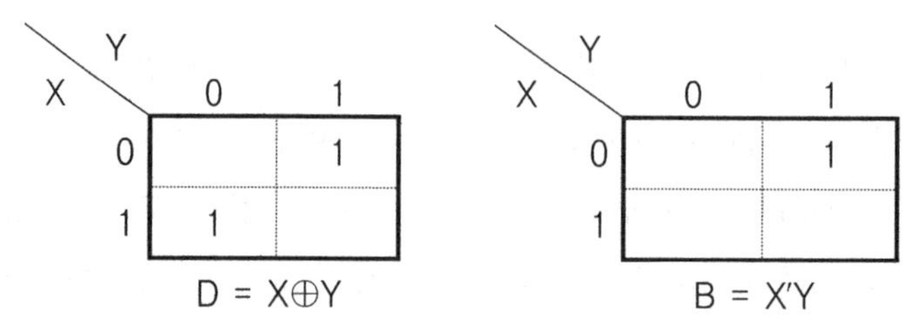

논리식을 AND, NOT 및 OR 게이트 그리고 XOR 게이트를 이용하여 나타내면 다음과 같다.

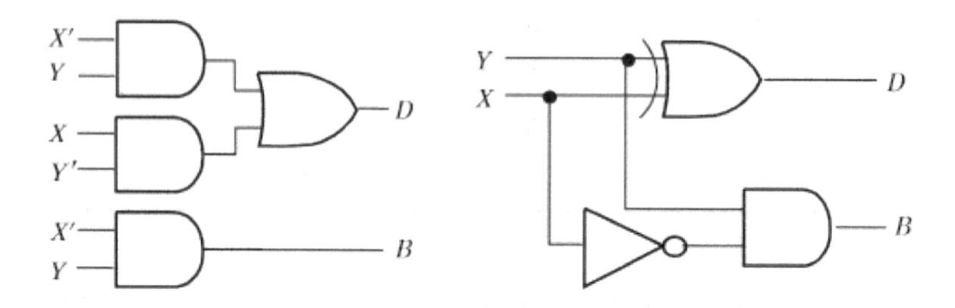

2) 전감산기(Full Subtracter)

전감산기(FS:Full Subtracter)는 바로 전단의 위치에 빌려준 1, 즉, 입력 변수 Z를 하나 더 고려하여 두 비트의 뺄셈을 수행하는 논리회로이다. 따라서 입력 변수가 반감산기보다 하나 더 추가된다. 다음 표의 Z는 빌려준 상태를 표시한다. 두 출력 변수 B와 D의 값은 X, Y, Z의 결과에 따라서 1 또는 0이 된다.

입력 Z(전단에 빌려준 상태)가 0 이면 반감산기와 동일하게 된다. 예를 들어 (X, Y, Z)=(0, 0, 1)일 경우 전단에 1을 빌려 준 상태, 즉, Z=1이므로 바로 앞의 비트로부터 1을 빌려와서 X는 2가 된다. 그러므로 D=2-0-1=1이 되어 (D, B)=(1, 1)이 된다.

(X, Y, Z)=(0, 1, 1)일 때에도 앞의 비트로부터 1을 빌려와야 하므로 B=1 이고, X 는 2가 더해져 D는 2-1-1=0에 의해 0이 된다.

(X, Y, Z)=(1, 0, 1)일때 X-Y-Z=0이므로 B=0, D=0가 된다. 그리고 (X, Y, Z)=(1, 1, 1)이면 앞의 비트로부터 1을 빌려 X는 2가 더해져 3이 되므로 D=1, B=1이 된다.

Input			Output	
X (minuend)	Y (subtrachend)	Z (previous borrow)	D (difference)	B (borrow)
0	0	0	0	0
0	0	1	1	1
0	1	0	1	1
0	1	1	0	1
1	0	0	1	0
1	0	1	0	0
1	1	0	0	0
1	1	1	1	1

$$\text{Difference} = X'Y'Z + X'YZ' + XY'Z' + XYZ$$

$$\begin{aligned}\text{Borrow} &= X'Y'Z + X'YZ' + X'YZ + XYZ \\ &= X'Z(Y'+Y) + X'Y(Z'+Z) + YZ(X'+X) \\ &= X'Z + X'Y + YZ\end{aligned}$$

AND와 OR 게이트를 이용하여 전감산기를 나타내면 다음과 같다.

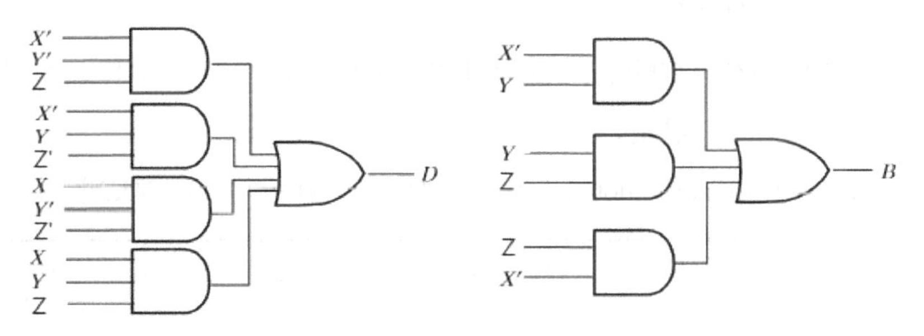

전감산기를 카르노 맵을 이용하여 간략화하면 다음과 같다.

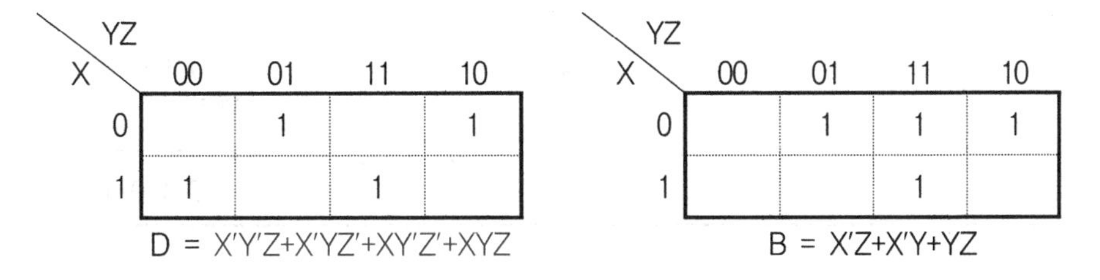

위 진리표로부터 논리식을 추출하면

$$\begin{aligned} \text{Difference} &= X'Y'Z+X'YZ'+XY'Z'+XYZ \\ &= (X'Y'+XY)Z+(X'Y+XY')Z' \\ &= (X\odot Y)Z+(X\oplus Y)Z' \\ &= (X\oplus Y)'Z+(X\oplus Y)Z' \\ &= (X\oplus Y)\oplus Z \\ \text{Borrow} &= X'Y'Z+X'YZ'+X'YZ+XYZ \\ &= X'Y'+XY)Z+X'Y(Z'+Z) \\ &= (X'Y'+XY)Z+X'Y \end{aligned}$$

전감산기는 2개의 반감산기와 1개의 OR 게이트를 이용하여 설계된다.

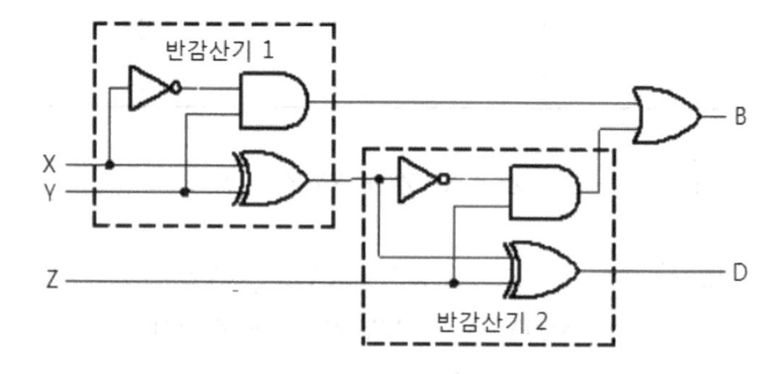

3) 가산기-감산기

2진수의 감산은 인버터를 이용하여 감수에 대한 1의 보수를 만들고, 입력 캐리를 통하여 1을 더하면 된다.

2진 감산기(binary subtractor)로 14에서 9를 빼는 연산을 해보면

10진수 감산	2진수 감산	1의 보수 가산	2의 보수 가산
피감수 14 감 수 - 9 ---------- 5	1 1 1 0 - 1 0 0 1 ---------- 0 1 0 1	1 1 1 0 + 0 1 1 0 ---------- 1 0 1 0 0 + 1 ---------- 0 1 0 1	1=Cin 1 1 1 0 + 0 1 1 0 ---------- 1 0 1 0 1 제거 ---------- 0 1 0 1

즉 감수를 2의 보수로 변환하고 피감수와 덧셈 연산하고 최상위 자리올림수는 제거한다.

```
     C2  C1  C0   1 = Ci  : 자리올림수
     A3  A2  A1  A0        : 피감수
   + B3' B2' B1' B0'       : B의 1의 보수
     -------------------
     C3  S3  S2  S1   S0  : 결과
     제거
```

전가산기와 NOT 게이트를 이용하여 회로를 구성하면 다음과 같다.

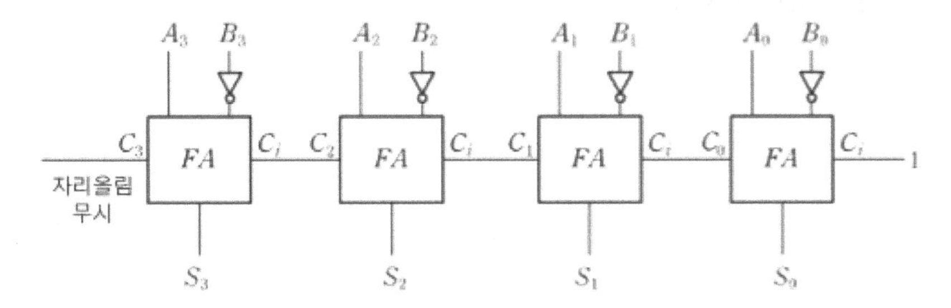

2진 가산과 감산 연산을 수행하기 위해서는 모드 입력 C_{in}을 이용한다. $C_{in}=0$이면 이 회로는 가산기로서 동작하고, $C_{in}=1$이면 감산기로서 동작한다. 즉, C_{in}이 0이면, EX-OR의 출력은 B가 되므로 FA의 입력은 A+B+0(C0=0)이 되어 가산기로서 동작하게 된다.

한편, $C_{in}=1$일 경우에는 EX-OR의 출력은 B'가 되므로 FA의 입력은 A+B'+1(C0=1)이 되므로 감산기로서 동작하게 된다.

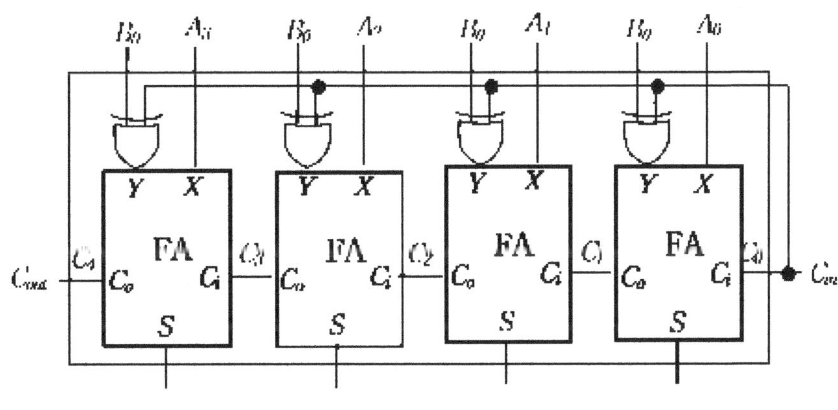

$C_{in}=0$ 이면 B⊕0=B, $C_{in}=1$ 이면 B⊕1=B'

2진 가감산기는 하나의 2진 가산기를 이용하여 가산과 감산을 동시에 수행할 수 있는 회로이다. 2진수의 감산은 감수에 대해서 2의 보수를 취하여 피감수와 더하면 된다. 위 그림은 각 전가산기에 Exclusive-OR(EX-OR) 회로를 연결하여 구성한 4비트 2진 가감산기이다.

3. 반가산기(HA) 실험

가. 반가산기(HA) 회로

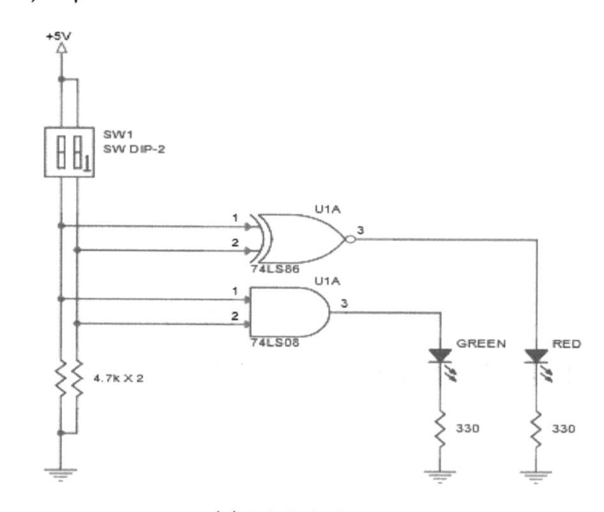

(a) 반가산기 1

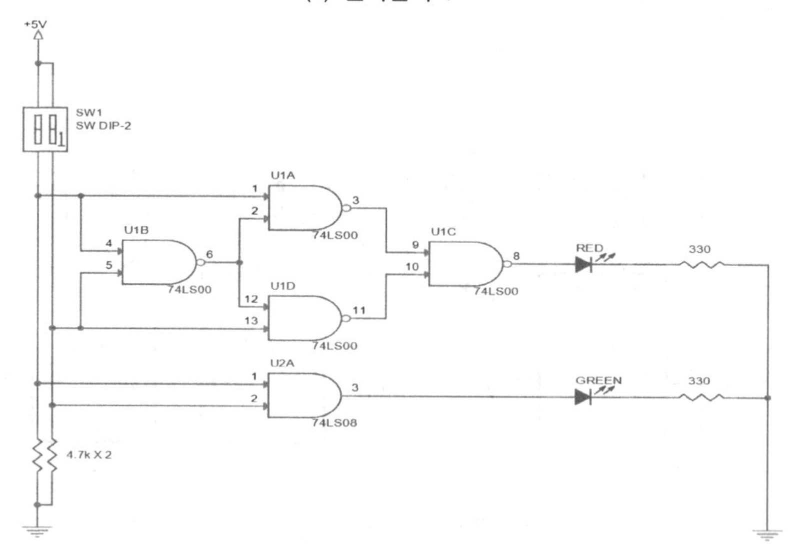

(b) 반가산기 2

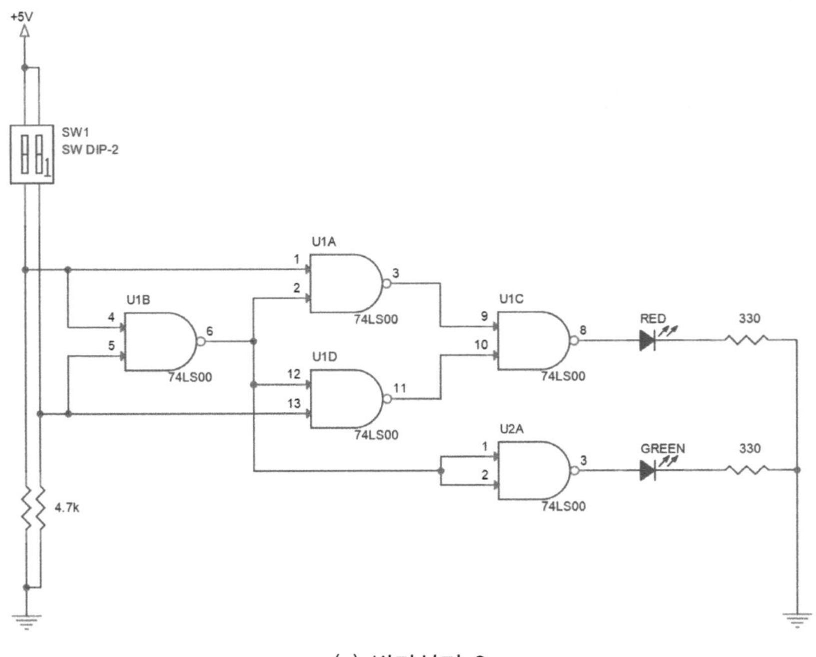

(c) 반가산기 3

나. 요구사항

① 반가산기 회로를 브레드보드에 구성한다.

② 전원을 인가한 후 스위치 조작에 따른 LED의 상태를 아래 표에 기록한다.

③ 반가산기의 진리표가 실험 결과와 일치하는지 확인한다.

A	B	출력	
		S(RED)	C(GREEN)
0	0		
0	1		
1	0		
1	1		

4. 전가산기(FA) 실험

가. 전가산기(FA) 회로

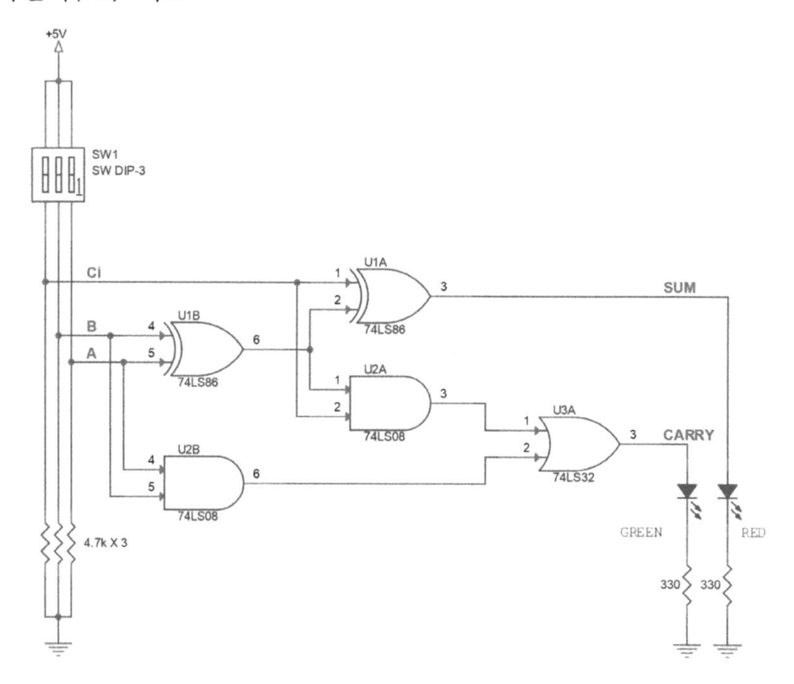

나. 요구사항

① 전가산기 회로를 브레드보드에 구성한다.

② 전원을 인가한 후 스위치 조작에 따른 LED의 상태를 아래 표에 기록한다.

③ 전가산기의 진리표가 실험 결과와 일치하는지 확인한다.

A	B	Ci	출력	
			S(RED)	C(GREEN)
0	0	0		
0	0	1		
0	1	0		
0	1	1		
1	0	0		
1	0	1		
1	1	0		
1	1	1		

5. 4Bit 가산기 회로 실험(1)

가. 4Bit 가산기 회로

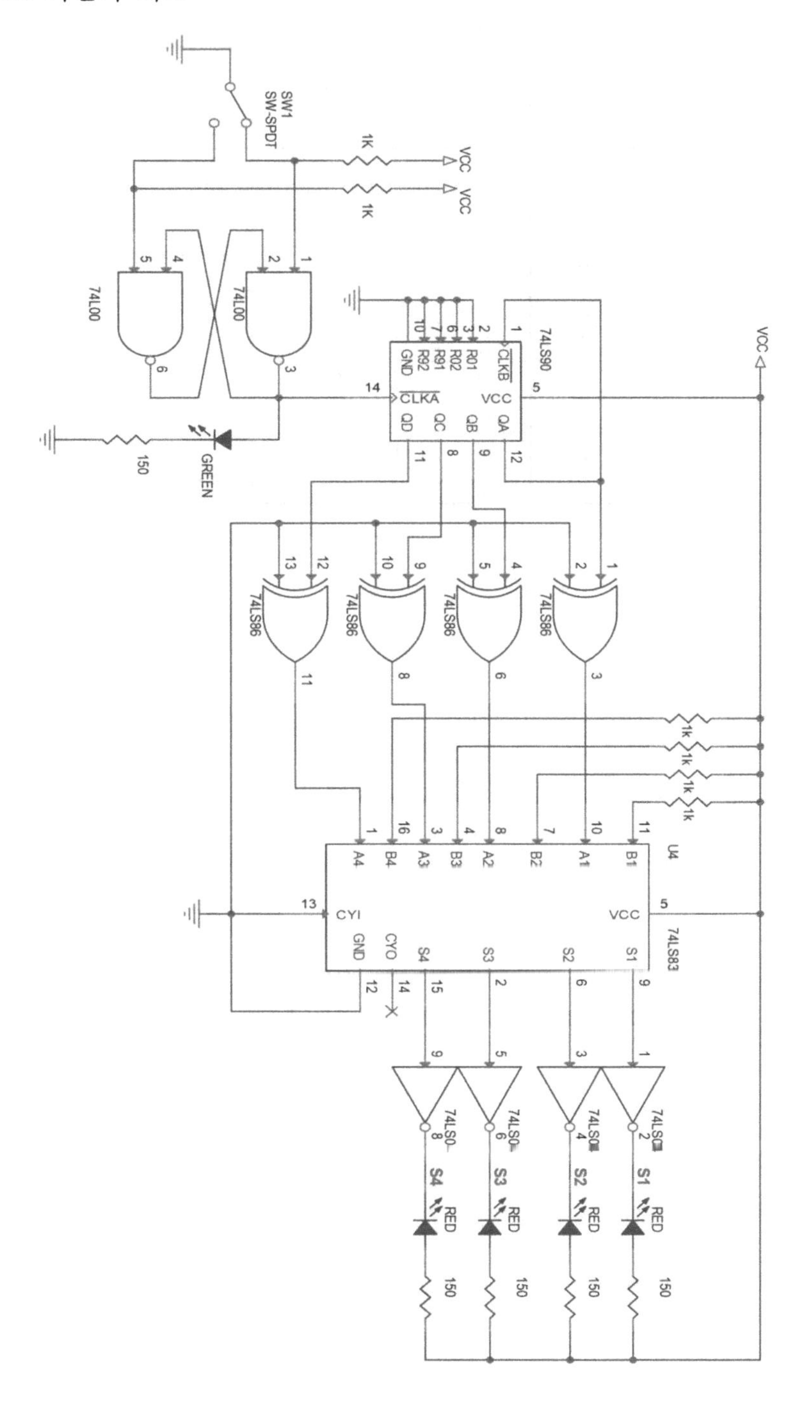

나. 요구사항

① 4Bit 가산기 회로를 브레드보드에 구성한다.

② 조립이 완성되면 SW를 수동 전환할 때마다 클럭펄스가 인가되어 동작이 순차적으로 아래 표와 같이 동작되는지 확인한다.

NO	출력(LED 점멸 상태)			
	S_1	S_2	S_3	S_4
준비	H	H	H	H
	L	L	L	L
1	H	L	L	L
2	L	H	L	L
3	H	H	L	L
4	L	L	H	L
5	H	L	H	L
6	L	H	H	L
7	H	H	H	L
8	L	L	L	H

6. 4Bit 가산기 회로 실험(2)

가. 4Bit 가산기 회로

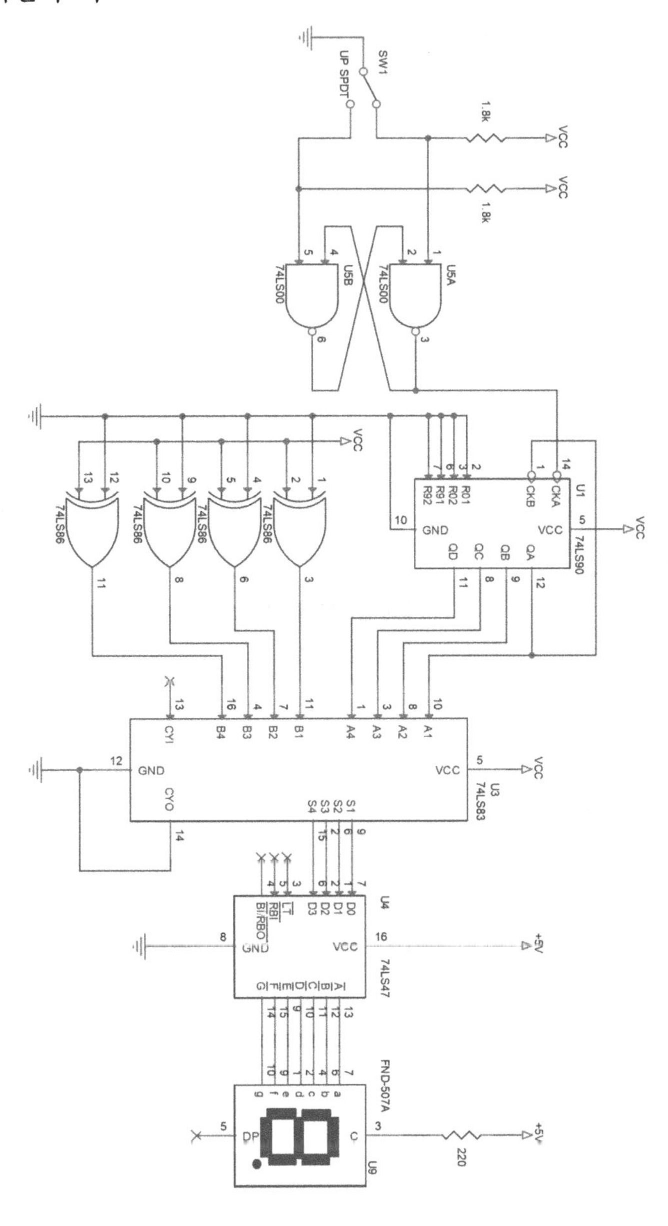

나. 요구사항

① 4Bit 덧셈기 회로를 브레드보드에 구성한다.

② 스위치로 클럭펄스를 가하여 FND 숫자가 0~8까지 변하는지 확인한다.

7. 반감산기(HS) 실험

가. 반감산기(HS) 회로

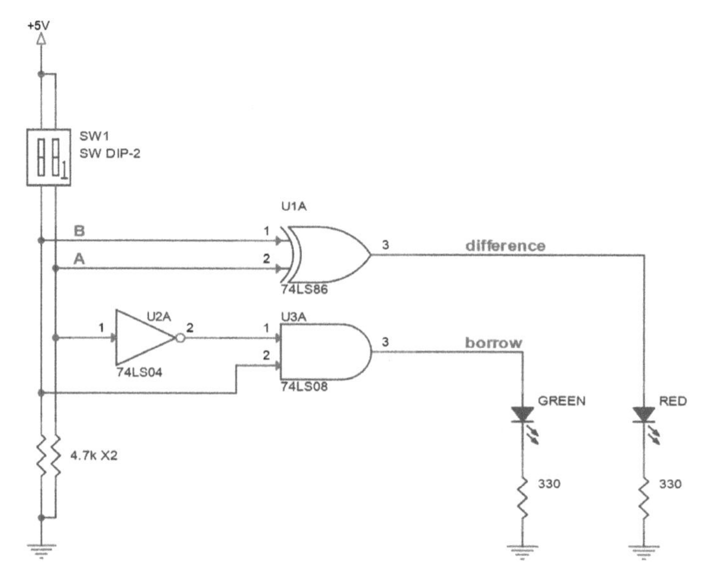

(a) 반감산기 1

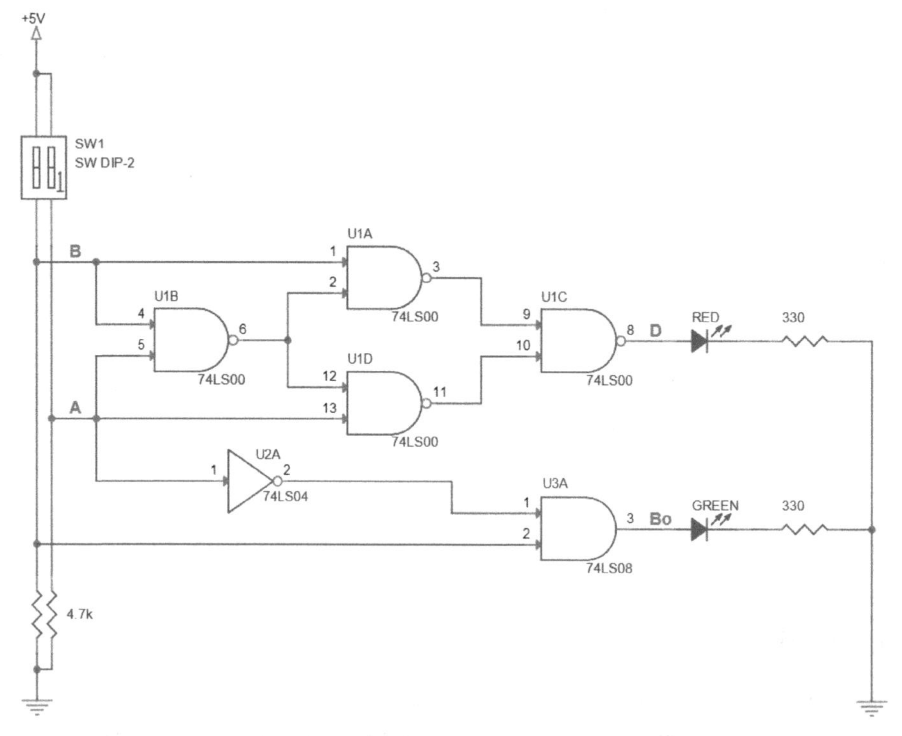

(b) 반감산기 2

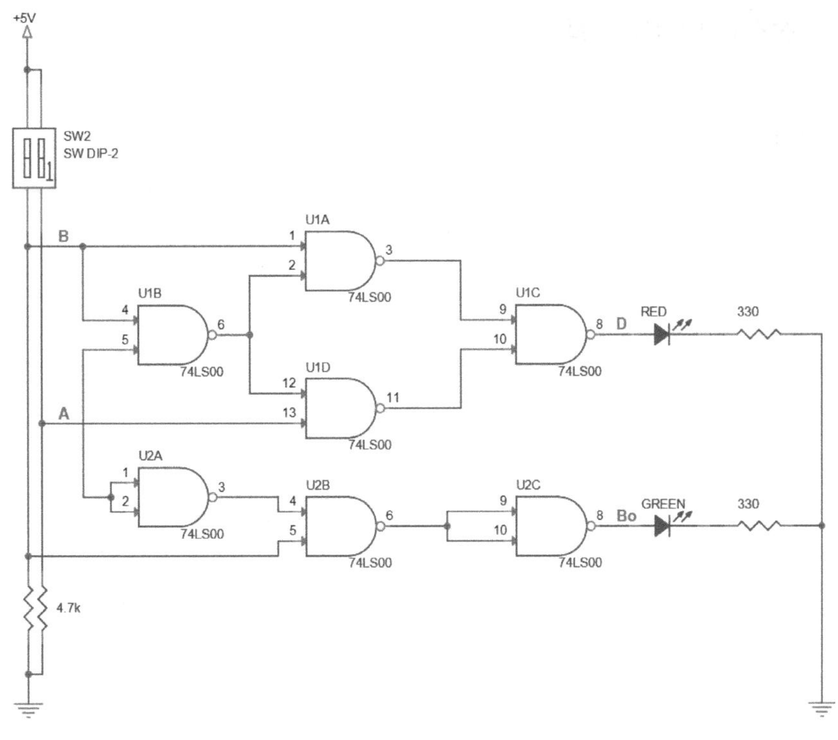

(c) 반감산기 3

나. 요구사항

① 반감산기 회로를 브레드보드에 구성한다.

② 전원을 인가한 후 스위치 조작에 따른 LED의 상태를 아래 표에 기록한다.

③ 반감산기의 진리표가 실험 결과와 일치하는지 확인한다.

A	B	출력	
		D(RED)	B_o(GREEN)
0	0		
0	1		
1	0		
1	1		

8. 전감산기(FS) 실험

가. 전감산기(FS) 회로

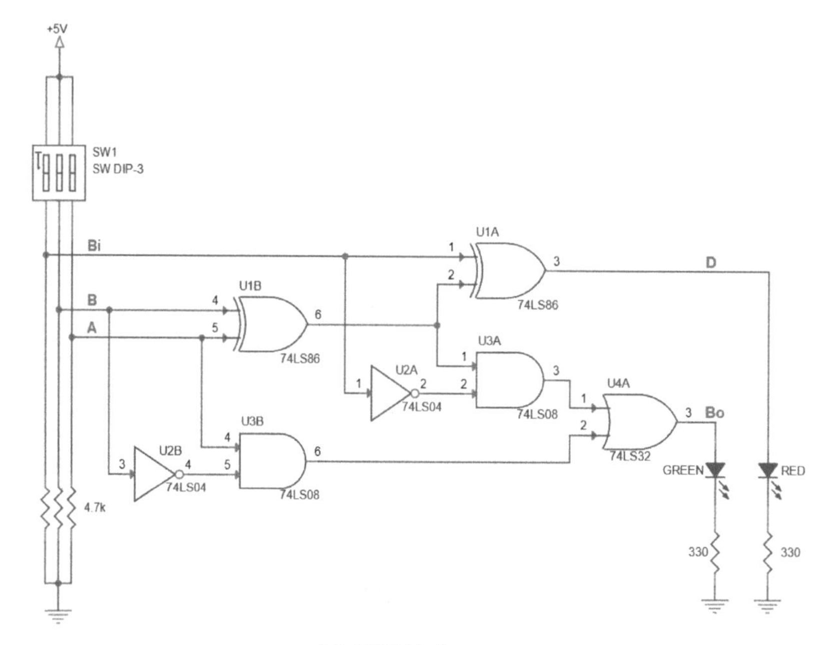

(a) 전감산기 1

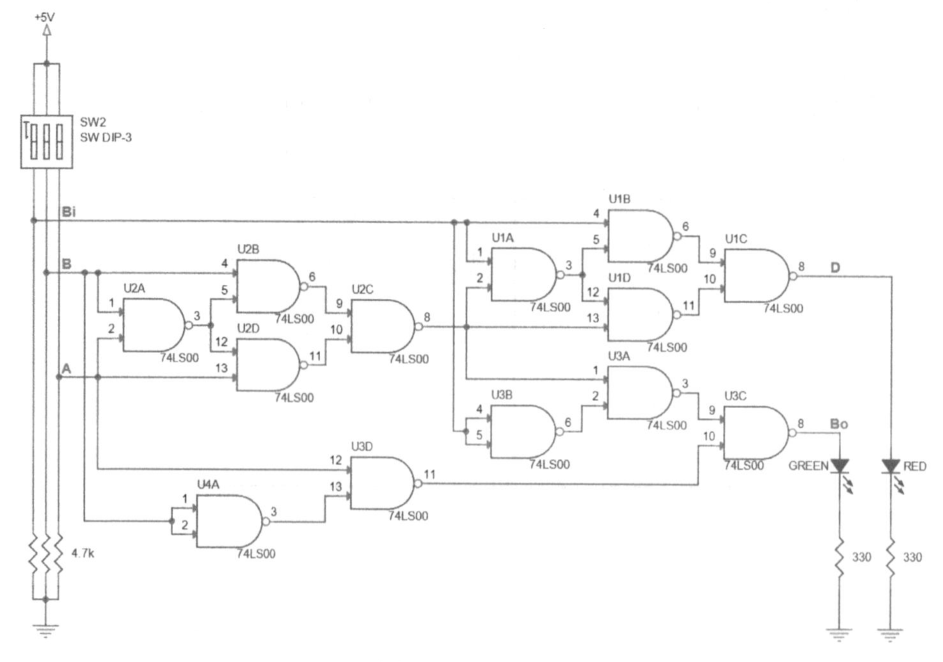

(b) 전감산기 2

나. 요구사항

① 전감산기 회로를 브레드보드에 구성한다.

② 전원을 인가한 후 스위치 조작에 따른 LED의 상태를 아래 표에 기록한다.

③ 전감산기의 진리표가 실험 결과와 일치하는지 확인한다.

A	B	Bi	출력	
			D(RED)	B_o(GREEN)
0	0	0		
0	0	1		
0	1	0		
0	1	1		
1	0	0		
1	0	1		
1	1	0		
1	1	1		

9. 2Bit 감산기 실험

가. 2Bit 감산기 회로

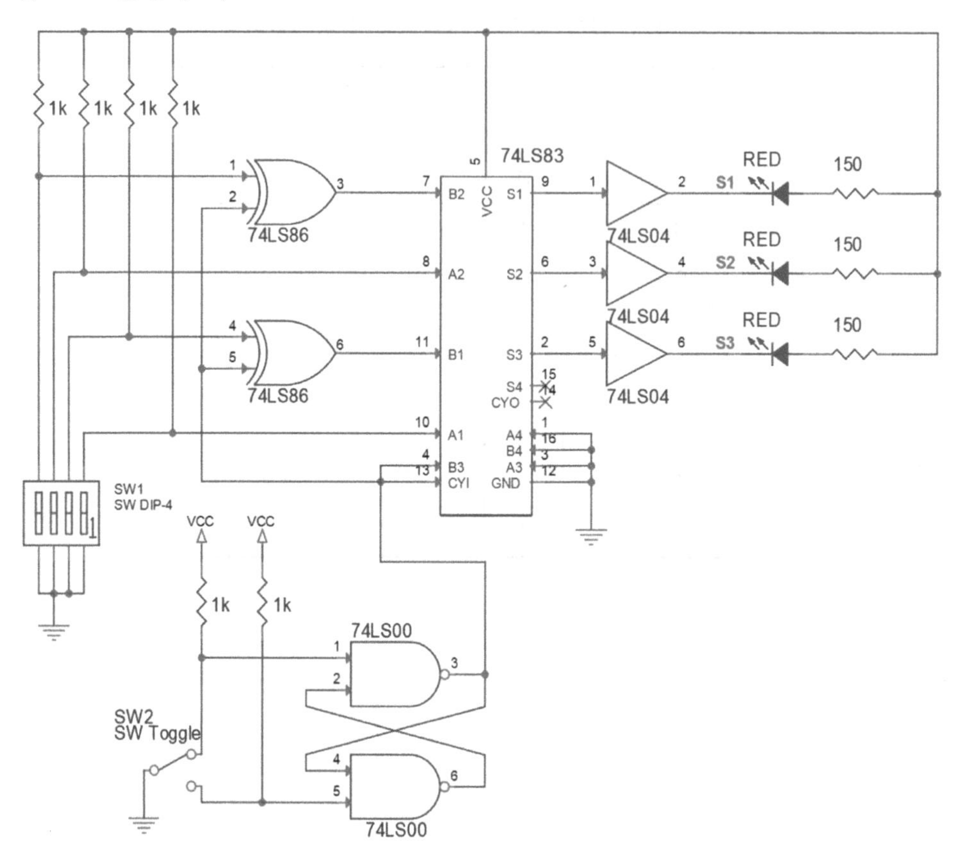

나. 요구사항

① 2Bit 감산기 회로를 브레드 보드에 구성한다.

② 조립이 완성되면 아래 표와 같이 동작하는지 확인한다.

- SW2의 조작에 의하여 가감산 선택 단자가 'H'가 되게 한다.
- SW1의 ON/OFF 조작에 의하여 아래와 같이 B_1, B_2, A_1, A_2 부호 Bit가 설정되면 출력이 LED S_1, S_2, S_3와 같이 표시되는지 확인한다.

번호	입력(SW1 조작)				출력(LED 점멸 상태)		
	A_2	A_1	B_2	B_1	S_3	S_2	S_1
1	L	L	L	L	L	L	L
2	L	L	L	H	H	H	H
3	L	L	H	L	H	H	L
4	L	L	H	H	H	L	H
5	L	H	L	L	L	L	H
6	L	H	L	H	L	L	L
7	L	H	H	L	H	H	H
8	L	H	H	H	H	H	L
9	H	L	L	L	L	H	L
10	H	L	L	H	L	L	H
11	H	L	H	L	L	L	L
12	H	L	H	H	H	H	H
13	H	H	L	L	L	H	H
14	H	H	L	H	L	H	L
15	H	H	H	L	L	L	H
16	H	H	H	H	L	L	L

제6장 디코더/인코더 (Decoder/Encoder)

1. 디코더(Decoder)
2. 인코더(Encoder)
3. 디코더 회로 실험
4. BCD-10진 디코더 회로 실험
5. 인코더 회로 실험
6. 인코더/디코더 회로 실험

1. 디코더(Decoder)

디코더(decoder)는 코드화된 2진수 값을 다른 등가 값으로 변환하는 회로이다.

디코더는 코드화된 n비트의 2진수 값을 입력으로 하여 최대 2^n 비트로 구성된 정보를 출력할 수 있다.

$n \times m$ 디코더는 n개의 입력선의 2진 정보를, m개의 출력선으로 변환하는 회로이며, m과 n은 $m \leq 2^n$인 조건을 갖는다.

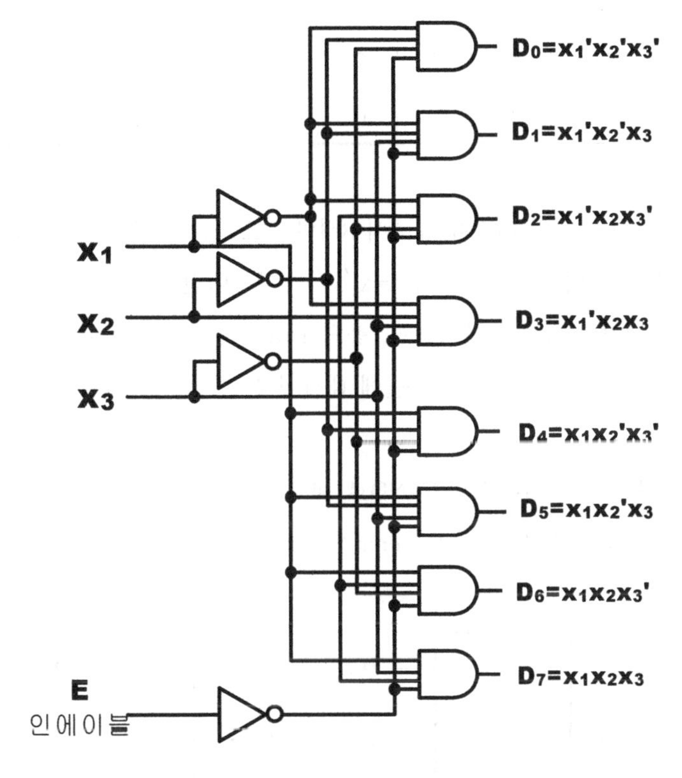

디코더의 기본적인 특성은 서로 배타적(mutually exclusive)이라 할 수 있다. 왜냐하면, 주어진 입력 조합(input combination)에 대해서 단지 한 개의 출력만이 1을 갖기 때문이다. 그러므로 디코더는 각각의 입력 조합에 대해서 유일한(unique) 출력 코드를 생성한다. 그림은 3×8 디코더는 3개의 입력 변수에 대해서 8개의 모든 최소항을 만들어 낸다. 입력 변수의 각 비트 조합에 대해서 8개의 출력선 중의 한 개가 반드시 1을 가지고 있다. E＝1이면 이 회로는 disable되어 모든 출력은 0이 된다. E＝0이면 디코더는 enable되며, 세 개의 입력에 대해서 여덟 개의 출력을 생성하는 디코더의 진리표는 다음과 같다.

입 력			출 력							
x_1	x_2	x_3	D_0	D_1	D_2	D_3	D_4	D_5	D_6	D_7
0	0	0	1	0	0	0	0	0	0	0
0	0	1	0	1	0	0	0	0	0	0
0	1	0	0	0	1	0	0	0	0	0
0	1	1	0	0	0	1	0	0	0	0
1	0	0	0	0	0	0	1	0	0	0
1	0	1	0	0	0	0	0	1	0	0
1	1	0	0	0	0	0	0	0	1	0
1	1	1	0	0	0	0	0	0	0	1

표의 각 출력은 3개의 입력 변수에 대해서 8개의 최소항들 중 하나를 가지며 오직 하나의 출력만이 1이 된다. 예를 들어서 $D_0(D_0 = x_1'x_2'x_3')$가 1이면, 나머지 출력 Dn(n = 1, 2, …, 7)은 0이 되고, $D_7(D_7 = x_1x_2x_3)$가 1이면, 출력 Dn(n = 0, 1, …, 6)은 0이 된다.

따라서 디코더는 n개의 2진 입력 변수들에 대하여 2n 개의 서로 다른 최소항을 출력하는 회로가 된다.

만약, 그림에 있는 AND 게이트를 NAND로 대치한다면, 각 출력은 보수(complement)가 되므로 최대항을 얻을 수 있다. 이때 enable 입력에 있는 inverter는 제거되어야 한다.

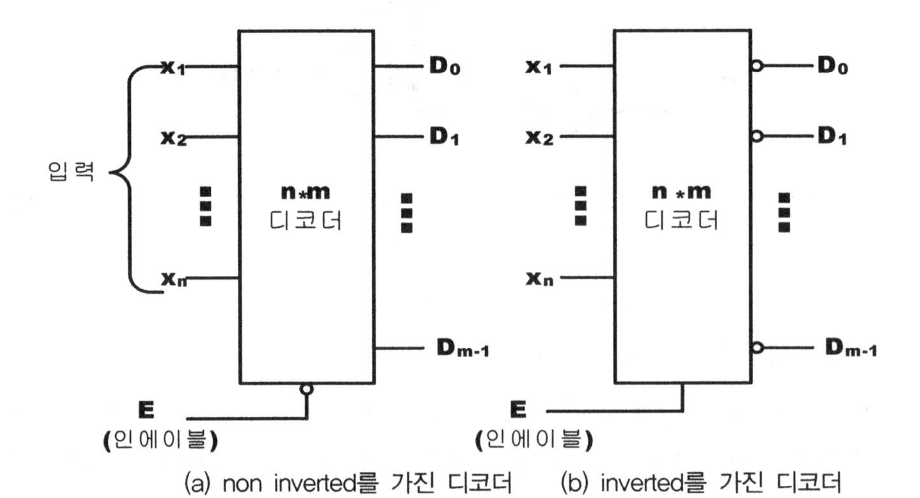

(a) non inverted를 가진 디코더 (b) inverted를 가진 디코더

일반적으로 n×m 디코더는 n개의 인버터와 m개의 n입력 디코딩 게이트가 요구된다. 만약 m 〈 2^n이면 n-입력보다 적은 게이트를 가지고 회로를 설계할 수 있다.
n×m 디코드의 블럭도는 위 그림과 같다.
출력선에 나타난 조그만 원은 디코더가 최대항의 생성을 의미한다.(active-low outputs).
상용 디코더는 일반적으로 회로의 동작을 제어하기 위하여 enable(E) 입력을 가진다.
그림 (a)와 (b)는 각각 E=0와 E=1일 때 디코더가 동작하게 된다.

1) BCD 코드를 10진수로 바꾸는 BCD-10진 디코더 설계

x_1x_2 \ x_3x_4	00	01	11	10
00	D_0	D_1	D_3	D_2
01	D_4	D_5	D_7	D_6
11	X	X	X	X
10	D_8	D_9	X	X

$D_0 = x_1'x_2'x_3'x_4'$	$D_5 = x_2x_3'x_4$
$D_1 = x_1'x_2'x_3'x_4$	$D_6 = x_2x_3x_4'$
$D_2 = x_2'x_3x_4'$	$D_7 = x_2x_3x_4$
$D_3 = x_2'x_3x_4$	$D_8 = x_1x_4'$
$D_4 = x_2x_3'x_4'$	$D_9 = x_1x_4$

이 회로의 입력은 10진 0~9의 값을 4bit의 2진수로 나타낸다.

4개의 입력 변수는 16개의 조합을 구성할 수 있기에 6개(10~15)의 무정의 조건이 존재하게 된다.
이 디코더는 BCD에 대응하는 값 0~9를 출력하기 위해 각 출력당 1개씩 모두 10개의 맵을 구성해야 하며 이를 간단히 구성한 카르노 맵은 위와 같다.
여기서 D_0, D_1, …, D_9는 출력 변수이며, X는 무정의 조건을 나타낸다.
이 식을 이용하여 BCD-10진 디코더를 설계하면 다음과 같은 BCE-10진 디코더의 논리회로도를 얻을 수 있다.
이 회로에서는 10개의 AND 게이트 중에서 단지 두 개의 게이트만이 4개의 입력을 요구한다.
여분의 항(redundancy term)들과 최소항들을 함께 결합하면 AND 게이트의 입력 수를 감소시킬 수 있다.

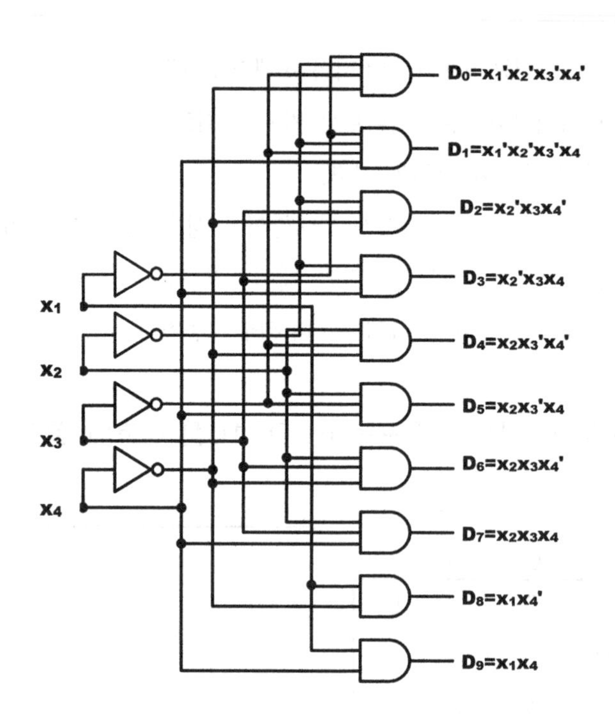

2) 두 개의 3×8 디코더를 이용하여 4×16 디코더 구성

그림은 두 개의 3×8 디코더로 구성된 4×16 디코더를 나타낸다.

입력 변수는 x_1, x_2, x_3, x_4이며, x_1이 MSB가 된다.

$x_1 = 0$이면 하위 디코더는 disable되어 x_1, x_2, x_3, x_4의 비트 조합은 0000에서 0111까지의 범위를 가지므로, 이 경우 상위 디코더가 enable된다.

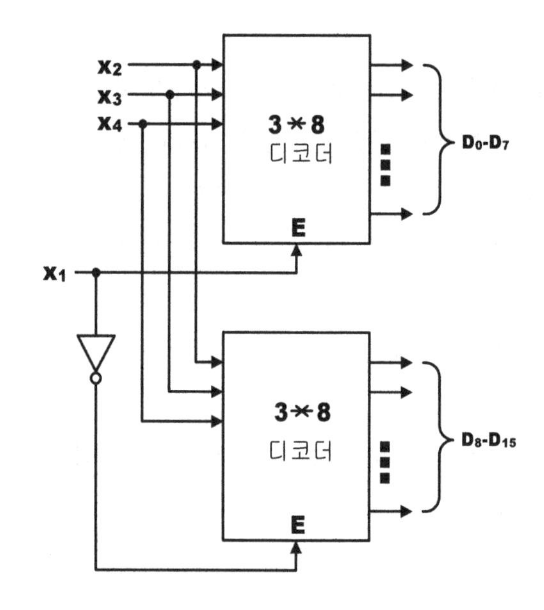

그러나 $x_1 = 1$이면 상위 디코더가 disable되어 하위 디코더가 enable되므로 비트 조합은 1000에서 1111까지의 범위를 가진다.

따라서 D_8, D_9, …, D_{15}의 주소를 결정할 수 있다.

디코더는 n개의 입력 변수에 대해서 2^n개의 서로 다른 출력(최소항)이 생성된다.

3) 디코더와 2개의 OR 게이트를 사용하여 전가산기 구성

최소항의 합의 함수를 갖는 전가산기 회로는 다음과 같은 2개의 출력 함수를 갖는다.

$$S(x,y,z) = \Sigma(1, 2, 4, 7)$$

$$C(x,y,z) = \Sigma(3, 5, 6, 7)$$

이 함수는 3개의 입력 변수와 2^3개의 최소항을 가지므로 3*8 디코더를 사용하여 전가산기를 구성할 수 있다. 먼저 위의 함수는 디코더를 이용하여 8개의 최소항을 만들고, OR 게이트를 사용하여 최소항의 합을 구해서 회로를 구현하면 된다.

그림은 디코더를 이용한 전가산기의 구현을 나타낸다.

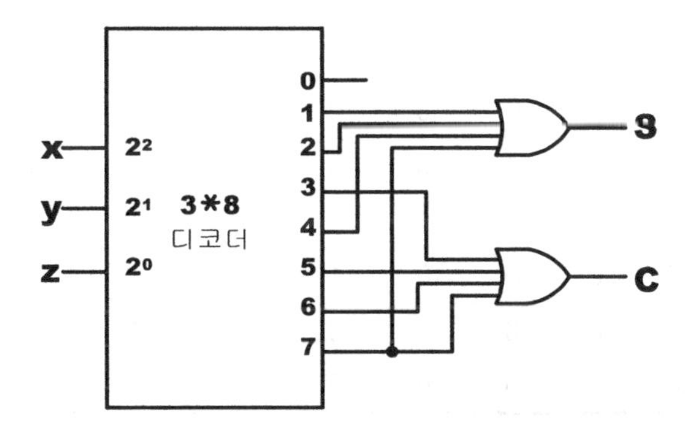

그림에서 합의 출력 S에 대한 OR 게이트는 4개의 최소항(1, 2, 4, 7)의 합으로 이루어지며, 캐리 출력 C는 최소항 3, 5, 6, 7의 합으로 구성된다.

디코더를 이용하여 많은 수의 최소항으로 표시되는 함수를 설계하려면 다중 입력(multiple-input) OR 게이트가 요구된다.

2. 인코더(Encoder)

인코더(encoder)는 10 진수와 같이 코드화되지 않은 정보를 입력 변수로 하여 이를 부호(Code)화하여 출력하는 조합회로이다. 따라서 인코더는 2^n개 비트로 구성된 정보를 받아서 n 비트의 2진수로 바꿔주는 회로로 디코더와 반대 기능을 가지는 조합 회로이다.

인코더는 m개의 입력과 n개의 출력을 가지며, m과 n은 $m \leq 2^n$인 조건을 갖는다. 출력은 m개의 입력 변수에 대한 2진 코드를 생성한다.

이때 입력들은 서로 배타적이다. 즉 여러 개의 입력 변수들 중 단지 한 개의 입력만이 1이 되어야 한다.

만약, 어떤 인코더가 8개의 입력선과 3개의 출력선을 갖는다면 다음과 같은 진리표를 작성할 수 있다.

입 력								출 력			
D_0	D_1	D_2	D_3	D_4	D_5	D_6	D_7	x	y	z	값
1	0	0	0	0	0	0	0	0	0	0	0
0	1	0	0	0	0	0	0	0	0	1	1
0	0	1	0	0	0	0	0	0	1	0	2
0	0	0	1	0	0	0	0	0	1	1	3
0	0	0	0	1	0	0	0	1	0	0	4
0	0	0	0	0	1	0	0	1	0	1	5
0	0	0	0	0	0	1	0	1	1	0	6
0	0	0	0	0	0	0	1	1	1	1	7

표에서 알 수 있듯이 3개의 출력은 8개의 서로 다른 수를 나타내는 8개의 입력과 대응하는 비트를 가지고 있다. 즉, 입력 값과 출력 값의 관계가 1 : n 이거나 n : 1이 성립되면 안 된다. 출력 함수 x는 입력 변수 D_4, D_5, D_6 그리고 D_7에 대해서는 1을 갖는다. 또한 출력 함수 y는 D_2, D_3, D_6, D_7에 대해서는 1이며, z는 D_1, D_3, D_5, D_7에 대해서 1을 갖는다. 따라서 출력 함수 x, y, z는 다음과 같은 식으로 표현할 수 있다.

$$x = D_4 + D_5 + D_6 + D_7$$

$$y = D_2 + D_3 + D_6 + D_7$$

$$z = D_1 + D_3 + D_5 + D_7$$

이러한 출력 함수를 이용하면 x, y, z을 출력선으로 하고 3개의 OR 게이트로 구성된 인코더의 논리도를 그릴 수 있다.
8×3 인코더는 아래 그림과 같다.

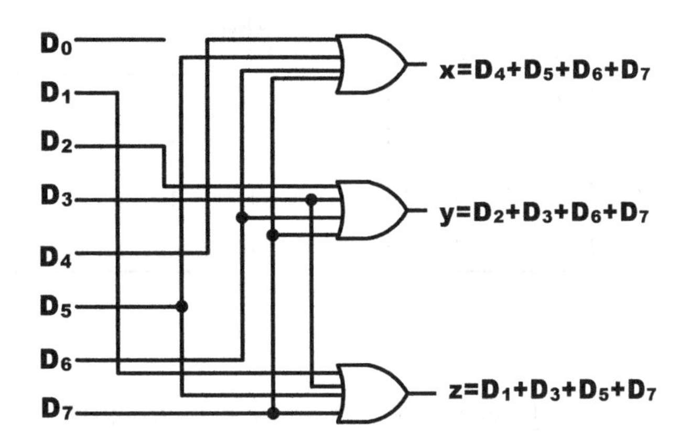

지금까지는 어느 시점에서 단지 한 개의 입력만이 존재할 때 인코더의 설계에 대해서 살펴보았다. 그러나 8개의 입력 중에서 두 개 이상의 입력이 동시에 1이 될 경우도 발생할 수 있다. 예를 들어 표에서 D_3와 D_6이 동시에 1을 갖는 경우 출력 함수 x, y, z는 1의 값을 가지게 된다. 이것은 D_3나 D_6로 나타낼 수 없으며, 이때 입력은 D_7으로 잘못 해석할 수 있다.
이러한 문제점은 첨자가 큰 것에 우선순위(priority)를 두어 한 입력선만 선택하게 함으로써 해결할 수 있다.

D_0	D_1	D_2	D_3	x	y	V
0	0	0	0	X	X	0
1	0	0	0	0	0	1
X	1	0	0	0	1	1
X	X	1	0	1	0	1
X	X	X	1	1	1	1

즉, D_3 와 D_6 가 동시에 1이 되었을 때 우선순위는 D_3보다 D_6가 높으므로 이 경우의 출력은 110이 된다. 이와 같이 우선순위 함수를 고려한 인코더를 우선순위 인코더(priority encoder)라 한다.

아래 표는 4×2 우선순위 인코더에 대한 진리표를 나타내며, x는 무정의 조건으로서 0 또는 1을 나타낸다.

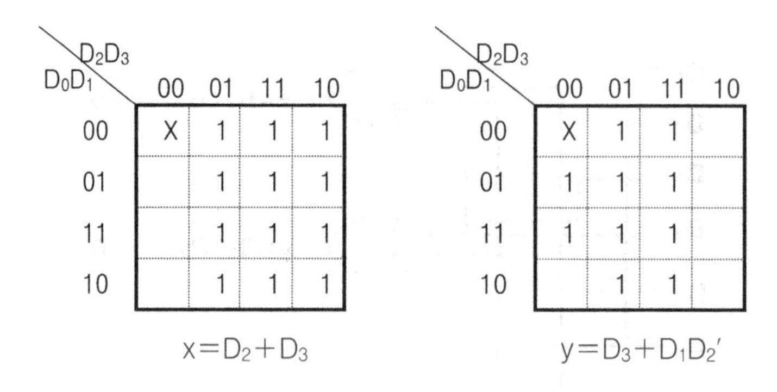

표에서는 $D_3(D_3 = 1)$가 우선순위가 가장 높기 때문에 다른 입력값(D_0, D_1, D_2)은 무시되고 출력 x, y는 공히 1이 된다. 아래 그림에서 유효 출력 지시기(valid-output indicator)인 V는 입력 값들이 1일 경우만 1을 가지며, 입력 값이 0일 경우는 두 출력 x, y는 사용할 수 없음을 나타낸다.

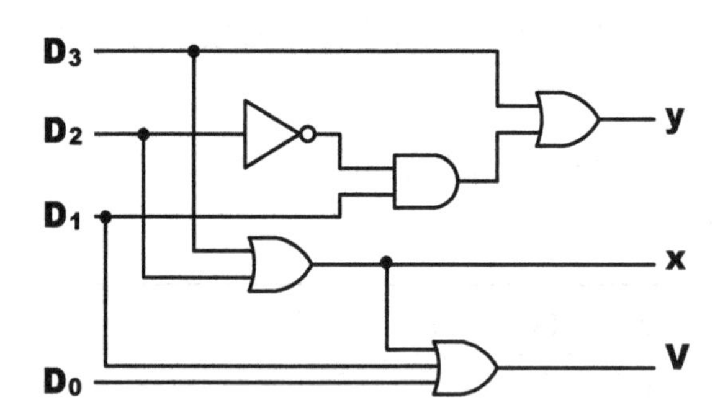

3. 디코더 회로 실험

가. 2×4 디코더 회로

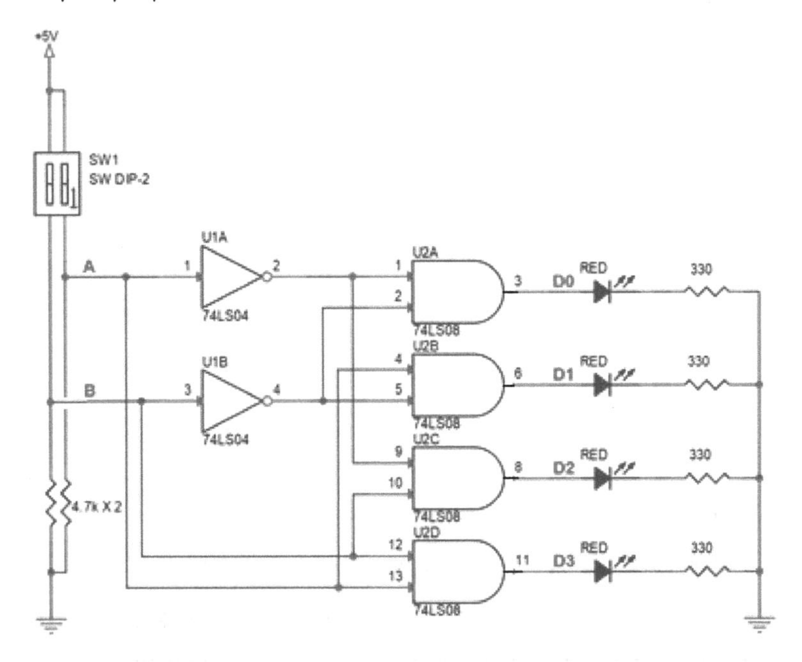

나. 요구사항

① 논리게이트로 구성한 2×4 디코더 회로를 브레드보드에 구성한다.

② 전원을 인가한 후 스위치 조작에 따른 LED의 상태를 아래 표에 기록한다.

③ 2×4 디코더의 진리표가 실험 결과와 일치하는지 확인한다.

입력		디코더 출력			
B	A	D_3	D_2	D_1	D_0
0	0				
0	1				
1	0				
1	1				

다. BCD-7세그먼트 디코더 회로

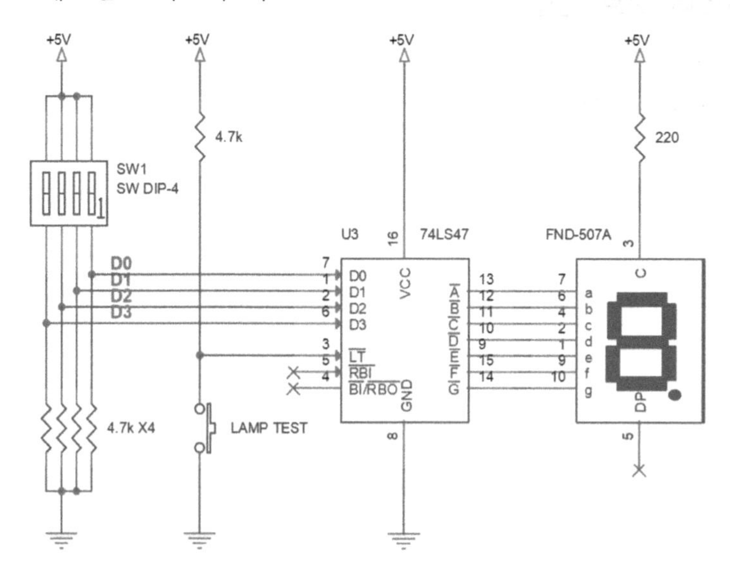

라. 요구사항

① BCD-7세그먼트 디코더 회로를 브레드보드에 구성한다.

② 전원을 인가한 후 스위치 조작에 따른 7세그먼트의 상태를 아래 표에 기록한다.

10진수	BCD 입력				7 세그먼트 출력							FND
	D	C	B	A	a	b	c	d	e	f	g	
0	0	0	0	0								
1	0	0	0	1								
2	0	0	1	0								
3	0	0	1	1								
4	0	1	0	0								
5	0	1	0	1								
6	0	1	1	0								
7	0	1	1	1								
8	1	0	0	0								
9	1	0	0	1								
10	1	0	1	0								
11	1	0	1	1								
12	1	1	0	0								
13	1	1	0	1								
14	1	1	1	0								
15	1	1	1	1								

4. BCD-10진 디코더 회로 실험

가. BCD-10진 디코더 회로

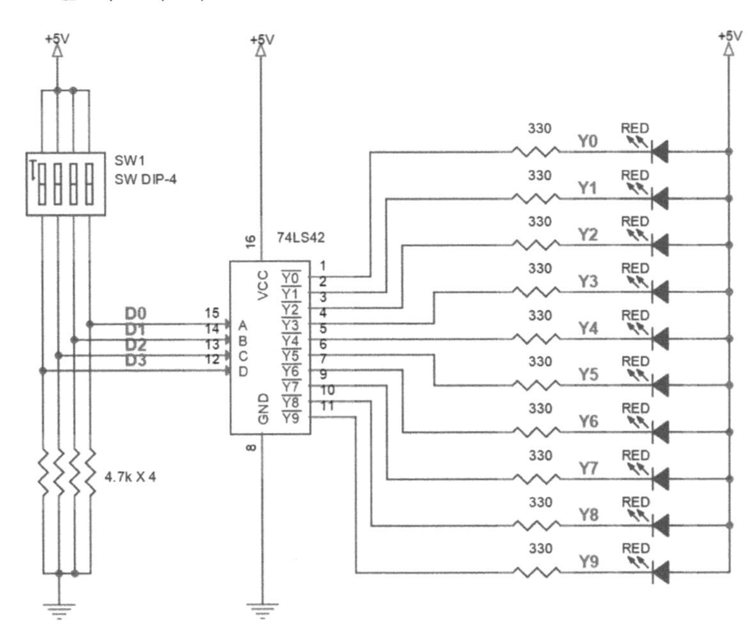

나. 요구사항

① BCD-10진 디코더 회로를 브레드보드에 구성한다.

② 전원을 인가한 후 스위치 조작에 따른 LED의 상태를 아래 표에 기록한다.

10진수	입력				출력									
	D	C	B	A	Y_0	Y_1	Y_2	Y_3	Y_4	Y_5	Y_6	Y_7	Y_8	Y_9
0	0	0	0	0										
1	0	0	0	1										
2	0	0	1	0										
3	0	0	1	1										
4	0	1	0	0										
5	0	1	0	1										
6	0	1	1	0										
7	0	1	1	1										
8	1	0	0	0										
9	1	0	0	1										

5. 인코더 회로 실험

가. 논리 게이트로 구성한 인코더 회로

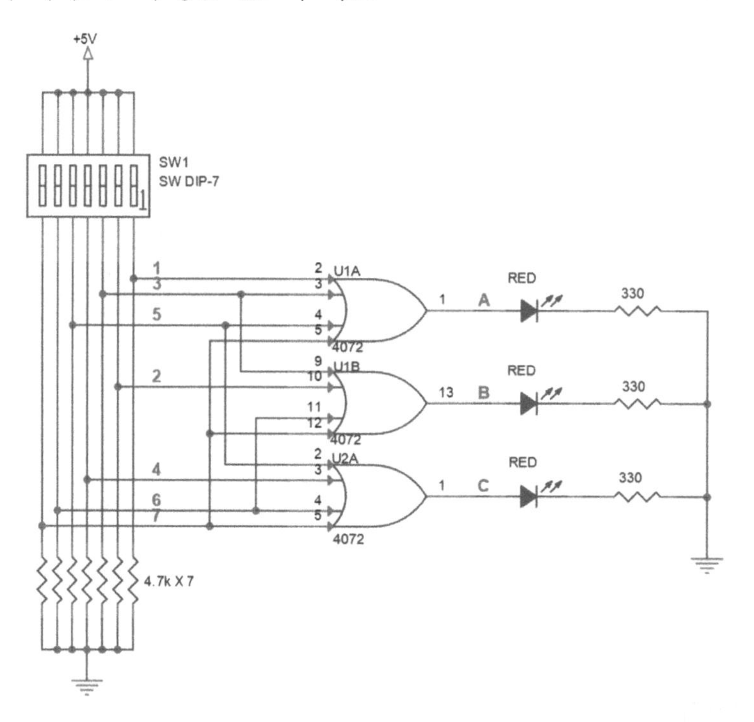

나. 요구사항

① 8×3 인코더 회로를 브레드보드에 구성한다.

② 전원을 인가한 후 스위치 조작에 따른 LED의 상태를 아래 표에 기록한다.

③ 8×3 인코더의 진리표가 실험 결과와 일치하는지 확인한다.

입력							출력		
7	6	5	4	3	2	1	C(D_2)	B(D_1)	A(D_0)
0	0	0	0	0	0	1			
0	0	0	0	0	1	0			
0	0	0	0	1	0	0			
0	0	0	1	0	0	0			
0	0	1	0	0	0	0			
0	1	0	0	0	0	0			
1	0	0	0	0	0	0			

6. 인코더/디코더 회로 실험

가. 인코더/디코더 회로

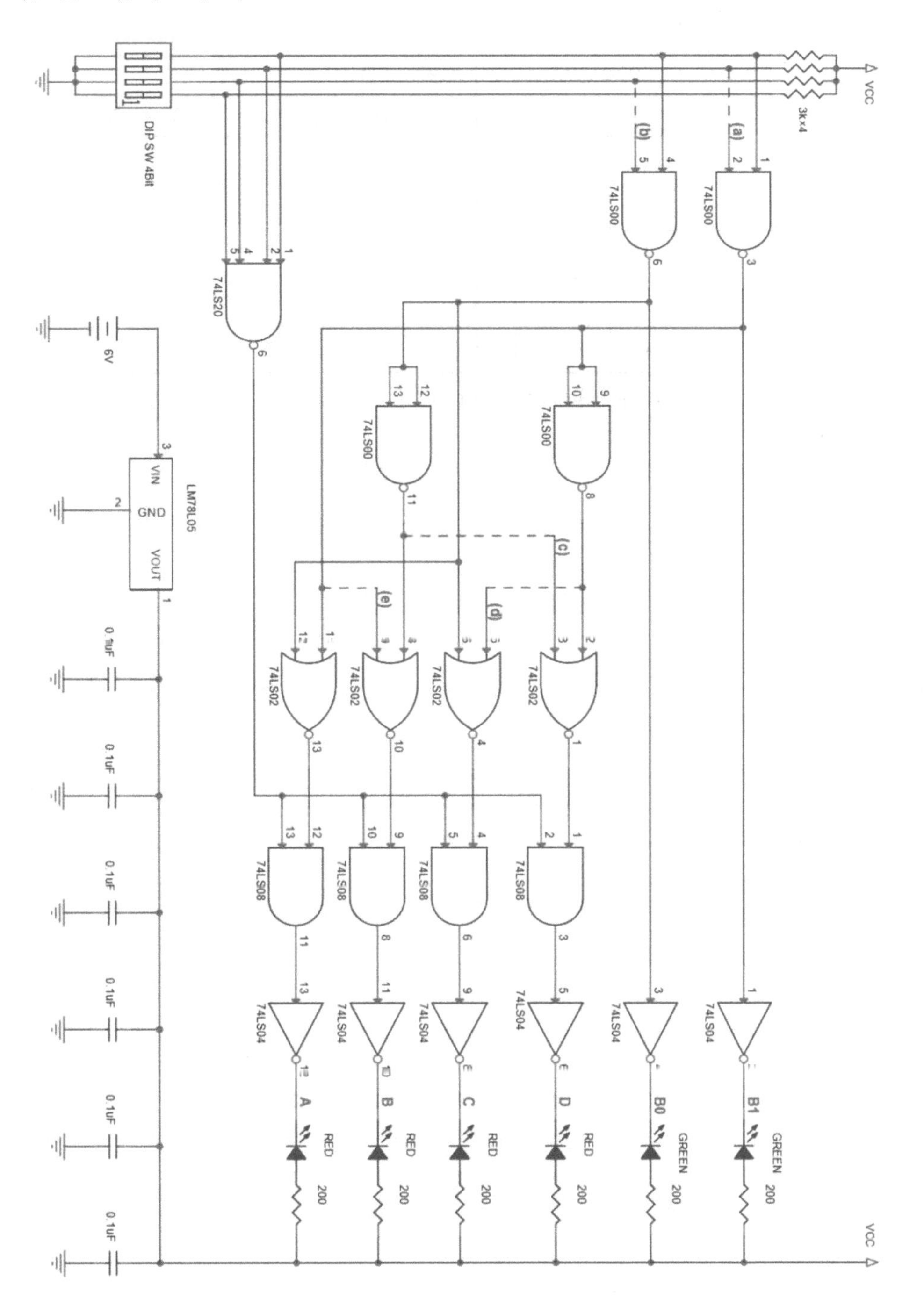

나. 요구사항

① 인코더/디코더 회로를 브레드보드에 구성한다.

② 주어진 도면 중 미완성 회로를 완성[(a)~(e)]시키고, 아래 표와 같이 스위치를 조작하여 녹색 LED(B_0,B_1)와 적색 LED(A,B,C,D) 동작을 확인한다.

스위치(SW)				녹색 LED		적색 LED			
D	C	B	A	B_1	B_0	D	C	B	A
H	H	H	H						
H	H	H	L						
H	H	L	H						
H	L	H	H						
L	H	H	H						

L : SW-ON, H : SW-OFF

제7장 멀티플렉서/디멀티플렉서 (Multiplexer/Demultiplexer)

1. 멀티플렉서(Multiplexer)

다수의 입력 정보를 선택선(select line) 혹은 채널(channel)을 이용하여 전송하는 기법을 멀티플랙싱(multiplexing)이라 한다. $2^n \times 1$ 멀티플렉서는 2^n 입력 중에서 하나의 2진 정보를 선택하여 단일 출력선으로 연결하는 회로이다.

이러한 이유로 인하여 멀티플렉서를 데이터 선택기(data selector)라 한다.

멀티플렉서는 2^n의 입력선과 n개의 선택선(select line), 그리고 한 개의 출력선을 가지며, 입력선의 선택은 선택선의 값에 따라 결정된다. 즉 많은 입력 정보 중에서 하나를 선택하기 위해서 선택선이 사용되며, 선택선이 n개이면 멀티플렉서의 입력 수는 최대 2^n개를 갖는다.

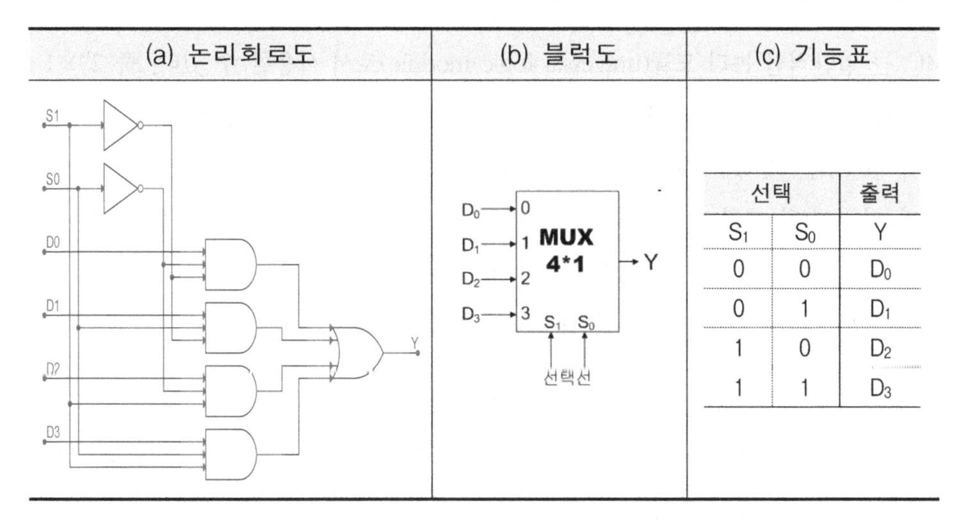

선택		출력
S_1	S_0	Y
0	0	D_0
0	1	D_1
1	0	D_2
1	1	D_3

4개의 입력선 D_0, D_1, D_2, D_3는 각각 4개의 AND 게이트 입력으로 연결되어 있으며, 선택선은 특정한 게이트를 선택하는데 이용된다. 따라서 선택선 S_1, S_0에 의해서 4개의 입력 중에서 한 개가 선택되고 선택된 AND 게이트는 OR 게이트의 입력으로 인가되므로 원하는 출력을 얻을 수 있다. 예를 들어, $S_1S_0 = 11$이면 D_3가 선택되어 선택된 D_3가 출력 Y에 나타나게 된다. 이와 같은 회로의 동작 예는 그림 (c)의 기능표에 나타나 있다.

16×1 멀티플렉서의 경우도 비슷하다.

만약 선택선의 비트 조합(bit combination)이 $S_3S_2S_1S_0 = 1110$이면, 입력선 D_{14}가 선택되고, 이 데이터는 출력 Y로 연결된다.

그림으로부터 4×1 MUX는 다음 식과 같이 완전한 출력 함수를 얻을 수 있다.

$$Y = \underline{S_1'S_0'}D_0 + \underline{S_1'S_0}D_1 + \underline{S_1S0'}D_2 + \underline{S_1S_0}D_3$$

비슷한 방법으로 8×1 MUX는 다음과 같은 출력 함수를 얻을 수 있다.

$$Y = \underline{S_2'S_1'S_0'}D_0 + \underline{S_2'S_1'S_0}D_1 + \underline{S_2'S_1S_0'}D_2 + \underline{S_2'S_1S_0}D_3 +$$
$$\underline{S_2S_1'S_0'}D_4 + \underline{S_2S_1'S_0}D_5 + \underline{S_2S_1S_0'}D_6 + \underline{S_2S_1S_0}D_7$$

일반적으로 2^n×1 MUX의 출력은 다음과 같이 표시할 수 있다.

$$\sum_{k=0}^{2^n-1} m_k D_k$$

여기서 m_k는 변수 S_{n-1}, S_{n-2}, …, S_1, S_0에 대한 제 *k*의 최소항을 나타낸다. 상용 MUX는 보통 동작을 제어하기 위해서 enable(E) 또는 strobe와 같은 추가 입력선이 필요하다. E = 1이면 출력은 disable 되고, E = 0이면 회로는 MUX와 동일한 기능을 갖는다.
MUX는 일반적인 논리 모듈(universal logic module)로서 사용할 수 있다. 즉 2^n×1 MUX를 이용하여 n+1 또는 그보다 적은 변수로 함수를 구현할 수 있다.
만약 부울 함수가 n+1개의 변수를 가졌다면 n개의 변수는 MUX의 선택선으로 사용해야 하며, 나머지 한 개의 변수는 MUX의 입력으로 사용하면 된다. 여기서 나머지 한 개의 변수를 A라 하면 MUX의 입력들은 A, A′, 0, 1이 된다.
MUX를 이용하여 아래에 주어진 함수를 구현해 보자.

$$F(A,B,C) = \Sigma(1, 3, 5, 6)$$

이 함수는 3개의 변수를 가지므로 2^{3-1}×1 MUX로 이 함수를 구현할 수 있다. 즉 3개의 변수를 가진 함수에 대해서 2^2 = 4가 되어 4×1의 MUX로 구현이 가능하다. 만약, 4개의 변수인 경우에는 2^3 = 8이 되어 8×1의 MUX로써 구현이 가능하다.

함수를 구현하기 위해서 첫 번째 단계는 식을 이용하여 진리표(그림 (b))를 작성한다. 이 진리표는 세 개의 변수를 가지고 있으며, n개의 변수 중에서 B와 C는 선택선으로 사용한다고 가정한다. 이때 B는 S_1에, C는 S_0에 연결한다.
다음에는 구현표를 작성한 후, 이 구현표를 이용하여 최종적으로 함수를 구현하면 된다. 이때 구현표는 다음과 같은 방법으로 작성한다.

- 구현표의 상단에는 MUX의 입력신호 D_0, D_1, D_2, D_3 를 순서적으로 열거한다.
- 그 밑에는 모든 최소항을 2행(row)으로 나열한다. 즉 첫째 행에는 A가 보수화된 모든 최소

항을, 둘째 행에는 보수화되지 않은 A를 가진 모든 최소항(10진수)을 기입한다(그림 (c)).
- F = 1인 모든 최소항에 대해서 원을 표시한다.

MUX의 입력단자를 결정하기 위하여 다음과 같은 규칙을 적용한다.

- 한 열에 있는 2개의 최소항에 원이 있지 않으면 대응하는 MUX의 입력으로 0을 인가한다.
- 한 열에 있는 2개의 최소항에 원이 그려져 있으면 대응하는 MUX의 입력으로 1을 인가한다.
- 한 열의 위쪽의 항(top minterm)에 원이 그려져 있고, 아래쪽의 항에는 원이 그려져 있지 않으면 입력 변수의 보수(A′)를 대응하는 MUX의 입력으로 인가한다.
- 한 열의 위쪽의 항(top minterm)에 원이 그려져 있지 않고, 아래쪽의 항에는 원이 그려져 있으면 입력 변수(A)를 대응하는 MUX의 입력으로 인가한다.

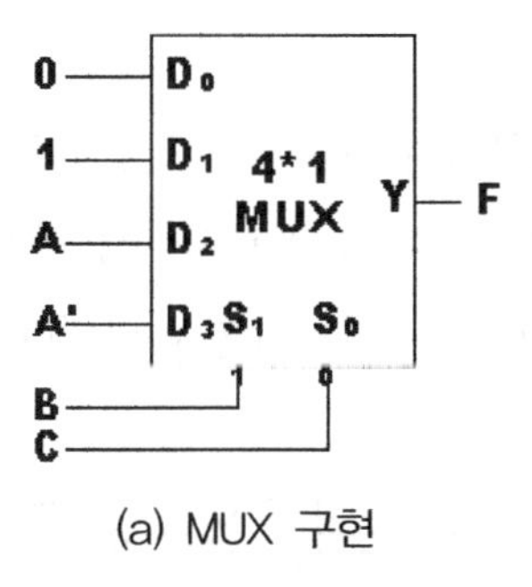

(a) MUX 구현

이와 같은 규칙을 구현표에 적용하면 그림 (c)와 같은 구현표를 얻을 수 있다. 그리고 이 구현표에 의해서 식의 함수를 4×1 MUX로 구현할 수 있다.

최소항	A	B	C	F
0	0	0	0	0
1	0	0	1	1
2	0	1	0	0
3	0	1	1	1
4	1	0	0	0
5	1	0	1	1
6	1	1	0	1
7	1	1	1	0

(b) 진리표

	D_0	D_1	D_2	D_3
A′	0	①	2	③
A	4	⑤	⑥	7
	0	1	A	A′

(c) 구현표

2. 디멀티플렉서(Demultiplexer)

디멀티플렉서(DeMUX : demultiplexer)는 멀티플렉서와 반대의 기능을 가지는 회로이며, 데이터 분배기라고도 한다.

디멀티플렉서는 하나의 입력선으로부터 정보를 받아 2^n개의 가능한 출력선 중의 하나로 정보를 출력하며, 이때의 출력 정보는 n개의 선택선에 의해서 제어된다.

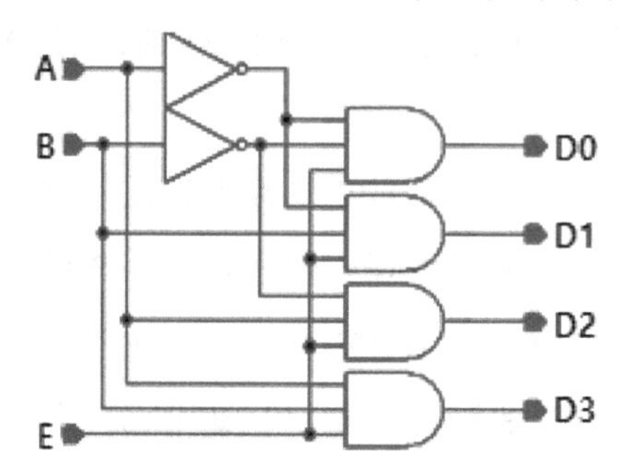

디코더는 회로의 동작을 제어하기 위해 한 개 이상의 인에이블(enable) 입력을 가지고 있으며, 인에이블을 가진 디코더는 디멀티플렉서로서 사용할 수 있다.

그림은 인에이블 입력을 가진 2×4 디코더를 나타낸다.

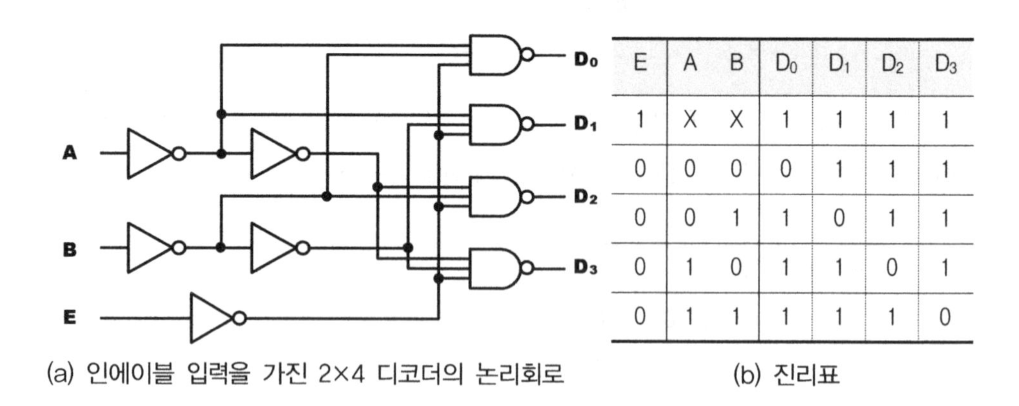

E	A	B	D_0	D_1	D_2	D_3
1	X	X	1	1	1	1
0	0	0	0	1	1	1
0	0	1	1	0	1	1
0	1	0	1	1	0	1
0	1	1	1	1	1	0

(a) 인에이블 입력을 가진 2×4 디코더의 논리회로 (b) 진리표

만약, 인에이블(E)이 1이면, 디코더의 모든 출력은 입력 A와 B의 값에 관계없이 1이 된다. E가 0이면, 이 회로는 보수화된 출력을 갖는 디코더로서 동작하게 된다. 그림 (b)의 진리표는 이 디코더에 대한 입출력 관계를 나타낸다. 이 디코더는 단지 E = 0일 때만 동작하며, 출력은 0의 상태에 있을 때만 선택된다. 이 진리표에서 X는 무정의 조건을 나타낸다. 그

림의 디코더에 대한 블럭도는 그림 (a)와 같으며, 이 디코더는 E=0일 때 보수로 표현된 출력을 생성한다.

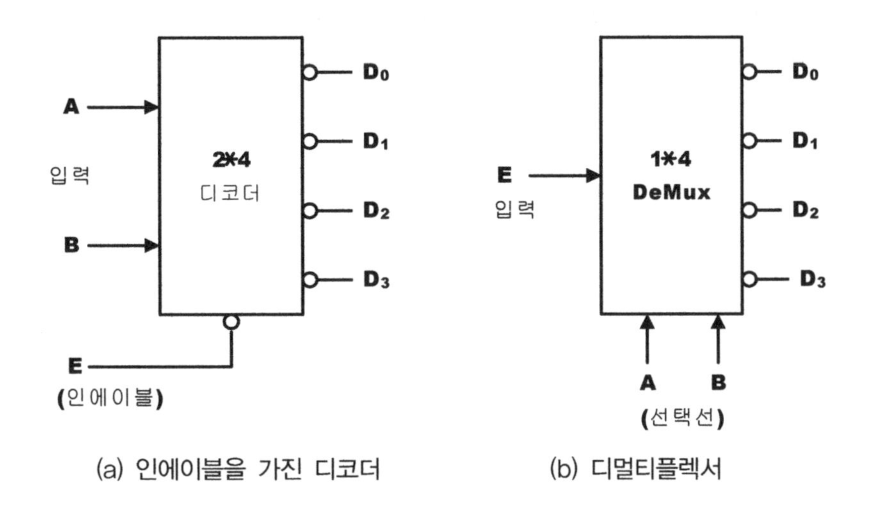

(a) 인에이블을 가진 디코더 (b) 디멀티플렉서

그림 (a)의 디코더에서 인에이블선으로 사용된 E를 정보 입력선으로 취하고 A와 B를 선택선으로 취하면 이 디코더는 그림 (b)와 같이 디멀티플렉서의 기능을 갖는 회로로 사용할 수도 있다. 예를 들어, 선택선 AB=01이면, 그림 (b)의 진리표로부터 출력 D_1에서는 입력 E와 동일한 값(0)을 얻을 수 있다. 이때 다른 모든 출력들은 1의 값을 가진다. 이와 같이 인에이블 입력을 가진 디코더는 디멀티플렉서와 동작이 동일하므로 이러한 디코더를 디코더/디멀티플렉서(decoder/demultiplexer)라 한다.

3. 멀티플렉서 회로 실험

가. 논리 게이트를 이용한 4×1 멀티플렉서 회로

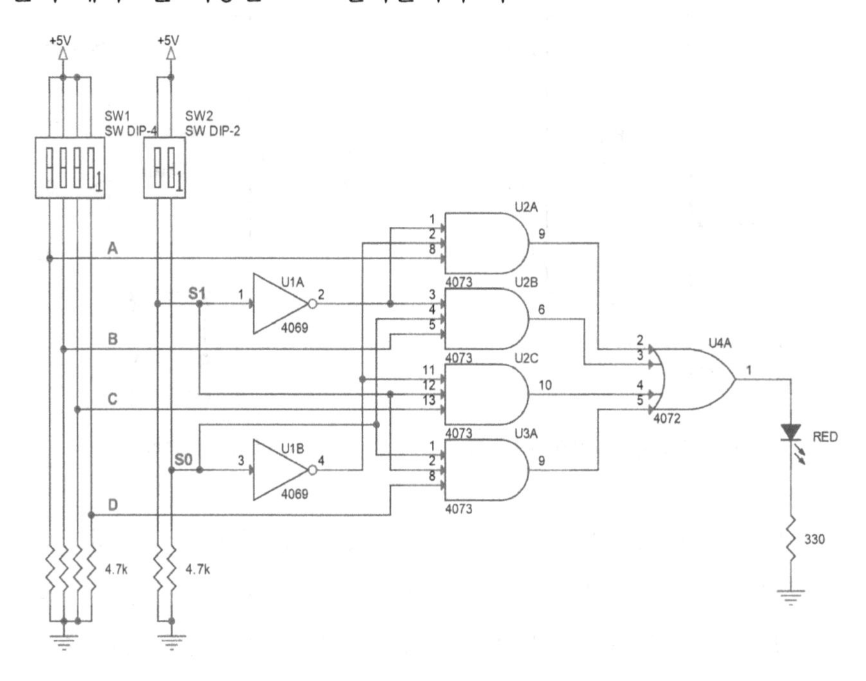

나. 요구사항

① 4×1 멀티플렉서 회로를 브레드보드에 구성한다.

② 전원을 인가한 후 스위치 조작에 따른 LED의 상태를 아래 표에 기록한다.

③ 4×1 멀티플렉서의 진리표가 실험 결과와 일치하는지 확인한다.

선택신호		입력				출력
S_1	S_0	D	C	B	A	LED
0	0	×	×	×	1	
0	1	×	×	1	×	
1	0	×	1	×	×	
1	1	1	×	×	×	

다. 74153 IC를 이용한 4×1 멀티플렉서 회로

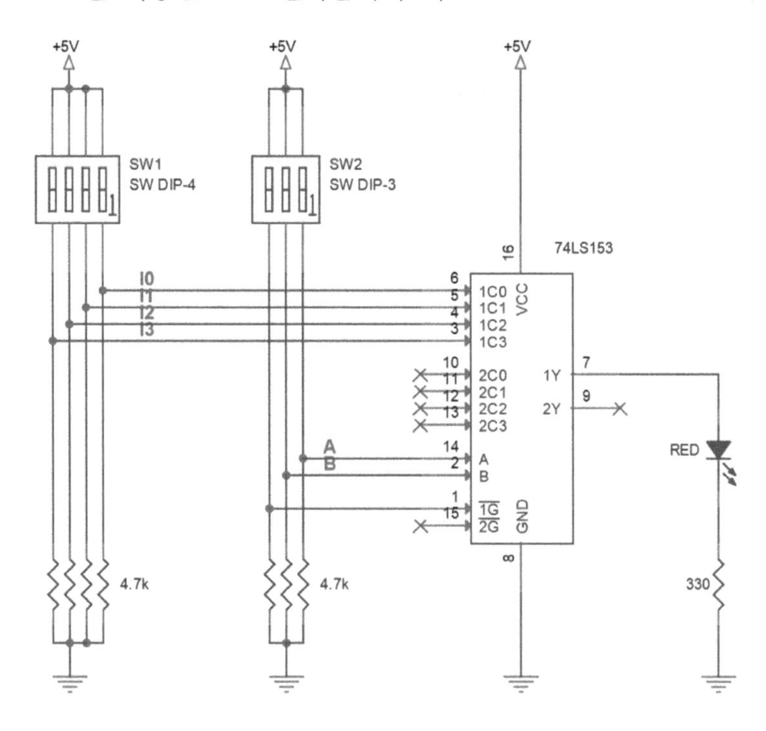

라. 요구사항

① 74153 IC를 이용한 4×1 멀티플렉서 회로를 브레드보드에 구성한다.

② 전원을 인가한 후 스위치 조작에 따른 LED의 상태를 아래 표에 기록한다.

③ 4×1 멀티플렉서의 진리표가 실험 결과와 일치하는지 확인한다.

선택신호			입력				출력
$\overline{1G}$	B	A	I_3	I_2	I_1	I_0	1Y(LED)
1	×	×	×	×	×	×	
0	0	0	×	×	×	0	
0	0	0	×	×	×	1	
0	0	1	×	×	0	×	
0	0	1	×	×	1	×	
0	1	0	×	0	×	×	
0	1	0	×	1	×	×	
0	1	1	0	×	×	×	
0	1	1	1	×	×	×	

4. 디멀티플렉서 회로 실험

가. 논리 게이트를 이용한 1×4 디멀티플렉서 회로

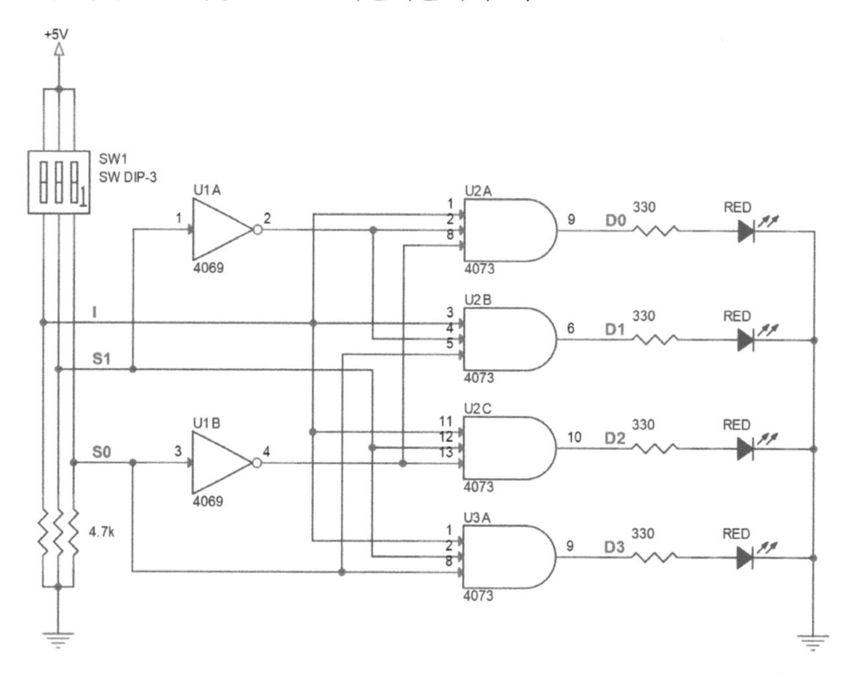

나. 요구사항

① 논리게이트를 이용한 1×4 디멀티플렉서 회로를 브레드보드에 구성한다.

② 전원을 인가한 후 스위치 조작에 따른 LED의 상태를 아래 표에 기록한다.

③ 1×4 디멀티플렉서의 진리표가 실험 결과와 일치하는지 확인한다.

선택신호		입력	출력			
S_1	S_0	I	D_3	D_2	D_1	D_0
×	×	0	0	0	0	0
0	0	1	0	0	0	1
0	1	1	0	0	1	0
1	0	1	0	1	0	0
1	1	1	1	0	0	0

다. 74139 IC를 이용한 1×4 디멀티플렉서 회로

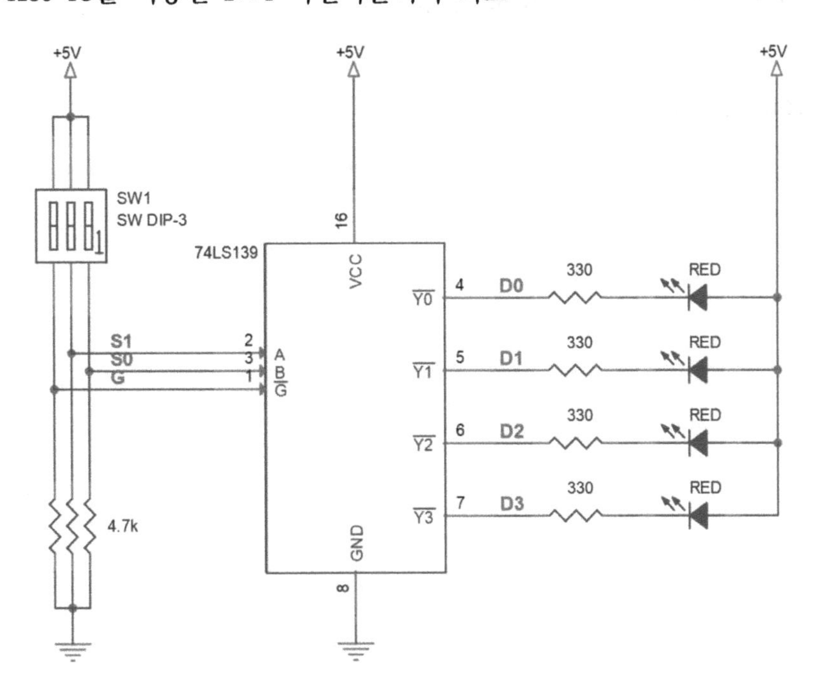

라. 요구사항

① 74139 IC를 이용한 디멀티플렉서 회로를 브레드보드에 구성한다.

② 전원을 인가한 후 스위치 조작에 따른 LED의 상태를 아래 표에 기록한다.

③ 74139를 이용한 디멀티플렉서의 진리표가 실험 결과와 일치하는지 확인한다.

선택신호		입력	출력			
S_1	S_0	I	D_3	D_2	D_1	D_0
×	×	1	1	1	1	1
0	0	0	1	1	1	0
0	1	0	1	1	0	1
1	0	0	1	0	1	1
1	1	0	0	1	1	1

5. 4Bit 디멀티플렉서 회로 실험

가. 4Bit 디멀티플렉서 회로

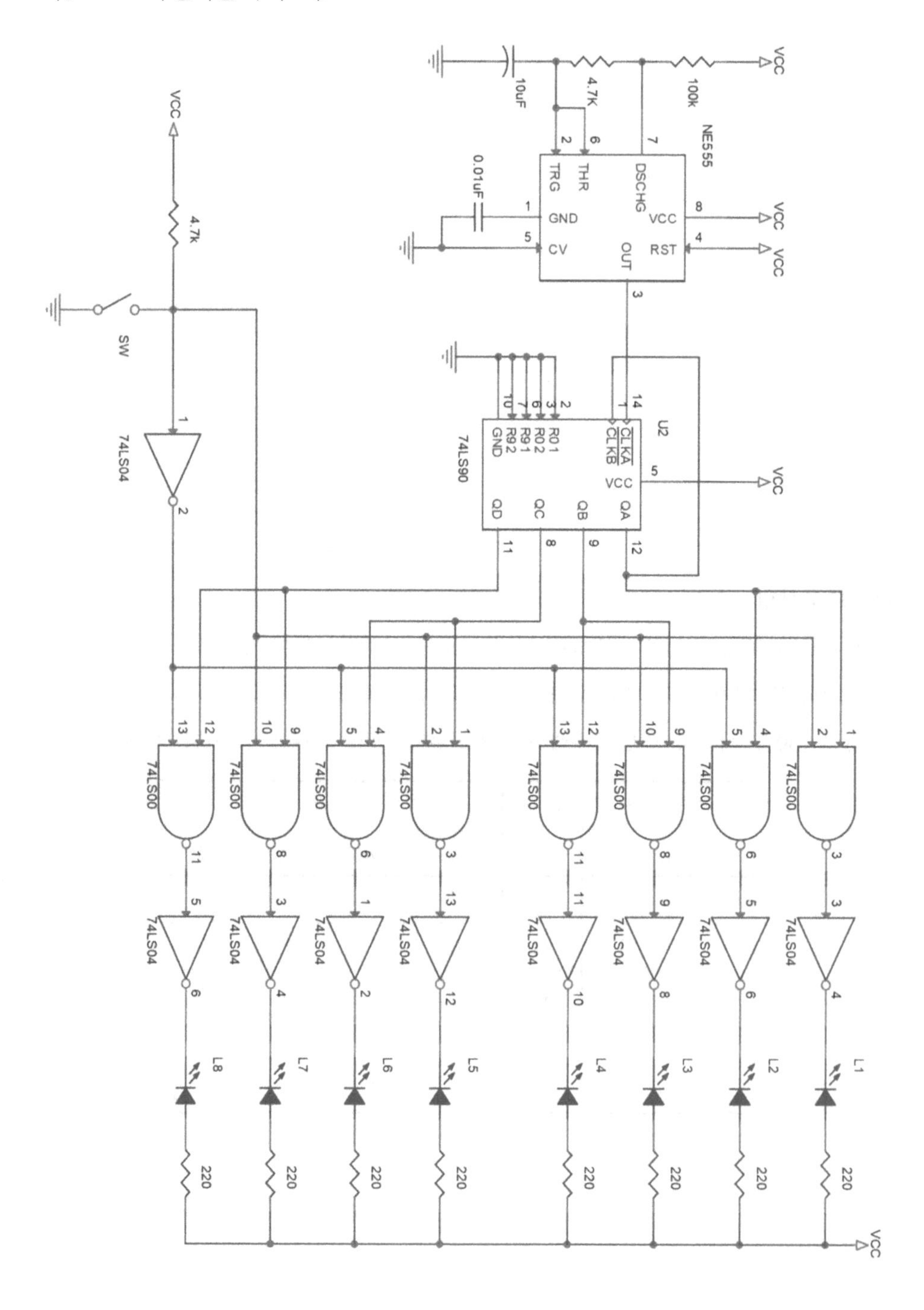

나. 요구사항

① 4Bit 디멀티플렉서 회로를 브레드보드에 구성한다.

② 조립이 완성되면 CH_1과 CH_2이 아래 표와 같이 동작되는지 확인한다.

- SW의 위치에 따라 CH_1의 출력 변화 시 CH_2는 모두 ON, CH_2의 출력 변화 시 CH_1은 모두 ON 상태임
- CH_1, CH_2의 LED는 각각 구분하여 배치한다.

번호	CH_1의 출력 상태(SW OFF)				CH_2의 출력 상태(SW ON)			
	L_1	L_3	L_5	L_7	L_2	L_4	L_6	L_8
0	H	H	H	H	H	H	H	H
1	L	H	H	H	L	H	H	H
2	H	L	H	H	H	L	H	H
3	L	L	H	H	L	L	H	H
4	H	H	L	H	H	H	L	H
5	L	H	L	H	L	H	L	H
6	H	L	L	H	H	L	L	H
7	L	L	L	H	L	L	L	H
8	H	H	H	H	H	H	H	H
9	L	H	H	L	L	H	H	L

제8장 코드(Code) 변환/ 패리티 비트(Parity Bit)

1. 코드(Code) 변환
2. 패리티 비트(Parity Bit)
3. BCD ↔ 그레이 코드 변환 회로 실험
4. BCD → 3초과 코드 변환 회로 실험
5. 패리티 비트 검출 회로 실험

1. 코드(Code) 변환

1) BCD → 그레이(Gray) 코드 변환

그레이 코드는 2진수와 같이 코드의 조합에 의하여 모든 상태를 사용하고 있는 비가중치 코드(Unweighted Code)이다. 이 코드는 연산용으로는 부적합하지만 코드가 지니고 있는 특징 때문에 디지털 입출력 장치와 아날로그/디지털 변환기 등에 쓰인다. 아래 표는 10진수에 대한 2진수 및 그레이 코드의 비교표이며 잘 관찰해 보면 그레이 코드는 연속되는 수에서 한 자리만이 0에서 1로 또는 1에서 0으로 변함을 알 수 있다. 즉 10진수가 1이 증가 또는 감소하면 워드(word) 중에서 1개 비트만이 1에서 0으로 또는 0에서 1로 변한다. 이와 같이 각 단계별 변화량이 최소값이므로 최소 변화 코드 조건을 만족하여 기계적 위치 또는 광학량이 변환될 때 발생할 수 있는 오차를 최소로 줄일 수 있어서 많이 활용되고 있으므로, 2진 코드를 그레이 코드로 또는 그레이 코드를 2진 코드로 변환하는 과정을 보기로 하자.

10진수	2진수	Gray code	10진수	2진수	Gray code
0	0000	0000	8	1000	1100
1	0001	0001	9	1001	1101
2	0010	0011	10	1010	1111
3	0011	0010	11	1011	1110
4	0100	0110	12	1100	1010
5	0101	0111	13	1101	1011
6	0110	0101	14	1110	1001
7	0111	0100	15	1111	1000

그레이 코드를 2진수 코드로 변환시킬 경우 최상위 자리부터 첫 번째 1이 나올 때까지는 그레이 코드를 그대로 옮겨 적고, 그레이 코드의 그 다음 비트에 1이 나올 때는 2진수 비트의 마지막 자리 값을 반전하여 옮겨 적는다. 반대로 그레이 코드의 그 다음 비트에 0이 나올 때는 비트의 마지막 자리 값을 그대로 반복하여 적어나간다.

2진수 코드를 그레이 코드로 변환시킬 경우 최상위 자리로부터 시작하여 첫째 자리는 그대로 옮겨 적는다. 두 번째 자리부터는 앞자리와 변환하고자 하는 자리의 2진수를 서로 비교하여 두 수가 서로 같을 때는 그레이 코드에 0을 적고, 서로 다를 때는 그레이 코드에 1을 적으면 된다. 이 과정을 살펴보기 위하여 앞에서 변환시켰던 2진수를 다시 원래 상태의 그레이 코드로 변환시켜 보기로 하자.

Binary → Gray Code	Gray Code → Binary
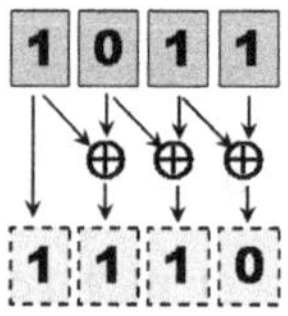 1 0 1 1 → ⊕ ⊕ ⊕ → 1 1 1 0	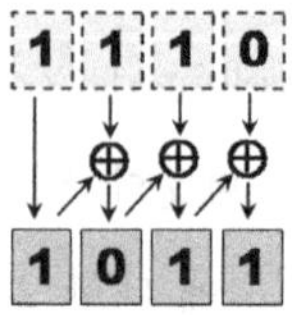 1 1 1 0 → ⊕ ⊕ ⊕ → 1 0 1 1

2) 그레이 → BCD 코드 변환

2진수나 8421 코드 등은 수가 변할 때 동시에 여러 비트가 동시에 변할 수 있는데 이처럼 여러 비트가 동시에 변화하게 되면 에러가 발생할 확률이 높아지게 된다. 이러한 단점을 보완한 것이 그레이 코드이며, 자리 값이 일정하지 않은 비가중 코드이다.

그레이 코드는 계속되는 수의 변화가 1비트만 변화시키면 다른 비트들의 변화 없이 다음 수의 코드로 넘어 간다. 예를 들어 2진수의 경우 0111에서 1000으로 변할 때 4비트가 모두 변화하지만 그레이 코드에서는 0100에서 1100으로 1비트만 변화하게 된다.

연산 동작에는 부적당하지만 입출력 정보를 나타내는 코드로 사용할 때 에러가 적기 때문에 A/D변환기, 입·출력 장치, 기타 주변장치용의 코드로 이용된다.

3) BCD → 3초과(Excess 3) 코드 변환

3초과 코드는 8421 코드에서 3을 더한 값으로 표시되어 일명 3중 코드라 부른다. 이 코드는 각 비트의 고정값을 갖지 못함으로 비가중(Unweighted) 코드라 하며 특징으로는 8421 코드에서 감산을 하면 불합리한 경우(6의 BCD 부호는 0110 이고 1의 보수는 1001인데 이는 6의 9에 대한 보수가 되어 BCD 의 감산이 어려워짐)가 발생함으로써 이를 해결하기 위해 3초과 코드를 사용한다.

10진수	BCD	3초과 code	보수	
			1의 보수	10진수
0	0000	0011	1100	9
1	0001	0100	1011	8
2	0010	0101	1010	7
3	0011	0110	1001	6
4	0100	0111	1000	5
5	0101	1000	0111	4
6	0110	1001	0110	3
7	0111	1010	0101	2
8	1000	1011	0100	1
9	1001	1100	0011	0

3초과 코드에는 0000, 0001, 0010, 1101, 1110, 1111 등 6개 코드가 존재하지 않으며 3초과 코드로 가산을 하면 6초과 코드가 되기 때문에 약간의 보정 과정을 거쳐 고쳐야한다. 또한,

3초과 코드로 표시된 2진수의 1의 보수가 바로 9의 보수가 됨으로 감산 없이 보수를 구할 수 있다. 이러한 코드를 자기 보수(self complement code)라고 부른다.

d	Xs3 code	9-d	Xs3 code
2	0101	7	1010
8	1011	1	0100
4	0111	5	1000

10진수의 d에 대하여 9의 보수는 9-d로 정의될 때, 3초과 코드는 자기보수 코드 형태로 나타난다.

즉, 다음 예에서와 같이 BCD의 경우와 달리 연산이 쉽게 이루어진다.

(예 1)

두 개의 10진 자릿수의 합이 9보다 작은 수일 경우 두 개의 수를 합하여 올림수(carry)가 발생하지 않은 경우는 그 결과에서 2진수 0011을 뺀다.

4 3	0 1 1 1	0 1 1 0	(43의 Xs3)
+ 3 6	+ 0 1 1 0	1 0 0 1	(36의 Xs3)
7 9	1 1 0 1	1 1 1 1	
	- 0 0 1 1	0 0 1 1	
	1 0 1 0	1 1 0 0	(79의 xs3)

(예 2)

두 개의 10진 자릿수의 합이 9를 초과하는 경우 두 개의 수를 합하여 올림수(carry)가 발생하는 경우는 그 결과에서 2진수 0011을 더하여 준다.

7		1 0 1 0	(7의 Xs3)
+ 6		+ 1 0 0 1	(6의 Xs3)
1 3	1	0 0 1 1	
	0 0 1 1	0 0 1 1	
	0 1 0 0	0 1 1 0	(13의 xs3)

(예 3)

두 개의 10진 자릿수를 합하여 올림수가 생기는 경우와 올림수 (carry)가 발생하지 않은 경우는 그 결과에서 2진수 0011을 더해주고 또한 빼준다.

1 5	0 1 0 0	1 0 0 0	(15의 Xs3)
+ 1 5	+ 0 1 0 0	1 0 0 0	(15의 Xs3)
3 0	1 0 0 1	←1 0 0 0 0	
	- 0 0 1 1	+ 0 0 1 1	
	0 1 1 0	0 0 1 1	(30의 Xs3)

2. 패리티 비트(Parity Bit)

두 디지털 시스템 간에 2진 정보를 전송할 때 외부 잡음이 들어가면 1이 0으로 또는 0이 1로 변화하여 오류(error)가 발생할 수 있다.
이러한 전송 오류를 탐지하기 위해서는 송신측(Transmitter)에서 송신하고자 하는 2진 정보에 패리티 비트(parity bit)를 추가하여 송신하고, 수신측(receiver)에서는 패리티 비트가 올바른가를 검사해야 한다. 이와 같이 송신측에서 전송한 데이터가 수신측에서 정확히 전달되었는지를 검사하는 것을 패리티 검사(parity check)라고 한다.

1) 패리티 발생기(parity generator)

송신측에서 패리티 비트를 만들어내는 회로를 패리티 발생기라 하며, 패리티에는 짝수(even) 패리티와 홀수(odd) 패리티가 있다.
짝수 패리티는 전송하고자 하는 2진 데이터에 포함되어 있는 비트 1의 개수 전체가 짝수가 되도록 패리티 비트를 추가하는 것이며, 홀수 패리티는 비트 1의 갯수 전체가 홀수가 되도록 패리티 비트를 추가하는 것이다.
예를 들어 x, y, z의 3개의 데이터 비트와 홀수 패리티 비트(P)를 전송하는 경우, 패리티 발생기는 x, y, z의 입력값에 따라서 P의 값을 만들어 낸다. 즉 송신측에서는 홀수 패리티를 사용하므로 4비트 전체에 대해서 1의 갯수를 홀수로 만든다. 다음 표는 홀수 패리티 발생기에 대한 진리표를 나타낸다.

Data			Parity	
X	Y	Z	P_{odd}	P_{even}
0	0	0	1	0
0	0	1	0	1
0	1	0	0	1
0	1	1	1	0
1	0	0	0	1
1	0	1	1	0
1	1	0	1	0
1	1	1	0	1

$$\begin{aligned} P_{odd} &= X'Y'Z' + X'YZ + XY'Z + XYZ' \\ &= X'(Y'Z' + YZ) + X(Y'Z + YZ') \\ &= X'(Y \odot Z) + X(Y \oplus Z) \\ &= X'(Y \oplus Z)' + X(Y \oplus Z) \\ &= X \odot (Y \oplus Z) \end{aligned}$$

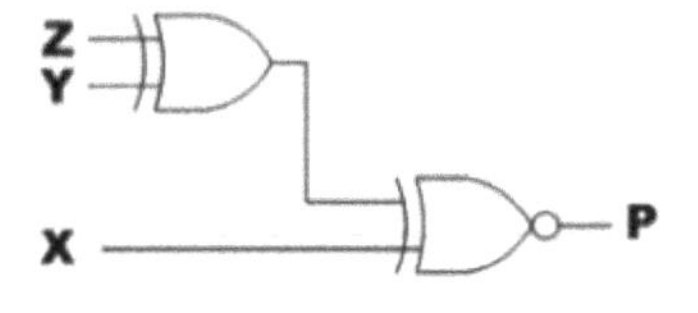

표에서 2진 데이터 3비트는 2^3(8)가지 경우가 발생하며, 각각에 대하여 1의 갯수가 홀수가 되도록 패리티 비트를 추가하고 있다. 예를 들어 전송 데이터 x, y, z가 각각 110일 경우, 전체를 홀수로 만들기 위해서 P에는 1을 추가하고 있다.

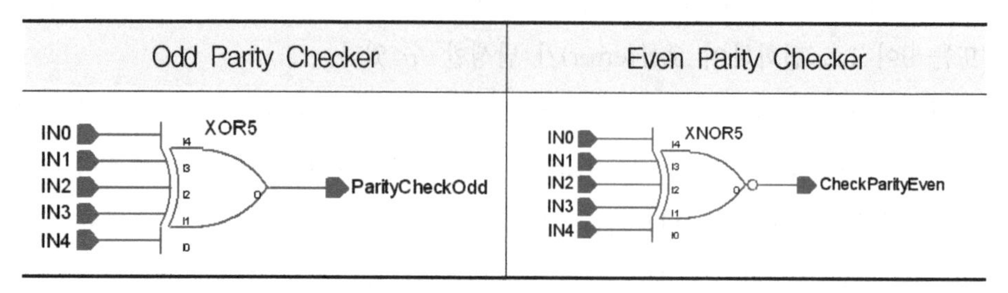

2) 패리티 검사기(parity checker)

수신측에서 수신된 4개의 비트(x, y, z의 데이터 비트와 패리티 비트P)를 검사하여 홀수 패리티를 갖는지 여부를 판정하게 된다. 입력 변수 x, y, z, P와 출력 변수 C와의 상관관계를 진리표로 나타내면 표와 같다.

전송된 비트		t1	t2	t3	....												tn
Data	X	0	0	0	0	0	0	0	0	1	1	1	1	1	1	1	1
	Y	0	0	0	0	1	1	1	1	0	0	0	0	1	1	1	1
	Z	0	0	1	1	0	0	1	1	0	0	1	1	0	0	1	1
	P	0	1	0	1	0	1	0	1	0	1	0	1	0	1	0	1
패리티 오류 검사		✓			✓		✓	✓			✓	✓		✓			✓
	C	1	0	0	1	0	1	1	0	0	1	1	0	1	0	0	1

진리표에서 패리티 오류 검사 C가 0이면 홀수 패리티를 나타내므로 오류가 발생하지 않은 것을 의미하며, C가 1이면 오류가 발생했다는 것을 나타낸다.
패리티 발생기와 같은 방법으로 진리표로부터 카르노 맵을 유도하여 부울함수를 구하면 다음과 같은 식을 얻을 수 있다.

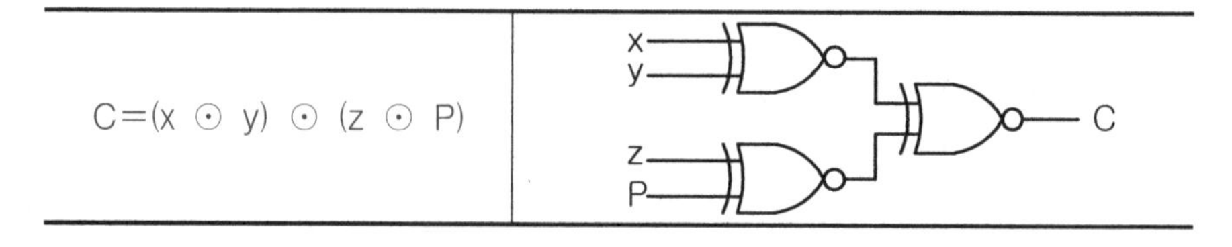

지금까지 설계한 송신측에서 사용하는 패리티 발생기와 수신측에 오류 검출을 위한 패리티 검사기가 결합하면 다음 그림과 같다.

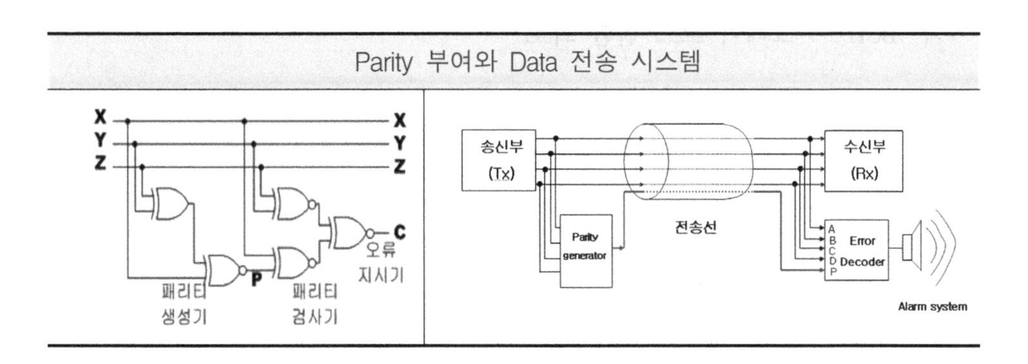

Parity 부여와 Data 전송 시스템

3. BCD ↔ 그레이 코드 변환 회로 실험

가. BCD → 그레이 코드 변환 회로

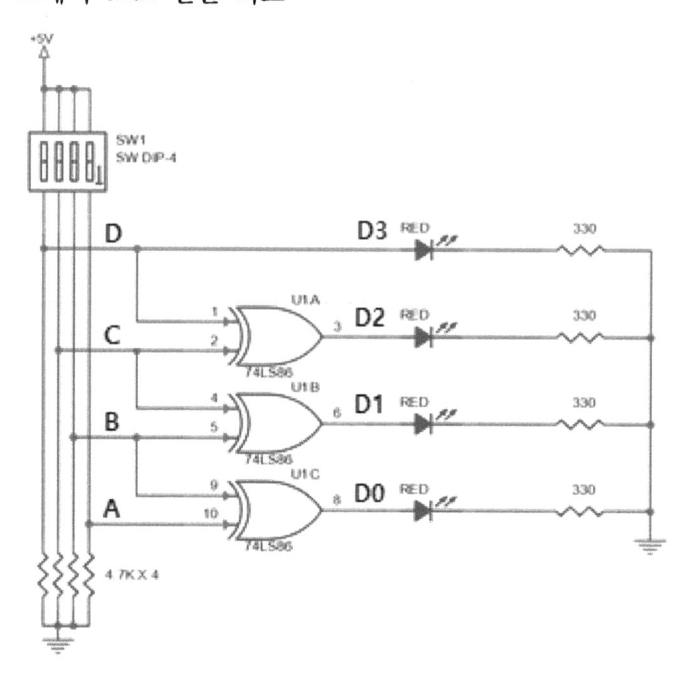

나. 요구사항

① BCD-그레이 코드 변환 회로를 브레드보드에 구성한다.

② 전원을 인가한 후 스위치 조작에 따른 LED의 출력 상태를 아래 표에 기록한다.

③ BCD-그레이 코드 변환 회로의 진리표가 실험 결과와 일치하는지 확인한다.

10진수	BCD 코드(SW1)				그레이 코드			
	D	C	B	A	D_3	D_2	D_1	D_0
0	0	0	0	0				
1	0	0	0	1				
2	0	0	1	0				
3	0	0	1	1				
4	0	1	0	0				
5	0	1	0	1				
6	0	1	1	0				
7	0	1	1	1				
8	1	0	0	0				
9	1	0	0	1				

다. 그레이 → BCD 코드 변환 회로

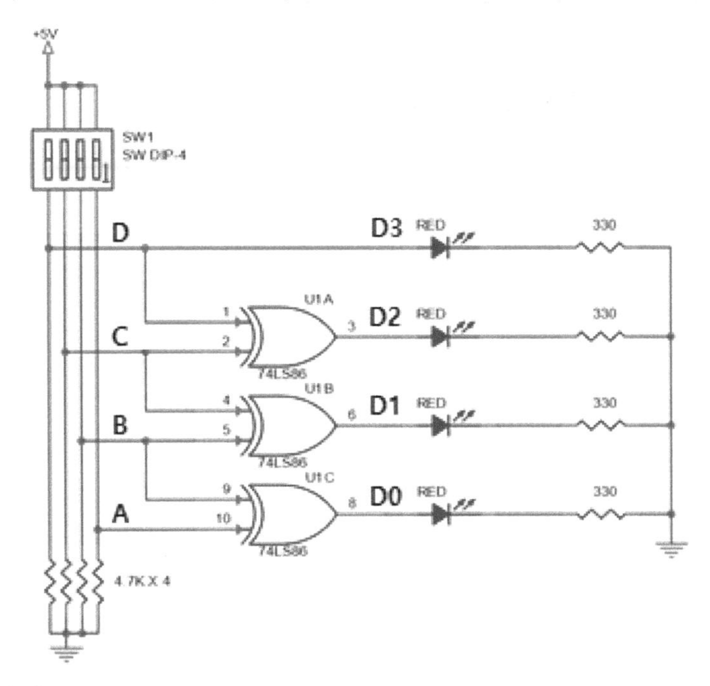

라. 요구사항

① 그레이-BCD 코드 변환 회로를 브레드보드에 구성한다.

② 전원을 인가한 후 스위치 조작에 따른 LED의 출력 상태를 아래 표에 기록한다.

③ 그레이-BCD 코드 변환 회로의 진리표가 실험 결과와 일치하는지 확인한다.

10진수	그레이 코드(SW1)				BCD 코드			
	D	C	B	A	D_3	D_2	D_1	D_0
0	0	0	0	0				
1	0	0	0	1				
2	0	0	1	1				
3	0	0	1	0				
4	0	1	1	0				
5	0	1	1	1				
6	0	1	0	1				
7	0	1	0	0				
8	1	1	0	0				
9	1	1	0	1				
10	1	1	1	1				
11	1	1	1	0				
12	1	0	1	0				
13	1	0	1	1				
14	1	0	0	1				
15	1	0	0	0				

4. BCD → 3초과 코드 변환 회로 실험

가. BCD → 3초과 코드 변환 회로

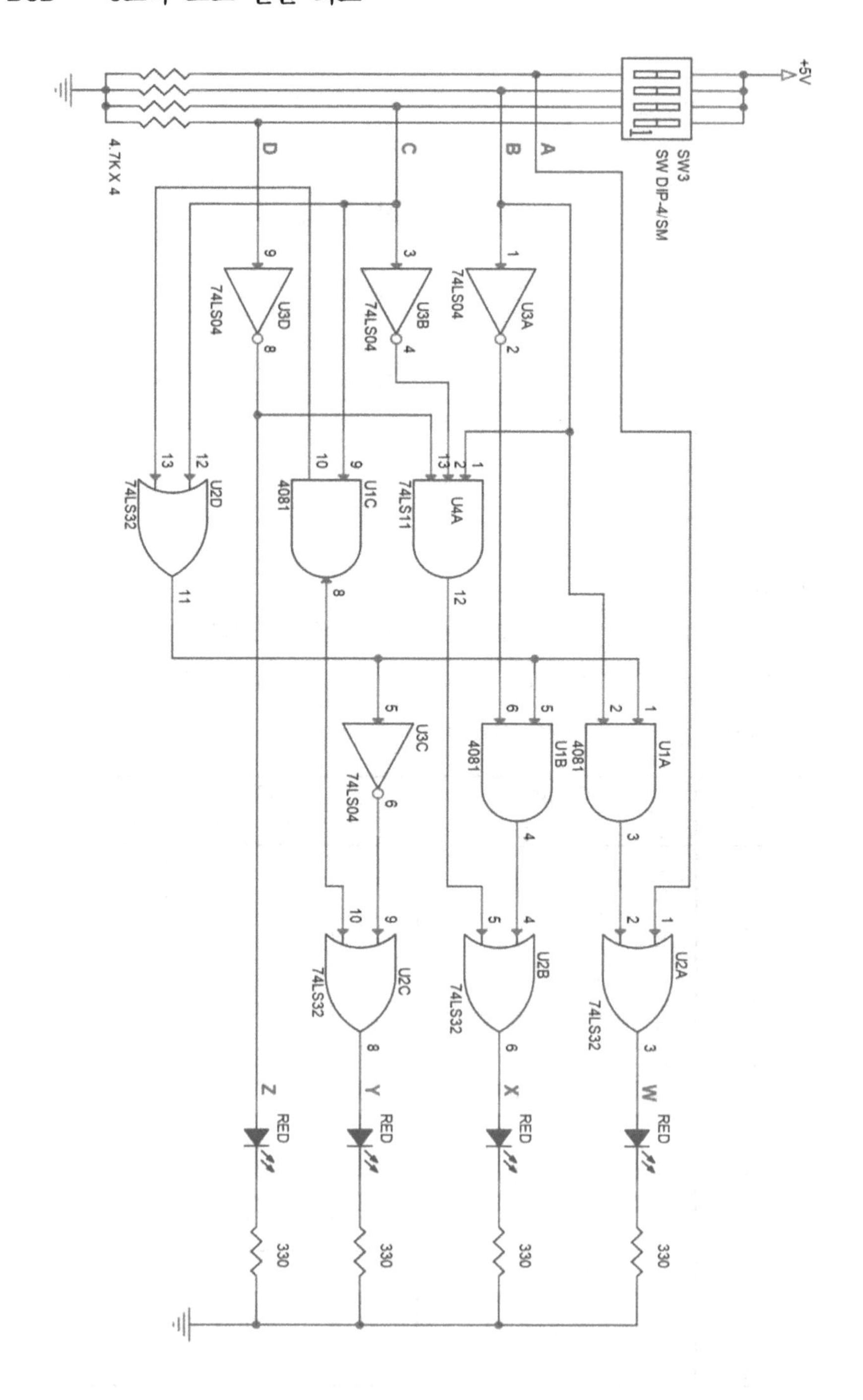

나. 요구사항

① BCD-3초과 코드 변환 회로를 브레드보드에 구성한다.

② 전원을 인가한 후 스위치 조작에 따른 LED의 출력 상태를 아래 표에 기록한다.

③ BCD-3초과 코드 변환 회로의 진리표가 실험 결과와 일치하는지 확인한다.

10진수	BCD 코드(SW_3)				3초과 코드			
	A	B	C	D	W	X	Y	Z
0	0	0	0	0				
1	0	0	0	1				
2	0	0	1	0				
3	0	0	1	1				
4	0	1	0	0				
5	0	1	0	1				
6	0	1	1	0				
7	0	1	1	1				
8	1	0	0	0				
9	1	0	0	1				

5. 패리티 비트 검출 회로 실험

가. 4비트 홀수 패리티 검출 회로

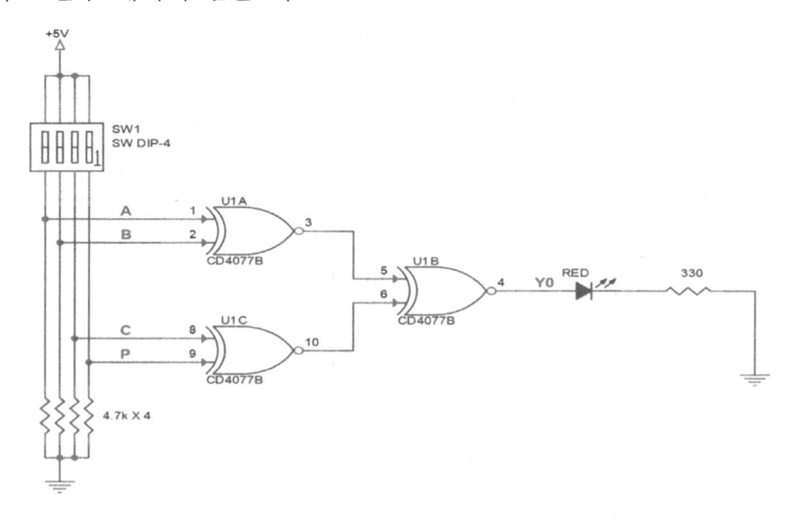

나. 요구사항

① 4비트 홀수 패리티 검출 회로를 브레드보드에 구성한다.

② 전원을 인가한 후 스위치 조작에 따른 LED의 출력 상태를 아래 표에 기록한다.

③ 4비트 홀수 패리티 검출 회로의 진리표가 실험 결과와 일치하는지 확인한다.

10진수	입력				Y_0(LED점등)
	A	B	C	P	
0	0	0	0	0	
1	0	0	0	1	
2	0	0	1	0	
3	0	0	1	1	
4	0	1	0	0	
5	0	1	0	1	
6	0	1	1	0	
7	0	1	1	1	
8	1	0	0	0	
9	1	0	0	1	
10	1	0	1	0	
11	1	0	1	1	
12	1	1	0	0	
13	1	1	0	1	
14	1	1	1	0	
15	1	1	1	1	

다. 4비트 짝수 패리티 검출 회로

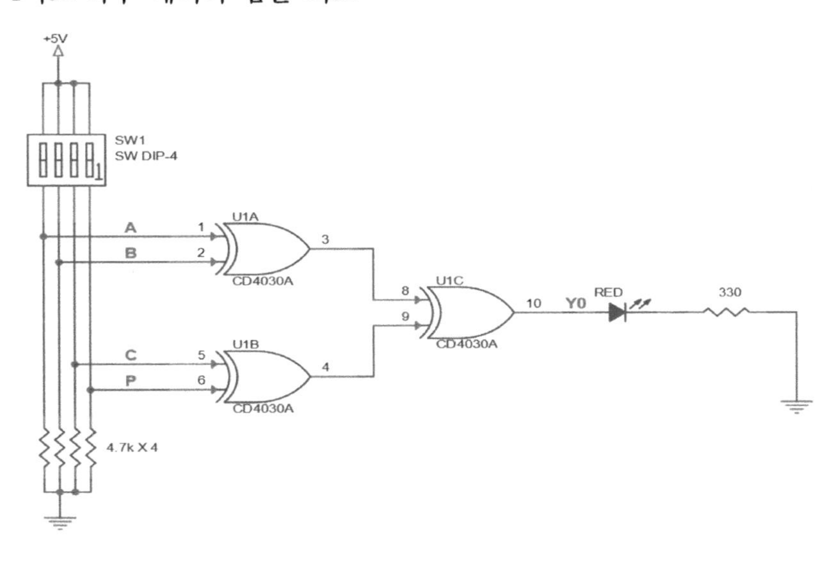

라. 요구사항

① 4비트 짝수 패리티 검출 회로를 브레드보드에 구성한다.

② 전원을 인가한 후 스위치 조작에 따른 LED의 출력 상태를 아래 표에 기록한다.

③ 4비트 짝수 패리티 검출 회로의 진리표가 실험 결과와 일치하는지 확인한다.

10진수	입력				Y_0(LED점등)
	A	B	C	P	
0	0	0	0	0	
1	0	0	0	1	
2	0	0	1	0	
3	0	0	1	1	
4	0	1	0	0	
5	0	1	0	1	
6	0	1	1	0	
7	0	1	1	1	
8	1	0	0	0	
9	1	0	0	1	
10	1	0	1	0	
11	1	0	1	1	
12	1	1	0	0	
13	1	1	0	1	
14	1	1	1	0	
15	1	1	1	1	

제9장 비교기(Comparator)

1. 비교기(Comparator)
2. 1비트 비교기 회로 실험
3. BCD코드 4자리 비교기 회로 실험
4. 2bit 2진 대소 비교 회로 설계

1. 비교기(Comparator)

크기 비교기(comparator)는 두 수를 비교하여 한 수가 다른 수에 비하여 더 큰지, 작은지, 또는 같은지를 결정하는 조합회로이다.
즉, A와 B의 두 양수를 상대적으로 크기를 비교하여, 수행 결과를 A〉B, A=B, 아니면 A〈B 인지를 나타내게 된다.
그런데 A, B가 n비트로 구성되었을 경우 이 회로는 진리표상에서 2^{2n}개의 기입항을 갖게 되므로, 비트 수 n이 커지게 되면 회로 구성은 상당히 복잡하게 된다.
먼저 두 개의 양수 A, B를 입력 변수로 하여 출력에서 두 수의 상대적 크기를 비교하기 위한 크기 비교기를 나타내면 아래와 같다.
두 수의 크기를 비교해서 A=B인 경우의 논리식은 아래와 같으며

$$출력 = AB + A'B' = A_n \odot B_n$$

진리표와 회로도는 다음과 같다.

입 력		출 력			
A	B	A>B	A=B	A<B	논리식
0	0	0	1	0	A′ B′
0	1	0	0	1	A′ B
1	0	1	0	0	A B′
1	1	0	1	0	A B

(a) 진리표

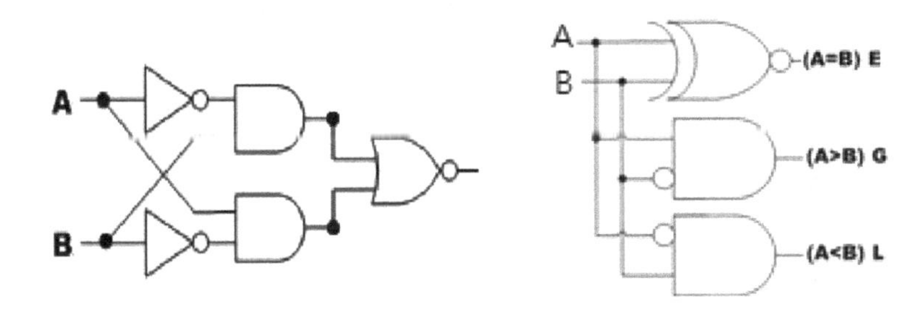

(b) 회로도

다음, 4비트를 갖는 두 개의 양수 A와 B에 대해서 생각해 보자. 여기서 A와 B는 각각 비트 스트링(bit string) A_3,A_2,A_1,A_0과 B_3,B_2,B_1,B_0을 나타낸다. 두 수의 크기를 결정하기 위해서 $A_3 = B_3$, $A_2 = B_2$, $A_1 = B_1$ 그리고 $A_0 = B_0$를 동시에 만족하면 두 개의 수 A_n, B_n는 같게 되고, 그렇지 않으면 다른 경우가 된다. 이때 $A_n = B_n$(단, n = 0,1,2,3)인 경우는 A_n와 B_n가 동일한 비트 값을 갖는 경우이므로 n번째 비트 값은 아래와 같이 표현할 수 있다.

$$출력(A=B) = A_nB_n + A_n'B_n' = A_n \odot B_n$$

다음은 4비트의 크기 결과 즉, E, G, L 출력들을 구해 보자.
A = B가 1이 되기 위한 조건은 $A_n = B_n$가 1이거나 $A_i = B_i$가 0이 되는 경우, 즉 A와 B가 같으면 1이 되고 그렇지 않으면 0이 된다. 따라서 모든 X_n 변수들이 1이어야 하므로 X_n 변수를 AND 연산하면 된다.
따라서 두 수 A = B인 경우의 관계식 E는 아래와 같이 표현할 수 있다.

$$E = X_3 \cdot X_2 \cdot X_1 \cdot X_0$$

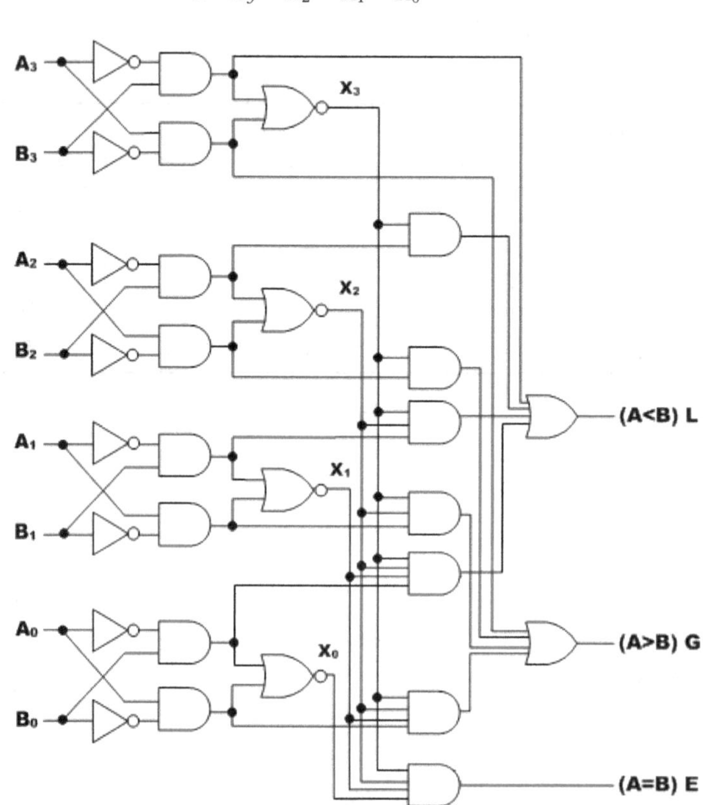

$A>B$ 와 $A<B$ 의 결정은 최상위 비트(MSB : Most Significant Bit)로부터 차례로 두 개의 비트 A, B를 비교하면 된다. 즉 $A_3>B_3$이면 A_2, A_1, A_0와 B_2, B_1, B_0에 관계없이 $A>B$의 조건을 만족하게 되고, $A_3<B_3$이면 $A<B$의 조건을 만족하게 된다. 만약, A_3와 B_3가 같으면($A_3=B_3$) 그 다음 낮은 자릿수의 비트 쌍을 비교(A_2와 B_2)하면 된다.
만약, 이 비트 쌍이 같을 경우는 비트 쌍이 서로 같지 않을 때까지 비교를 계속하면 된다.
예를 들어 $A_3=0$이고 $B_3=1$일 경우에는 $A_3<B_3$이 되므로 $A<B$가 된다.
두 수 A, B에 대해서 $A>B$인 경우는 아래와 같은 논리 함수로 표현할 수 있다.

$$G = A_3B_3' + x_3A_2B_2' + x_3x_2A_1B_1' + x_3x_2x_1A_0B_0'$$

여기서 G는 $A > B$를 나타낸다.

비슷한 방법으로 $A < B$인 경우는 아래와 같은 논리 함수로 표현할 수 있다.

$$L = A_3'B_3 + x_3A_2'B_2 + x_3x_2A_1'B_1 + x_3x_2x_1A_0'B_0$$

여기서 L은 $A<B$를 나타낸다. 위의 두 식에서 G와 L로 표시되는 출력 값은 각각 $A>B$ 또는 $A<B$인 경우 1이 된다.
4비트 입력 A_n와 B_n 그리고 세 개의 출력 E, G, L로 구성된 비교기는 아래와 같다.

입력 비교				출 력		
A_3 , B_3	A_2 , B_2	A_1 , B_1	A_0 , B_0	E	G	L
$A_3 > B_3$	×	×	×	0	1	0
$A_3 < B_3$	×	×	×	0	0	1
$A_3 = B_3$	$A_2 > B_2$	×	×	0	1	0
$A_3 = B_3$	$A_2 < B_2$	×	×	0	0	1
$A_3 = B_3$	$A_2 = B_2$	$A_1 > B_1$	×	0	1	0
$A_3 = B_3$	$A_2 = B_2$	$A_1 < B_1$	×	0	0	1
$A_3 = B_3$	$A_2 = B_2$	$A_1 = B_1$	$A_0 > B_0$	0	1	0
$A_3 = B_3$	$A_2 = B_2$	$A_1 = B_1$	$A_0 < B_0$	0	0	1
$A_3 = B_3$	$A_2 = B_2$	$A_1 = B_1$	$A_0 = B_0$	1	0	0

다음은 74LS85 IC의 4비트 크기 비교기이며, 출력은 $A = B, A > B, A < B$ 인지를 나타낸다. IC 핀 배치는 아래 그림과 같으며, 핀들은 기능에 따라 분류된다. 종속 입력(cascading input) 단자인 2, 3과 4번 핀은 4비트 이상의 입력을 갖는 회로에서 IC를 확장하기 위해 사용되는 확장 입력이다.

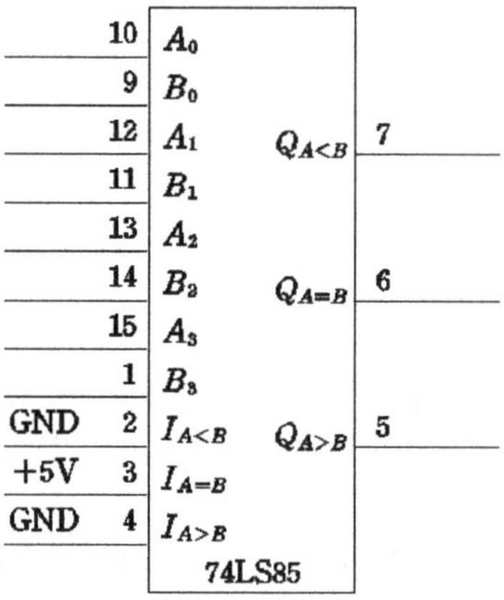

10 A_0
9 B_0
12 A_1 $Q_{A<B}$ 7
11 B_1
13 A_2
14 B_2 $Q_{A=B}$ 6
15 A_3
1 B_3
GND 2 $I_{A<B}$ $Q_{A>B}$ 5
+5V 3 $I_{A=B}$
GND 4 $I_{A>B}$
74LS85

4비트 비교기로 사용할 때 2번과 4번 핀($I_{A>B}$와 $I_{A<B}$)은 접지되어야 하고, 3번 핀($I_{A=B}$)은 high이어야 한다.

아래 표는 74LS85의 진리표를 나타낸다.

Comparing Inputs				Cascading Inputs			Outputs		
A3, B3	A2, B2	A1, B1	A0, B0	A > B	A < B	A = B	A > B	A < B	A = B
A3 > B3	X	X	X	X	X	X	H	L	L
A3 < B3	X	X	X	X	X	X	L	H	L
A3 = B3	A2 > B2	X	X	X	X	X	H	L	L
A3 = B3	A2 < B2	X	X	X	X	X	L	H	L
A3 = B3	A2 = B2	A1 > B1	X	X	X	X	H	L	L
A3 = B3	A2 = B2	A1 < B1	X	X	X	X	L	H	L
A3 = B3	A2 = B2	A1 = B1	A0 > B0	X	X	X	H	L	L
A3 = B3	A2 = B2	A1 = B1	A0 < B0	X	X	X	L	H	L
A3 = B3	A2 = B2	A1 = B1	A0 = B0	H	L	L	H	L	L
A3 = B3	A2 = B2	A1 = B1	A0 = B0	L	H	L	L	H	L
A3 = B3	A2 = B2	A1 = B1	A0 = B0	L	L	H	L	L	H
A3 = B3	A2 = B2	A1 = B1	A0 = B0	X	X	H	L	L	H
A3 = B3	A2 = B2	A1 = B1	A0 = B0	H	H	L	L	L	L
A3 = B3	A2 = B2	A1 = B1	A0 = B0	L	L	L	H	H	L

H = HIGH Level, L = LOW Level, X = Don't Care

이 IC는 입력으로 두 개의 4비트 수 A_3, A_2, A_1, A_0와 B_3, B_2, B_1, B_0를 비교하고, 입력되는 4 비트 수의 상대적인 크기에 따라 5, 6 또는 7번 출력을 high로 한다.

만약 4비트 수 A가 B보다 크다면 출력 $Q_{A>B}$는 high가 되고, A와 B가 같다면 출력 $Q_{A=B}$는 high가 되고, A가 B보다 작다면 출력 $Q_{A<B}$는 high가 된다.

표에서 최상위 줄은 만약 A_3가 B_3보다 크고 다른 데이터 입력과 종속 연결된 입력(cascading input)이 고려되지 않으면 A는 B보다 커야 하며, 출력 $A>B$는 high가 된다. A_3가 B_3보다 작다면 A는 B보다 작으며, 출력 $A<B$는 high가 된다. 진리표의 세 번째와 네 번째 줄에서 A_3와 B_3가 같으면 A_2와 B_2를 비교한다. 그러면 출력은 그에 따라서 설정된다. 최하위 세 줄은 A_3, A_2, A_1, A_0와 B_3, B_2, B_1, B_0가 같을 때 출력이 어떻게 되는가를 보여준다.

2. 1비트 비교기 회로 실험

가. 1비트 비교기 회로

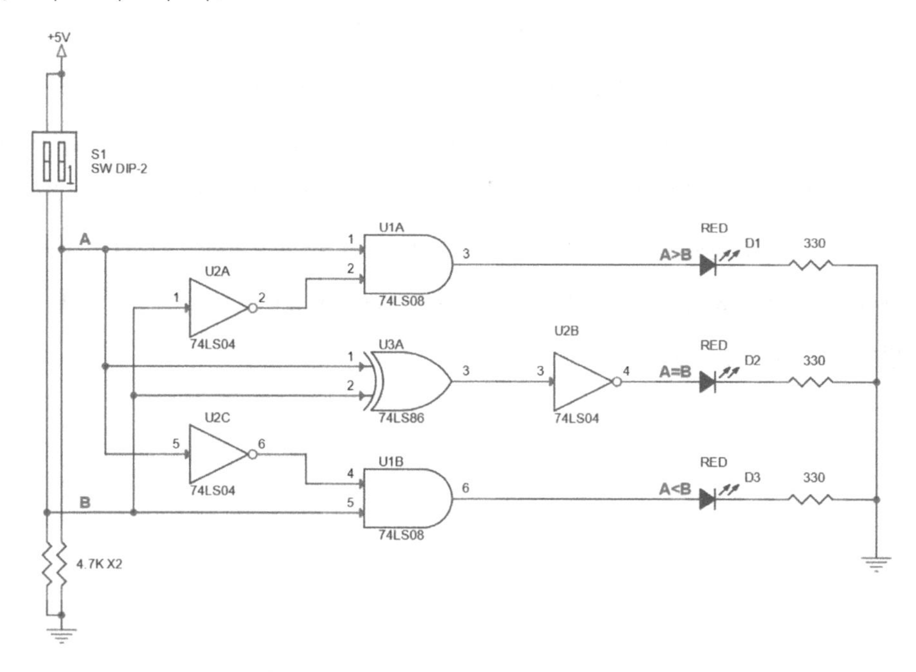

나. 요구사항

① 1비트 비교기 회로를 브레드보드에 구성한다.

② 전원을 인가한 후 스위치 조작에 따른 LED의 출력 상태를 아래 표에 기록한다.

③ 1비트 비교기 진리표와 실험 결과와 일치하는지 확인한다.

입력(SW1)		출력		
A	B	X(A>B)	Y(A=B)	Z(A<B)
0	0			
0	1			
1	0			
1	1			

3. BCD 코드 4자리 비교기 회로 실험

가. BCD 코드 4자리 비교기 회로

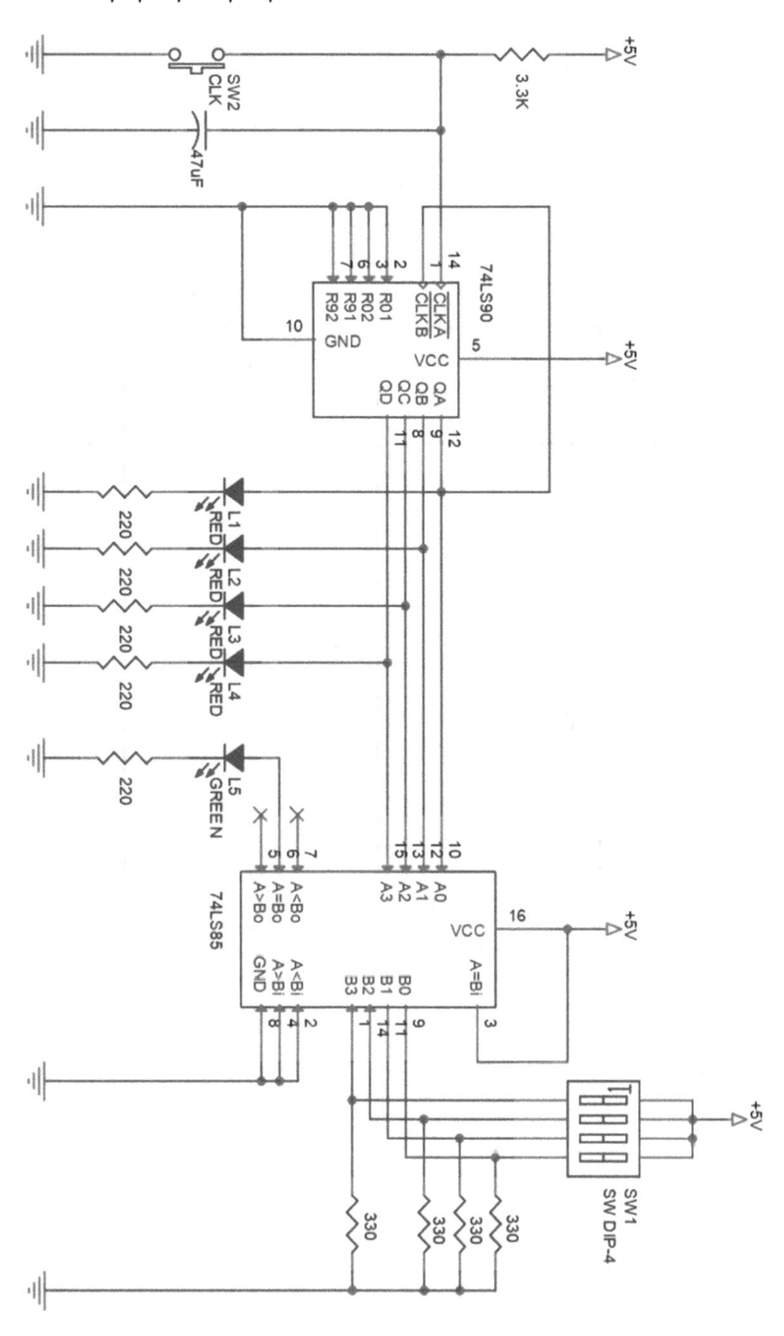

나. 요구사항

① BCD 코드 4자리 비교기 회로를 브레드보드에 구성한다.

② 전원을 인가한 후 스위치 조작에 따른 LED의 출력 상태를 아래 표에 기록한다.

- SW_1의 BCD 입력은 0~9까지만 지정한다.
- SW_2를 누를 때마다 BCD 코드가 카운트되어 LED로 출력된다.
- SW_1의 BCD 코드와 LED의 BCD 출력이 같을 경우 LED5(녹색)가 점등된다.
- SW_1의 데이터를 임의로 설정 후 CLK 스위치로 카운터에 클럭 펄스를 공급하여 출력결과를 아래 표에 기록한다.

③ BCD코드 4자리 비교기 설정값이 실험 결과와 일치하는지 확인한다.

10진수	LED(RED)				BCD코드(SW_1)				L_5(GREEN)
	L_3	L_2	L_1	L_0	B_3	B_2	B_1	B_0	
0	0	0	0	0					
1	0	0	0	1					
2	0	0	1	0					
3	0	0	1	1					
4	0	1	0	0					
5	0	1	0	1					
6	0	1	1	0					
7	0	1	1	1					
8	1	0	0	0					
9	1	0	0	1					

4. 2bit 2진 대소 비교 회로 설계

가. BCD코드 4자리 비교기 회로

① 2bit 2진 대소 비교기의 입력 변수 A_1, A_0, B_1, B_0와 출력 변수 W, X, Y의 값을 아래 표에 넣어 완성하여라.

Input				Output		
A_1	A_0	B_1	B_0	W (A>B)	X (A=B)	Y (A<B)
0	0	0	0			
0	0	0	1			
0	0	1	0			
0	0	1	1			
0	1	0	0			
0	1	0	1			
0	1	1	0			
0	1	1	1			
1	0	0	0			
1	0	0	1			
1	0	1	0			
1	0	1	1			
1	1	0	0			
1	1	0	1			
1	1	1	0			
1	1	1	1			

② 출력변수 W, X, Y 각각에 대하여 Karnaugh Map으로 간략화하여라.

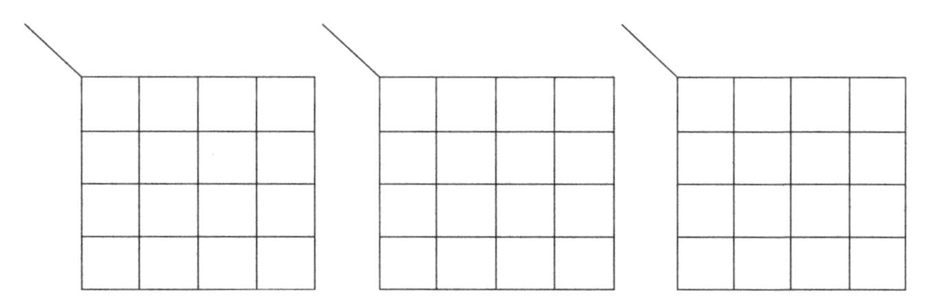

③ W, X, Y 각각에 대한 부울함수를 유출하고 논리회로를 그려라.

W =　　　　　　　　X=　　　　　　　　Y =

제10장 플립플롭(Flip-Flop)

1. 플립플롭(Flip-Flop)
2. RS-FF 회로 실험
3. D-FF 회로 실험
4. JK-FF 회로 실험
5. T-FF 회로 실험

1. 플립플롭(Flip-Flop)

1) 클럭(Clock, CLK, CP)

시간의 변화에 따라 0과 1 값이 주기적으로 반복되는 신호를 클럭(Clock)이라 하며, 전체 회로의 동작을 통일시키거나 회로의 동작 속도를 결정하는데 사용된다. Latch, Flip-Flop을 사용하는 경우 타이밍 관계는 매우 중요하다. 만약, 클럭을 가진 플립플롭(Clocked flip flop)에서 Clock의 전이가 발생했다면 제어 입력에서 인가한 데이터에 대해 플립플롭의 정상적인 출력을 얻기 위해서는 아래에 설명한 타이밍 조건을 고려해야 한다.

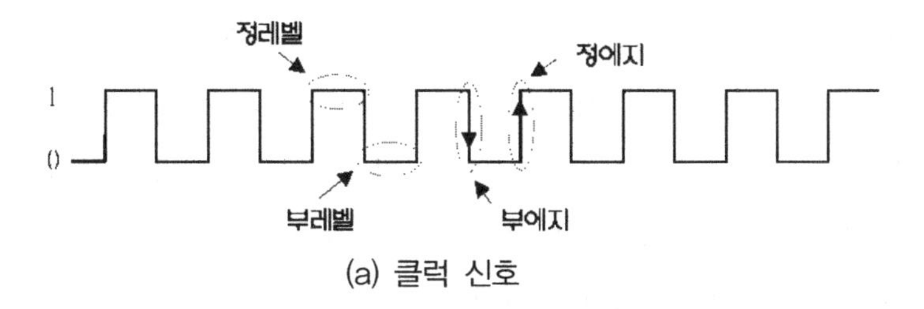

(a) 클럭 신호

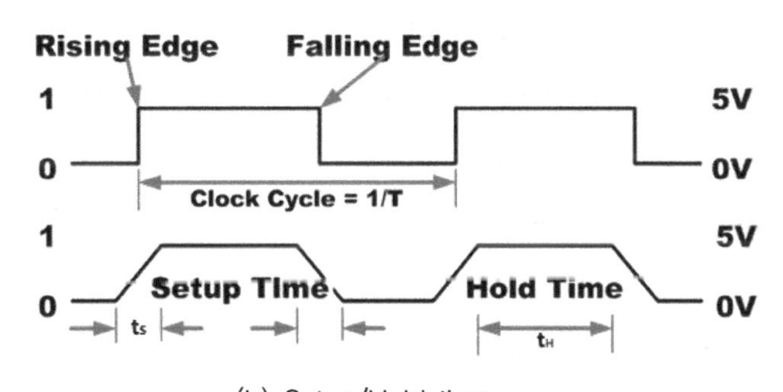

(b) Setup/Hold time

- **Rising/Falling Edge**

  클럭 신호의 펄스가 존재하는 곳을 1레벨(level)로, 펄스가 존재하지 않는 곳을 0레벨로 표현한다.

  1레벨을 정레벨(positive level) 그리고 0레벨을 부레벨(negative level)이라고 부른다. 1 또는 0레벨에서 순차 논리회로가 동기되는 것을 레벨 트리거링(level triggering)이라고 한다.

  클럭의 펄스 형태가 바뀌는 곳, 즉 디지털 신호가 0→1로 변하거나 1→0으로 변하는 경계 지점을 Edge라고 한다. 대부분의 디지털 회로에서 값의 변화를 감지하는 부분으로, 이 부분을 기준으로 값을 인식하고 지정된 동작을 수행한다.

펄스가 0에서 1로 변하는 것을 정에지(positive edge) 그리고 1에서 0으로 변하는 것을 부에지(negative edge)라고 한다. 정에지는 상승 에지(rising edge) 또는 리딩 에지(leading edge)라고 부르기도 한다. 부에지는 하강 에지(falling edge) 또는 트레일링 에지(trailing edge)라고 부르기도 한다.

2) Latch와 Flip-Flop

순서회로는 조합회로 부분과 기억소자 부분으로 구성되어 있는데, 이때 사용되는 기억소자는 보통 Latch나 플립플롭(FF : flip-flop)을 사용한다.

이러한 기억소자는 서로 비슷한 특성을 가지고 있지만, 그들의 상태를 변화시키는 방법에 있어서 차이가 있다.

Latch는 클럭 입력과 관계없이 외부 입력이 변화할 때 상태가 변화된다. 그리고 이때 새로운 출력 값은 게이트의 전파 지연 시간만큼 지연된다.

이에 반해서 플립플롭은 클럭 신호에 의해서 출력 상태가 변화한다.

일반적으로 동기 회로에 있어서 메모리 부분은 플립플롭을, 비동기 회로의 메모리 부분은 Latch에 의해서 구현된다.

Latch/플립플롭은 1Bit 정보(0 또는 1)를 저장할 수 있는 소자이며, Latch/플립플롭이 1의 값을 저장하고 있으면 세트(Set, Q=1, Q'=0), 0을 저장하고 있으면 리셋(Reset, Q=0, Q'=1) 되었다고 한다.

SR Latch는 두 개의 NOR 게이트 또는 두 개의 NAND 게이트로 구현할 수 있다.

▶ NOR를 이용한 RS Latch

아래 그림은 NOR 게이트에 의해서 구현된 SR Latch와 타이밍 챠트를 나타낸다. 동작표에서 Q(t)는 현재 상태에서의 출력 값을 나타내며, Q(t+1)은 다음 상태에서의 출력 값을 나타낸다. 이와 같이 두 개의 상태 값을 발생시키는 회로를 쌍안정 멀티바이브레이터(bistable multivibrator)라고 한다.

교차 결합된 두 개의 NOR 게이트로 구성된 이 Latch는 두 개의 입력 S(set)와 R(reset)을 가지며, 두 개의 출력 변수는 Q와 Q'를 가진다.

여기서 이 Latch의 동작은 동작표에 나타나 있다.

이 동작표에 주어진 결과로부터 Latch의 동작은 다음과 같이 요약할 수 있다.

- S = 0, R = 0인 경우에는 회로의 출력 상태는 변화하지 않고 현재 상태의 값을 유지한다.
- S = 1, R = 0인 조건은 Latch를 세트(set)하라는 의미를 나타내므로 Q(t+1) = 1, Q'(t+1) = 0이 된다.
- S = 0, R = 1인 조건은 Reset을 의미이므로 Q(t+1) = 0, Q'(t+1)=1이 된다.
- R = 1, S = 1인 경우에는 출력이 서로 보수 관계의 출력이 나타나지 않으므로 사용하지 않는다.

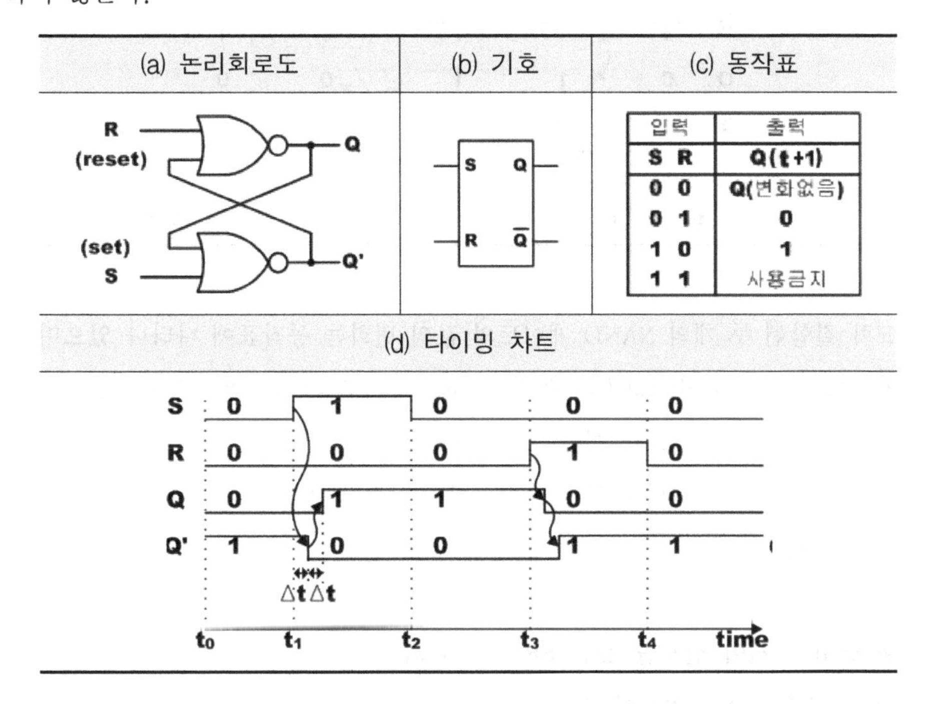

이와 같은 Latch의 동작 상태를 타이밍 챠트로 나타내면 쉽게 이해할 수 있다.

타이밍 챠트에서 S = 0, R = 0인 조건은 시간 T_2~T_3에서 이전의 입력 조건에 의한 출력 상태를 유지하므로(시간 T_1~T_2) 논리 1의 데이터를 기억하고 있음을 알 수 있다. 그리고 S = 1, R = 0일 때 시간 T_1~T_2에서 Q(t+1) = 1이며, S = 0, R = 1인 때 시간 T_3 T_4에서 출력 Q(t+1) = 0이다.

▶ **NAND를 이용한 RS Latch**

RS Latch는 NAND 게이트를 이용하여 구성할 수도 있는데, 아래 그림은 각각 NAND 게이트에 의해서 구현된 SR Latch의 회로도와 동작표를 나타낸다.

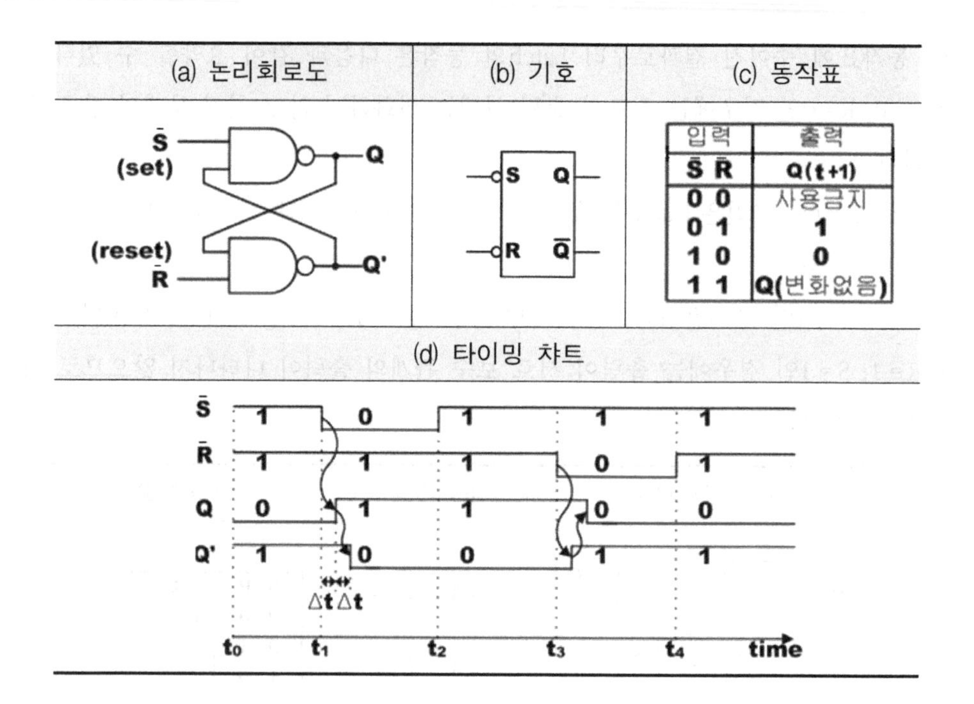

입력	출력
$\bar{S}$ $\bar{R}$	Q(t+1)
0 0	사용금지
0 1	1
1 0	0
1 1	Q(변화없음)

교차 결합된 두 개의 NAND 게이트의 값의 변화는 동작표에 나타나 있으며, NAND 게이트로 구성된 SR Latch의 동작은 NOR 게이트의 경우와 반대로 동작한다.

즉 입력 조건 $\overline{S}=\overline{R}=1$이면 Latch의 상태는 변화하지 않고 그대로 유지되며, $\overline{S}=\overline{R}=0$이면 두 개의 출력은 모두 1이 되므로 이러한 조건은 Latch의 정상 동작을 위하여 피해야 한다.

▶ Enable 제어 신호를 갖는 SR Latch 회로

- NOR Latch를 이용한 경우

(a) 논리회로도 | (b) 기호 | (c) 동작표

R (reset), E (enable), S (set), R_i, S_i, NOR 래치, Q, Q'

S, E, R, Q, $\bar{Q}$

입력	출력
E S R	Q(t+1)
0 x x	Q_0(변화없음)
1 0 0	Q_0(변화없음)
1 0 1	0
1 1 0	1
1 1 1	사용금지

• NAND Latch를 이용한 경우

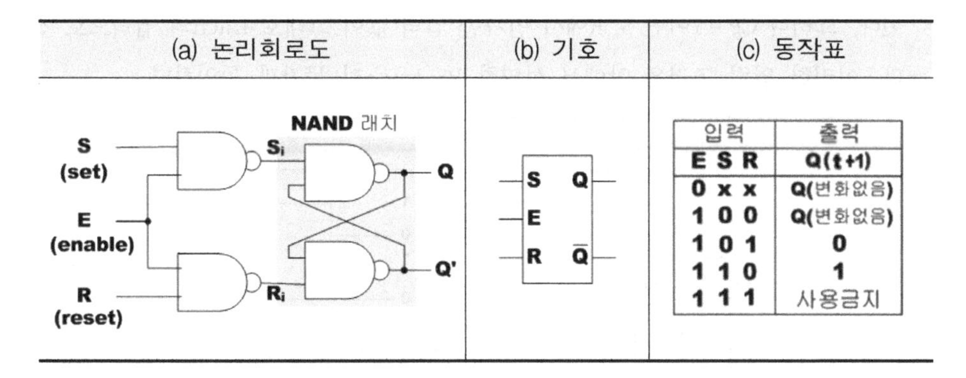

입력	출력
E S R	Q(t+1)
0 x x	Q(변화없음)
1 0 0	Q(변화없음)
1 0 1	0
1 1 0	1
1 1 1	사용금지

논리회로에서 Enable이라고 이름 지어진 신호 선은 회로의 동작을 제어하는 역할을 하며 그 값에 따라 연결된 회로의 동작이 결정된다.

3) SR-FF

앞에서 설명한 두 개의 SR Latch는 클럭 펄스(CP : clock pulse) 입력과 무관하게 입력 값의 변화에 따라 동작하므로 비동기 SR 플립플롭(SR Flip Flop)이라 할 수 있다. 그림 (a)는 각각 두 개의 NAND 게이트를 이용한 RS Latch에 CP 입력을 추가한 클럭 입력을 가진 RS 플립플롭의 논리회로도를 나타낸다.

(a) 논리회로

S, CP, R, Q, Q', 3, 1, 4, 2

(c) 동작표

CP	Q(t)	S(t)	R(t)	Q(t+1)	설명
1	0 1	0	0	Q(t)	No Change
1	0 1	0	1	0	Reset
1	0 1	1	0	1	Set
1	0 1	1	1	불확정	Not Allow

이 플립플롭은 CP가 1인 동안에만 입력에 응답하며, 입력되는 CP는 일정한 시간마다 반복되는 주기적인 펄스(periodic pulse)이거나 또는 반복성이 없는 비주기적인 펄스(aperiodic pulse)가 된다. CP = 0인 상태에서 두 개의 NAND 게이트의 출력은 S, R과

관계없이 모두 1이 된다. 따라서 출력 Q와 Q'는 변화하지 않고 현재 상태를 기억하게 된다. 그러나 CP = 1이면 S, R에서 인가한 입력 값이 그대로 Latch의 입력으로 전달된다. 이러한 입력 조건은 앞에서 설명한 RS Latch의 동작과 동일하다.

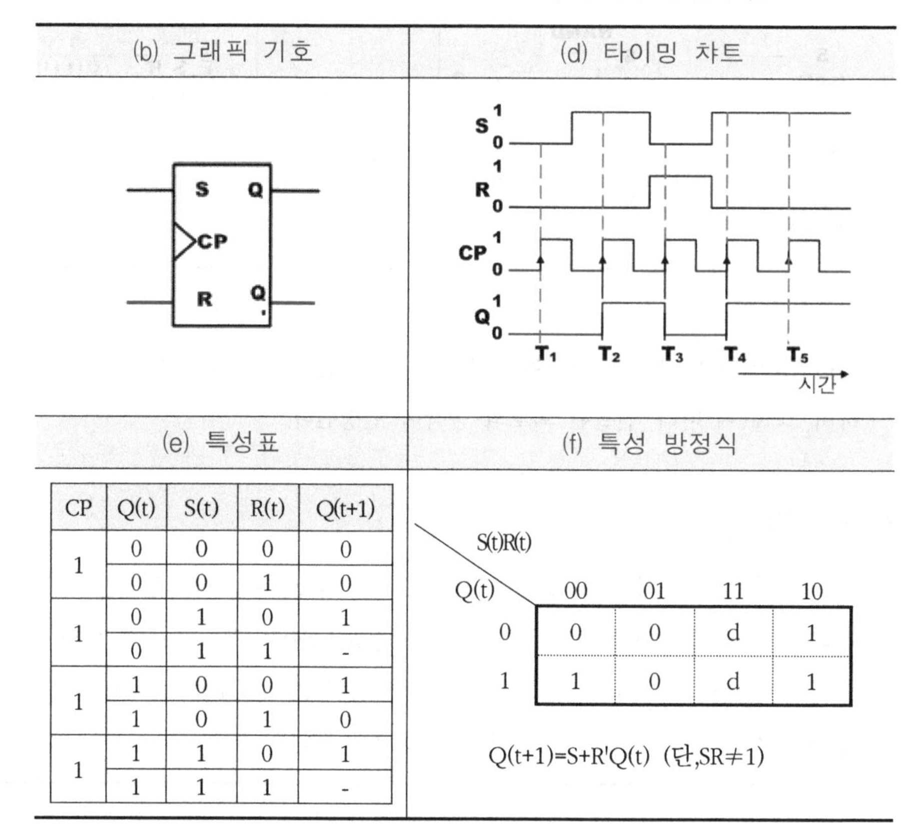

CP	Q(t)	S(t)	R(t)	Q(t+1)
1	0	0	0	0
	0	0	1	0
1	0	1	0	1
	0	1	1	-
1	1	0	0	1
	1	0	1	0
1	1	1	0	1
	1	1	1	-

Q(t) \ S(t)R(t)	00	01	11	10
0	0	0	d	1
1	1	0	d	1

이 플립플롭은 S와 R의 4가지 입력 조건에 따라서 다음과 같이 동작한다.

- **CP = 1, S = 0, R = 0인 조건**

  플립플롭의 상태는 변화하지 않는다. 즉, Q(t)의 값이 0이면, Q(t+1) = 0, Q(t)의 값이 1이면, Q(t+1) = 1이 된다. 타이밍 챠트에서 T_1의 경우가 이에 속한다.

- **CP = 1, S = 0, R = 1인 조건**

  플립플롭의 상태는 Q(t)의 값과 관계없이 리셋 상태, 즉 Q(t+1) = 0이 된다. 타이밍 챠트에서 T_3 경우가 이에 속한다.

- CP = 1, S = 1, R = 0인 조건

  플립플롭의 상태는 Q(t)의 값과 관계없이 세트 상태, 즉 Q(t+1) = 1이 된다. 타이밍 챠트에서 T_2의 경우가 이에 속한다.

- **CP = 1, S = 1, R = 1인 조건**

  이 조건에서 출력은 모두 1이 되므로 플립플롭은 정확히 동작하지 않는다. 따라서 플립플롭 출력이 불안정하므로 이러한 입력 조건은 금지된다.

그림 (c)는 위에서 설명한 플립플롭의 동작 상태를 요약한 RS 플립플롭의 동작표로 나타낸다. 이 회로에 대한 맵은 동작표를 이용하면 구할 수 있고, 맵으로부터 특성 방정식을 다음과 같이 유도할 수 있다.

$$Q(t+1) = S + R'Q \quad (\text{단}, SR \neq 1)$$

$$SR = 0$$

여기서 SR = 0을 특성 방정식에 포함시키는 것은 S = R = 1인 조건은 허용될 수 없음을 나타내기 위한 것이다.

이 RS 플립플롭의 동작을 타이밍 챠트로 나타내면 그림 (d)와 같다.

이 타이밍 챠트에서 알 수 있듯이 CP = 0인 동안에는 S와 R의 값과 관계없이 출력 Q가 변화하지 않으며, CP = 1인 동안에만 S와 R의 입력에 따라 출력 Q가 변화하고 있다.

4) JK-FF

JK 플립플롭(JK Flip Flop)은 RS 플립플롭에서 R = 1, S = 1인 경우 출력이 불안정한 상태가 되는 문제점을 개선하여 이러한 입력 조건에서도 동작하도록 만든 회로이다. JK 플립플롭의 J는 S(set)에, K는 R(reset)에 해당되는 입력이다.

(a) 논리회로

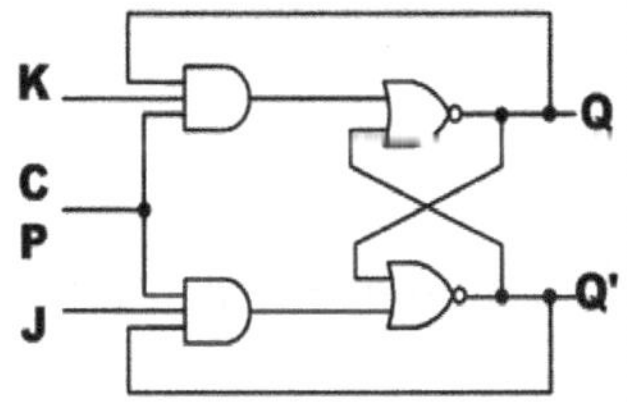

K
C
P
J
Q
Q'

(c) 동작표

CP	Q(t)	J(t)	K(t)	Q(t+1)	설명
1	0	0	0	Q(t)	No Change
	1				
1	0	0	1	0	Reset
	1				
1	0	1	0	1	Set
	1				
1	0	1	1	Q'(t)	Toggle
	1				

JK 플립플롭의 가장 큰 특징은 J = 1, K = 1인 경우 이 플립플롭의 출력은 이전의 출력과 보수의 상태로 바뀐다는 점이다. 즉, Q(t) = 1이면 Q(t+1) = 0이 되며, Q(t) = 0이면 Q(t+1) = 1이 된다.

그림 (a)와 (b)는 각각 2개의 AND 게이트와 2개의 교차된 쌍 NOR 게이트에 의해서 구성된 JK 플립플롭의 논리회로와 기호를 나타낸다.

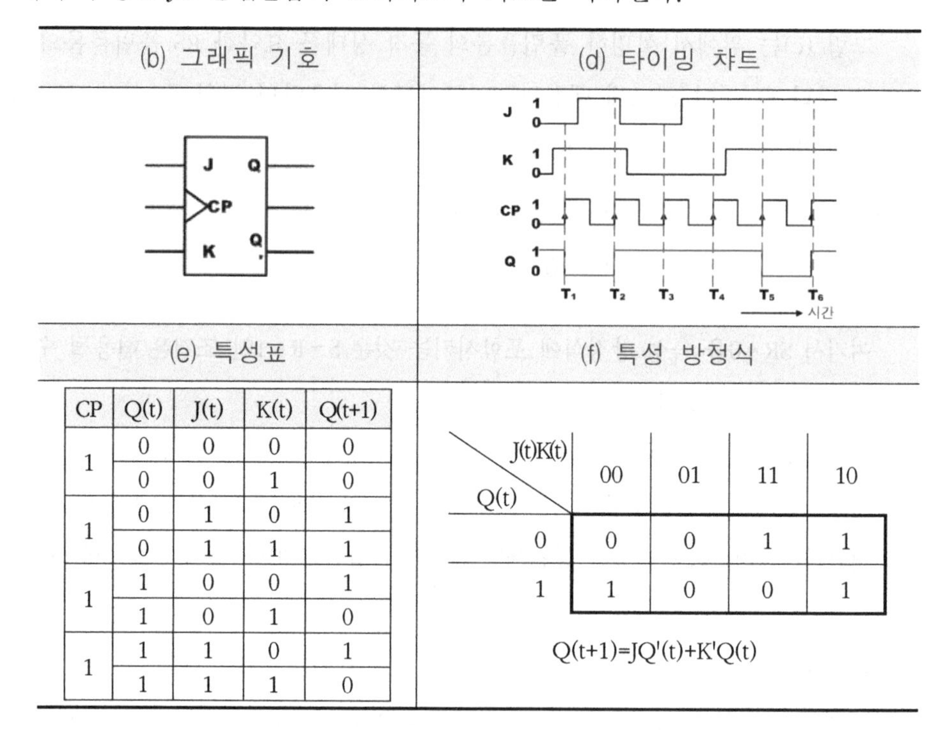

CP	Q(t)	J(t)	K(t)	Q(t+1)
1	0	0	0	0
	0	0	1	0
1	0	1	0	1
	0	1	1	1
1	1	0	0	1
	1	0	1	0
1	1	1	0	1
	1	1	1	0

Q(t) \ J(t)K(t)	00	01	11	10
0	0	0	1	1
1	1	0	0	1

$Q(t+1)=JQ'(t)+K'Q(t)$

J = 1, K = 1일 때 JK 플립플롭의 동작 특성을 살펴보기로 하자.

- **J = 1, K = 1, CP = 1이고 Q = 1인 경우**

  출력 Q는 K와 AND되고 Q'(Q' = 0)는 J와 AND된다. 이때 CP = 1이면 위쪽의 AND 게이트의 출력은 1이 되고, 아래쪽 AND 게이트의 출력은 0이 되어 플립플롭은 리셋 상태(Q = 0)가 된다.

- **J = 1, K = 1, CP = 1이고 Q' = 1인 경우**

  이 조건에서 위쪽의 AND 게이트의 출력은 0이 되고, 아래쪽 AND 게이트의 출력은 1이 되어 플립플롭은 세트 상태(Q = 1)가 된다.

따라서 JK 플립플롭의 출력은 J = 1, K = 1일 때, 현 상태의 보수가 취해지므로 RS 플립플롭에서 S = 1, R = 1인 금지된 상태를 허용함을 알 수 있다. 그림 (c)는 JK 플립플롭에 대한 동작표를 나타낸다. J = 1, K = 1일 때에는 항상 현재 상태 Q(t)의 보수가 출력되며, 그 이외의 경우에는 RS 플립플롭과 똑같이 동작한다. 따라서 JK 플립플롭에 대한 특성 방정식을 다음과 같이 유도할 수 있다.

$$Q(t+1) = JQ'(t) + K'Q(t)$$

JK 플립플롭에 대한 동작은 그림 (d)에 나타난 타이밍 챠트에 의해서 설명할 수 있다.

- 시간 T_1에서 J = 0, K = 1, CP = 1이므로 JK 플립플롭의 출력은 클리어 되어 Q = 0이 된다.
- 입력 J = K = 1인 상태에서 두 번째 CP가 시간 T_2에서 발생하면 플립플롭은 반대 상태로 toggle되므로 Q = 1이 된다.
- 시간 T_3에서 J = K = 0이면 플립플롭의 상태는 변화하지 않으므로 이전 상태(Q = 1)를 계속 유지하게 된다.
- 시간 T_4에서 J = 1, K = 0인 조건은 플립플롭을 세트(Q = 1)하게 된다. 그러나 이미 1의 값을 가지고 있으므로 그 값이 계속 유지된다.
- 시간 T_5에서 J = K = 1이면 플립플롭은 toggle 되어 Q = 0이 된다.

이때 플립플롭의 출력은 CP = 1인 동안에만 입력 J, K의 입력 조건에 따라 변화함에 주의한다.

5) T-FF

T 플립플롭(T Flip Flop)은 JK 플립플롭에서 J와 K를 하나로 묶어서 하나의 입력 T로 동작하도록 변형된 형태의 플립플롭이다. 여기서 T는 플립플롭 출력의 toggle(출력 상태의 반전)을 의미한다. 그림 (a)는 T 플립플롭에 대한 논리회로도를 나타낸다.

(a) 논리회로

T, CP, Q, Q'

(c) 동작표

CP	Q(t)	T(t)	Q(t+1)	설명
1	0	0	0	No Change
	1		1	
1	0	1	1	Toggle
	1		0	

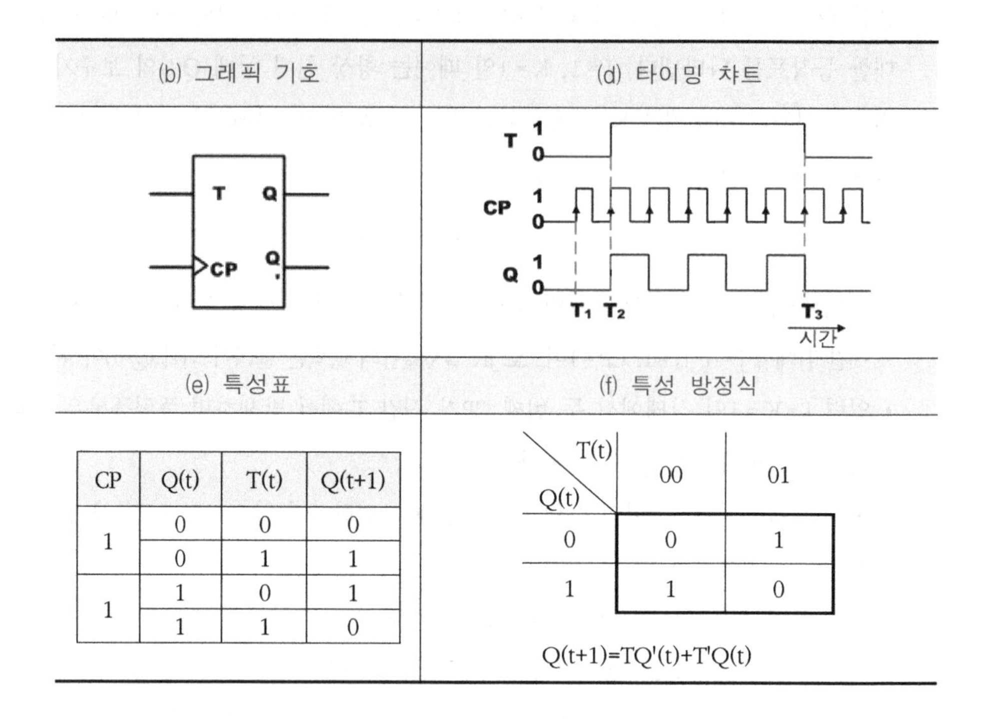

CP	Q(t)	T(t)	Q(t+1)
1	0	0	0
	0	1	1
1	1	0	1
	1	1	0

입력 T=0일 때에는 CP에 관계없이 현재 상태를 유지하며, T=1일 때에는 CP=1인 동안 출력 상태는 현재 상태의 보수로 계속 변화하게 된다.

그림 (c)는 T 플립플롭에 대한 동작표로 나타낸다. T=0이면, Q(t+1)=Q가 되고, T=1이면, Q(t+1)=Q'가 되므로 T 플립플롭에 대한 특성 방정식을 다음과 같이 유도할 수 있다.

$$Q(t+1) = T'Q(t) + TQ'(t)$$

(d)는 T 플립플롭의 동작을 타이밍 챠트로 나타낸 것이다. 입력 T=1인 경우 시간 T_2에서 T_3 사이에서 출력 Q의 값은 현재 상태의 보수가 됨을 알 수 있으며, 이때 출력 Q의 상태는 다섯 번 변화하였으므로 다섯 개의 CP가 입력 T에 인가되었다는 것을 알 수 있다.

따라서 T 플립플롭은 일정한 시간 동안 회로에 주기적으로 입력된 클럭의 개수를 셀 수 있는 카운터(counter)의 설계에 유용하게 사용되고 있다.

6) D-FF

RS 플립플롭의 변형인 D 플립플롭(D Flip Flop)은 CP에 따라 입력에서 인가한 데이터 비트(1과 0)를 저장하는 데 사용되는 플립플롭이다. 따라서 D 플립플롭은 CP와 단지 1개의 데이터 입력 D를 가지며, 그림 (a)와 (b)는 각각 이 플립플롭에 대한 논리회로와 기호를 나타낸다.

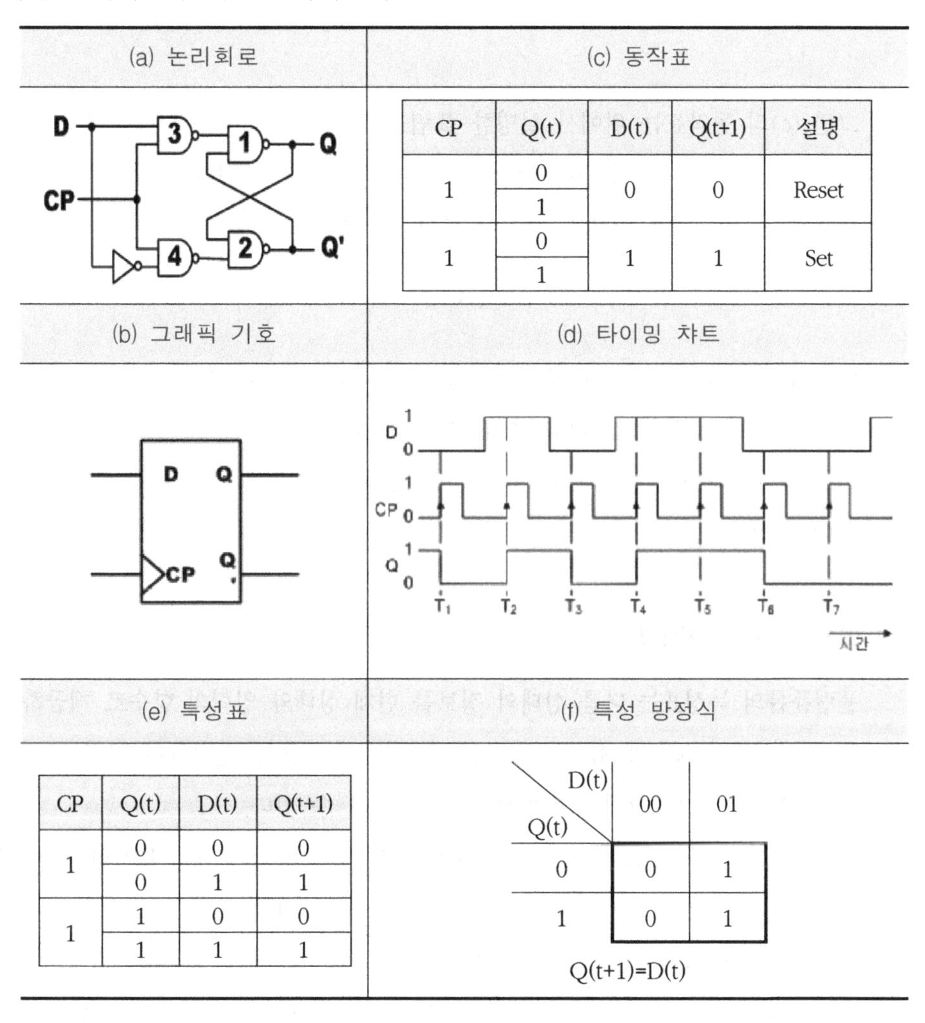

(c) 동작표

CP	Q(t)	D(t)	Q(t+1)	설명
1	0	0	0	Reset
	1			
1	0	1	1	Set
	1			

(e) 특성표

CP	Q(t)	D(t)	Q(t+1)
1	0	0	0
	0	1	1
1	1	0	0
	1	1	1

(f) 특성 방정식

Q(t) \ D(t)	00	01
0	0	1
1	0	1

Q(t+1)=D(t)

CP = 0인 상태에서 두 개의 NAND 게이트의 출력은 D의 값과 관계없이 모두 1이 되므로 출력 Q와 Q'는 변화하지 않고 현재 상태를 기억하게 된다. 그러나 CP = 1이면 두 개의 NAND 게이트의 출력은 입력 D의 값에 따라 변화한다. 따라서 이 플립플롭은 D의 입력값에 따라 다음과 같이 동작한다.

- **CP = 1, D = 0인 조건**

  D의 값이 플립플롭의 출력에 그대로 전달되므로 Q = 0이 되어 회로는 리셋 상태가 된다.

- **CP = 1, D = 1인 조건**

  D의 값이 플립플롭의 출력에 그대로 전달되므로 Q = 1이 되고, 회로는 세트 상태가 된다.

그림 (c)의 동작표는 위에서 설명한 플립플롭의 동작을 요약한 동작표를 나타낸다. 이 동작표에서 알 수 있듯이 출력 Q(t+1)은 Q(t)의 값과 관계없으므로 D 플립플롭에 대한 특성 방정식을 다음과 같이 유도할 수 있다.

$$Q(t+1) = D(t)$$

D 플립플롭의 동작을 타이밍 챠트로 나타내면 그림(d)와 같다. CP = 0인 동안에는 입력값과 관계없이 출력 Q에는 변화가 없다. 그러나 CP = 1인 동안에는 D 입력이 그대로 출력 Q에 나타냄을 알 수 있다. 타이밍 챠트에서 T_1, T_2 등의 경우가 이에 속한다.

7) 플립플롭의 여기표

플립플롭의 특성표는 다음 상태의 정보를 현재 상태와 입력의 함수로 제공하기 때문에 순차회로의 해석에 유용하다. 또한 이러한 특성표를 변형하여 입력 조건에 따라 Q(t)에서 Q(t+1)의 상태를 전이하는 표를 만들 수 있다.

이러한 표를 여기표(Excitation Table) 또는 입력표(Input Table)라고 한다. 이러한 여기표는 순차회로의 설계에서 매우 유용하게 사용된다.

RS 플립플롭에 대한 여기표를 살펴보자. 플립플롭이 상태 0에서 0으로 전이하기 위해서는 상태표가 보인 것처럼 SR=00 또는 01이어야 한다. 즉, RS 플립플롭은 S 가 0이고 R이 0 또는 1일 때 0에서 0으로 전이한다. 이 여기 조건은 여기표의 첫 번째 행에 SR=0X로 표시되어 있다.

마찬가지로 0에서 1은 SR=10을, 1에서 0은 SR=01을, 1에서 1은 SR=X0을 각각 필요로 한다. 즉 여기표는 가능한 네 가지의 전이를 모두 설명하고 있다. 나머지 세 플립플롭에 대한 여기표도 같은 방법으로 유도할 수 있다.

아래는 플립플롭 네 가지 여기표를 보여준다.

Flip Flop		RS F/F	
Q(t)	Q(t+1)	S	R
0	0	0	x
0	1	1	0
1	0	0	1
1	1	x	0

(a) RS 여기표

Flip Flop		D F/F
Q(t)	Q(t+1)	D
0	0	0
0	1	1
1	0	0
1	1	1

(b) D 여기표

Flip Flop		JK F/F	
Q(t)	Q(t+1)	J	K
0	0	0	x
0	1	1	x
1	0	x	1
1	1	x	0

(c) JK 여기표

Flip Flop		T F/F
Q(t)	Q(t+1)	T
0	0	0
0	1	1
1	0	1
1	1	0

(d) T 여기표

- **RS-FF를 D-FF로 변환**

D 플립플롭 동작을 위한 RS 플립플롭 여기표를 다음과 같이 작성한다.

RS F/F → D F/F				
D	Q(t)	Q(t+1)	S	R
0	0	0	0	×
0	1	0	0	1
1	0	1	1	0
1	1	1	×	0

카르노 맵으로 S와 R의 논리식을 구한다.

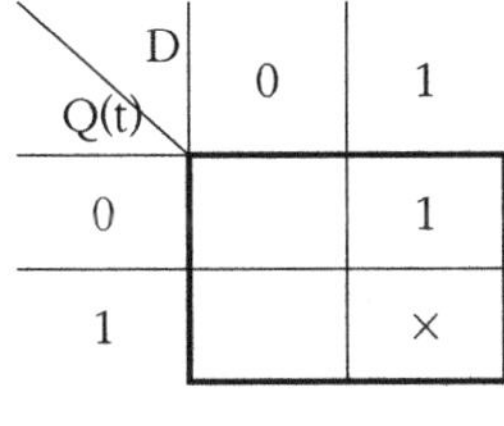

$S = D$

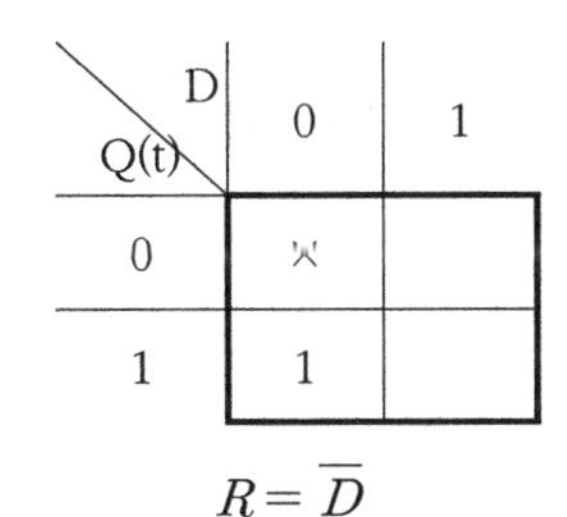

$R = \overline{D}$

S와 R의 논리식을 회로도로 구현한다.

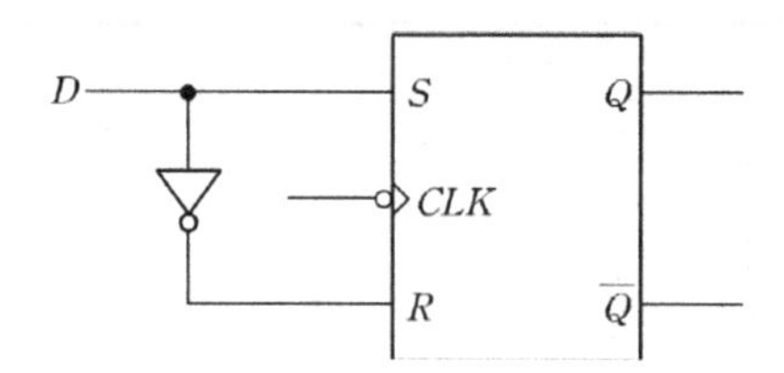

- **RS-FF를 JK-FF로 변환**

JK 플립플롭 동작을 위한 RS 플립플롭 여기표를 다음과 같이 작성한다.

F/F → JK F/F					
J	K	Q(t)	Q(t+1)	S	R
0	0	0	0	0	×
0	0	1	1	×	0
0	1	0	0	0	×
0	1	1	0	0	1
1	0	0	1	1	0
1	0	1	1	×	0
1	1	0	1	1	0
1	1	1	0	0	1

카르노 맵으로 S와 R의 논리식을 구한다.

Q(t) \ JK	00	01	11	10
0			1	1
1	×			×

$S = J \cdot \overline{Q(t)}$

Q(t) \ JK	00	01	11	10
0	×	×		
1		1	1	

$R = K \cdot Q(t)$

S와 R의 논리식을 회로도로 구현한다.

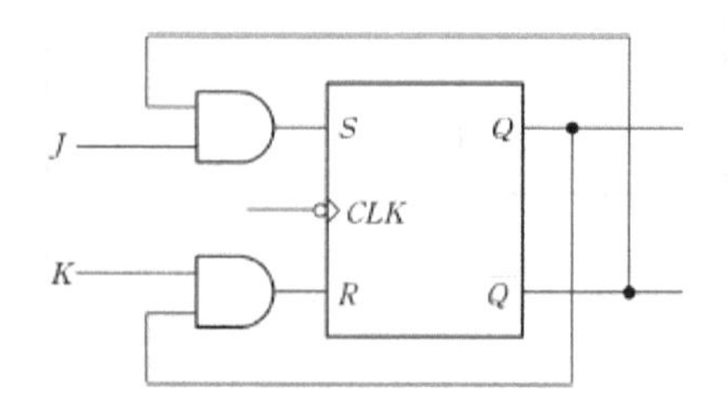

- **JK-FF를 T-FF로 변환**

T 플립플롭 동작을 위한 JK 플립플롭 여기표를 다음과 같이 작성한다.

JK F/F → T F/F				
T	Q(t)	Q(t+1)	J	K
0	0	0	0	×
0	1	1	×	0
1	0	1	1	×
1	1	0	×	1

카르노 맵으로 J와 K의 논리식을 구한다.

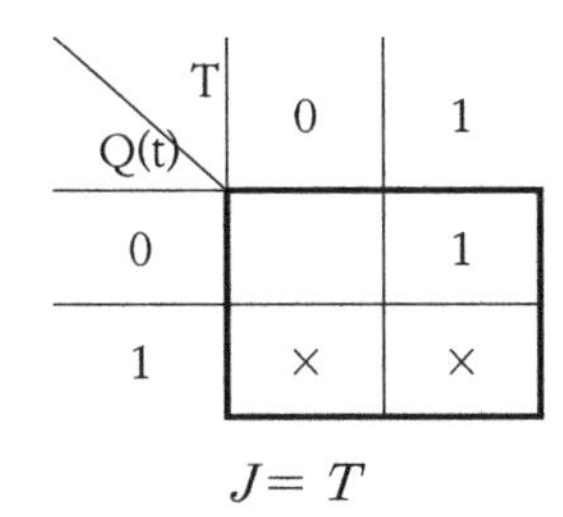

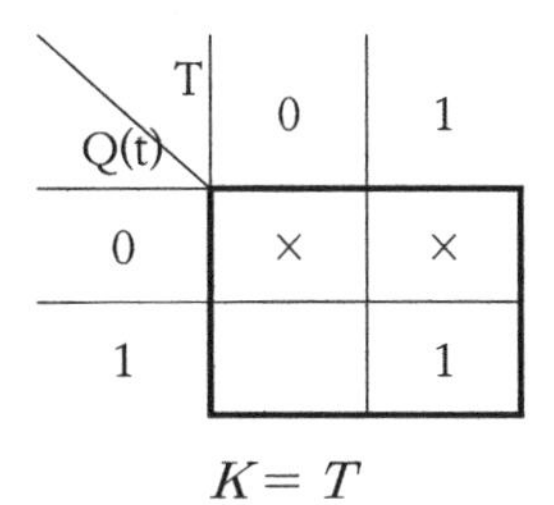

J와 K의 논리식을 회로도로 구현한다.

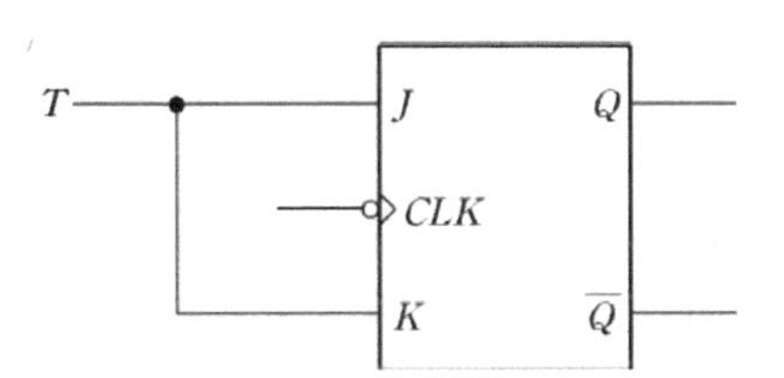

- **JK-FF를 D-FF로 변환**

D 플립플롭 동작을 위한 JK 플립플롭 여기표를 다음과 같이 작성한다.

JK F/F → D F/F				
D	Q(t)	Q(t+1)	J	K
0	0	0	0	×
0	1	0	×	1
1	0	1	1	×
1	1	1	×	0

카르노 맵으로 J와 K의 논리식을 구한다.

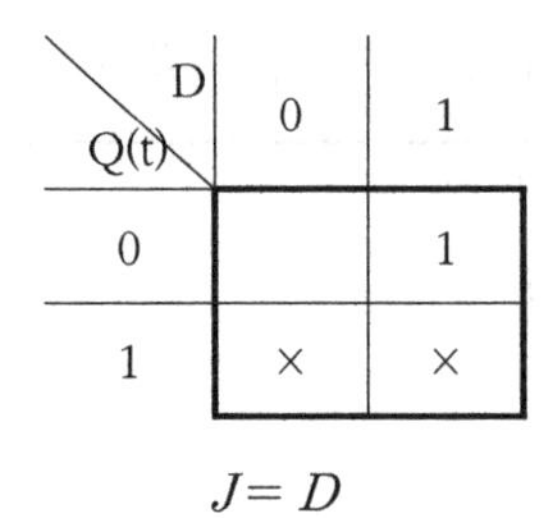

$J = D$

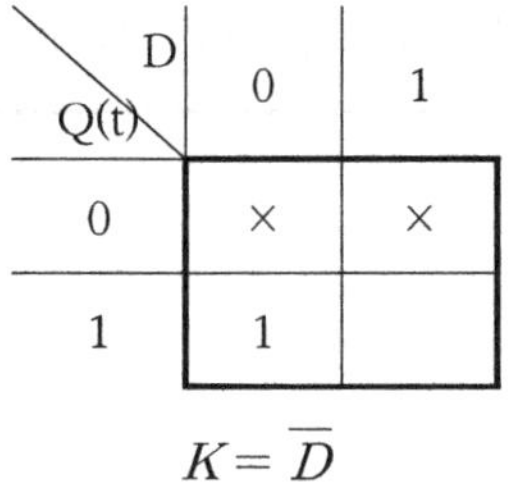

$K = \overline{D}$

S와 R의 논리식을 회로도로 구현한다.

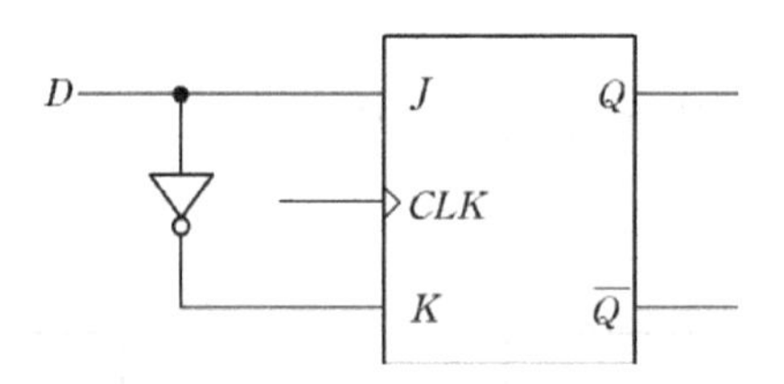

2. RS-FF 회로 실험

가. RS-FF 회로

① NAND 게이트를 이용한 RS-FF

② NOR 게이트를 이용한 RS-FF

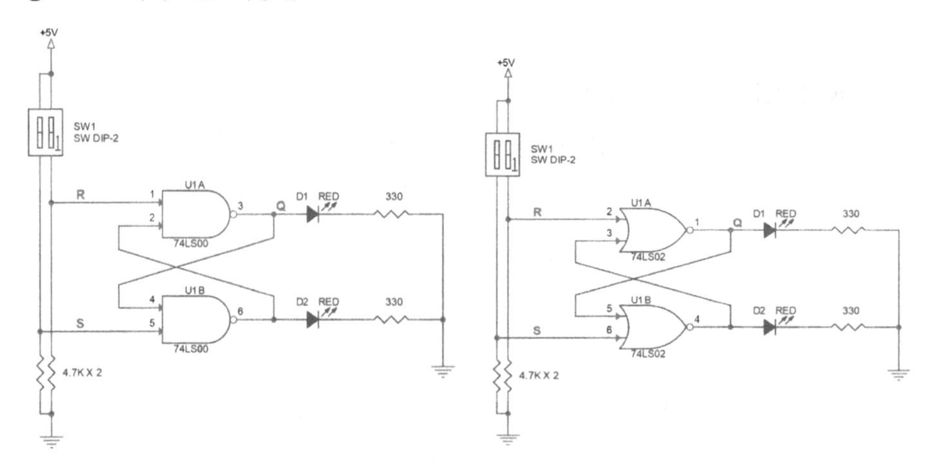

나. 요구사항

① RS-FF 회로를 브레드보드에 구성한다.

② 전원을 인가한 후 스위치 조작에 따른 LED의 출력 상태를 아래 표에 기록한다.

③ RS-FF 회로의 진리표가 실험 결과와 일치하는지 확인한다.

(NAND 게이트)

입력		출력	
S	R	Q	$\overline{Q}$
0	0		
0	1		
1	0		
1	1		

(NOR 게이트)

입력		출력	
S	R	Q	$\overline{Q}$
0	0		
0	1		
1	0		
1	1		

3. D-FF 회로 실험

가. D-FF 회로

1) 74LS74를 이용한 D-FF 회로

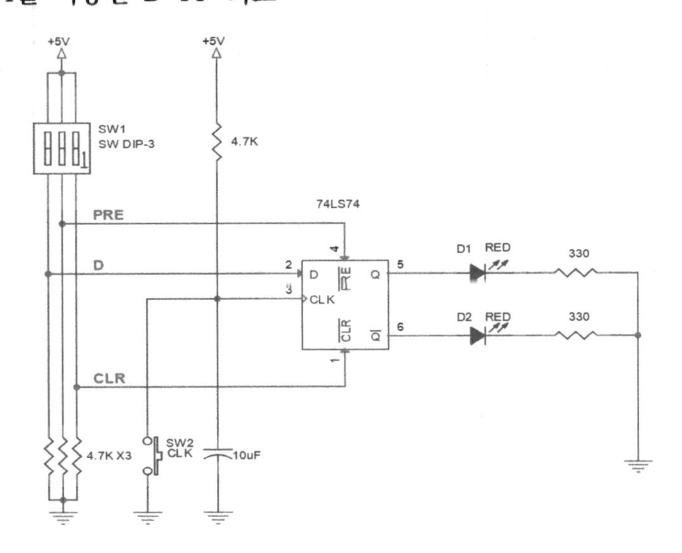

2) 7476을 이용한 D-FF 회로

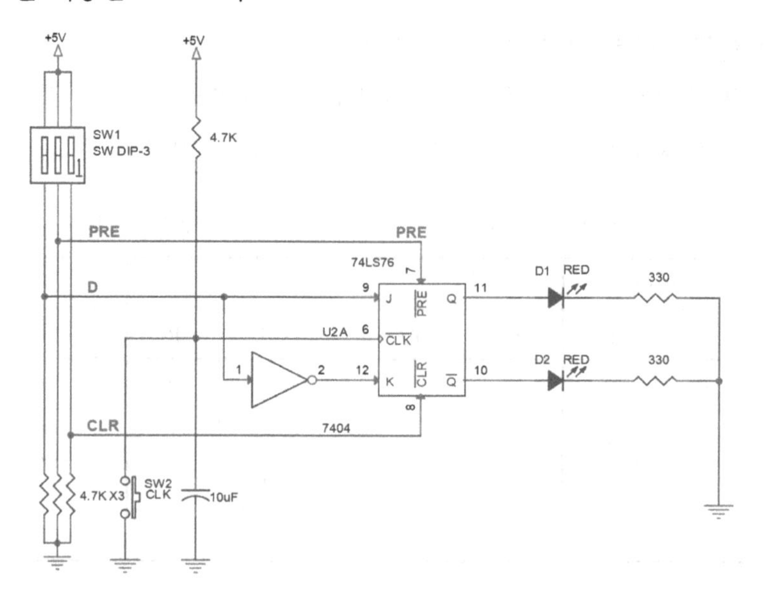

나. 요구사항

① D-FF 회로를 브레드보드에 구성한다.

② 전원을 인가한 후 스위치 조작에 따른 LED의 출력 상태를 아래 표에 기록한다.

③ D-FF 회로의 진리표가 실험 결과와 일치하는지 확인한다.

(74LS74)

입력			출력	
$\overline{CLR}$	$\overline{PR}$	D	Q	$\overline{Q}$
0	1	×		
1	0	×		
1	1	0		
1		1		

(7476)

입력			출력	
$\overline{CLR}$	$\overline{PR}$	D	Q	$\overline{Q}$
0	1	×		
1	0	×		
1	1	0		
1		1		

4. JK-FF 회로 실험

가. JK-FF 회로

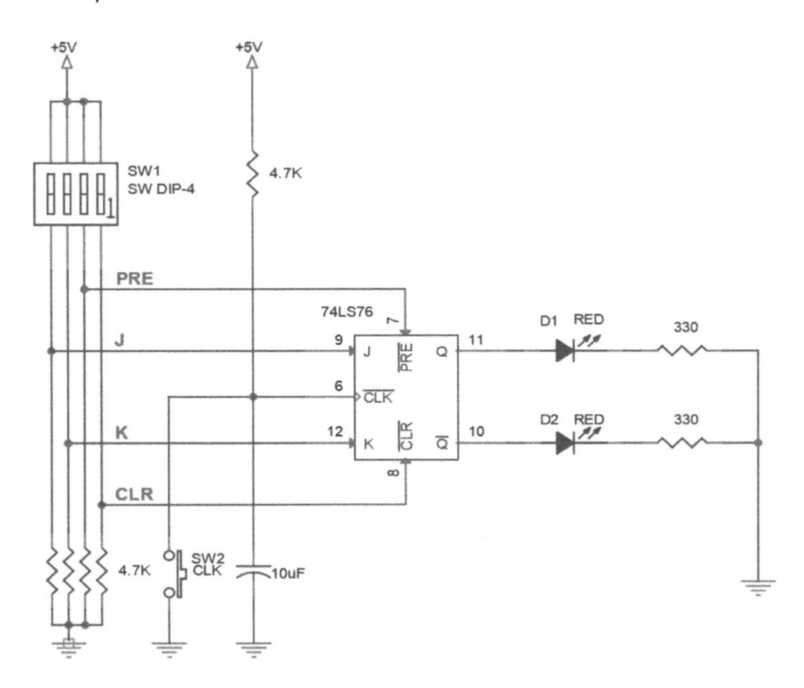

나. 요구사항

① JK-FF 회로를 브레드보드에 구성한다.

② 전원을 인가한 후 스위치 조작에 따른 LED의 출력 상태를 아래 표에 기록한다.

③ JK-FF 회로의 진리표가 실험 결과와 일치하는지 확인한다.

입력				출력	
$\overline{CLR}$	$\overline{PR}$	J	K	Q	$\overline{Q}$
0	1	×	×		
1	0	×	×		
1	1	0	0		
		0	1		
		1	0		
		1	1		

5. T-FF 회로 실험

가. T-FF 회로

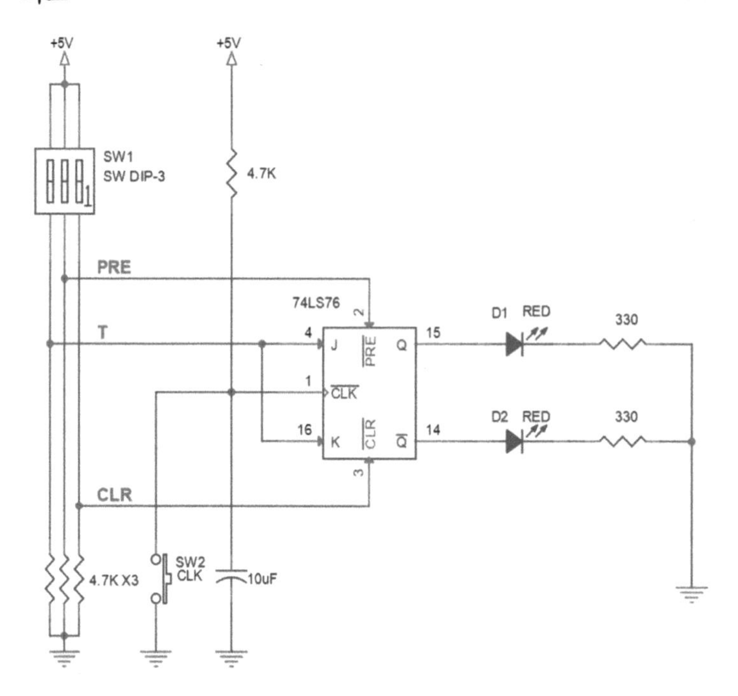

나. 요구사항

① T-FF 회로를 브레드보드에 구성한다.

② 전원을 인가한 후 스위치 조작에 따른 LED의 출력 상태를 아래 표에 기록한다.

③ T-FF 회로의 진리표가 실험 결과와 일치하는지 확인한다.

입력			출력	
$\overline{CLR}$	$\overline{PR}$	T	Q	$\overline{Q}$
0	1	×		
1	0	×		
1	1	0		
1		1		

제11장 카운터(Counter)

1. 카운터(Counter)
2. 비동기형(Asynchronous) 카운터 회로 실험
3. 동기형(Synchronous) 카운터 회로 실험
4. UP-DOWN 카운터 회로 실험
5. 99진 카운터 회로 실험

1. 카운터(Counter)

순차논리회로는 현재의 입력 값과 이전의 상태(메모리 특성)에 의해서 출력 값이 결정되는 논리회로이다.

순차논리회로는 동기식 순차회로와 비동기식 순차회로로 구분할 수 있다.

동기식 순차회로는 회로 구성에 사용된 모든 플립플롭들이 하나의 공통 클럭을 동시에 공급받아 동작하도록 구성된 회로를 말한다. 이에 반해 비동기식 순차회로는 플립플롭들이 서로 다른 클럭을 사용하는 형태로 구성된 회로를 말한다.

우선 동기식과 비동기식 회로의 차이점을 외관상으로 살펴보기 위해 먼저 그림 (a)의 동기식 카운터 회로를 보면 사용된 모든 플립플롭들의 클럭 단자가 하나의 공통 클럭 입력 CLK에 연결되어 있음을 볼 수 있다. 따라서 동기식 회로에서는 모든 플립플롭들이 동일한 시간에 자신의 상태를 변화시킨다.

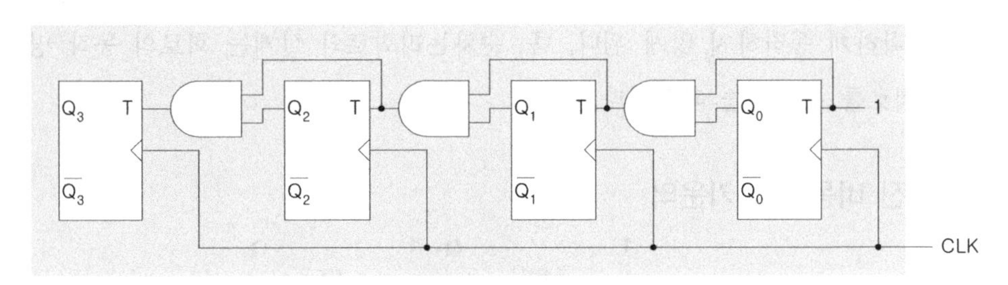

(a) 동기식 카운터

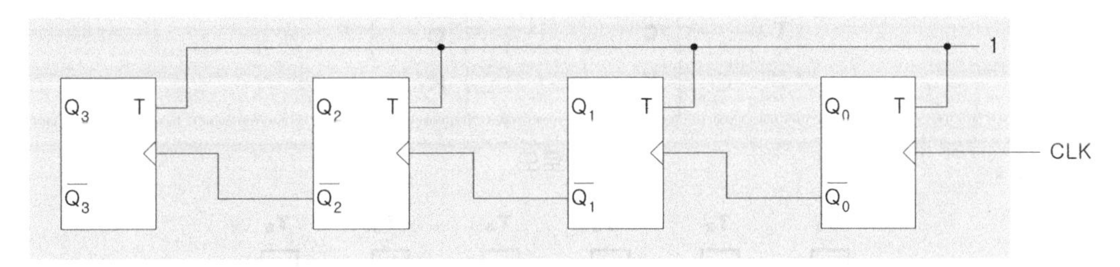

(b) 비동기식 카운터

반면 그림 (b)의 비동기식 카운터 회로를 보면 첫 번째 플립플롭의 클럭단자는 CLK 입력에 연결되어 있고, 두 번째 이후 플립플롭들의 클럭 단자는 자신의 오른쪽에 있는 플립플롭의 반전 출력 단자에 연결되어 있어서 각 플립플롭들의 상태 변화가 동시에 일어나지 않고 자신의 오른쪽에 있는 플립플롭의 상태 변화가 일어난 후에야 자신의 상태 변화가 일어남을 알 수 있다.

이와 같이 비동기식 회로는 플립플롭들이 서로 다른 2개 이상의 신호에 의해 구동되는 회로를 말한다.

순차 회로는 신호의 타이밍(timing)에 따라 동기 순차 회로(synchronous sequential circuit)와 비동기 순차 회로(asynchronous sequential circuit)로 나눌 수 있다.

동기 순서 회로에 있어서 상태(state)는 단지 이산된(discrete) 각 시점, 즉 클럭 펄스가 들어오는 시점에서 상태가 변화하는 회로이다. 이러한 펄스는 주기적(periodic) 또는 비주기적(aperiodic)으로 생성할 수 있으며, 이와 같이 클럭 펄스 입력에 의해서 동시에 동작하는 회로를 동기식 순차논리회로라 한다.

한편, 비동기식 순차회로는 시간에 관계없이 단지 입력이 변화하는 순서에 따라 동작하는 순차 회로를 말한다. 비동기식 순차 회로는 회로 입력이 변할 경우에만 상태 천이(state transition)가 발생한다.

결과적으로 비동기식 회로의 정확한 동작은 입력의 타이밍에 의존하기 때문에 마지막 입력 변화에서 회로가 안정되게 동작하도록 설계되어야 한다. 그렇지 않으면 회로는 정확하게 동작하지 않게 된다. 즉, 순차논리회로의 설계는 회로의 동작 명세에서 논리회로를 유도하는 과정이다.

1) 4진 비동기식 카운터

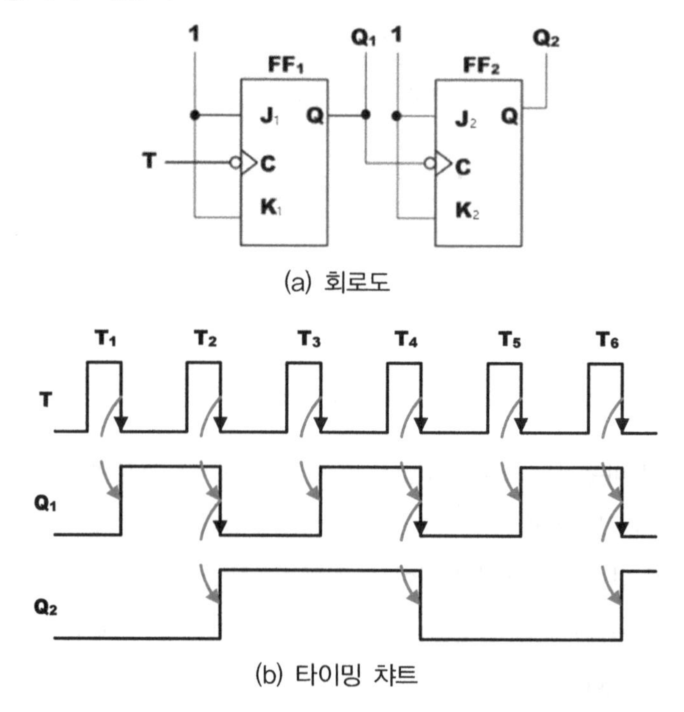

(a) 회로도

(b) 타이밍 챠트

그림(a)는 T 플립플롭을 2단으로 접속하여 구성된 4진 Ripple Counter를 나타내며, (b)는 Ripple Counter의 타이밍 챠트를 나타낸다.
이 회로는 FF_1의 출력 Q_1이 FF_2의 Clock 신호로 사용되고 있다. 그리고 Clock의 하강에서 각각의 출력이 반전하므로 그림(b)와 같이 동작하게 된다.
그림(b)에서 출력을 Q_2, Q_1로 논리 레벨로 표현하여 배열하면 00 → 01 → 10 → 11 → 00으로 변화하고 있기 때문에 입력 Clock의 수를 2진수로 표시하고 있음을 알 수 있다. 이와 같이 T 플립플롭을 다시 n단에 접속하면 2^n진 Counter를 구성할 수 있어 입력 Clock의 수를 0부터 2^n-1까지 계산할 수 있다.
Ripple Counter는 앞단 플립플롭의 출력을 다음 단의 Clock 입력으로 사용하므로 여러 단을 접속할 경우 뒷단으로 갈수록 지연이 축적되므로 첫 단에 입력 Clock이 들어와도 어느 정도 시간이 경과하지 않으면 출력 전체의 카운트 값이 변화되지 않게 된다.

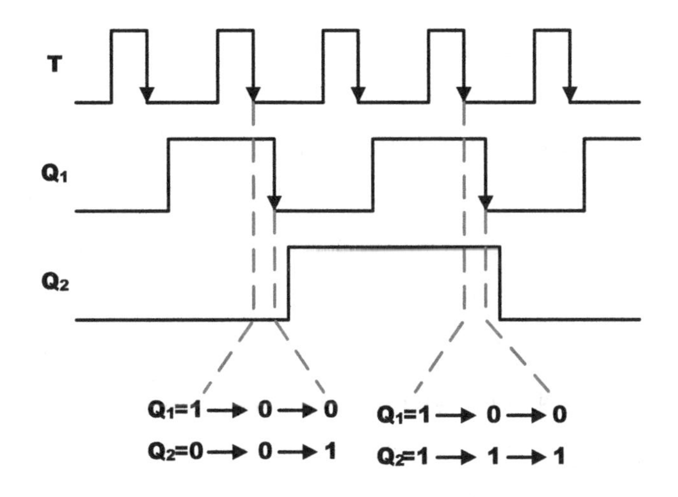

Ripple Counter의 지연 발생을 나타낸 위 그림에서 알 수 있듯이 입력 Clock이 가해지고부터 Q_2, Q_1이 반전하여 안정하기까지 01에서 10으로 옮기는 과정에서 01 → 00 → 10과 같이 본래 불필요한 값이 생성되므로 카운트 값을 다른 회로에서 이용할 경우에는 이러한 과도 시간을 고려하지 않으면 안 된다.
이상에서 설명한 것과 같이 플립플롭 1단의 지연 시간을 t_{pd}로 하면 n단으로 이루어지는 Counter로는 지연 때문에 사용 불능의 시간이 $t_{pd} \times n$으로 된다. 이것은 Ripple Counter의 큰 결점이지만 비동기 Counter는 회로의 구조가 간단하며, 높은 Clock 주파수로 동작시킬 수 있는 장점을 가지고 있다.

비동기 Counter에서는 뒷단으로 갈수록 플립플롭의 주파수는 1/2씩 줄어들기 때문에 맨 앞단 또는 2단 째의 플립플롭을 높은 Clock 주파수로 동작하도록 설계하면 된다. 이와 같이 비동기식 카운터를 클럭 주파수 분할 회로에 적용할 수 있는데 대부분의 회로에서 회로를 구성하는 각 소자들은 다양한 클럭을 공급받게 된다. 이때 보통 필요한 클럭을 모두 외부에서 개별 공급받는 것이 아니라 필요할 경우 하나의 클럭 원으로부터 분주하여 사용한다. 따라서 클럭 분주를 위해 플립플롭을 이용한다.

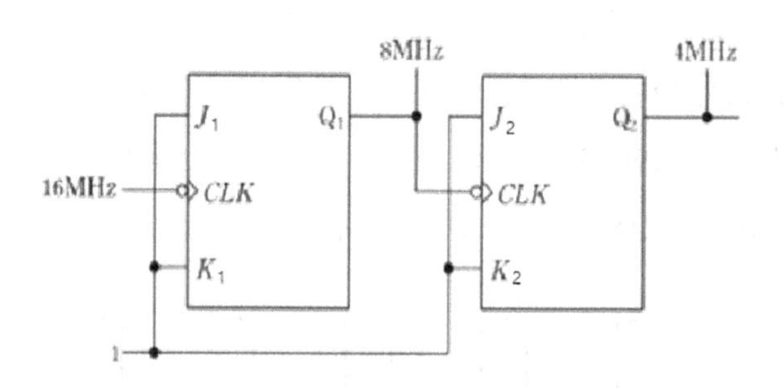

위 그림처럼 16MHz의 클럭이 1단 플립플롭의 입력으로 들어가면 입력 클럭의 falling edge에서 플립플롭이 트리거되어 1단 플립플롭의 출력 Q_1은 8MHz가 된다. Q_1이 2단 플립플롭의 클럭으로 입력되어 Q_1의 falling edge에서 다시 2단 플립플롭이 트리거되어 출력 Q_2는 4MHz가 된다.

Counter에서 Clock이 입력되어 값이 하나씩 증가하면 Up Counter라 하고 이와 반대로 값이 하나씩 줄어가는 Counter는 Down Counter라 한다.

Down Counter는 어떤 정해진 값을 세트해 두고, Clock이 들어올 때마다 하나씩 수를 빼서 값이 0으로 되면 멈추는 기능을 구성하는 데 사용한다.

2) 5진 비동기식 카운터

0(000)부터 4(100)까지 5개의 계수를 카운트하는 경우를 생각해 보자. 5개의 계수를 카운트하기 위해서는 플립플롭이 3개 필요하다. 3개의 플립플롭을 기본적인 리플카운터로 설계하면 0(000)부터 7(111)까지 8개의 계수로 카운트된다. 따라서 5개의 계수를 카운트하는 5진 카운트를 설계하기 위해서는 기본 리플카운터의 5(101), 6(110), 7(111)이 출력되어서는 안 되며, 4(100) 다음에 바로 0(000)이 출력되어야 한다.

5진 카운터 설계는 다음과 같다.

① 진리표를 작성한다.

Q_3	Q_2	Q_1	계수
0	0	0	0
0	0	1	1
0	1	0	2
0	1	1	3
1	0	0	4
0	0	0	5(0)

② 여기표 작성 및 간략화한다.

- Q_1 변수의 간략화

Q_1변수는 1에서 0이 아니고 0에서 0이므로 클럭을 가하고 데이터 컨트롤을 한다.

Q_n	Q_{n+1}	J_1	K_1
0	1	1	d
1	0	d	1
0	1	1	d
1	0	d	1
0	0	0	d

Q_2Q_1 \ Q_3	0	1
00	1	0
01	d	d
11	d	d
10	1	d

$J_1 = \overline{Q_3}$

Q_2Q_1 \ Q_3	0	1
00	d	d
01	1	d
11	1	d
10	d	d

$K_1 = 1$

- Q_2 변수의 간략화

Q_2변수도 1에서 0이 아니고 0에서 0이므로 Q_1변수 출력을 클럭으로 사용하고 Q_1변수와 같으므로 데이터 컨트롤이 필요 없다.

즉, Q_1단 4-5번째가 0→0일 때 Q_2단 4-5가 0→0으로 변화가 없으므로 데이터 컨트롤을 안한다.($J_2=1$, $K_2=1$)

- Q_3 변수의 간략화

Q_3변수는 1에서 0으로 변화하므로 클럭에 연결하고 데이터 컨트롤을 한다.

Q_n	Q_{n+1}	J_3	K_3
0	0	0	d
0	0	0	d
0	0	0	d
0	1	1	d
1	0	d	1

Q_2Q_1 \ Q_3	0	1
00	0	d
01	0	d
11	1	d
10	0	d

$J_3 = Q_1Q_2$

Q_2Q_1 \ Q_3	0	1
00	d	1
01	d	d
11	d	d
10	d	d

$K_3 = 1$

③ 회로도를 작성한다.

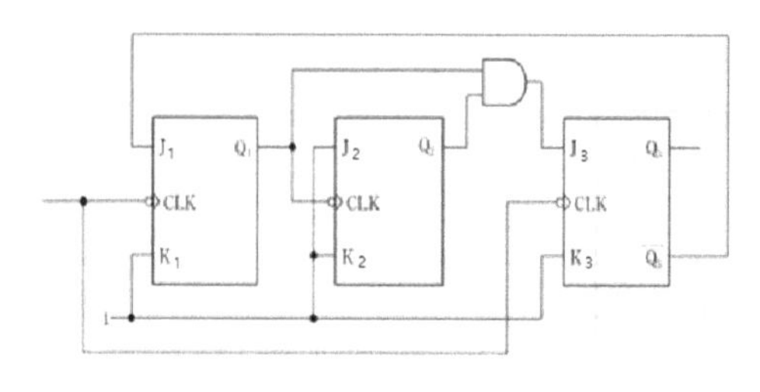

(a) 비동기 5진 카운터

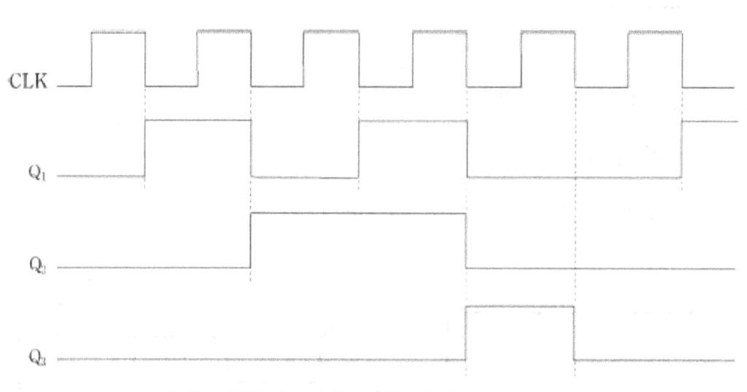

(b) 비동기 5진 카운터의 타이밍도

3) 5진/10진 리셋형 비동기식 카운터

5진 리셋형 비동기식 카운터 설계는 다음과 같다.

① 진리표를 작성한다.

Q_3	Q_2	Q_1	계수
0	0	0	0
0	0	1	1
0	1	0	2
0	1	1	3
1	0	0	4
0	0	0	5(0)

② 여기표 작성 및 간략화한다.

리셋형 카운터의 경우는 플립플롭의 특정 시점에서 강제로 모든 플립플롭의 클리어 단자를 active시켜줌으로써 모든 플립플롭을 초기 상태로 만들어 준다. 0(000)부터 4(100)까지 카운트한 다음 5(101)가 되는 순간 이를 다시 0(000)으로 초기화시켜야 한다. 그런데 각 플립플롭의 CLR 단자는 NAND게이트의 출력이 0으로 될 때 active된다. NAND 게이트의 출력을 0으로 만들기 위해서는 NAND 게이트의 입력으로 Q_1, Q_3가 인가되어야 한다.

③ 회로도를 작성한다.

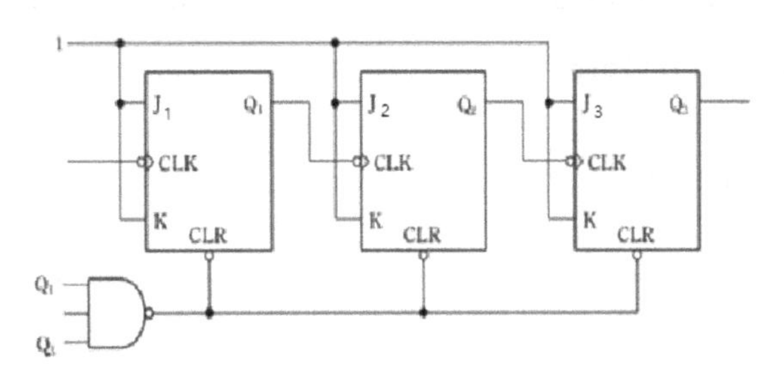

(a) 5진 리셋형 비동기 카운터

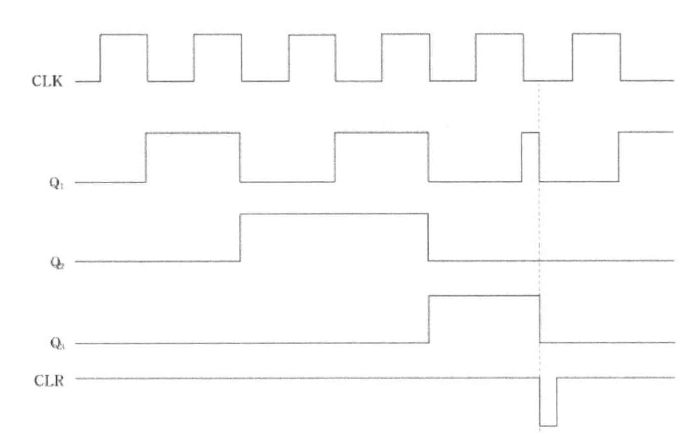

(b) 5진 리셋형 비동기 카운터 타이밍도

10진 리셋형 비동기식 카운터 설계는 다음과 같다.

① 진리표를 작성한다.

$Q_4Q_3Q_2Q_1$	계수
0 0 0 0	0
0 0 0 1	1
0 0 1 0	2
0 0 1 1	3
0 1 0 0	4
0 1 0 1	5
0 1 1 0	6
0 1 1 1	7
1 0 0 0	8
1 0 0 1	9
0 0 0 0	10(0)

② 여기표 작성 및 간략화한다.

10진 카운터는 0(0000)부터 9(1001)까지 카운트한 다음 10(1010)이 되는 순간 이를 다시 0(0000)으로 초기화시켜야 한다.

NAND 게이트의 출력을 0으로 만들기 위해서는 NAND 게이트의 입력으로 Q_2, Q_4가 인가되어야만 플립플롭의 CLR 단자가 0으로 되어 active 된다.

③ 회로도를 작성한다.

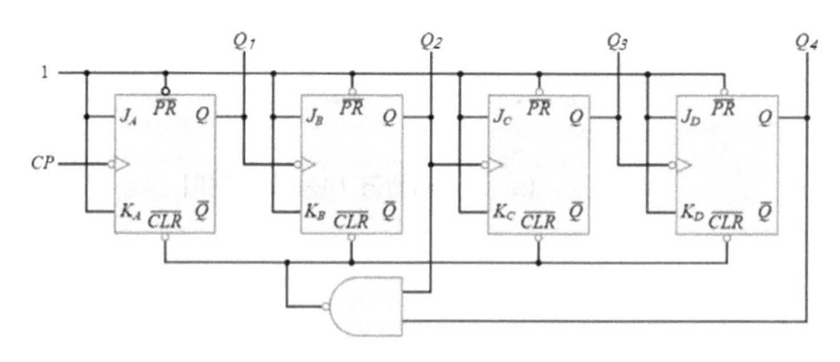

(a) 10진 리셋형 비동기 카운터

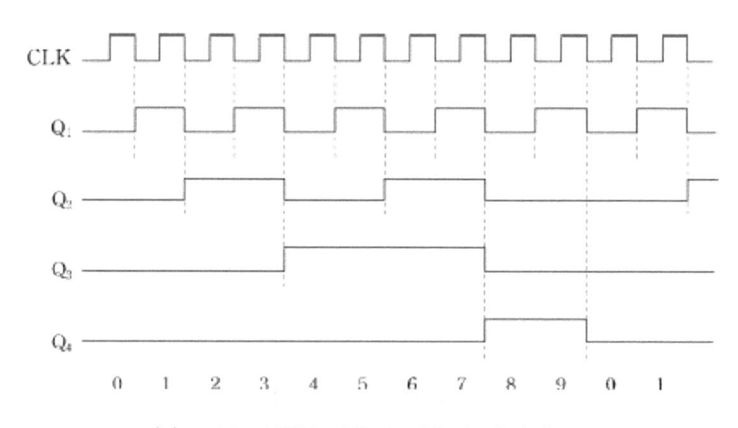

(b) 10진 리셋형 비동기 카운터 타이밍도

4) 8진 비동기식 다운 카운터

8진 비동기 Down Counter를 설계하면 그림(a)와 같으며 타이밍 챠트는 그림(b)와 같다. 이 회로는 Up Counter의 Q 출력 대신 Q' 출력을 다음 단 Clock 단자에 접속하면 된다.

이 동작은 그림(b)와 같이 Q_1' 출력의 하강 부분, 즉 Q_1 출력의 상승 부분에서 다음 단 플립플롭을 반전시키고 있다. 따라서 111 다음은 000이 아니고 110으로 되어서 값이 줄어들게 된다.

따라서 Up Counter에서 Q' 단자가 붙어 있는 Counter를 그대로 Down Counter에도 쓸 수 있다.

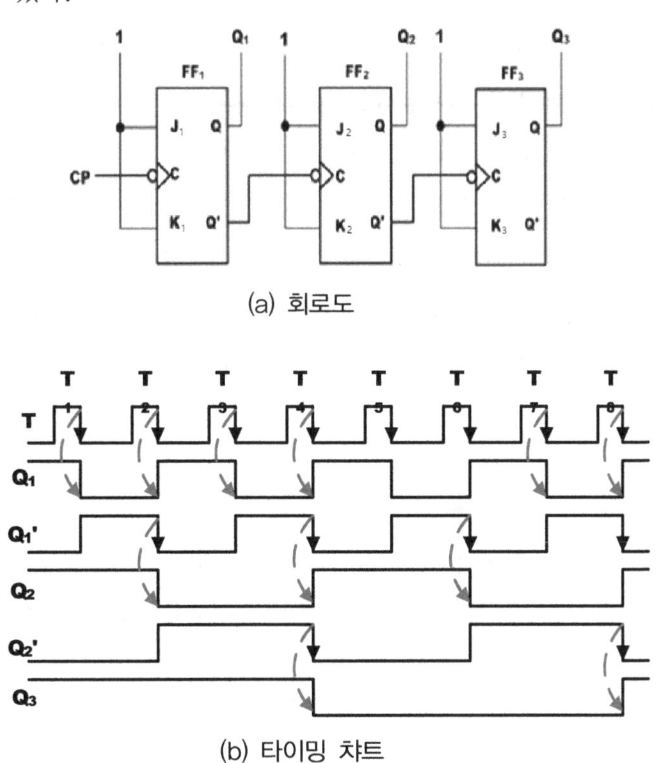

(a) 회로도

(b) 타이밍 챠트

아래 그림은 SN74293 4비트 2진 카운터의 내부 논리 구조를 나타내었다.

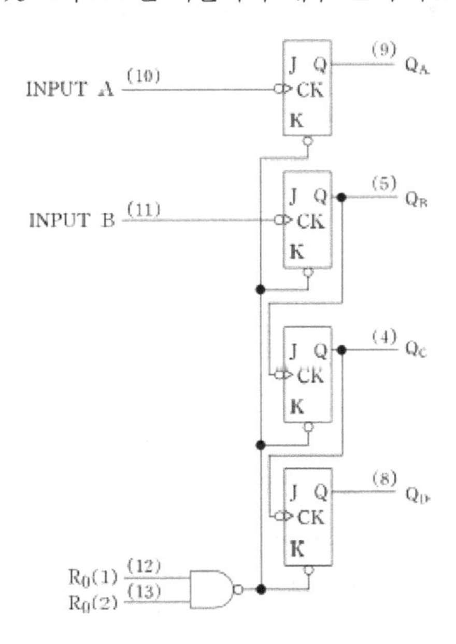

5) 4진 동기식 카운터

동기식 Counter가 비동기식 Counter와 다른 점은 Clock 펄스가 모든 플립플롭에 공통으로 입력된다는 것이다. 공통 Clock은 비동기식 Counter에서와 같이 한 번에 하나씩이 아니라 동시에 모든 플립플롭을 동작시킨다.

그림(a)는 간단한 4진 동기식 Counter를 나타내며, 그림(b)는 타이밍도를 나타낸다. 이 회로는 두 개의 플립플롭의 Clock 단자에 동일 Clock이 입력되어 동시에 동작하도록 되어 있다. 그림(b)에서 플립플롭 FF_1의 Q_1이 1일 때 출력 Q_2, Q_1은 01과 11이 된다. 이때 Q_2, Q_1이 01일 때는 다음의 Clock(T_2)으로 FF_2, FF_1 모두 동시에 반전하여 10으로 되고 11일 때도 양쪽이 반전하여 00이 된다.

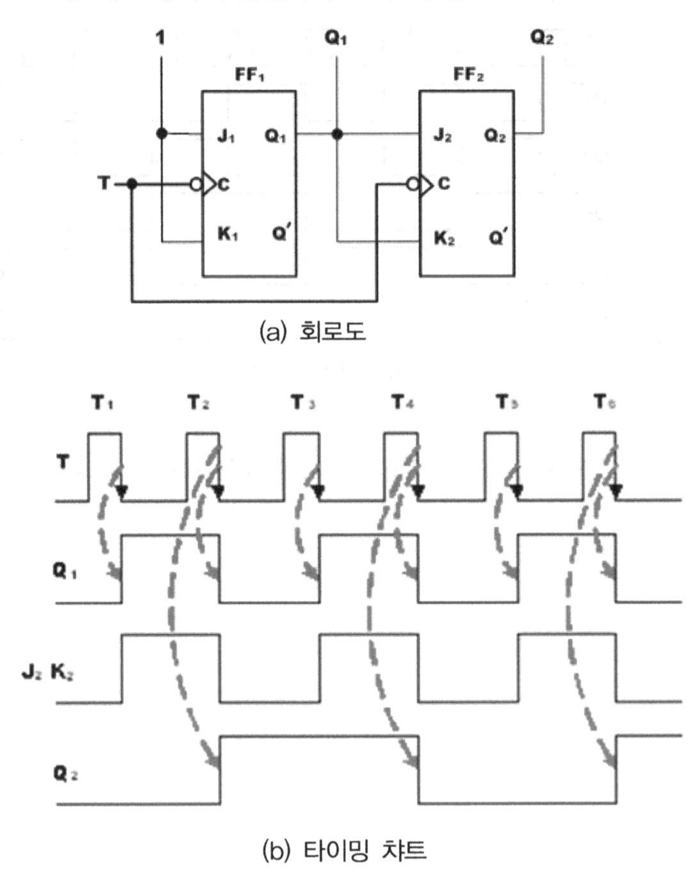

(a) 회로도

(b) 타이밍 챠트

위 그림은 4진 Counter로 동작하는 회로도와 타이밍 챠트이다. 3단 이상의 동기 Counter의 경우도 원리는 같으며, 자기보다 앞 단에 있는 플립플롭이 모두 1이면 다음 Clock에 의해서 반전하게 된다.

6) 6진 동기식 카운터

동기식 6진 카운터는 시계 회로에서 초와 분의 0에서 5를 표시하는데 사용된다.

JK 플립플롭을 이용하여 카운터를 설계하는 예를 아래에 설명하였다. 카운터의 순서는 0,7,5,3,4,2,0, . . .이다.

J, K 의 입력 조건을 바탕으로 카운터의 상태 변화에 따른 J, K 의 입력 조건을 구하면 아래 표와 같다.

	현재 상태	다음 상태	J, K의 입력 조건					
	Q_3 Q_2 Q_1	Q_3 Q_2 Q_1	J_3	K_3	J_2	K_2	J_1	K_1
0	0 0 0	1 1 1	1	d	1	d	1	d
7	1 1 1	1 0 1	d	0	d	1	d	0
5	1 0 1	0 1 1	d	1	1	d	d	0
3	0 1 1	1 0 0	1	d	d	1	d	1
4	1 0 0	0 1 0	d	1	1	d	0	d
2	0 1 0	0 0 0	0	d	d	1	0	d

위 표를 보고 J, K 의 입력 맵을 이용하여 입력 조건식을 간소화한다.

여기서, J_2 = K_2 = 1이므로 나머지 식을 구하면 아래와 같다.

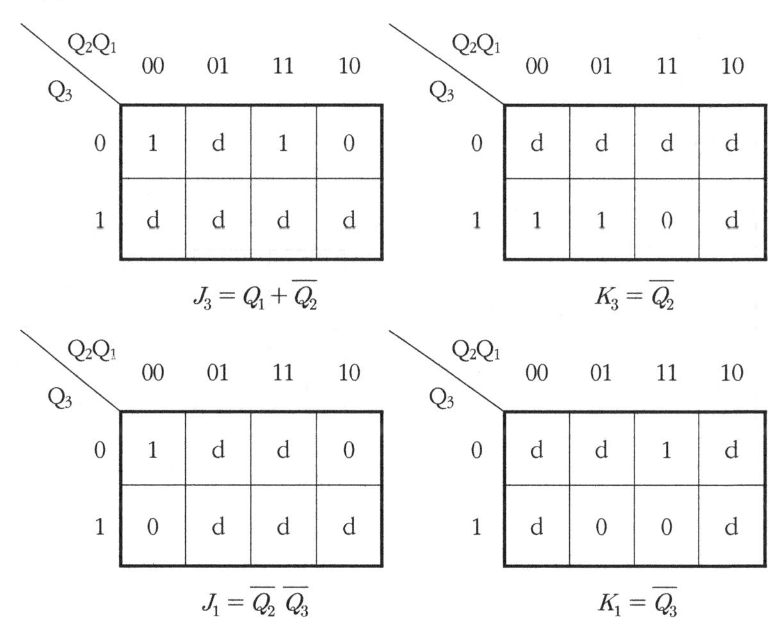

$J_3 = Q_1 + \overline{Q_2}$ $K_3 = \overline{Q_2}$

$J_1 = \overline{Q_2}\,\overline{Q_3}$ $K_1 = \overline{Q_3}$

논리식을 회로도로 구현하면 아래와 같다.

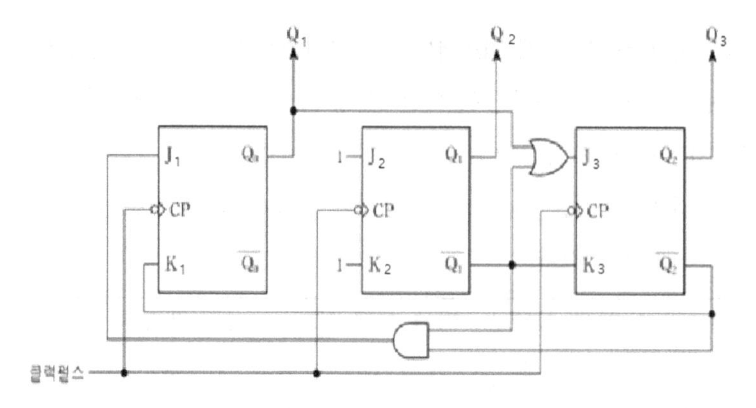

다음은 시계에서 초와 분의 0~5까지를 표시하는 카운터를 설계하면 아래와 같다.

① 진리표를 작성한다.

계수	Q_3 Q_2 Q_1	Q_n	Q_{n+1}	J_A	K_A	Q_n	Q_{n+1}	J_B	K_B	Q_n	Q_{n+1}	J_C	K_C
0	0 0 0	0	1	1	d	0	0	0	d	0	0	0	d
1	0 0 1	1	0	d	1	0	1	1	d	0	0	0	d
2	0 1 0	0	1	1	d	1	1	d	0	0	0	0	d
3	0 1 1	1	0	d	1	1	0	d	1	0	1	1	d
4	1 0 0	0	1	1	d	0	0	0	d	1	1	d	0
5	1 0 1	1	0	d	1	0	0	0	d	1	0	d	1
6(0)	0 0 0												

② 여기표 작성 및 간략화한다.

- Q_1 변수의 간략화

Q_n	Q_{n+1}	J_A	K_A
0	1	1	d
1	0	d	1
0	1	1	d
1	0	d	1
0	1	1	d
1	0	d	1

Q_2Q_1 \ Q_3	0	1
00	1	1
01	d	d
11	d	d
10	1	d

$J_A=1$

Q_2Q_1 \ Q_3	0	1
00	d	d
01	1	1
11	1	d
10	d	d

$K_A=1$

- Q_2 변수의 간략화

Q_n	Q_{n+1}	J_B	K_B
0	0	0	d
0	1	1	d
1	1	d	0
1	0	d	1
0	0	0	d
0	0	0	d

Q_2Q_1 \ Q_3	0	1
00	0	0
01	1	0
11	d	d
10	d	d

$J_B = Q_1\overline{Q_3}$

Q_2Q_1 \ Q_3	0	1
00	d	d
01	d	d
11	1	d
10	0	d

$K_B = Q_1$

- Q_3 변수의 간략화

Q_n	Q_{n+1}	J_C	K_C
0	0	0	d
0	0	0	d
0	0	0	d
0	1	1	d
1	1	d	0
1	0	d	1

Q_2Q_1 \ Q_3	0	1
00	0	d
01	0	d
11	1	d
10	0	d

$J_C = Q_1Q_2$

Q_2Q_1 \ Q_3	0	1
00	d	0
01	d	1
11	d	d
10	d	d

$K_C = Q_1$

③ 회로도를 작성한다.

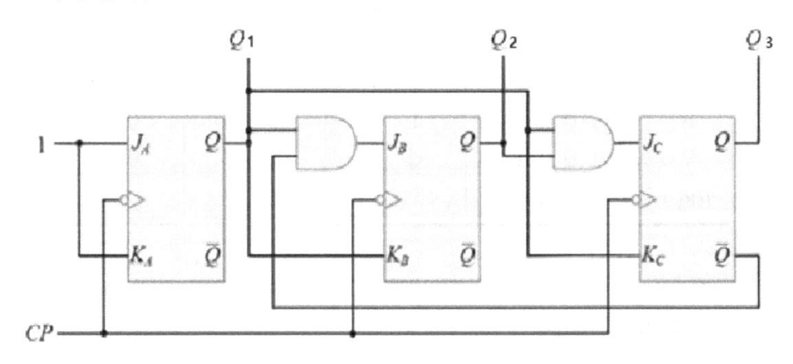

7) 10진 동기식 카운터

동기식 10진 카운터는 실제로 많이 이용되므로 알아둘 필요가 있다. 10개의 카운트를 반복해야 하므로 필요한 플립플롭의 수는 4개이고, 0(0000)부터 9(1001)까지 카운트 한다.

10진 동기식 카운터 설계는 다음과 같다.

① 진리표를 작성한다.

$Q_4Q_3Q_2Q_1$	계수
0 0 0 0	0
0 0 0 1	1
0 0 1 0	2
0 0 1 1	3
0 1 0 0	4
0 1 0 1	5
0 1 1 0	6
0 1 1 1	7
1 0 0 0	8
1 0 0 1	9
0 0 0 0	10(0)

② 여기표 작성 및 간략화한다.

계수	$Q_4Q_3Q_2Q_1$	J_A K_A	J_B K_B	J_C K_C	J_D K_D
0	0 0 0 0	1 d	0 d	0 d	0 d
1	0 0 0 1	d 1	1 d	0 d	0 d
2	0 0 1 0	1 d	d 0	0 d	0 d
3	0 0 1 1	d 1	d 1	1 d	0 d
4	0 1 0 0	1 d	0 d	d 0	0 d
5	0 1 0 1	d 1	1 d	d 0	0 d
6	0 1 1 0	1 d	d 0	d 0	0 d
7	0 1 1 1	d 1	d 1	d 1	1 d
8	1 0 0 0	1 d	0 d	0 d	d 0
9	1 0 0 1	d 1	0 d	0 d	d 1
10(0)	0 0 0 0				

- Q_1 변수의 간략화

Q_2Q_1 \ Q_4Q_3	00	01	11	10
00	1	1	-	1
01	d	d	-	d
11	d	d	-	-
10	1	1	-	-

$J_A=1$

Q_2Q_1 \ Q_4Q_3	00	01	11	10
00	d	d	-	d
01	1	1	-	1
11	1	1	-	-
10	d	d	-	-

$K_A=1$

- Q_2 변수의 간략화

Q_2Q_1 \ Q_4Q_3	00	01	11	10
00	0	0	-	0
01	1	1	-	0
11	d	d	-	-
10	d	d	-	-

$J_B = Q_1 \overline{Q_4}$

Q_2Q_1 \ Q_4Q_3	00	01	11	10
00	d	d	-	d
01	d	d	-	d
11	1	1	-	-
10	0	0	-	-

$K_B = Q_1$

- Q_3 변수의 간략화

Q_2Q_1 \ Q_4Q_3	00	01	11	10
00	0	d	-	0
01	0	d	-	0
11	1	d	-	-
10	0	d	-	-

$J_C = Q_1 Q_2$

Q_2Q_1 \ Q_4Q_3	00	01	11	10
00	d	0	-	d
01	d	0	-	d
11	d	1	-	-
10	d	0	-	-

$K_C = Q_1 Q_2$

- Q_4 변수의 간략화

Q_2Q_1 \ Q_4Q_3	00	01	11	10
00	0	0	-	d
01	0	0	-	d
11	0	1	-	-
10	0	0	-	-

$J_D = Q_1 Q_2 Q_3$

Q_2Q_1 \ Q_4Q_3	00	01	11	10
00	d	d	-	0
01	d	d	-	1
11	d	d	-	-
10	d	d	-	-

$K_D = Q_1$

③ 회로도를 작성한다.

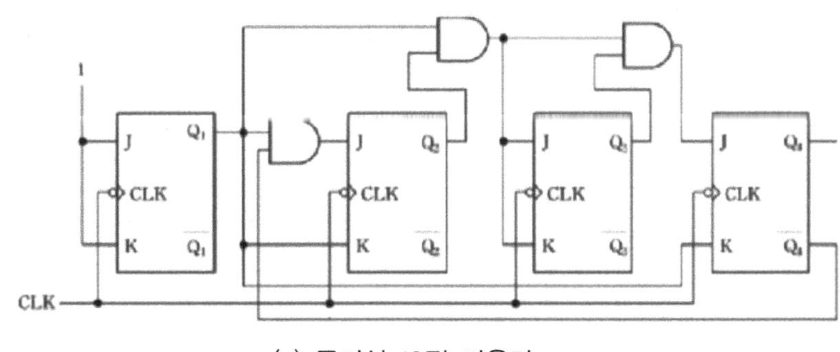

(a) 동기식 10진 카운터

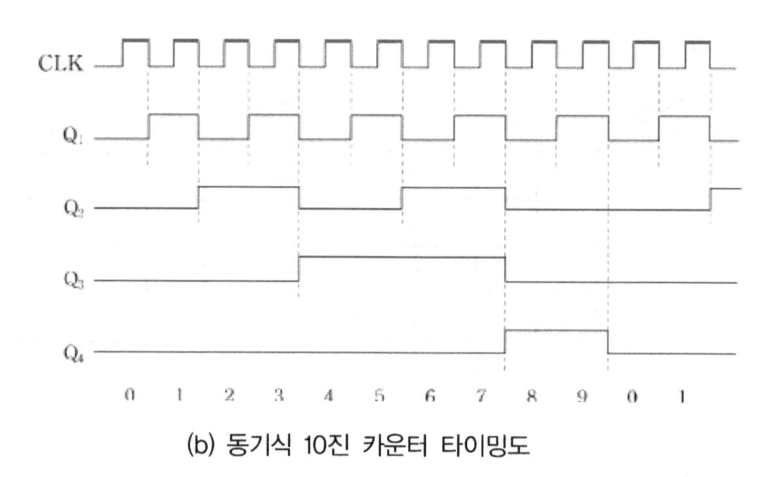

(b) 동기식 10진 카운터 타이밍도

8) 캐스케이드(Cascade Counter)

Counter는 더 많은 모듈러스 동작을 하도록 하기 위하여 캐스케이드로 연결할 수 있다. 캐스케이드는 Counter의 마지막 플립플롭의 출력을 그 다음 Counter의 입력에 연결하여 구동시키는 것을 의미한다.

2비트 4진 Counter와 3비트 8진 Ripple Counter의 캐스케이드

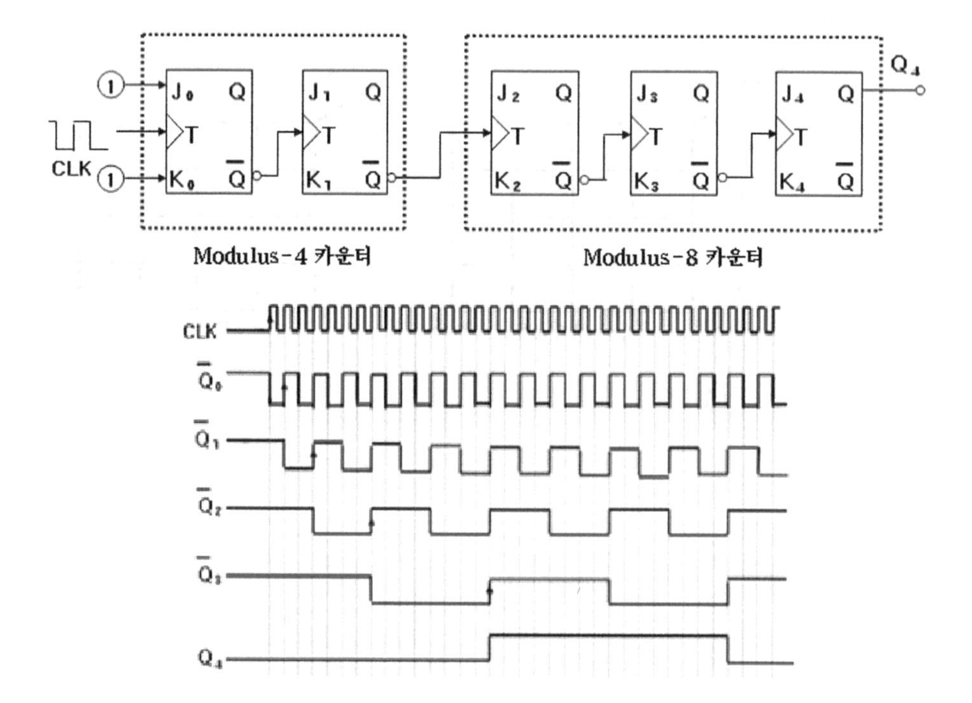

2. 비동기형(Asynchronous) 카운터 회로 실험

가. 비동기형 10진 카운터 회로

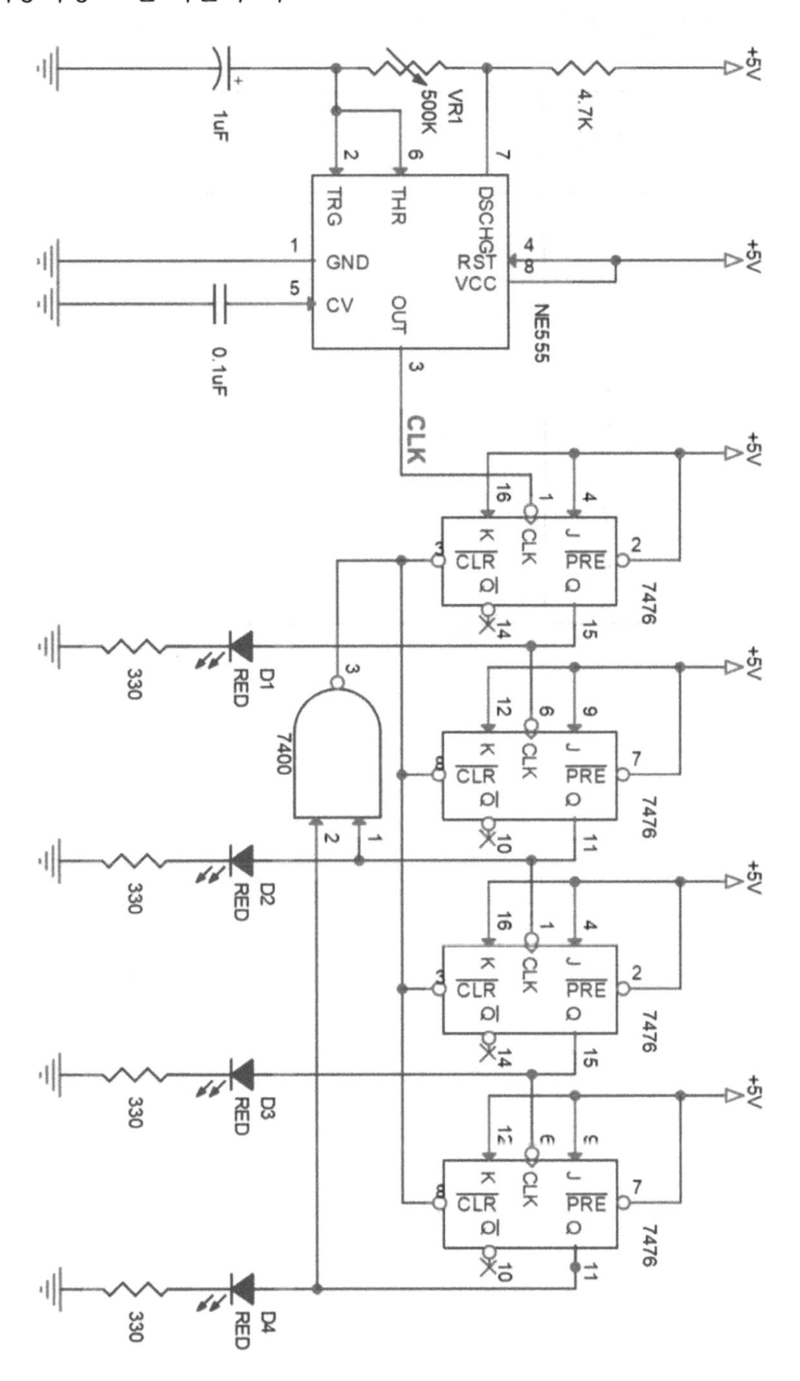

나. 요구사항

① 비동기형 10진 카운터 회로를 브레드보드에 구성한다.

② 전원을 인가한 후 스위치 조작에 따른 LED의 출력 상태를 아래 표에 기록한다.

③ 비동기형 10진 카운터 회로의 진리표가 실험 결과와 일치하는지 확인한다.

10진수	출력			
	D_1	D_2	D_3	D_4
0				
1				
2				
3				
4				
5				
6				
7				
8				
9				

3. 동기형(Synchronous) 카운터 회로 실험

가. 동기형 10진 카운터 회로

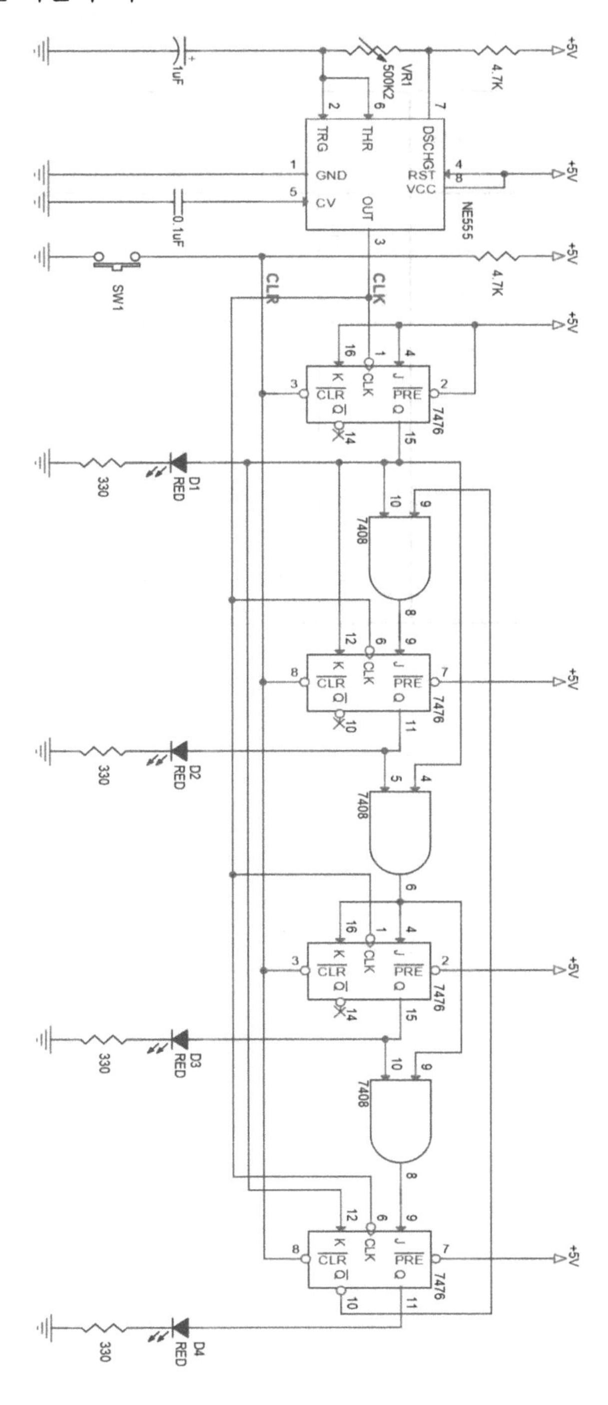

나. 요구사항

① 동기형 10진 카운터 회로를 브레드보드에 구성한다.

② 전원을 인가한 후 스위치 조작에 따른 LED의 출력 상태를 아래 표에 기록한다.

③ 동기형 10진 카운터 회로의 진리표가 실험 결과와 일치하는지 확인한다.

10진수	출력			
	D_0	D_1	D_2	D_3
0				
1				
2				
3				
4				
5				
6				
7				
8				
9				

4. UP-DOWN 카운터 회로 실험

가. UP-DOWN 카운터 회로

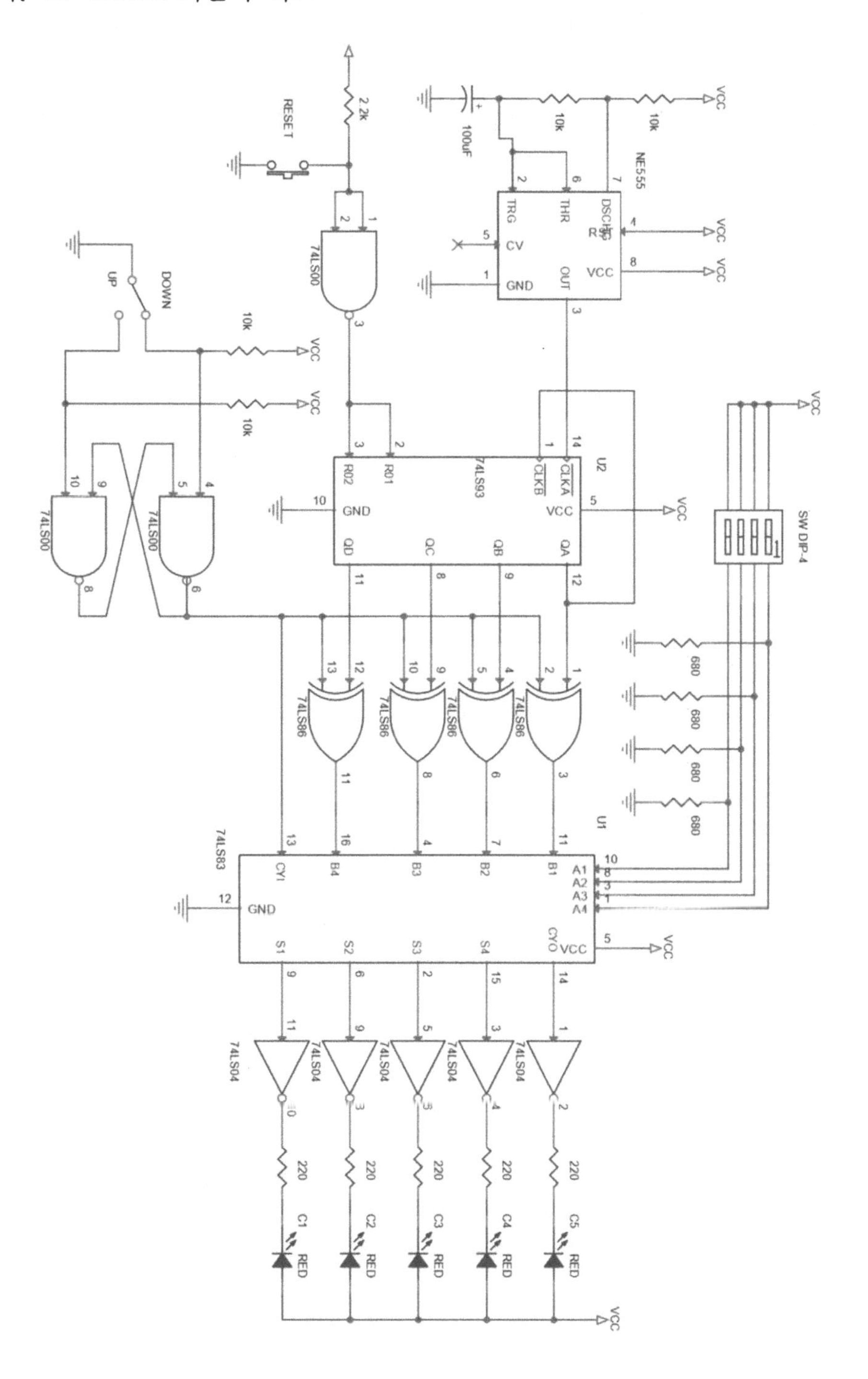

나. 요구사항

① UP-DOWN 카운터 회로를 브레드보드에 구성한다.

② 다음의 동작 상태를 확인한다.

- DIP SW를 선택하고 UP-DOWN 스위치를 UP 또는 DOWN 중 하나를 선택하면 DIP SW가 선택된 자리 수부터 UP 또는 DOWN 카운터가 되도록 한다.
- RESET 스위치를 누르면 RESET된 다음 처음부터 다시 카운터되도록 한다.

5. 99진 카운터 회로 실험

가. 99진 카운터 회로

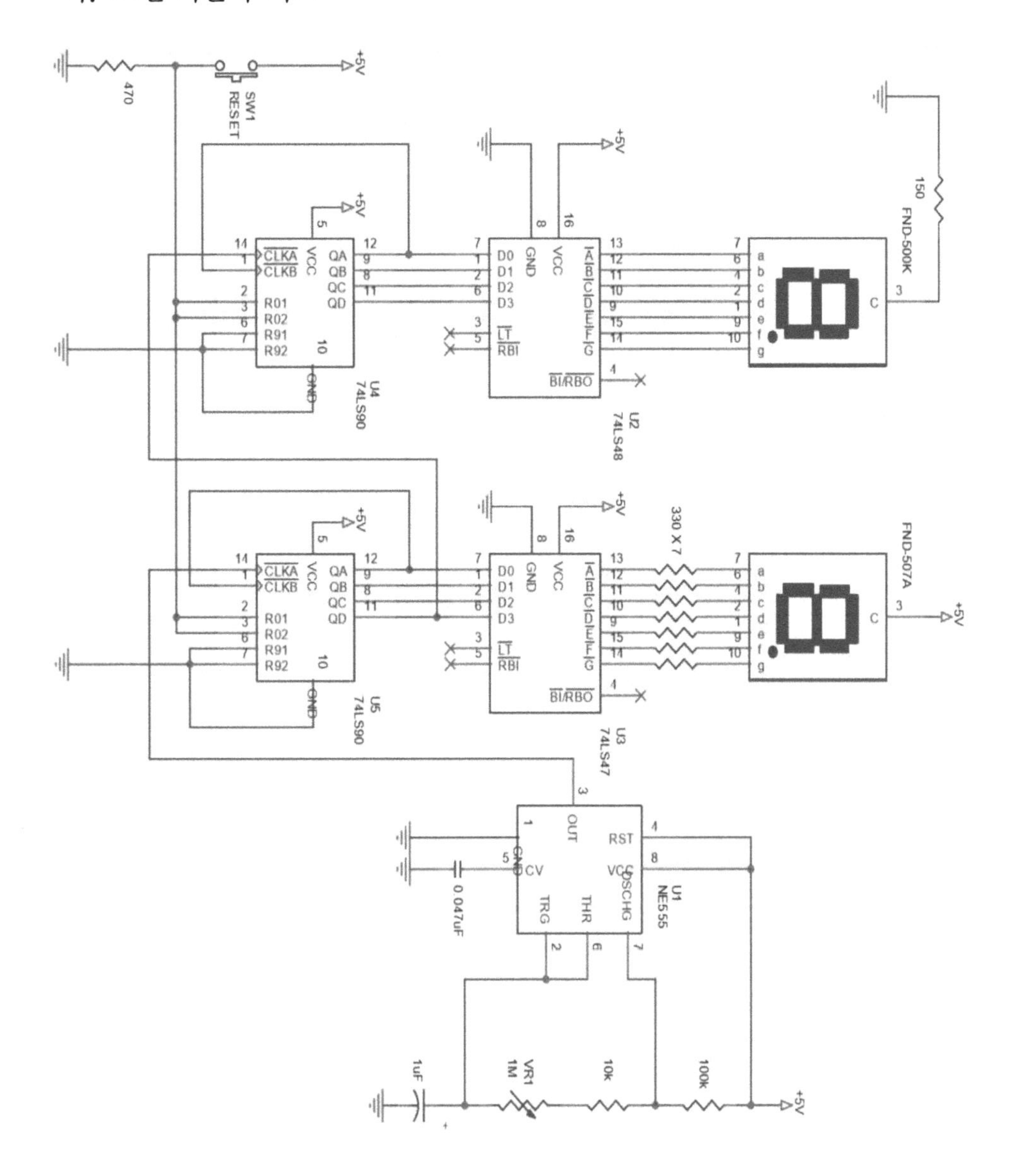

나. 요구사항

① 99진 카운터 회로를 브레드보드에 구성한다.

② 리셋 스위치를 누르면 00이고 처음부터 카운터가 시작 한다.

③ NE555의 1[㏀] 반고정 저항을 조정하여 10단위 계수가 2~3초 되게 한다.

제12장 시프트 레지스터
(Shift Registers)

1. 시프트 레지스터(Shift Registers)
2. 시프트 레지스터 회로 실험

1. 시프트 레지스터(Shift Registers)

2진 정보를 왼쪽 또는 오른쪽으로 자리를 이동시킬 수 있는 레지스터를 시프트 레지스터(shift register)라고 한다. 시프트 레지스터의 논리적 구조는 직렬로 플립플롭을 연결한 것으로 한 플립플롭의 출력을 다음 플립플롭의 입력에 연결한 것이다.

모든 플립플롭은 한 상태에서 다음 상태로 시프트를 시작하게 하는 공통 클럭 펄스를 갖는다. 간단한 시프트 레지스터는 D 플립플롭이 직렬 연결된 것이다.

각 클럭 펄스는 레지스터 내용을 한 비트씩 오른쪽으로 이동시킨다. 직렬 입력은 가장 왼쪽에 있는 플립플롭의 입력 단자 SI(Serial Input)에 입력되고 출력은 가장 오른쪽 플립플롭의 출력 단자 Q로 출력된다.

아래 그림은 오른쪽 방향으로 이동하는 레지스터이지만 왼쪽으로 이동하는 레지스터를 설계할 경우에는 이 그림을 역으로 놓고 보면 좌측 이동이 된다.

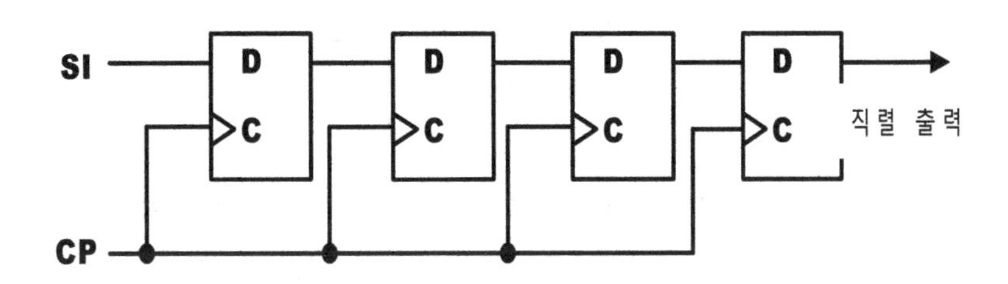

디지털 시스템이 한 번에 한 비트식 정보를 전송하고 연산할 때 이 디지털 시스템은 직렬 방식으로 동작한다고 한다. 즉, 직렬 전송(serial transfer)에서는 한 레지스터에서 다음 레지스터로 비트를 시프트함으로써 한 번에 한 비트씩 정보를 전송하게 된다. 이 점이 레지스터의 모든 비트들을 동시에 전송하는 병렬 전송과 비교되는 점이다.

아래 그림처럼 레지스터 R_A에서 R_B로 정보의 직렬 전송은 쉬프트 레지스터를 통해 수행된다. R_A의 직렬 출력은 목적지 레지스터 R_B의 직렬 입력에 연결되어 있고, 데이터가 R_B로 전송되는 동안에도 R_A로 입력(IN)을 받아들이게 된다. 물론 R_A가 다른 2진 정보를 받아들이게 하거나, 또는 R_A의 직렬 출력을 다시 직렬 입력에 연결시킴으로써 R_A의 데이터를 그대로 유지하게 할 수도 있다.

R_A의 초기 내용은 직렬로 외부로 시프트되기 때문에 세 번째의 레지스터로 전송하지 않으면 그 데이터는 잃어버리게 된다.

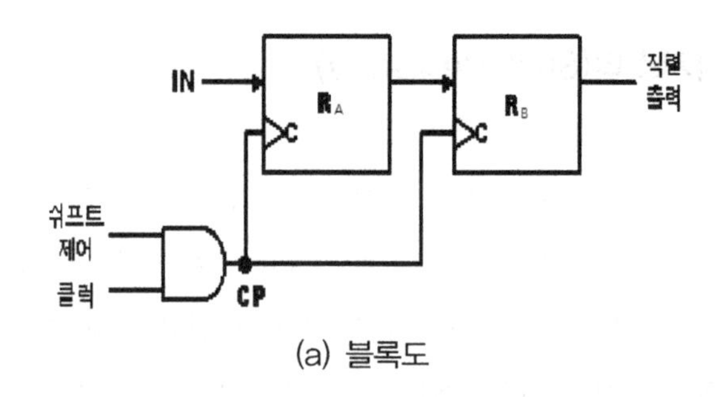

(a) 블록도

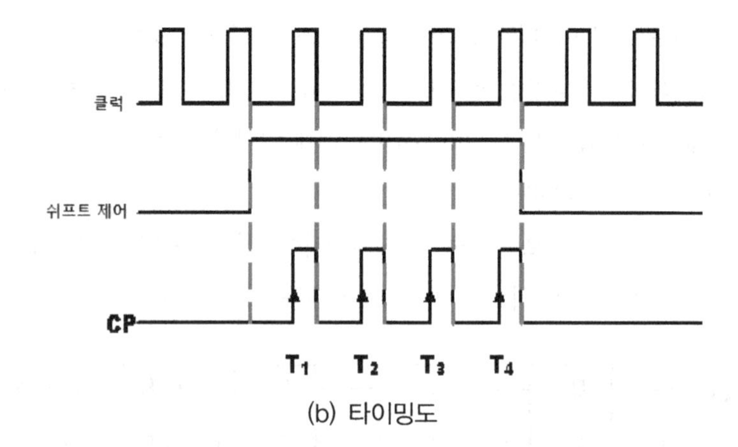

(b) 타이밍도

데이터를 레지스터로 시프트할 때에는 쉬프트 제어 입력을 통하여 결정되며 시프트 제어가 활성(active) 상태에 있을 때만 클럭 펄스에 의해서 시프트가 가능하다.
위 그림의 제어 장치는 4클럭 펄스 시간 동안에 시프트 제어 입력을 통해 시프트 레지스터를 동작시킬 수 있다. 타이밍도는 그림(b)와 같다.
여기서 시프트 제어(shift control) 신호는 클럭에 의해 동기화되고, 클럭의 음의 전이(하강 모서리)에서 CP값이 변하게 됨을 알 수 있다.
시프트 제어 신호가 활성 상태로 된 다음의 클럭 펄스는 AND 게이트에서 결합하여 레지스터의 CP입력으로 연결되는데 AND 게이트 출력으로 T_1, T_2, T_3, T_4의 네 펄스열을 생성하게 되고, 이러한 펄스의 각 양의 전이(상승 모서리)에서 두 레지스터의 데이터 전송이 일어나게 된다.
네 펄스 후에 시프트 제어는 클럭의 하강 모서리에 따라 0으로 떨어지면 시프트 레지스터는 동작하지 않는다. 따라서 시프트할 데이터 비트의 수는 시프트 제어 입력에 의해서 결정된다는 것을 알 수 있다. 예를 들어 시프트가 발생하기 전의 R_A의 2진 내용을 1011이라 하고, R_B의 내용을 0010이라고 하면, R_A에서부터 R_B로의 직렬 전송은 다음 표와 같이 4단계로 발생한다.
첫 번째 펄스 T_1에 의해서 R_A의 가장 오른쪽 비트가 R_B의 가장 왼쪽 비트로 시프트되고, 동시에 R_A의 가장 왼쪽 비트에는 직렬 입력으로부터 0을 받아들이고, 또한 R_A와 R_B의 다른 비트들은 오른쪽으로 한 비트씩 순서적으로 시프트하게 된다. 나머지 펄스에서도 똑같은 방법으로, R_A로 0을 전송하는 동안 한 번에 한 비트씩 R_A에서 R_B로 시프트된다. 네 번의 시프트가 끝난 후에는 시프트 제어는 0으로 떨어지므로 시프트 동작은 중단하게 된다.

CP	R_A	R_B
초기값	1 0 1 1	0 0 1 0
T_1 후	0 1 0 1	1 0 0 1
T_2 후	0 0 1 0	1 1 0 0
T_3 후	0 0 0 1	0 1 1 0
T_4 후	0 0 0 0	1 0 1 1

결국 R_B에는 R_A의 초기 값인 1011이 저장되고, R_A의 모든 비트는 0값을 갖게 된다. 이 예를 통하여 직렬과 병렬 전송의 차이를 명백히 알 수 있다.
병렬 방식에서는 레지스터에 있는 모든 비트가 한 클럭 펄스로 동시에 전송하게 되나, 직렬 방식에서는 하나의 직렬 입력과 하나의 직렬 출력을 갖고서 같은 방향으로 시프트하는 동안 한 번에 한 비트씩 전송하게 된다.

1) 병렬 로드가 가능한 시프트 레지스터

만약 시프트 레지스터를 구성하는 모든 플립플롭에 동시에 모두 접근할 수 있다면, 시프트 연산으로 직렬로 입력시킨 정보 비트들을 각 플립플롭의 출력으로부터 일시에 병렬로 뽑아낼 수도 있다. 또한 시프트 레지스터에 병렬 로드 능력을 추가한다면, 병렬로 입력시킨 데이터를 레지스터 내에서 시프트하여 직렬 형태로 출력할 수도 있다. 따라서 병렬 로드가 가능한 시프트 레지스터(shift register with parallel load)는 병렬로 입력시킨 데이터를 직렬 형태로 전송하기 위하여, 또는 그 반대로 전송 형태를 변환하기 위하여 사용할 수 있다.

병렬 로드가 가능한 4-비트 시프트 레지스터의 논리 회로도는 아래 그림과 같다.

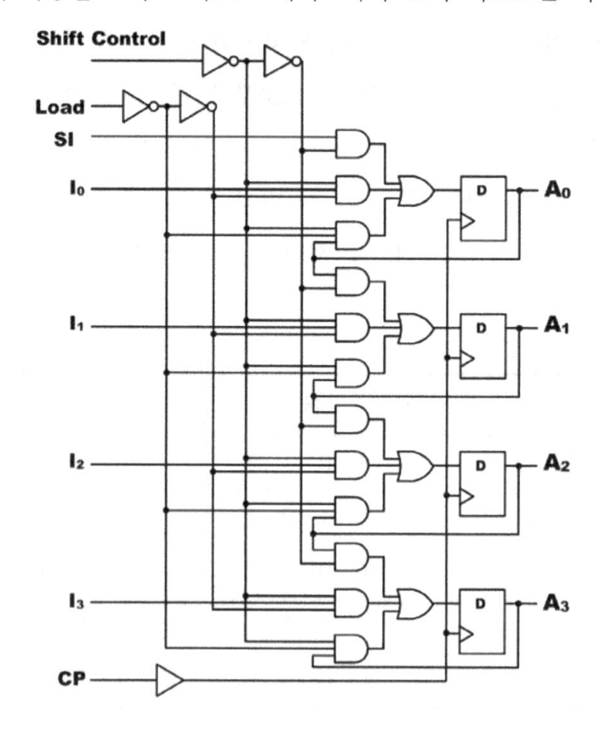

여기서 두 개의 제어 입력 중 하나는 시프트 입력을 위한 것이고, 다른 하나는 로드를 위한 제어 입력이다.

이 그림에서 레지스터는 4-비트(A_0~A_3) 출력단으로 구성되어 있고, 각 단은 D 플립플롭 한 개, OR 게이트 한 개, 그리고 AND 게이트 세 개로 이루어져 있다.

Shift Control	Load	연산
0	0	변화하지 않음
0	1	병렬 데이터 로드
1	X	A_0에서 A_3 쉬프트 다운

세 AND 게이트 중 처음의 AND 게이트는 시프트 연산을 구동시키고, 두 번째 AND 게이트는 입력 데이터를 구동시키며, 세 번째 AND 게이트는 아무 연산이 없을 때 레지스터 내용을 원래의 상태로 유지하는 역할을 한다.

레지스터 동작 기능은 위 표와 같다. 우선 시프트 제어와 로드 제어 입력이 모두 0일 때에는 세 번째 AND 게이트가 구동되어 각 플립플롭의 출력이 다시 D 입력으로 들어가게 된다. 따라서 출력은 변화 없이 같은 상태를 유지하게 된다.

시프트 제어 입력이 0이고 로드 입력이 1일 때에는 각 단의 둘째 AND 게이트가 구동되어, 입력 데이터(I_0~I_3)가 각각 대응하는 플립플롭의 D 입력에 연결되어 입력 데이터는 레지스터에 전송된다.
다음 쉬프트 제어 입력이 1일 때에는 각 단의 처음 AND 게이트만은 load의 입력과 관계없이 구동되고 나머지 둘은 구동 불능 상태가 된다.
시프트 연산은 직렬 입력으로부터 데이터를 받아 플립플롭 A_0의 입력에 전송하고, A_0의 데이터는 플립플롭 A_1 입력으로 전송하는 방식으로, 다음 단의 경우도 마찬가지로 수행한다.
그러면 다음 번 클럭의 상승 모서리에서 레지스터의 내용은 처음 단으로 직렬 입력이 들어오면서 아래로 시프트하게 된다. 따라서 상단에서 하단(좌에서 우로)으로 시프트 동작이 수행된다.
시프트 레지스터는 흔히 서로 떨어져 있는 디지털 시스템의 접속에 사용한다. 예를 들어, 두 지점 사이에 n-비트 만큼을 전송할 필요가 있으나 거리가 멀리 떨어져 있으면 병렬로 전송하기에는 비용이 많이 들기 때문에 하나의 선을 사용하여 한 번에 한 비트씩 직렬로 전송하는 것이 경제적이다.
이러한 경우에 송신기는 병렬로 n-비트의 데이터를 받아서 한 개의 선을 통해서 직렬로 전송하고, 수신기는 이 데이터를 직렬로 받아들여 n-비트가 모두 차게 되면 병렬로 출력한다.
이러한 응용에서는 송신기는 데이터의 병렬-직렬(parallel to serial) 변환을, 수신기는 직렬-병렬(serial to parallel) 변환을 수행해야 한다.

2) 양방향 시프트 레지스터

한 방향으로만 시프트가 가능한 레지스터를 단 방향 시프트 레지스터(unidirectional shift register)라고 하고, 양 방향으로 시프트가 가능한 레지스터를 양 방향 시프트 레지스터(bidirectional shift register)라 한다.
병렬 load가 가능한 4-비트 양 방향 시프트 레지스터는 아래 그림과 같다. 각 단은 D 플립플롭과 4×1 MUX로 구성되어 있다.
두 개의 선택 입력 S_0, S_1는 MUX의 입력 중 하나를 선택하여 D 플립플롭 입력에 전달한다. 즉, 선택선은 표의 기능표에 따라 다음과 같이 레지스터의 연산 종류를 제어한다.

S_0S_1 = 00일 때는 MUX의 입력 0을 선택하여, 각 플립플롭의 출력에서 같은 플립플롭의 입력으로 경로를 구성한다. 따라서 다음 클럭에서 이미 가지고 있던 플립플롭의 상태가 다시 입력되어, 결국 플립플롭 상태는 변하지 않고 현 상태를 유지한다.

S_1S_0 = 01일 때에는 MUX의 입력 1이 선택되어 D플립플롭의 입력으로 전달하는 경로를 구성하여 시프트다운(또는 shift right) 연산을 수행한다.

즉 직렬 입력이 MUX의 처음 단으로 전송되고, A_0의 내용은 A_1을 통하여 A_3로 전송된다.

S_1S_0 = 10일 때에는 시프트 업(또는 shift left) 연산을 수행한다. 즉 A_3의 내용이 A_0로 전송된다.

마지막으로 S_1S_0 = 11일 때에는 각 병렬 입력의 2진 정보가 플립플롭으로 전송되어 병렬 로드 연산을 수행한다.

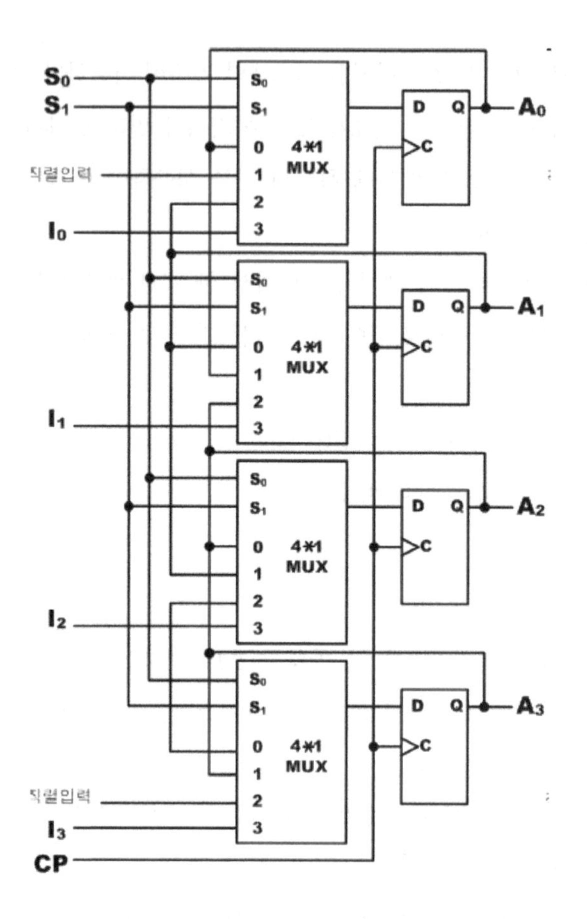

(a) 병렬 로드가 가능한 양방향 레지스터

S_1 S_0	기능
0 0	변화하지 않음
0 1	시프트 다운
1 0	시프트 업
1 1	병렬 로드

(b) 레지스터 기능표

2. 시프트 레지스터 회로 실험

가. 시프트 레지스터 회로

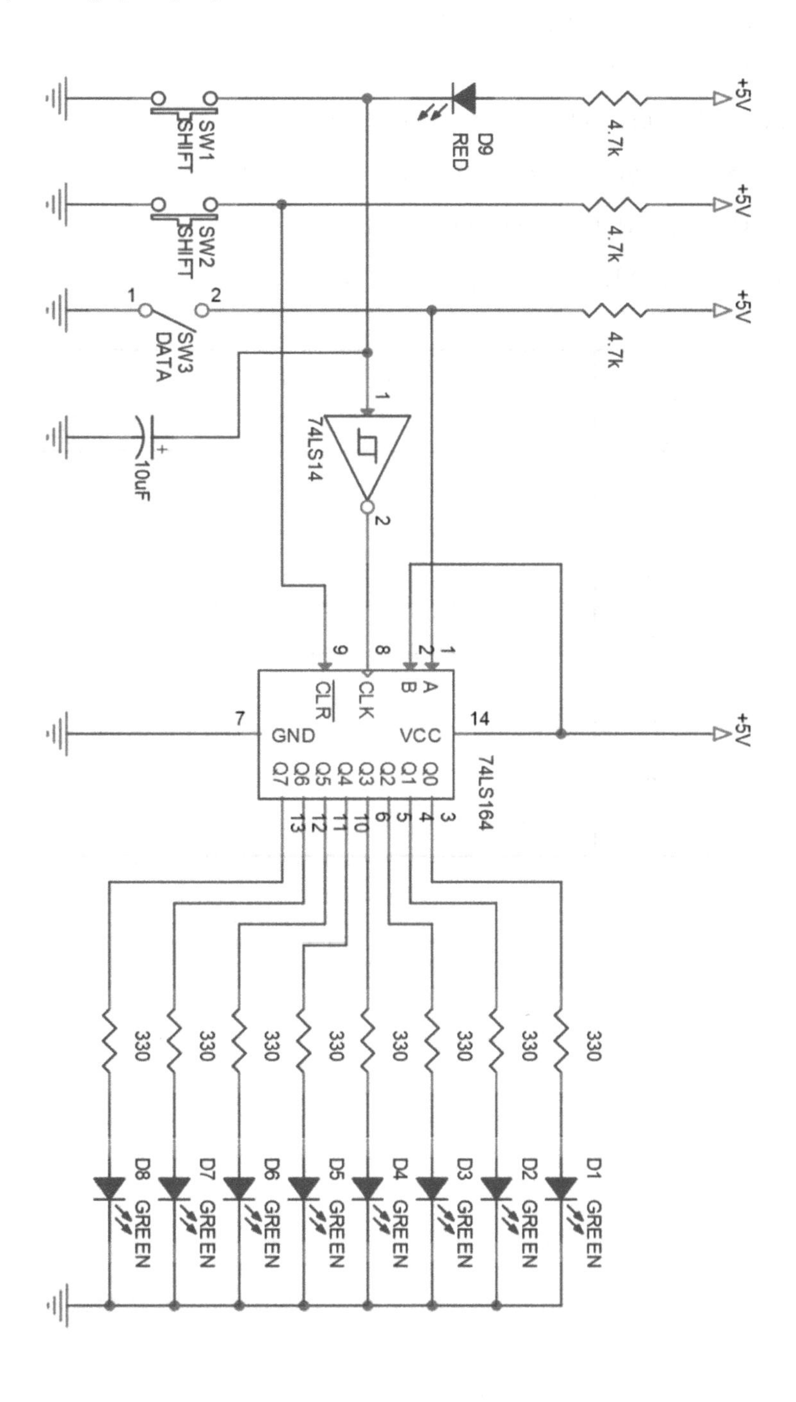

나. 요구사항

① 시프트 레지스터 회로를 브레드보드에 구성한다.

② 전원을 인가한 후 스위치 조작에 따른 LED의 출력 상태를 아래 표에 기록한다.

- SW1을 OFF하고 SW_2를 눌러 Clear 한다.
- SW3을 누르면 LED D_1이 점등 된다.
- SW3을 누를때 마다 D_1 ~ D_8로 시프트된다.
- SW1이 ON되면 '0'을 OFF되면 '1'을 시프트시킨다.
- SW3을 누를 때마다 녹색 LED가 켜진다.

③ 시프트 레지스터의 실험 결과를 확인한다.

클록 수	출력 LED의 상태							
	D_1	D_2	D_3	D_4	D_5	D_6	D_7	D_8
0								
1								
2								
3								
4								
5								
6								
7								

다. 4bit 시프트 레지스터

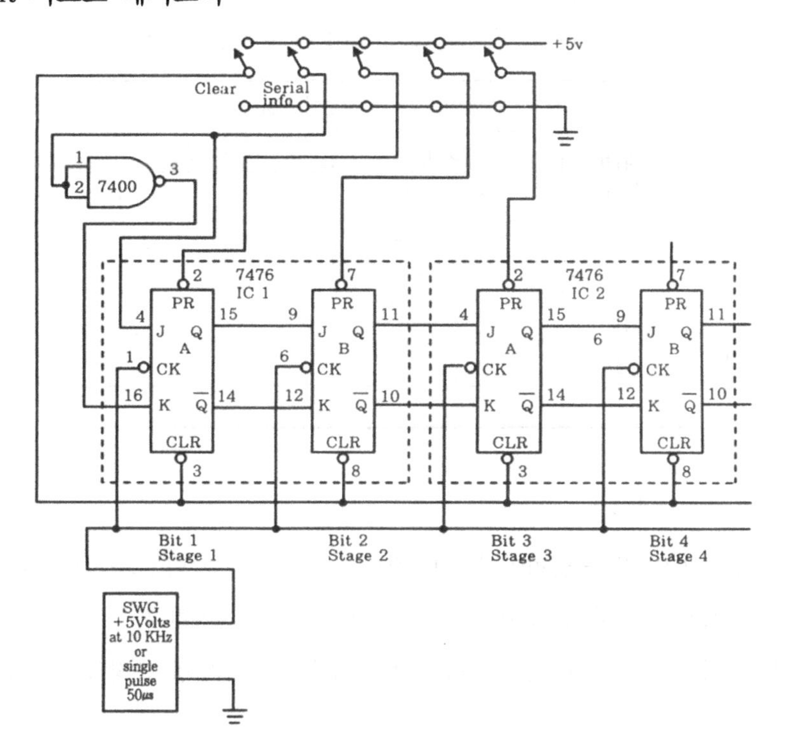

라. 요구사항

① 4bit 시프트 레지스터 회로를 브레드보드에 구성한다.

- CLR, PR 스위치를 +5V에 연결하고 Serial information 스위치는 0V에 연결한다.
- 펄스 발생기는 signal pulse가 발생될 수 있도록 한다.
- CLR 스위치를 접지에 연결하여 쉬프트 레지스터 내의 모든 정보를 지우고 다시 +5V에 연결한다.

② Parallel in - Serial out

- IC 1의 2번 핀과 7번 핀에 연결된 PR 단자를 접지에 연결한 후 다시 5V에 연결하여 두 비트가 1이 되게 한다.
- 시프트 레스터의 Q 단자와 전압을 측정하여 아래 표에 주어진 값과 비교하여라.

IC 1		IC 2	
Pin 15	Pin 11	Pin 15	Pin 11
+5	+5	0	0

- 한 번에 하나의 이동 명령(shift pulse)이 나타나게 펄스 발생기를 구동시켜라. 펄스를 인가한 후 Q 단자의 출력을 측정하여 아래 표를 완성하여라.

Parallel in – Serial out				
Shift Pulse	IC 1		IC 2	
	Pin 15	Pin 11	Pin 15	Pin 11
0	+5	+5	0	0
1				
2				
3				
4				

③ Serial in - Parallel out

- 시프트 레지스터를 클리어시킨다. 정보 스위치(직렬 입력 스위치)를 지시된 값으로 세트하고 그때 한 번의 이동 명령을 레지스터에 인가한다.
- 모든 정보가 레지스터에 입력될 때까지 계속하고, 전압을 측정하여 아래 표에 기록한다.

Serial in – Parallel out					
Shift Pulse	Serial Information	IC 1		IC 2	
		Pin 15	Pin 11	Pin 15	Pin 11
0	–	0	0	0	0
1	+5				
2	0				
3	+5				
4	0				

제13장 링/존슨 카운터 (Ring/Johnson Counter)

1. 링 카운터(Ring Counter)

링 카운터(ring counter)는 시프트 레지스터(shift counter)를 응용한 가장 간단한 카운터로서 아래 그림과 같이 직렬 입력, 병렬 출력 시프트 레지스터의 최종 출력을 다시 입력에 귀환시킨 일종의 순환 시프트 레지스터이다.

링 카운터는 항상 첫 번째 플립플롭의 출력 Q_1를 1로, 나머지 플립플롭은 모두 0이 되게 preset과 reset을 걸어준다. 한편 클럭 펄스(C_P) 인가 수에 따라 Q_2, Q_3, Q_4에 논리 1이 시프트(shift)된다. 이렇게 됨에 따라 네 번째 클럭 펄스에 대해서는 다시 처음 상태로 되돌아가서 Q_1, Q_2, Q_3, Q_4가 1000으로 되므로 링 카운터는 4까지 셀 수 있는 카운터인 셈이다.

일반적으로 N개의 플립플롭으로 구성된 링 카운터는 N가지의 출력 상태가 나오며 8421 2진 카운터(binary counter)가 2^N가지임에 반해 링 카운터(ring counter)는 극히 비효율적이나 복호기(decoder)가 별도로 필요하지 않다는 장점을 갖고 있다.

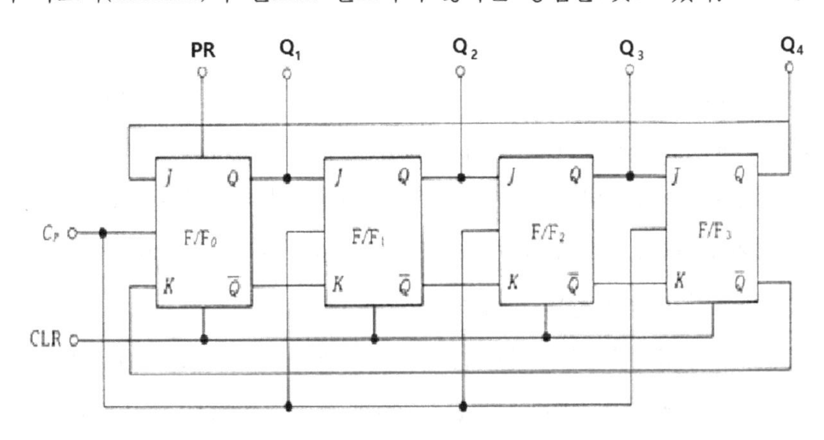

C_p	Q_1	Q_2	Q_3	Q_4
0	1	0	0	0
1	0	1	0	0
2	0	0	1	0
3	0	0	0	1
4(0)	1	0	0	0

계수 동작표를 time chart로 그려보면 아래와 같다.

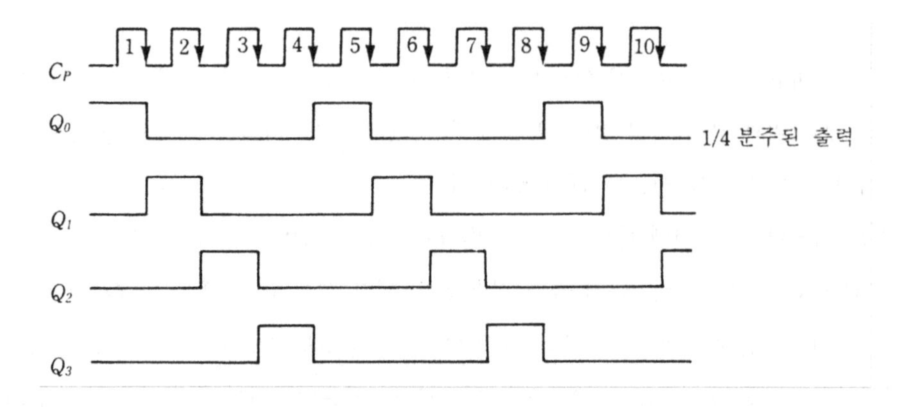

2. 존슨 카운터(Johnson Counter)

존슨 카운터(johson counter)는 일명 트위스트 링 카운터(twist ring counter), 워킹 링 카운터(walking ring counter), 또는 스위치 테일 카운터(switch tail counter)라고도 한다. 아래 그림에서 볼 수 있듯이 존슨 카운터가 링 카운터와 다른 점은 첫 번째 단의 입력 J와 K를 각각 네 번째 단의 $\overline{Q}$와 Q로 바꾸어 취했다는 점이다. 따라서 표의 계수 동작표와 같이 8가지의 출력 상태가 됨을 알 수 있다.

일반적으로 N단의 플립플롭을 사용하는 경우 $2N$개의 출력 상태가 발생함으로 링 카운터보다 효율적인 면에서는 우수하나 존슨카운터의 경우는 복호기(decoder)가 필요하다는 단점을 갖고 있다.

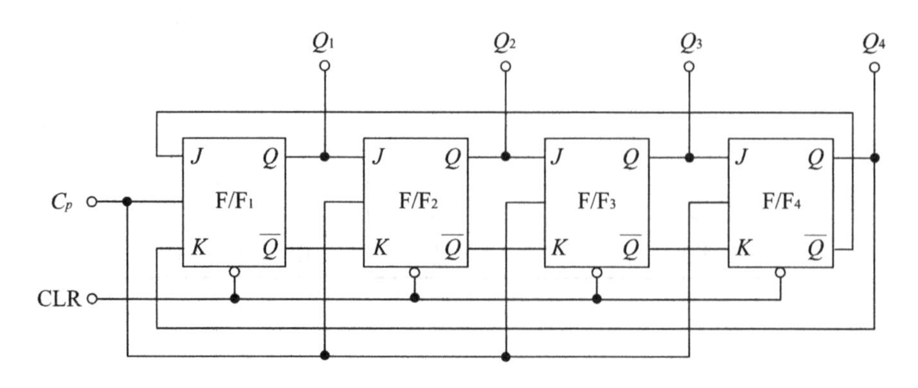

존슨 카운터가 구조면에서 링 카운터와 유사하다.

한편, 링 카운터의 듀티 사이클은 $1/N$인데 반해 존슨 카운터의 출력 파형은 그림과 같이 대칭이므로 듀티 사이클은 50[%]가 된다. 아래 표의 계수 동작표를 time chart로 그려보면 다음 그림과 같다.

존슨 카운터의 계수 동작표는 다음과 같다.

C_p	Q_1	Q_2	Q_3	Q_4
0	0	0	0	0
1	1	0	0	0
2	1	1	0	0
3	1	1	1	0
4	1	1	1	1
5	0	1	1	1
6	0	0	1	1
7	0	0	0	1
8(0)	0	0	0	0

타이밍 챠트는 아래와 같다.

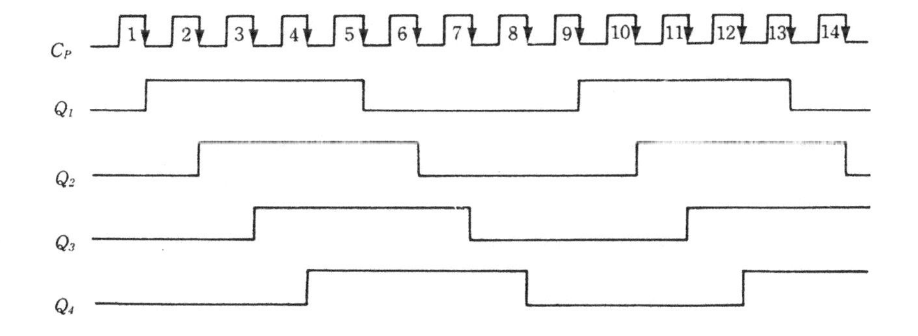

3. 링 카운터(Ring Counter) 회로 실험

가. 링 카운터 회로

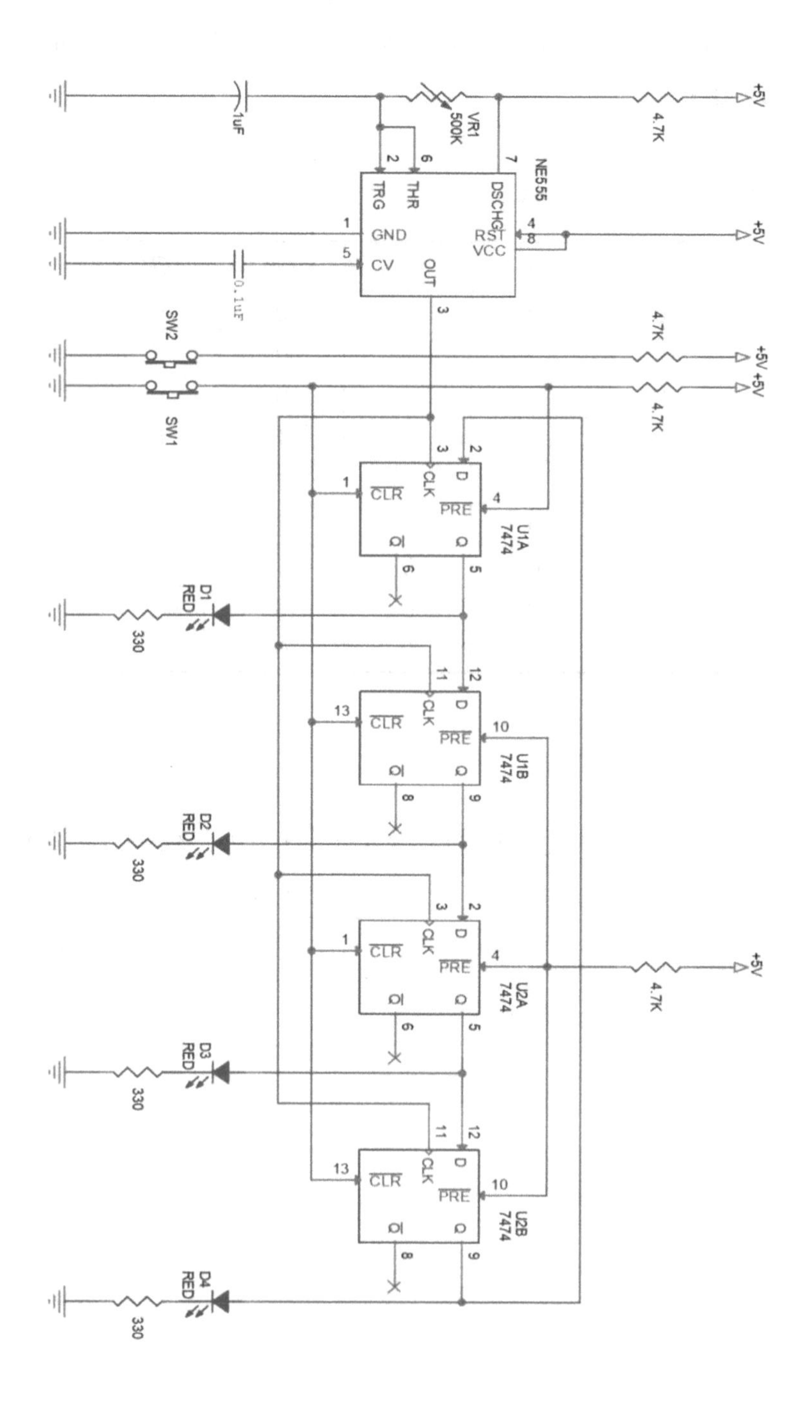

나. 요구사항

① 동기형 링 카운터 회로를 브레드보드에 구성한다.

② 전원을 인가한 후 스위치 조작에 따른 LED의 출력 상태를 아래 표에 기록하고 타이밍 차트를 작성한다.

③ 동기형 링 카운터 회로의 실험 결과를 확인한다.

C_p	출력			
	D_1	D_2	D_3	D_4
0				
1				
2				
3				
4				
5				

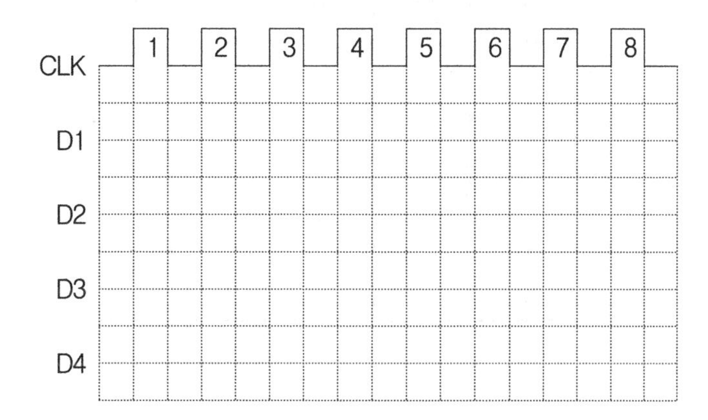

다. 동기형 링 카운터 회로 설계

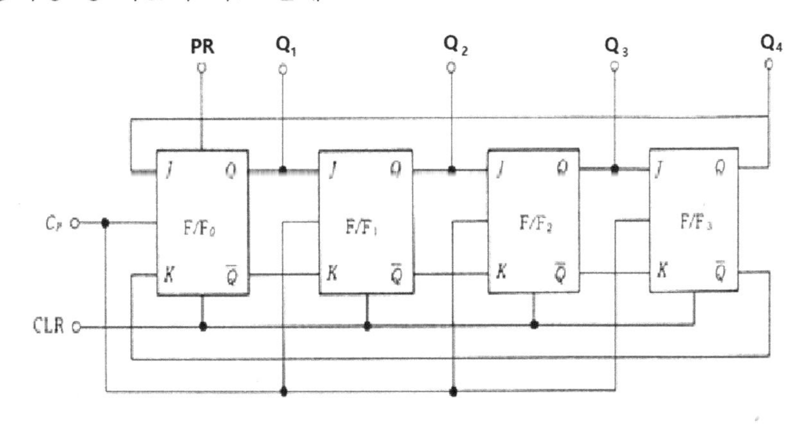

라. 요구사항

① JK-FF(7476)을 사용하여 위 그림의 링 카운터 회로를 브레드보드에 구성한다.

② 스위치, 저항, LED 등을 사용하여 회로를 완성하고 전원을 인가한 후 Clock 입력에 따른 LED의 출력 상태를 아래 표에 기록한다.

③ CLR(Clear) 단자를 접지하여 모든 플립플롭의 출력을 0으로 초기화 한 후 V_{cc}에 연결한다.

④ 첫 번째 플립플롭의 PR(Preset) 단자를 접지하여 출력을 1로 한 후 V_{cc}에 연결한다.(현재 출력 1, 0, 0, 0)

⑤ 신호발생기를 사용하여 CLK(clock) 단자에 1[Hz]를 인가하고 결과를 아래 표에 기록한다.

입 력	출 력			
C_p	Q_1	Q_2	Q_3	Q_4
0	1	0	0	0
1				
2				
3				
4				
5				

4. 존슨 카운터(Johnson Counter) 회로 실험

가. 존슨 카운터 회로

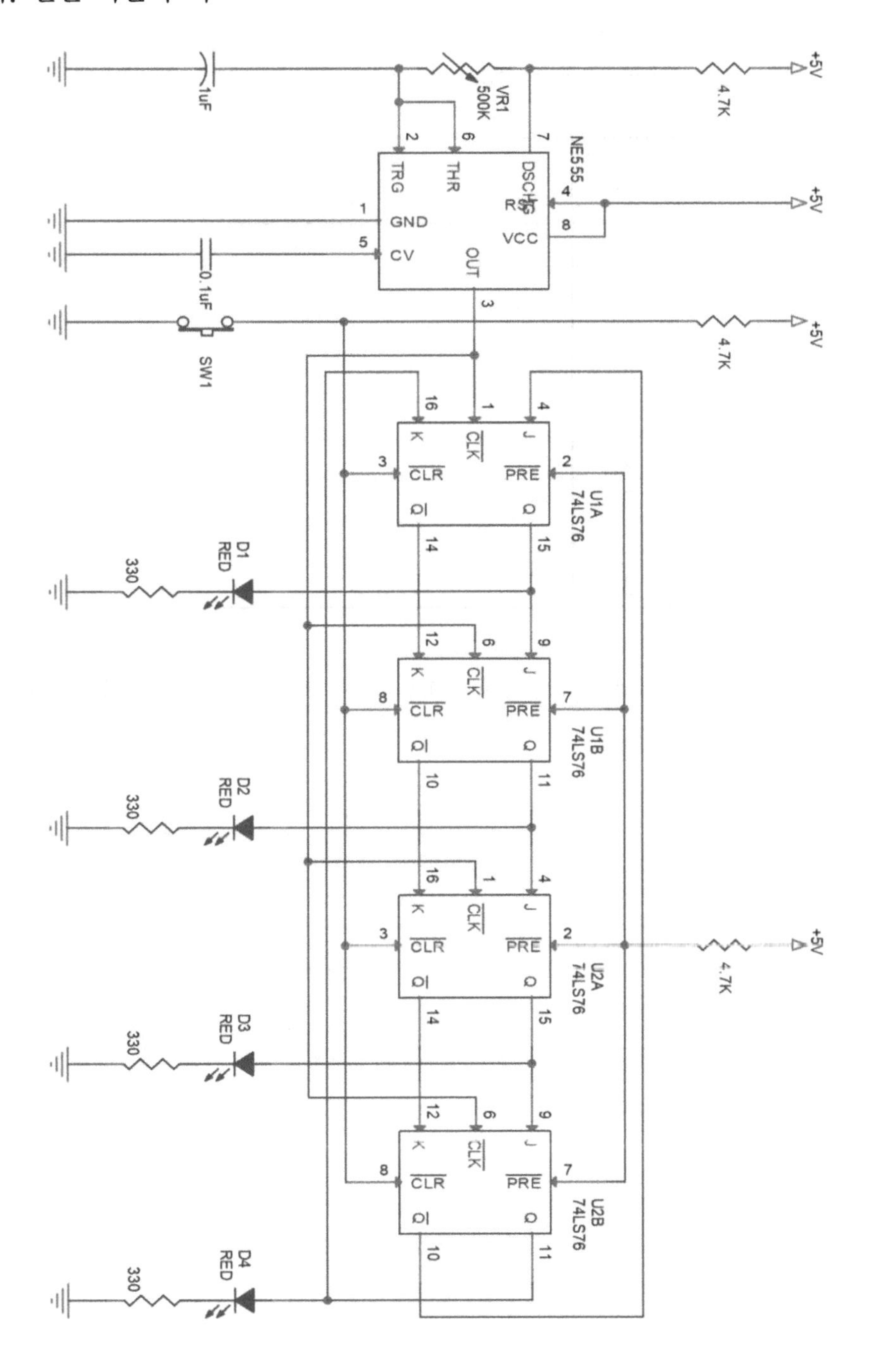

나. 요구사항

① 동기형 존슨 카운터 회로를 브레드보드에 구성한다.

② 전원을 인가한 후 스위치 조작에 따른 LED의 출력 상태를 아래 표에 기록하고 타이밍 차트를 작성한다.

③ 동기형 존슨 카운터 회로의 실험 결과를 확인한다.

C_p	출력			
	D_1	D_2	D_3	D_4
0				
1				
2				
3				
4				
5				
6				
7				
8				

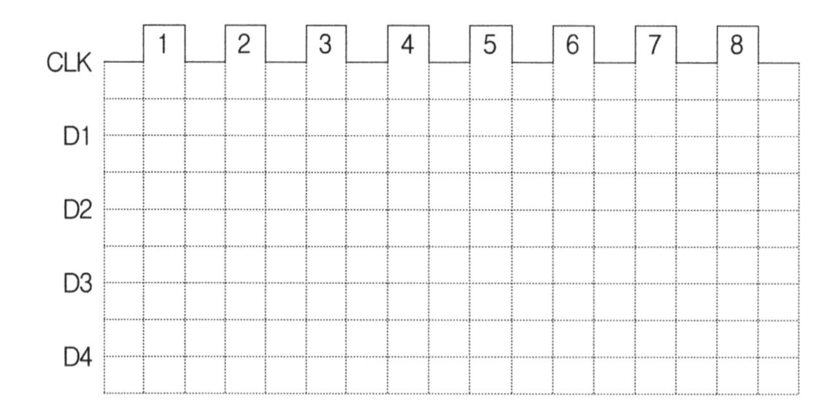

다. 동기형 존슨 카운터 회로 설계

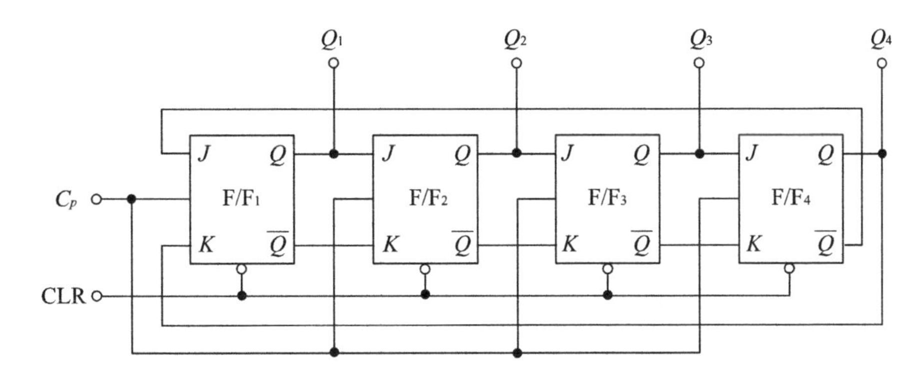

라. 요구사항

① JK-FF(7476)을 사용하여 위 그림의 존슨 카운터 회로를 브레드보드에 구성한다.

② 스위치, 저항, LED 등을 사용하여 회로를 완성하고 전원을 인가한 후 Clock 입력에 따른 LED의 출력 상태를 아래 표에 기록한다.

③ CLR(Clear) 단자를 접지하여 모든 플립플롭의 출력을 0으로 초기화 한 후 V_{cc}에 연결한다.(현재 출력 0, 0, 0, 0)

④ 신호발생기를 사용하여 CLK(clock) 단자에 1[Hz]를 인가하고 결과를 아래 표에 기록한다.

입 력	출 력			
C_p	Q_1	Q_2	Q_3	Q_4
0	0	0	0	0
1				
2				
3				
4				
5				
6				
7				
8				

제14장 DAC/ADC (Digital-Analog Converter)

1. D/A 변환기(DAC)

1) D/A 변환기의 기본 동작

D/A 변환기의 기본 개념은 아래 그림과 같다.

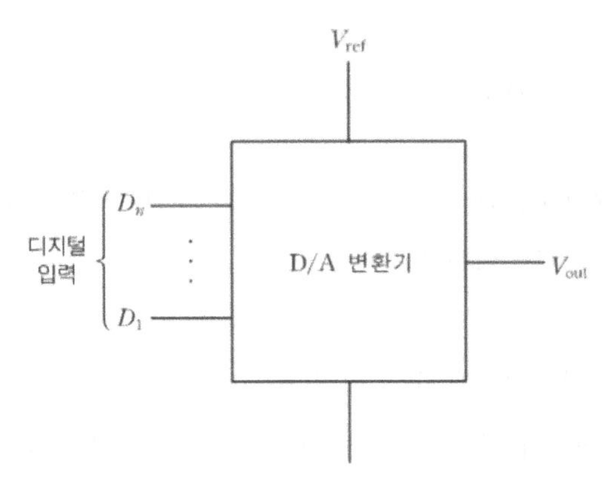

n비트 입력을 가지는 D/A 변환기

n비트의 디지털 입력은 디지털 시스템의 출력 레지스터로부터 전달된다. 이러한 n비트의 디지털 입력이 전압 혹은 전류 등의 아날로그 형태로 출력되고, V_{ref}는 입력의 기준 접압을 나타내는데 D/A 변환기의 최대 출력을 결정하게 된다.

n비트가 입력되므로 입력이 가질 수 있는 디지털 값은 2^n개의 값을 가지게 되며, 이들 2^n의 값 각각에 대해 아날로그 출력을 만들어 낸다.

$$\text{아날로그 출력} = K \times \text{디지털 입력}$$

여기서 K는 비례상수로서 출력 형태에 따라 전압 혹은 전류의 단위를 가진다.

$$V_{out} = K \times \text{디지털 입력}$$

$$I_{out} = K \times \text{디지털 입력}$$

만약 K가 0.1V이고 디지털 입력이 1010_2이라 하면 1010_2은 10진수로 10이므로 4비트 D/A 변환기의 출력 전압은 다음과 같다.

$$V_{out} = 0.1\text{V} \times 10 = 1\text{V}$$

또 K가 0.1A이고 디지털 입력이 1010_2이라 하면 1010_2은 10진수로 10이므로 4비트 D/A 변환기의 출력 전류는 다음과 같다.

$$I_{out} = 0.1\text{A} \times 10 = 1\text{A}$$

또한 D/A 변환기로 들어오는 디지털 입력의 각 비트는 위치에 따라 서로 다른 가중치를 가지게 된다. 가령 4비트 D/A 변환기의 경우 다음의 상대적인 가중치를 가진다.

$$D_4 = 2^3 = 8\,(1000)$$

$$D_3 = 2^2 = 4\,(0100)$$

$$D_2 = 2^1 = 2\,(0010)$$

$$D_1 = 2^0 = 1\,(0001)$$

그러므로 예를 들어 D_1비트가 1V의 출력을 낸다면 D/A 변환기 입력 1011에 대한 출력 전압은 8V+2V+1V=11V가 된다.

D/A 변환기는 디지털 입력에 대해 비례상수 K만큼 곱한 형태의 출력을 가진다. 이제부터 전압 혹은 전류의 단위를 가지는 비례상수 K에 대하여 알아보자.
디지털 입력이 비트 형태로 가중치를 가지며, n비트 입력을 가지는 D/A 변환기의 경우 출력은 2^n개를 가진다. 각 출력은 최소 출력부터 최대 출력까지 균일한 단계로 변화하며, 각 단계의 폭은 모두 $2^n - 1$개를 가진다.
출력의 각 단계 사이의 간격(step size)을 D/A 변환기의 분해능(resolution)이라 한다. 분해능은 보통 LSB 비트의 가중치가 된다. 왜냐하면 n 비트 디지털 입력의 모든 비트가 0일 때 D/A 변환기의 출력은 0V가 되며, n 비트 디지털 입력의 LSB 비트만 1일 경우는 출력의 0V보다 step size만큼 높은 전압을 출력하기 때문이다.
결국 D/A 변환기의 분해능은 디지털 입력과 변환기 출력 사이의 비례 인수 K임을 알 수 있다.

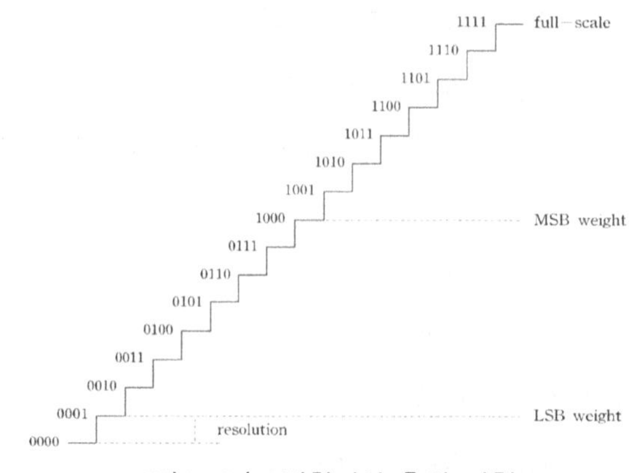

4비트 D/A 변환기의 출력 파형

D/A 변환기의 분해능은 다음과 같이 구할 수 있다.

$$\text{분해능 } K = \frac{A_{fs}}{2^n - 1}$$

여기서, A_{fs}는 D/A 변환기의 아날로그 최대 출력(full-scale)을 나타내며, $2^n - 1$은 아날로그 출력의 단계 수를 나타내었다.
아래 그림에 4비트 D/A 변환기의 출력 파형을 나타내었다.
D/A 변환기의 분해능은 백분율 분해능으로 표현하여 사용하기도 한다.
백분율 분해능은 최대 출력에 대한 step size의 백분율로 나타내기도 하고, 총 단계의 수에 대한 백분율로 표현하기도 한다.

- 최대 출력에 대한 step size의 백분율 분해능

$$\text{백분율 분해능} = \frac{\text{step size}}{A_{fs}} \times 100\%$$

- 총 단계의 수에 대한 백분율 분해능

$$\text{백분율 분해능} = \frac{1}{2^n - 1} \times 100\%$$

D/A 변환기에 있어 분해능은 정해진 아날로그 출력의 범위 안에서 얼마나 많은 단계로 출력을 제어할 수 있는지를 나타내는 것으로, 동일한 출력의 범위 내에서 분해능이 우수할수록 더 많은 디지털 입력 비트가 필요하고 step size는 상대적으로 작아진다. 그러므로 분해능이 우수할수록 더 많은 디지털 입력 비트가 필요하므로 D/A 변환기의 비용이 올라간다. 따라서 시스템 설계 시에 어느 정도의 분해능이 요구되는지 미리 결정할 필요가 있다.

2) D/A 변환기 회로

D/A 변환기는 저항과 연산 증폭기로 구성된다.

- **연산증폭기**

  D/A 변환기의 가산 증폭기로 보통 OP Amp가 사용된다. OP Amp는 반전 증폭기와 비반전 증폭기로 구분되는데, 반전 증폭기는 입력 전압과 출력 전압

의 위상차가 180°이고, 비반전 증폭기는 입력 전압과 출력 전압의 위상 차이가 0°이다.

이상적인 OP Amp의 조건은 다음과 같다.

- 전압 이득 $A_v = \infty$
- 입력 임피던스 $Z_i = \infty$
- 출력 임피던스 $Z_o = 0$
- 동작 주파수 대역폭 $BW = \infty$

반전 증폭기로 동작하는 OP Amp의 기본 구조는 아래 그림과 같다.

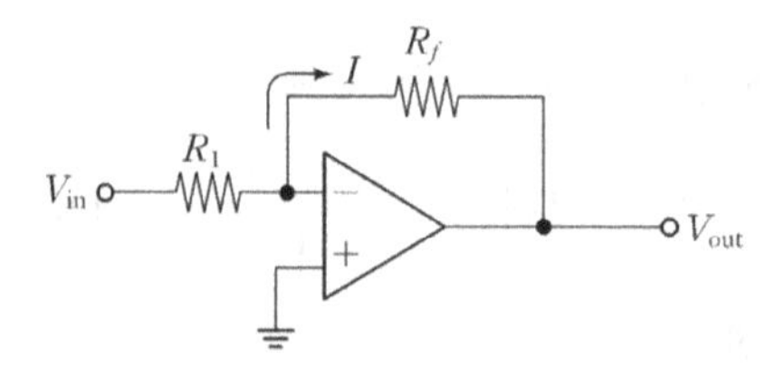

반전 증폭기로 동작하는 OP Amp의 기본 구조

반전 증폭기는 (+) 입력 단자는 접지되어 있고, (−) 입력 단자에 입력 신호가 인가되도록 구성된다. 입력 전압은 R_1에 직렬로 인가되고 출력 전압은 R_f를 통해 피드백 된다.
입력 임피던스가 매우 높기 때문에 R_1으로 흐르는 전류 I가 OP Amp 본체로 흘러 들어가지 못하고 R_f를 통해 출력 단자로 흘러간다.
OP Amp 본체의 전압 이득이 매우 크므로 다음 식이 성립한다.

$$\frac{V_{in}}{R_1} + \frac{V_{out}}{R_f} = 0$$

이므로 전압 이득 A_v는

$$A_v = \frac{V_{out}}{V_{in}} = -\frac{R_f}{R_1}$$

이다.

OP Amp 본체의 전압 이득 A_v가 매우 크므로 반전입력 단자의 전압은 출력 전압에 비해 매우 작다고 볼 수 있다. 따라서 입력 전압 V_{in}는 R_1의 오른쪽에서 접지되어 있다고 볼 수 있다. 실제로 접지는 아니지만 동작은 접지처럼 되어 있으므로 이를 가상 접지한다.

- **가산형 D/A 변환기**

가장 기본적인 형태의 D/A 변환기로서 구조는 아래 그림과 같다.

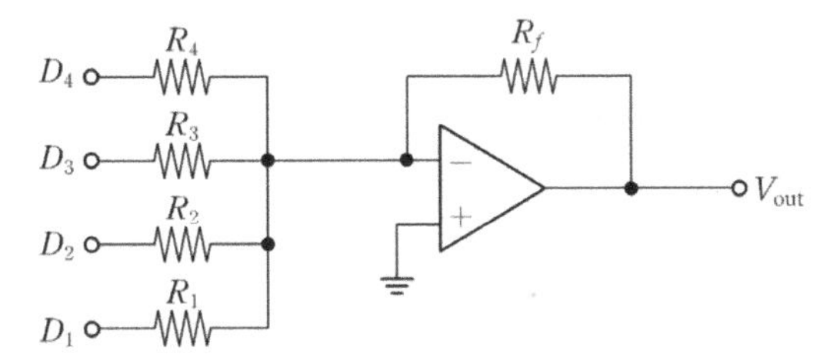

가산형 D/A 변환기

D_4, D_3, D_2, D_1은 2진 입력을 나타내며, 각 2진 입력 값이 0일 경우는 저항 R_4, R_3, R_2, R_1에 각각 $0V$가 인가되고, 각 2진 입력값이 1일 경우는 저항에 기준 전압 V_{ref}가 인가된다.

$R_1 = R_2 = R_3 = R_4$인 경우 출력 전압은 다음과 같이 구할 수 있다.

$$V_{out} = -R_f\left(\frac{V_{ref}}{R_4}D_4 + \frac{V_{ref}}{R_3}D_3 + \frac{V_{ref}}{R_2}D_2 + \frac{V_{ref}}{R_1}D_1\right)$$

$$= -V_{ref}\frac{R_f}{R_1}(8D_4 + 4D_3 + 2D_2 + D_1)$$

예를 들어, 기준 전압 $V_{ref} = 5V$이고, $R_1, R_2, R_3, R_4 = 8k\Omega$, $R_f = 1k\Omega$이라 할 경우 D_4, D_3, D_2, D_1 입력이 1011이라면 출력 전압은 다음과 같이 구할 수 있다.

$$V_{out} = -R_f I = -V_{ref}\frac{R_f}{R_1}(8D_4 + 4D_3 + 2D_2 + D_1)$$

$$= -5V \times \frac{1k\Omega}{8k\Omega}(8\times 1 + 4\times 0 + 2\times 1 + 1\times 1)$$

$$= -6.88V$$

가산형 D/A 변환기의 경우는 디지털 입력 비트가 많아질수록 저항의 가중치를 인가하는 것이 어렵기 때문에 보통 8비트 D/A 변환기 정도까지 이용된다.

- **BCD D/A 변환기**

BCD 입력 값을 아날로그 값으로 변환하는 BCD D/A 변환기는 아래 그림과 같으며, 두 자리 수 BCD D/A 변환기를 나타내었다.

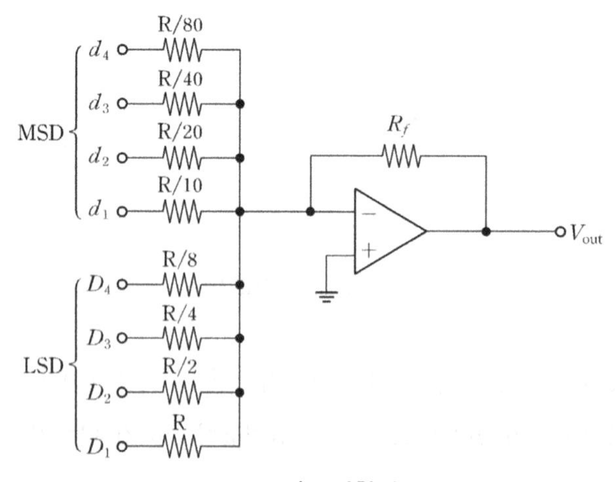

BCD D/A 변환기

그림은 00부터 99까지의 십진수 100개의 입력을 받아 이를 아날로그 값으로 변환해 주는 장치이다.

BCD 각 입력 비트의 자리값은 다음과 같다.

$$d_4 = 2^3 \times 10^1 = 80$$

$$d_3 = 2^2 \times 10^1 = 40$$

$$d_2 = 2^1 \times 10^1 = 20$$

$$d_1 = 2^0 \times 10^1 = 10$$

$$D_4 = 2^3 \times 10^0 = 8$$

$$D_3 = 2^3 \times 10^0 = 4$$

$$D_2 = 2^3 \times 10^0 = 2$$

$$D_1 = 2^3 \times 10^0 = 1$$

BCD D/A 변환기의 step size는 D_1의 가중치에 의해 결정된다. 또 MSD($d_4 d_3 d_2 d_1$)는 LSD($D_4 D_3 D_2 D_1$)에 비해 10배의 가중치를 가진다.

- **R-2R 사다리형 D/A 변환기**

앞에서 설명한 D/A 변환기는 각 비트의 가중치를 만들기 위해 2진 가중치 저항을 이용하였다. 이것은 이론적인 방법으로 실제에 적용하기는 어렵다. 왜냐하면 LSB와 MSB 사이의 저항 값이 큰 차이를 보여야 하기 때문에 만약 분해능이 높을 경우 더욱 차이가 큰 저항이 필요하다. 예를 들어 12비트 D/A 변환기에서 MSB 저항을 1kΩ으로 하면 LSB 저항은 2MΩ으로 해야 하는데 이는 실제 어려운 일이다.

따라서 이러한 문제점을 개선하기 위하여 서로 비슷한 저항 값을 사용하면서 가중치 효과를 누리게 만든 회로가 $R-2R$ 사다리형 D/A 변환기이다.

아래 그림에 전압 구동형 $R-2R$ 사다리형 D/A 변환기를 나타냈으며, 그림에서 OP Amp는 고입력 임피던스 버퍼로 동작하고 있고, 전압증폭도는 1이다. 디지털 입력 $D_4 D_3 D_2 D_1$에 따라 각 스위치가 ON, OFF 되면 기준 전압 V_{ref}나 0V의 전압이 $2R$을 지나 a_4, a_3, a_2, a_1에 전달된다.

예를 들어 디지털 입력을 $D_4 D_3 D_2 D_1 = 1000$이라 하면 a_4 점에서는 $\frac{V_{ref}}{2}$의 전압이 발생한다. 왜냐하면 a_4, a_3, a_2, a_1 각 지점에서 오른쪽으로 본 임피던스는 항상 $2R$로 되기 때문이다.

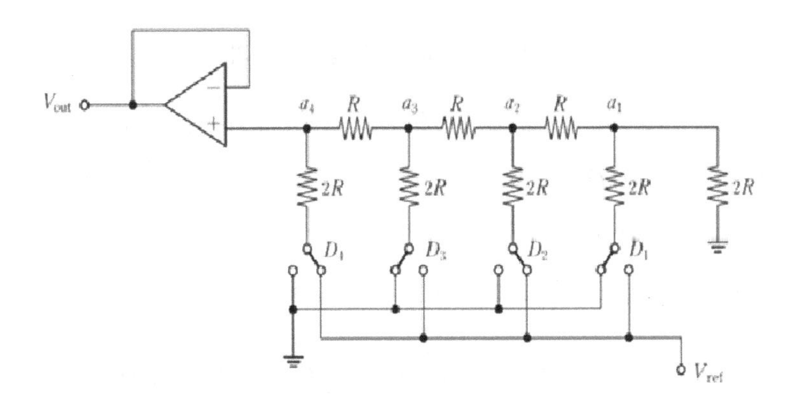

전압 구동형 $R-2R$ 사다리형 D/A 변환기

a_1 지점에서 오른쪽으로 본 임피던스는 $2R$이다. a_2 지점에서의 임피던스는 다음과 같이 구해진다. 우선 병렬로 연결되어 있는 저항은

$$\frac{1}{R_T} = \frac{1}{2R} + \frac{1}{2R} = \frac{1}{R}$$

이므로

$$R_T = R$$

이고, 앞의 R과 직렬로 연결되어 있으므로 a_2 지점에서의 임피던스는 $2R$로 된다. 마찬가지 방법으로 반복하면 a_3, a_4에서도 오른쪽으로 본 임피던스는 $2R$로 된다. 최종적인 등가회로는 아래 그림과 같다.

$D_4 D_3 D_2 D_1 = 1000$인 경우의 등가회로

디지털 입력이 $D_4 D_3 D_2 D_1 = 0100$인 경우는 아래 그림과 같이 등가회로가 구성되어 a_4 지점에 $\frac{V_{\text{ref}}}{4}$의 전압이 전달된다.

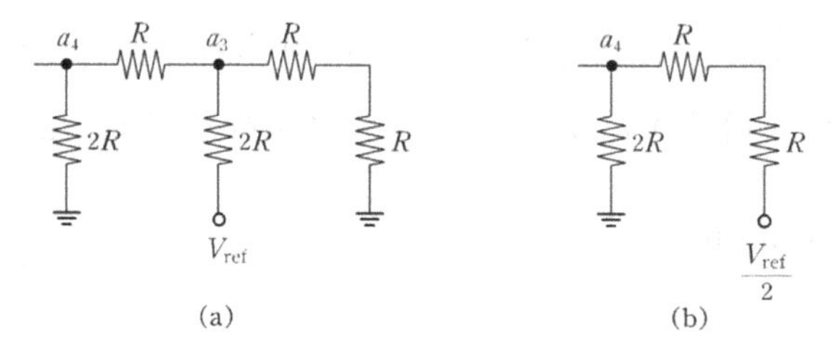

$D_4 D_3 D_2 D_1 = 0100$인 경우의 등가회로

마찬가지 방법으로 디지털 입력이 $D_4 D_3 D_2 D_1 = 0010$인 경우는 a_4 지점에 $\frac{V_{\text{ref}}}{8}$의 전압이 전달되고 $D_4 D_3 D_2 D_1 = 0001$인 경우는 a_4 지점에 $\frac{V_{\text{ref}}}{16}$의 전압이 전달된다. 이상에서 본 것처럼 a_4 지점에 전달되는 전압은 각 입력의 자리값으로 부여됨을 알 수 있다. 그러므로 출력 전압 V_{out}은 다음과 같이 구할 수 있다.

$$V_{\text{out}} = \frac{V_{\text{ref}}}{2}\left(D_4 + \frac{1}{2}D_3 + \frac{1}{4}D_2 + \frac{1}{8}D_1\right)$$

$$= \frac{V_{\text{ref}}}{2^4}(8D_4 + 4D_3 + 2D_2 + D_1)$$

전압구동형 $R-2R$ 사다리형 D/A 변환기는 디지털 입력에 따라 각 스위치를 ON, OFF 시켜 기준 전압 V_{ref}를 전달하는 방식이다.
각 스위치 소자로 트랜지스터를 사용하는데 전압구동형 회로에서는 트랜지스터의 포화 현상 때문에 스위칭 속도를 빠르게 할 수 없는 단점이 있다.
아래 그림처럼 전류 구동형 $R-2R$ 사다리형 D/A 변환기를 사용하면 스위치의 ON, OFF에 상관없이 $2R$을 흐르는 전류를 항상 일정하게 할 수 있기 때문에 전류 스파이크가 발생하지 않는다. 왜냐하면 $2R$ 저항의 하단부 전위는 스위치가 ON, OFF의 어떠한 경우에도 접지 상태로 되어 있기 때문이다.

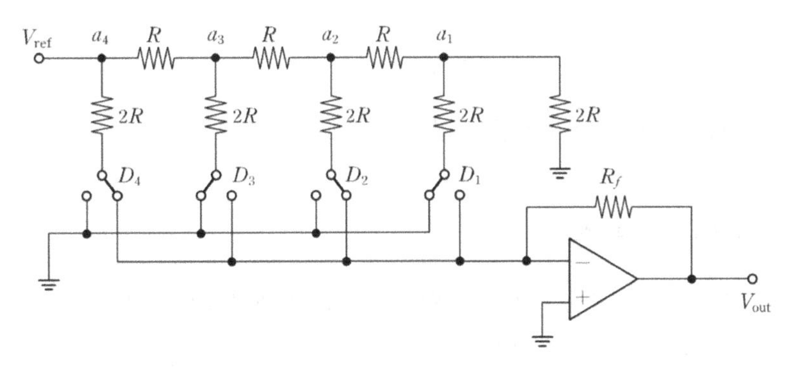

전류 구동형 $R-2R$ 사다리형 D/A 변환기

a_4 지점에서 오른쪽으로 본 임피던스는 R이다. 그러므로 기준 전압 V_{ref}로부터 흘러 들어온 전류 I는

$$I=\frac{V_{ref}}{R}$$

이다. 이 전류는 a_4 지점에서 2등분되므로 a_4 지점 아래쪽 $2R$을 흐르는 전류는 $\frac{I}{2}$가 된다. a_3 지점으로 흘러들어온 전류 $\frac{I}{2}$는 다시 2등분되어 a_3 지점 아래쪽 $2R$에 $\frac{I}{4}$의 전류가 흐른다. 같은 방법으로 a_2 지점 아래쪽 $2R$에 $\frac{I}{8}$의 전류가 흐르고 a_1 지점 아래쪽 $2R$에 $\frac{I}{16}$의 전류가 흐른다.
이들 전류를 모두 합한 것을 I_{Σ} 이라 하면 I_{Σ} 은 R_f 로 흘러 출력 전압 V_{out}이 발생된다. 전류의 합계 I_{Σ} 은 다음과 같다.

$$I_\Sigma = \frac{I}{2}\left(D_4 + \frac{1}{2}D_3 + \frac{1}{4}D_2 + \frac{1}{8}D_1\right)$$

$$= \left(\frac{V_{ref}}{R}\right)\frac{1}{2^4}(8D_4 + 4D_3 + 2D_2 + D_1)$$

그러므로 출력 전압 V_{out}은 다음과 같이 구해진다.

$$V_{out} = -R_f I_\Sigma = -R_f\left(\frac{V_{ref}}{R}\right)\frac{1}{2^4}(8D_4 + 4D_3 + 2D_2 + D_1)$$

여기서, $R_f = R$ 이라 하면,

$$V_{out} = -\frac{V_{ref}}{2^4}(8D_4 + 4D_3 + 2D_2 + D_1)$$

로 되어 앞의 전압구동형의 경우와 결과가 비슷하다.

3) D/A 변환기 특성

D/A 변환기의 성능을 평가하는 여러 특성들에 대해 알아본다. D/A 변환기의 특성은 분해능(resolution), 직선성(linearity), 정확도(accuracy), 정착 시간(settling time), 온도 특성(temperature sensitivity)등이 있다. 이 중에서 분해능, 직선성, 정확도에 대한 특성은 다음과 같다.

- **분해능**

앞에서 설명한 것과 마찬가지로 D/A 변환기의 분해능은 입력 디지털 비트 수에 의해 결정된다. 가령 8비트 D/A 변환기의 경우 $2^8 = 256$개의 서로 다른 출력을 만든다.

각 출력 사이의 간격을 step size라 하며 보통 이를 분해능이라 한다. 또 출력의 step size 전체 개수의 역수를 취하여 백분율로 만든 것을 백분율 분해능이라 하는데 백분율 분해능은 전적으로 입력 비트 수에만 의존하므로 입력 비트의 수가 클수록 우수한 분해능을 가진다고 할 수 있다.

그러나 분해능이 아무리 우수하다 하더라도 step size의 최대 $\frac{1}{2}$까지 발생할 수 있는 양자화 오차는 피할 수 없다.

- **직선성**

  이상적인 D/A 변환기에서는 디지털 입력의 값에 비례하여 아날로그 출력이 증가한다. 그러나 실제 D/A 변환기에서는 비례 직선에서 약간씩 벗어나게 된다. 어떤 지점에서는 ϵ 만큼의 직선 오차가 있다. 디지털 입력인 LSB의 1비트 변화에 대한 아날로그 출력의 변화량을 Δ라고 하면 D/A 변환기의 직선성은 $\frac{\epsilon}{\Delta}$에 의해 정의할 수 있다. 보통 $|\epsilon| < \frac{\Delta}{2}$ 를 만족해야 한다.

- **정확도**

  D/A 변환기의 정확도는 일반적으로 최대 오차(full-scale error)와 선형오차(linearity error)로 나타내며 D/A 변환기의 최대 출력의 백분율로 표현한다.
  만약 D/A 변환기의 최대출력이 9.375 V일 경우 정확도가 ±0.01%라 하면 ±0.01%×9.375V = ±0.9375mV로 되어 실제 이 D/A 변환기는 예상값보다 ±0.9375mV 정도의 오차가 생길 수 있다.

2. A/D 변환기(ADC)

일반적으로 A/D 변환기는 D/A 변환기를 포함하고 있으며, 주변 회로를 많이 필요로 한다. A/D 변환기의 기본적인 구조는 아래 그림과 같다.

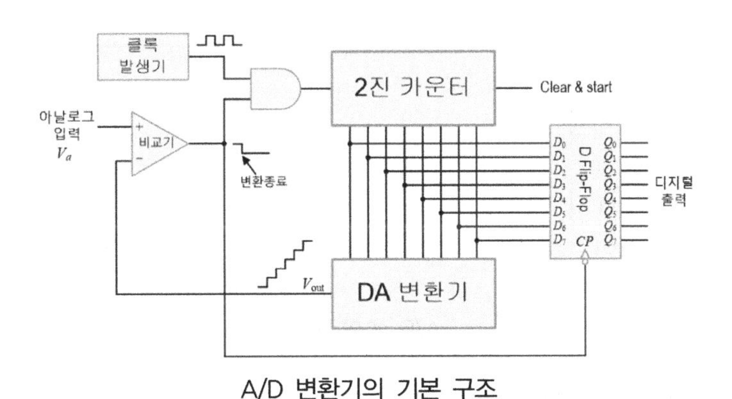

A/D 변환기의 기본 구조

외부에서 클럭이 공급되어 동작하게 되며, 시작 명령에 의해 A/D 변환이 동작한다. 또한 OP Amp로 입력되는 두 개의 아날로그 입력에 따라 출력 상태가 변화하도록 되어 있다. 시작 명령에 의해 동작이 초기화되면 제어부에서 연속적으로 2진수 형태로 레지스터에 저장하는데 이때 연속의 속도는 클럭에 의해 결정된다. 레지스터에 저장된 2진수는 D/A 변환기를 거쳐 아날로그 전압 형태로 바뀐다. 이렇게 하여 D/A 변환기에서 생성된 아날로그 전압과 새로 들어오는 아날로그 전압이 OP Amp 입력으로 들어가게 된다. OP Amp로 되어 있는 비교기는 아날로그 입력과 D/A 변환기 출력 전압을 비교하여 만약 D/A 변환기 출력보다 아날로그 입력 전압이 크면 high 상태의 출력을 유지한다. D/A 변환기 출력 전압이 아날로그 입력의 한계 전압을 초과하게 되면 비교기의 출력은 low 상태가 되고 레지스터의 2진수를 수정하는 동작을 멈춘다. 이렇게 하여 변환이 완료되면 변환 결과를 출력하게 된다.

A/D 변환기는 연속된 아날로그 입력을 불연속된 디지털 출력으로 변환하는 과정이므로 어느 범위 내의 아날로그 입력을 몇 비트의 디지털 값으로 변환하는가가 중요하다.

예를 들어 0~0.8V 범위의 아날로그 입력 전압을 3비트의 디지털 출력으로 변환하는 경우를 생각해 보자.

입력 전압의 0~0.1V는 000, 0.1~0.2V는 001, … 등으로 대응되며, 입력 전압의 FSR(Full scale range)에 해당되는 0.8V까지의 아날로그 입력 전압이 3비트 디지털 값으로 변환된다. 이처럼 0~0.8V의 연속적인 아날로그 전압이 000~111까지의 8개의 불연속적인 디지털 값으로 변환되며, 이것을 양자화(Quantization)라 한다.

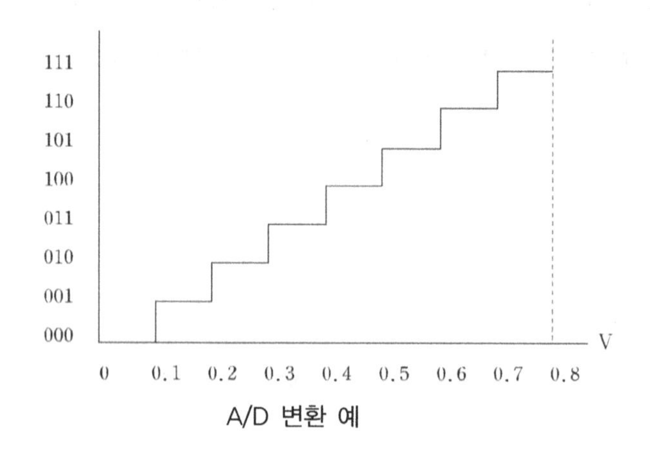

A/D 변환 예

실제의 아날로그 값과 변환된 디지털 값 사이의 차이를 양자화 오차라 한다. 양자화 오차는 연속적인 아날로그 값을 불연속적인 디지털 값으로 변환할 때 항상 존재하게 되는데

A/D 변환기의 비트 수를 증가시킴으로써 양자화 오차를 줄일 수 있다.

A/D 변환기의 분해능이란 디지털 출력 1비트에 해당하는 아날로그 입력의 변화량을 나타낸다.

$$\text{A/D 변환기 분해능} = \frac{FSR}{2^N}$$

여기서 FSR은 입력 전압의 범위를 나타내고 N은 비트 수를 나타낸다.

위 그림에 나타낸 A/D 변환기에서 분해능은 다음과 같다.

$$\frac{0.8\text{V}}{2^3} = 0.1\text{V}$$

1) 연속 근사 A/D 변환기

연속 근사(successive approximation) A/D 변환기는 가장 널리 사용되는 A/D 변환기로서 플래시(flash) A/D 변환기를 제외한 다른 방식의 A/D 변환기에 비해 무척 빠른 변환 시간을 가지며, 기본적인 구조를 아래 그림에 나타내었다.

연속 근사 A/D 변환기는 DAC, 연속 근사 레지스터(SAR), 비교기 등으로 이루어지며, 전압 범위를 연속적으로 반으로 나눔으로서 동작한다.

한번에 하나씩 SAR의 MSB를 1로 세트하여 DAC의 출력 전압과 아날로그 입력 전압을 비교하게 된다. 만약 DAC 출력 전압이 아날로그 입력 전압보다 큰 경우는 비교기 출력이 low로 되어 SAR에 있는 해당 비트를 0으로 리셋시킨다. 또 DAC 출력 전압이 아날로그 입력 전압보다 작으면 비교기 출력이 high로 되어 SAR에 있는 해당 비트를 1로 유지하게 된다.

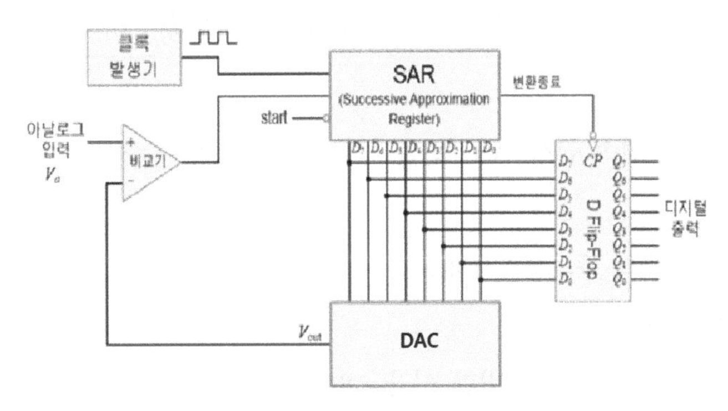

연속 근사 A/D 변환기의 기본 구조

이 동작을 MSB부터 시작하여 다음 MSB로 반복하여 마지막 비트까지 반복되면 변환이 종료하게 된다.

위 그림의 경우는 8비트 연속 근사 A/D 변환기이다. 예를 들어 step size가 1V이고, 아날로그 입력 전압이 8.7V인 경우 4비트 A/D 변환의 결과를 알아보자. 초기에 SAR의 각 비트는 0으로 세트된다($D_3 D_2 D_1 D_0 = 0000$). MSB를 1로 세트하여 시작하게 되는데, 이때 SAR은 $D_3 D_2 D_1 D_0 = 0000$ 이므로 DAC 출력 전압은 8V가 된다. DAC 출력 전압이 아날로그 입력 전압보다 낮으므로(8V < 8.7V) 비교기 출력은 high로 되어 SAR의 MSB D_3는 1로 유지한다. 다음 MSB D_2를 1로 세트하여 $D_3 D_2 D_1 D_0 = 1100$ 인 상태가 DAC로 입력되어 DAC 출력은 12V가 된다. 이 경우 아날로그 입력 전압 8V보다 높으므로 비교기 출력은 low로 되어 SAR의 D_2를 0으로 리셋시켜 $D_3 D_2 D_1 D_0 = 1000$ 로 된다. 다음 MSB인 D_1을 1로 세트하여 $D_3 D_2 D_1 D_0 = 1010$ 이 DAC로 전달되어 DAC 출력 전압이 10V로 된다. 이 경우 DAC 출력 전압이 아날로그 입력 전압보다 높으므로 비교기 출력이 low로 되어 역시 D_1을 0으로 리셋시켜 $D_3 D_2 D_1 D_0 = 1000$ 로 된다. SAR의 마지막 비트인 D_0를 1로 세트하여 $D_3 D_2 D_1 D_0 = 1001$ 이 DAC로 전달되어 DAC 출력 전압이 9V이므로 아날로그 입력 전압보다 높다. 따라서 비교기 출력이 low로 되어 마찬가지로 D_0를 0으로 리셋시켜 최종적인 SAR의 $D_3 D_2 D_1 D_0 = 1000$ 상태가 A/D 변환 결과가 된다. 즉 8.7V의 아날로그 입력 전압은 8V로 변환된다. 이처럼 연속 근사 A/D 변환기는 항상 입력 전압보다 작은 전압으로 변환되는 특징이 있다.

연속 근사 A/D 변환기에서는 SAR의 각 비트를 1 혹은 0으로 결정하는데 한 클럭 주기가 소요되므로 N 비트 연속 근사 A/D 변환기의 전체 변환시간은 다음과 같다.

$$\text{연속 근사 A/D 변환기의 변환 시간} = N \times \text{클럭 주기}$$

예를 들어 클럭 주파수가 1MHz인 8비트 연속 근사 A/D 변환기의 변환 시간은 다음과 같이 구한다.

$$\text{변환 시간} = 8 \times 1\mu s = 8\mu s$$

2) 플래시 A/D 변환기

플래시(flash) A/D 변환기는 아날로그 입력 전압과 비교기의 기준 전압을 비교하여 동작하는데 여러 개의 비교기를 병렬로 연결하여 비교하므로 병렬 비교형 A/D 변환기라고도 한다. 2비트 플래시 A/D 변환기의 간단한 구조를 그림에 나타내었다.

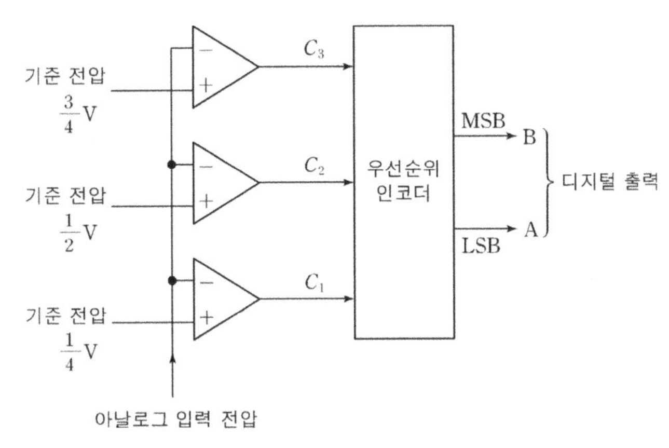

2비트 플래시 A/D 변환기 구조

아날로그 입력 전압이 각 비교기의 기준 전압을 초과하면 비교기는 low를 출력하고, 기준 전압보다 낮으면 high를 출력한다.
아날로그 입력 전압에 따른 각 비교기 출력은 아래 표와 같다.

아날로그 입력 전압	C_3	C_2	C_1
0~V/4	high	high	high
V/4~V/2	high	high	low
V/2~3V/4	high	low	low
3V/4~V	low	low	low

2비트 플래시 A/D 변환기의 비교기 출력

일반적으로 N비트 2진 코드를 출력하려면 $2^N - 1$개의 비교기가 필요하며, 각 비교기의 출력은 우선 순위 인코더를 통해 2진 비트로 출력된다.
3비트 플래시 A/D 변환기의 동작을 알아보자. 디지털 3비트 출력을 위해서 필요한 비교기는 $7(2^3 - 1)$개이다. 아래 그림에 3비트 플래시 A/D 변환기의 구조를 나타내었다.

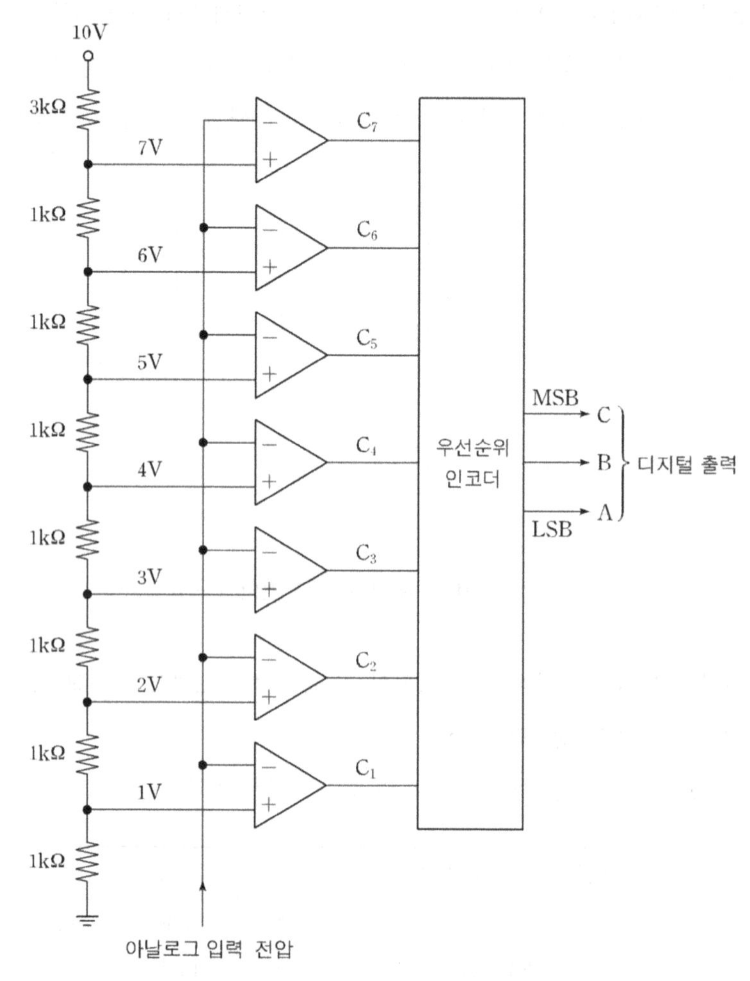

3비트 플래시 A/D 변환기의 구조

7개의 비교기 출력이 우선순위 인코더를 통해 3비트의 디지털 출력을 얻는 경우 분해능은 1V가 된다. 아날로그 입력 전압에 따른 출력 결과는 아래 표와 같다.
출력 디지털 비트의 논리는 다음과 같다.

$$C = C_4$$

$$B = C_2\overline{C_4} + C_6$$

$$A = C_1\overline{C_2} + C_3\overline{C_4} + C_5\overline{C_6} + C_7$$

입력 전압	C_7	C_6	C_5	C_4	C_3	C_2	C_1	C	B	A
0~1V	1	1	1	1	1	1	1	0	0	0
1V~2V	1	1	1	1	1	1	0	0	0	1
2V~3V	1	1	1	1	1	0	0	0	1	0
3V~4V	1	1	1	1	0	0	0	0	1	1
4V~5V	1	1	1	0	0	0	0	1	0	0
5V~6V	1	1	0	0	0	0	0	1	0	1
6V~7V	1	0	0	0	0	0	0	1	1	0
7V~	0	0	0	0	0	0	0	1	1	1

3비트 플래시 A/D 변환기의 입력 전압에 따른 출력 결과

비교기의 출력이 위의 논리식에 의한 논리회로를 통해 플립플롭으로 저장되어 출력된다. 논리회로가 복잡하므로 간단하게 우선 순위 인코더를 사용하여 구현할 수 있다.
플래시 A/D 변환기는 별도의 클럭 신호를 사용하지 않는다. 왜냐하면 변환 과정에서 타이밍이나 순서가 필요하지 않기 때문이다. 아날로그 전압이 입력되면 비교기의 출력이 변화하고 우선순위 인코더의 출력을 변화시키므로 변환은 연속적으로 이루어진다. 결국 플래시 A/D 변환기의 변환 시간은 비교기와 인코더의 전달 지연 시간에 의해 결정되므로 다른 A/D 변환기에 비해 변환 시간이 제일 짧다.
그러나 출력 디지털의 비트 수가 증가할 수록 비교기의 수가 기하 급증하는 것이 문제점이며 이로 인한 가격 상승과 전력 소모를 단점으로 가진다.

3) 디지털 램프 A/D 변환기

디지털 램프(digital-ramp) A/D 변환기는 가장 기본적인 A/D 변환기이지만 거의 사용하지 않는다. 그러나 초기 A/D 변환기의 고유 기능을 가지고 있으므로 알아보자.
아래 그림에 기본 구조를 나타내었다.
디지털 램프 A/D 변환기는 DAC, 카운터, 비교기, 래치 등으로 구성되며, 초기에 카운터와 DAC의 출력은 low 상태이다. 아날로그 입력이 들어오면 DAC 출력인 기준 전압과 비교하게 되는데 입력 전압이 기준 전압보다 높으면 비교기가 high를 출력하여 AND 게이트를 인에이블시킨다. 클럭 펄스가 AND 게이트의 입력으로 같이 들어와 계단형 출력 파형을 생성하게 된다.

만약 계단형 DAC 출력 전압이 입력 전압에 도달하거나 초과하게 되면 AND 게이트는 디스에이블 되고, 카운터는 동작을 멈추게 된다. 래치가 디지털 출력을 저장하게 된다.

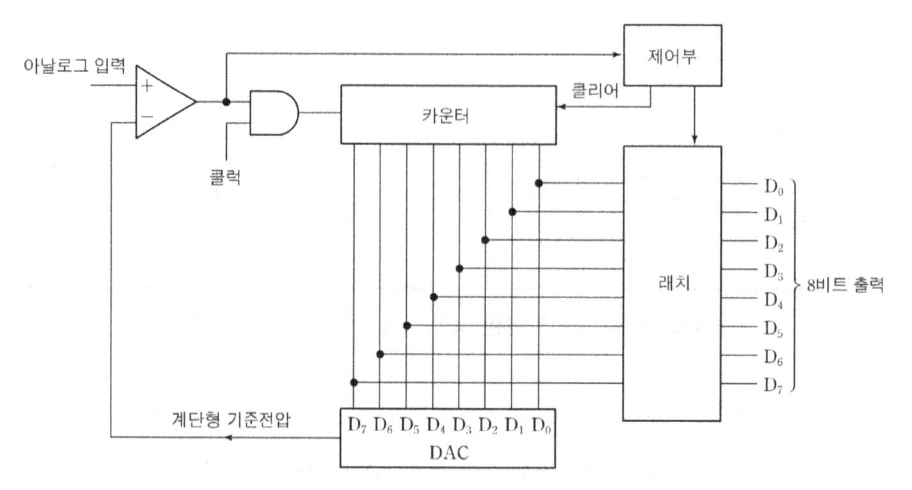

디지털 램프 A/D 변환기 구조

디지털 램프 A/D 변환기는 분해능이 높은 경우에 적합하며, 경제성이 높고, 전력 소모도 적은 것이 장점인 반면 플래시 A/D 변환기 등과 비교했을 경우 속도가 너무 느린 것이 단점이다. 따라서 요즈음은 거의 사용하지 않으며, 변형 형태인 연속 근사 A/D 변환기를 많이 사용한다.

아날로그 입력이 인가되고 난 후 디지털 출력이 얻어지기까지의 시간을 변환 시간이라 하며, 아래 그림에 디지털 램프 A/D 변환기의 변환 시간을 나타내었다.

카운터가 0부터 시작하여 D/A 변환기의 출력이 아날로그 입력 전압을 초과할 때까지 상향으로 카운트한다. 아날로그 입력 전압을 초과하게 되면 카운트를 종료하게 되며, 변환 시간은 시작 명령 신호의 falling edge에서 카운트 종료 시점까지의 시간이다. 이러한 변환 시간은 아날로그 입력 전압에 의존하게 되는데 입력 값이 크면 카운트를 시작하여 아날로그 입력 전압을 초과할 때까지 step의 수가 증가하므로 변환 시간이 길어진다.

N 비트 변환기의 최대 변환 시간은 다음과 같이 구한다.

$$\text{최대 변환 시간} = (2^N - 1) \times \text{클럭 주기}$$

그리고 최대 변환 시간의 반을 평균 변환 시간이라 하며, 다음과 같다.

$$평균변환시간 = \frac{최대변환시간}{2}$$

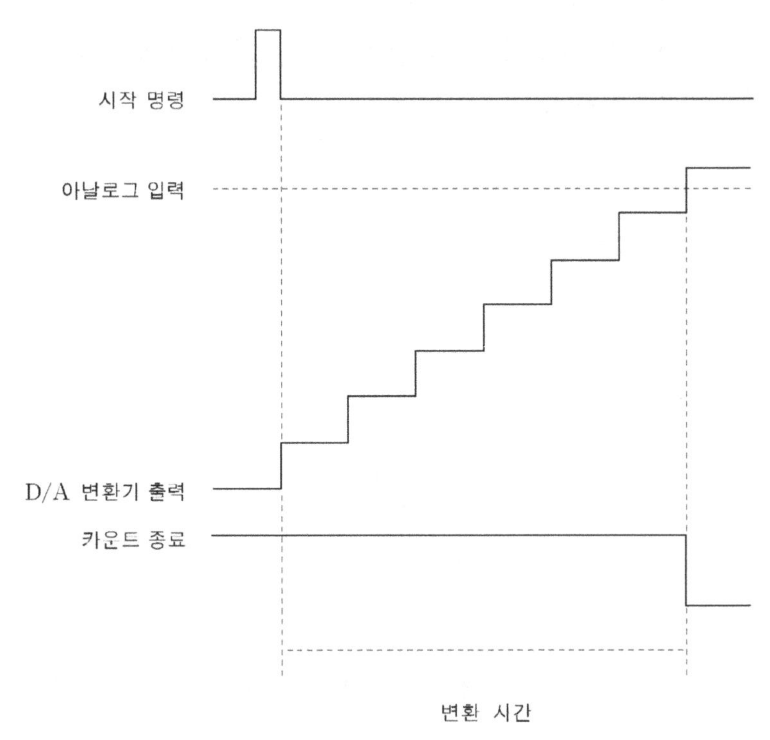

디지털 램프 A/D 변환기의 변환 시간

A/D 변환기의 분해능을 개선하기 위해서는 비트 수가 늘어나야 하고, 비트 수를 늘리게 되면 변환 시간이 길어진다. 만약 아날로그 입력의 빠른 변화에 대해 A/D 변환을 수행해야 할 경우는 이러한 방법이 불리하지만 저속의 A/D 변환에서는 유용하다.

4) 추적 A/D 변환기

추적(tracking) A/D 변환기는 디지털 램프 A/D 변환기와 달리 업/다운 카운터를 사용한다. 아래 그림에 추적 A/D 변환기의 구조를 나타내었다.

업/다운 카운터는 아날로그 입력 전압이 DAC 출력 기준 전압보다 높을 경우 비교기는 high를 출력하고, 카운터는 업 카운터로 동작한다. 반면 아날로그 입력 전압이 기준 전압보다 낮을 경우는 비교기가 low를 출력하여 카운터가 다운 카운트하게 된다.

따라서 DAC 출력은 항상 아날로그 입력 전압 쪽으로 이동하게 된다. 비교기 출력이 상태를 변경할 때 변환이 완료됨을 알 수 있다.

카운터가 매번 0부터 시작되지 않고 단순히 바로 앞의 값에서부터 증가하거나 감소하므로 변환 시간이 상당히 줄어든다. 그러나 변환 시간은 입력 아날로그 전압에 의존하기 때문에 일정하지 않다.

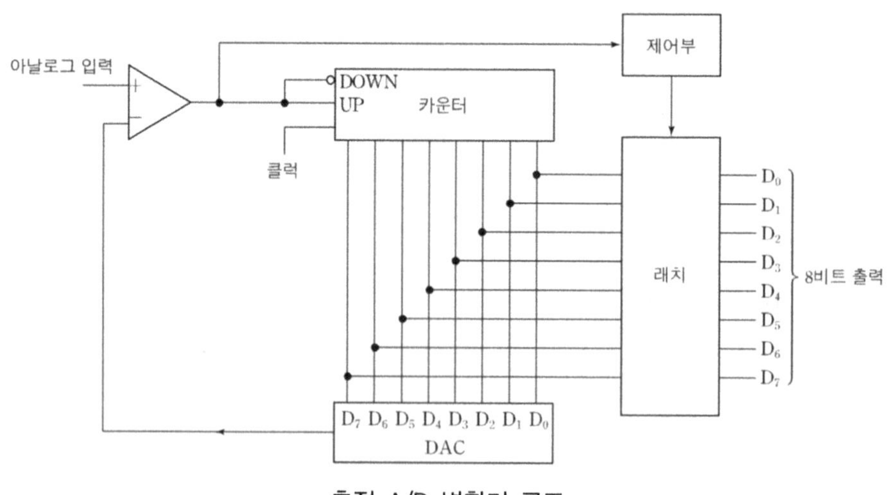

추적 A/D 변환기 구조

3. D/A 변환기 회로 실험

가. R-2R 사다리형 D/A 변환 회로

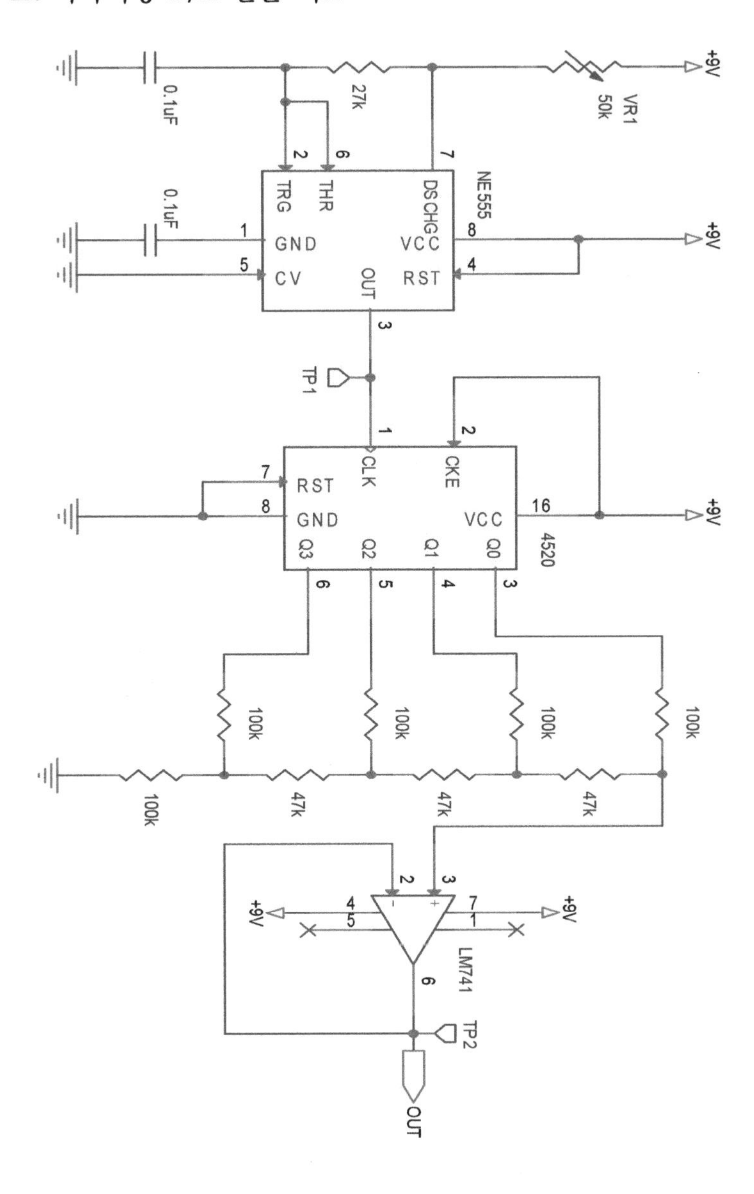

나. 가산형 D/A 변환 회로

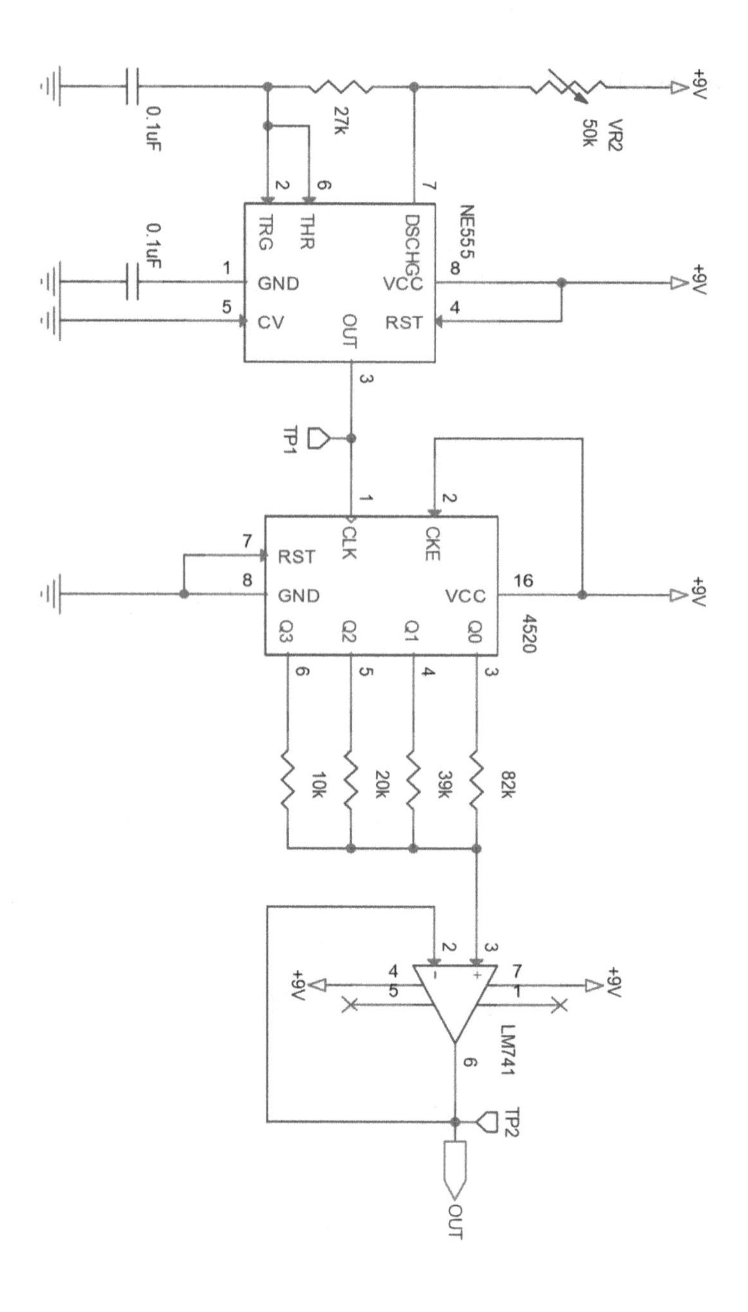
0.1uF
27k
VR2
50k
+9V
NE555
TRG
THR
DSCHG
GND
VCC
CV
OUT
RST
0.1uF
+9V
TP1
CLK
CKE
RST
GND
VCC
4520
Q3
Q2
Q1
Q0
+9V
10k
20k
39k
82k
+9V
+9V
LM741
TP2
OUT

다. 요구사항

① D/A 변환 회로를 브레드 보드에 구성한다.

② NE555 회로에서 가변저항을 18[㏀]이 되도록 조정하고, 오실로스코프를 이용하여 TP_1의 파형을 측정하여 아래 표에 기록하고 주기 및 주파수를 계산한다.

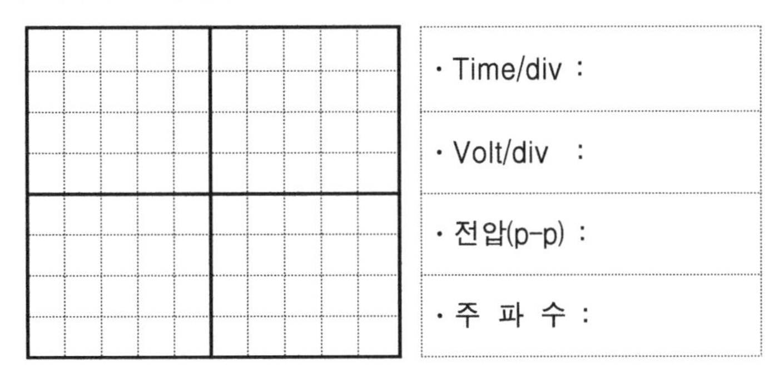

③ R-2R 사다리형 D/A 변환 회로와 가산형 D/A 변환 회로의 TP_2 출력파형을 오실로스코프로 측정하여 아래 표에 기록한다.

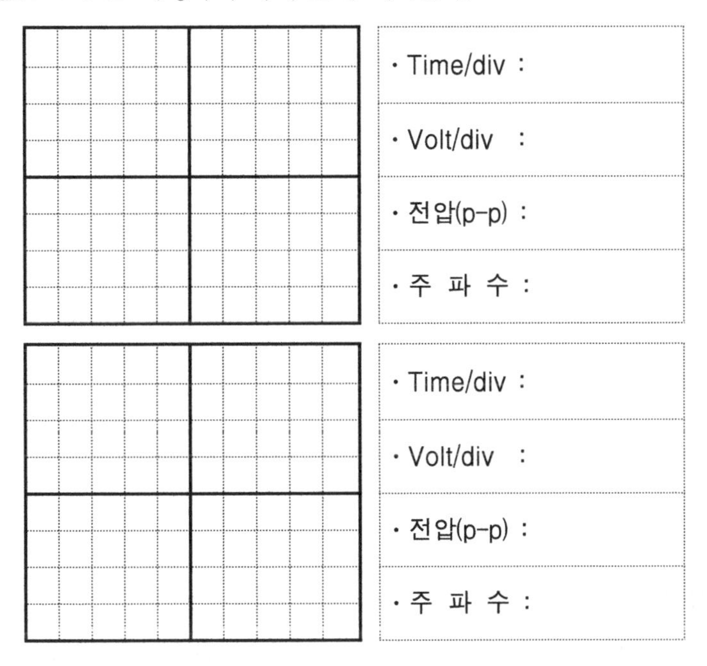

④ R-2R 사다리형 D/A 변환 회로와 가산형 D/A 변환 회로의 측정 결과를 비교한다.

4. A/D 변환기 회로 실험

가. 계수 비교형 A/D 변환 회로

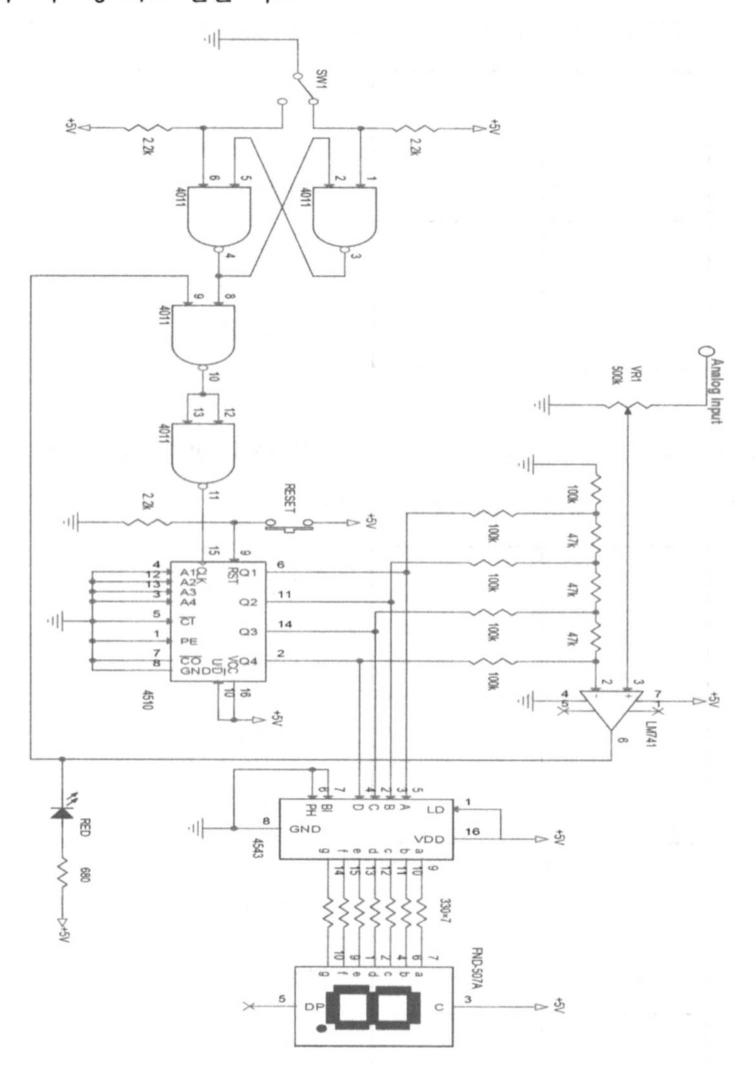

나. 요구사항

① 계수 비교형 A/D 변환기를 브레드보드에 구성한다.

② 직류 전원 공급기를 이용하여 0~5[V]까지 0.5[V]씩 증가시키면서 7세그먼트에 표시되는 숫자를 기록한다.

③ LED가 점등될 때의 숫자를 기록하고, RESET 스위치를 누르고 아날로그 입력 전압을 조정하면서 다시 SW1을 이용하여 클럭을 가한다.

제15장 디지털 응용 회로

1. 2음 경보기 회로 실험
2. 박자 발생기 회로 실험
3. 전자 사이크로 회로
4. 전자 주사위 회로
5. 정역 제어 회로
6. 카운터 선택 표시 회로
7. 순차 점멸기 회로
8. 위치 표시기 회로
9. 1-of-8 Decoder 회로

1. 2음 경보기 회로 실험

가. 2음 경보기 회로

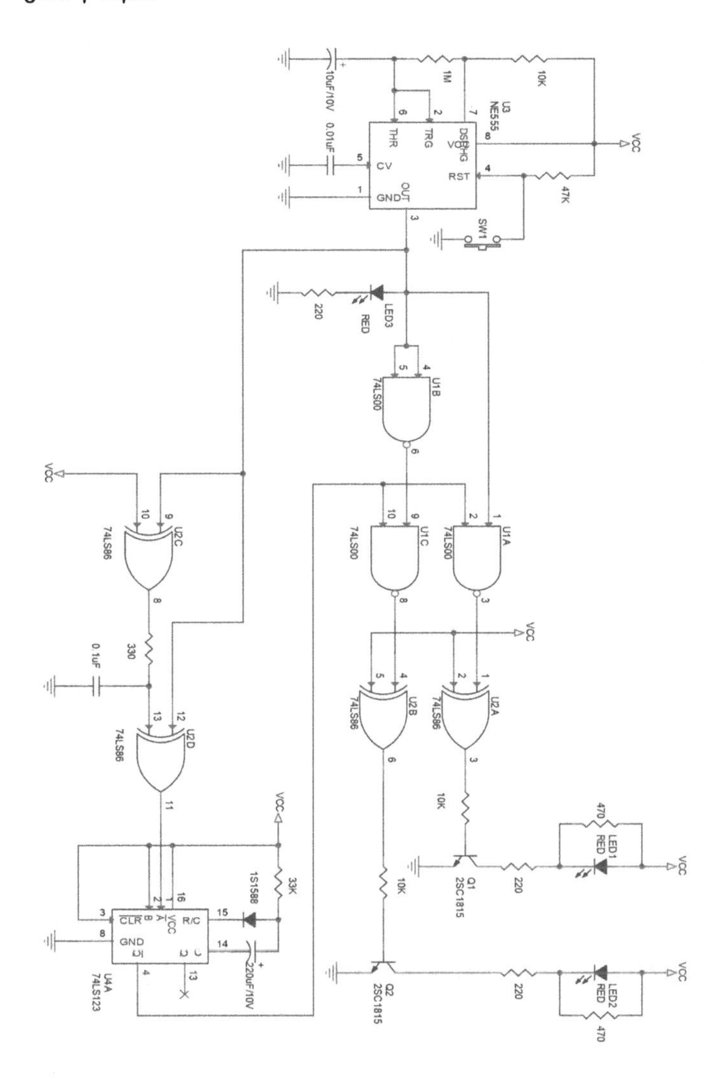

나. 요구사항

① 2음 경보기 회로를 브레드보드에 구성한다.

② 조립이 완료되면 전원 ON시 LED1, LED2가 교차로 점멸되고 2개의 음이 교차로 발진하여야 한다.

2. 박자 발생기 회로 실험

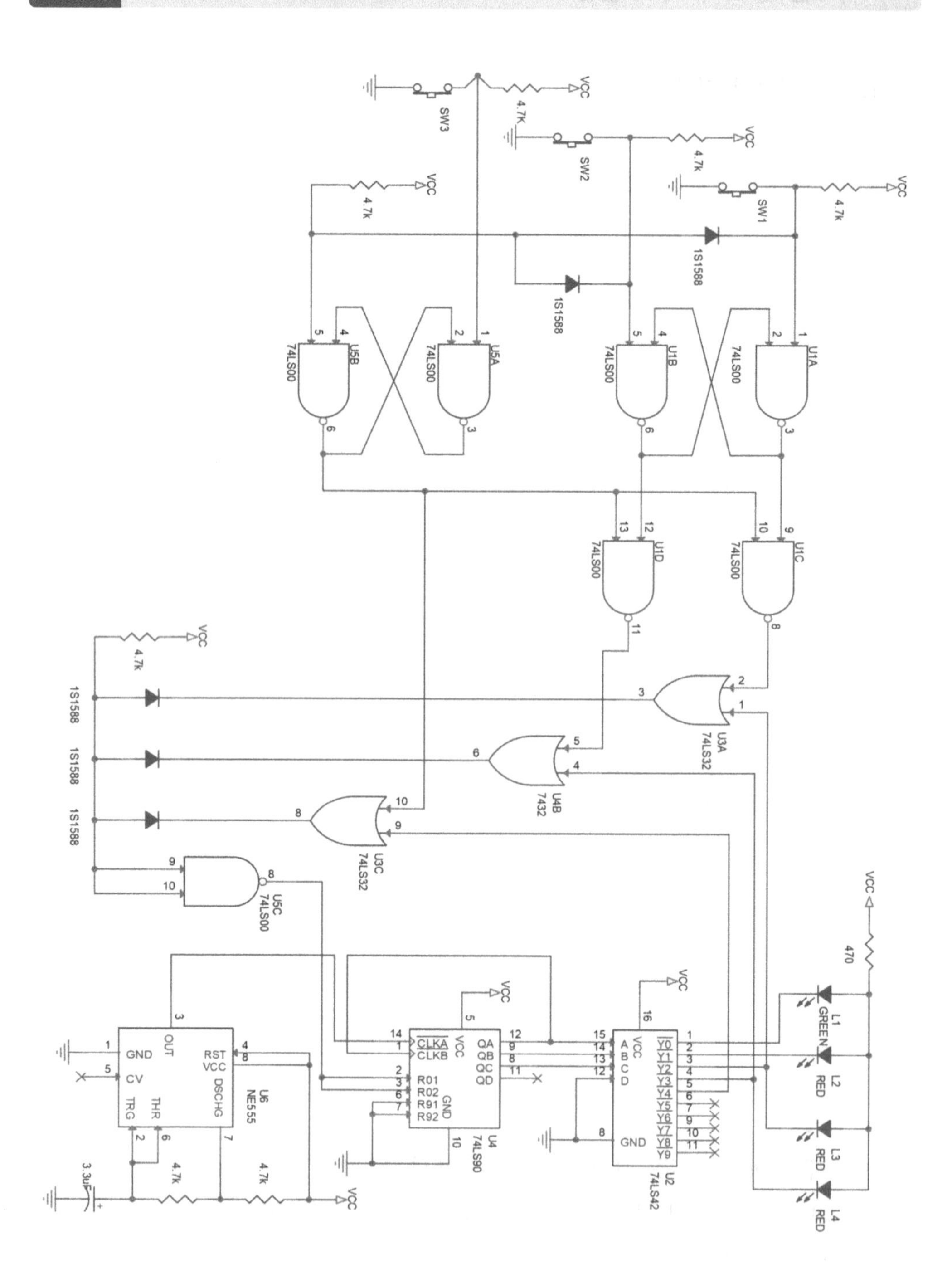

SW1
SW2
SW3
VCC
4.7k
4.7K
1S1588
U1A
U1B
U1C
U1D
U5A
U5B
U5C
74LS00
U3A
U3C
74LS32
U4B
7432
U6
NE555
GND
OUT
RST
VCC
CV
DSCHG
TRG
THR
3.3uF
U4
74LS90
CLKA
CLKB
R01
R02
R91
R92
QA
QB
QC
QD
U2
74LS42
A
B
C
D
Y0
Y1
Y2
Y3
Y4
Y5
Y6
Y7
Y8
Y9
470
L1
GREEN
L2
L3
L4
RED

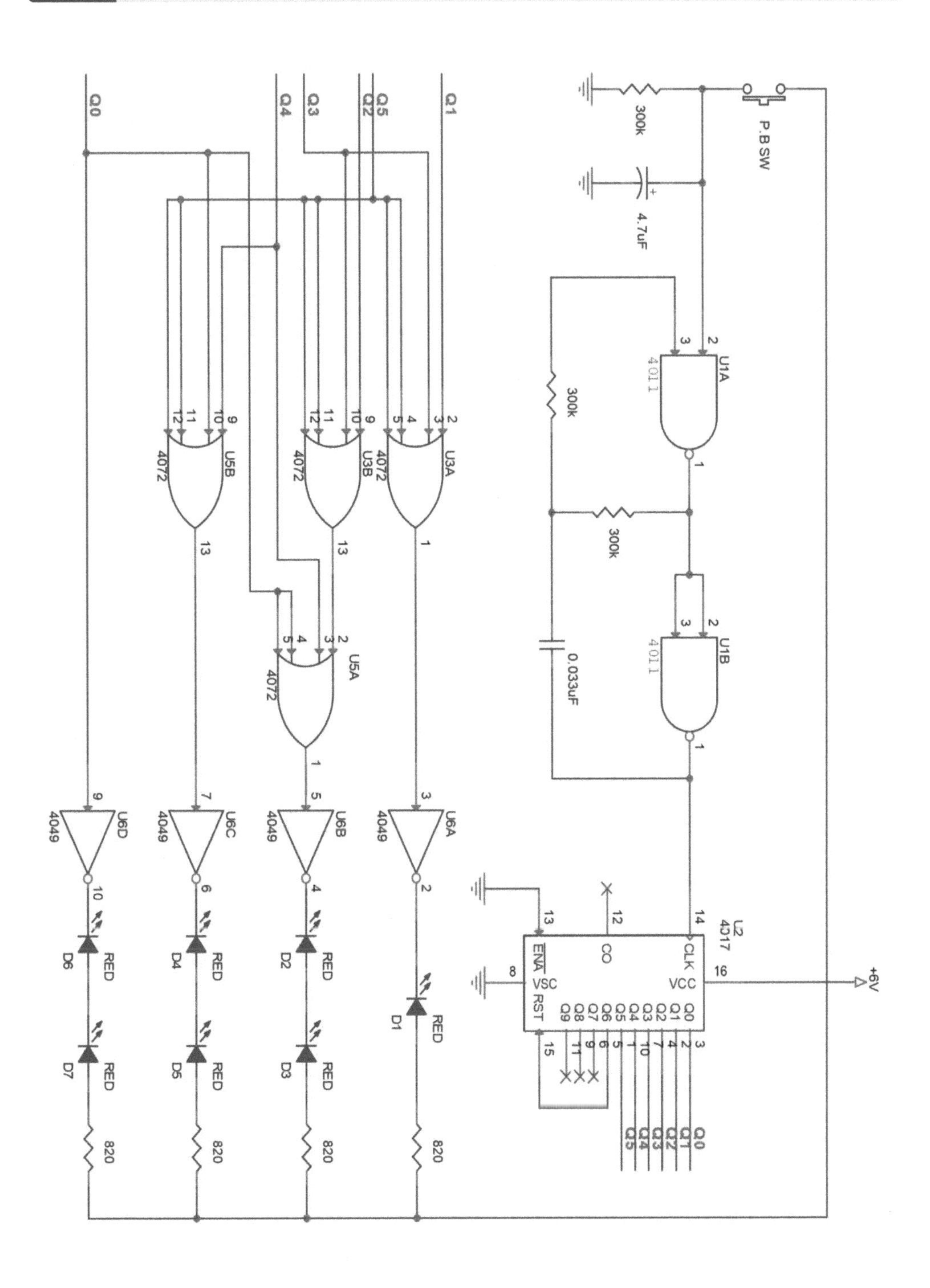
P.B SW
300k
4.7uF
U1A
4011
U1B
300k
300k
0.033uF
U2
4017
CLK
CO
ENA
VSC
VCC
RST
+6V
Q0
Q1
Q2
Q3
Q4
Q5
U3A
U3B
U5A
U5B
4072
U6A
U6B
U6C
U6D
4049
RED
D1
D2
D3
D4
D5
D6
D7
820

4. 전자 주사위 회로

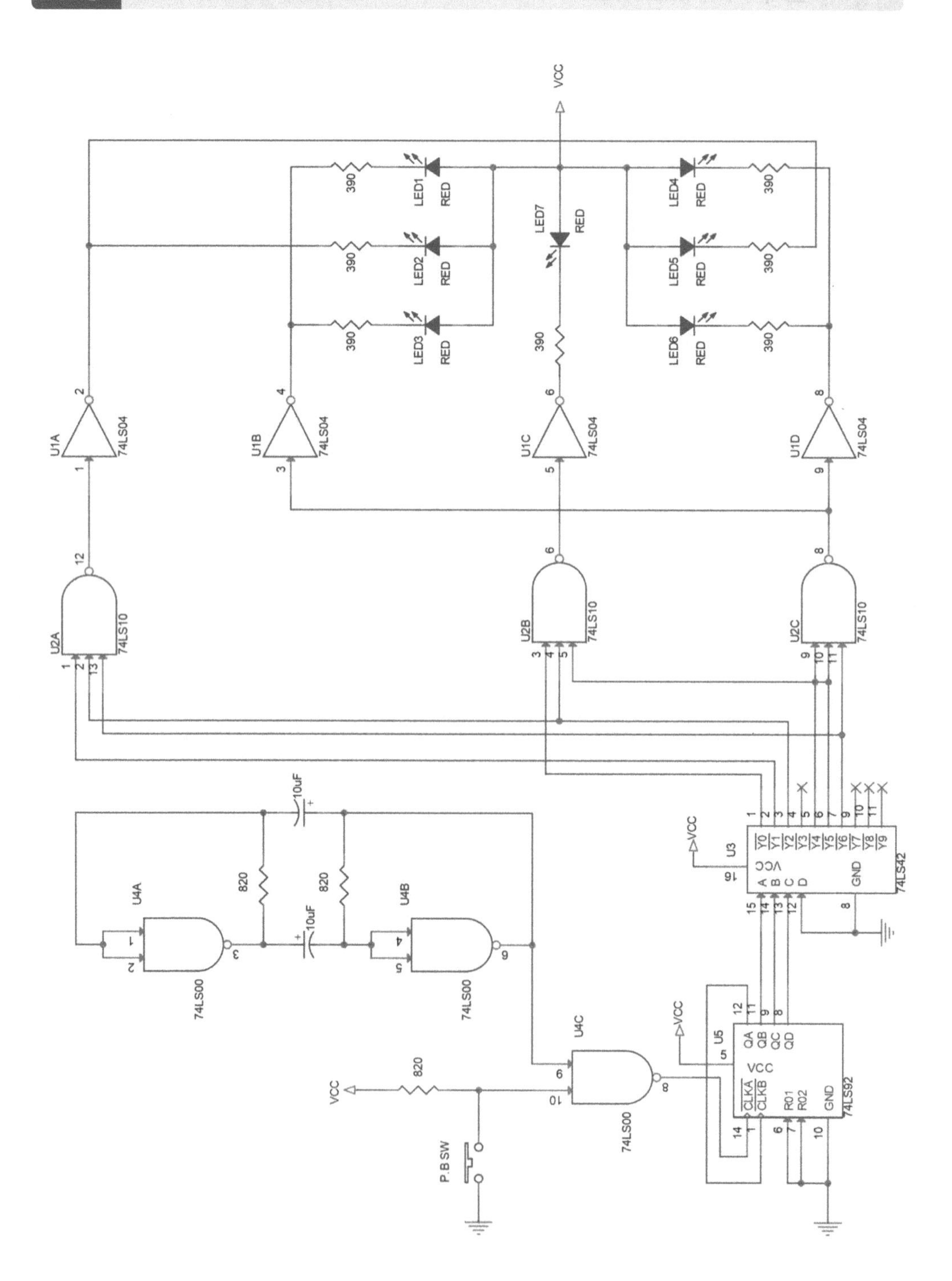

VCC
LED1
LED2
LED3
LED4
LED5
LED6
LED7
RED
390
U1A
U1B
U1C
U1D
74LS04
U2A
U2B
U2C
74LS10
U3
74LS42
U4A
U4B
U4C
74LS00
820
10uF
U5
74LS92
QA
QB
QC
QD
CLKA
CLKB
R01
R02
GND
P.B SW

5. 정역 제어 회로

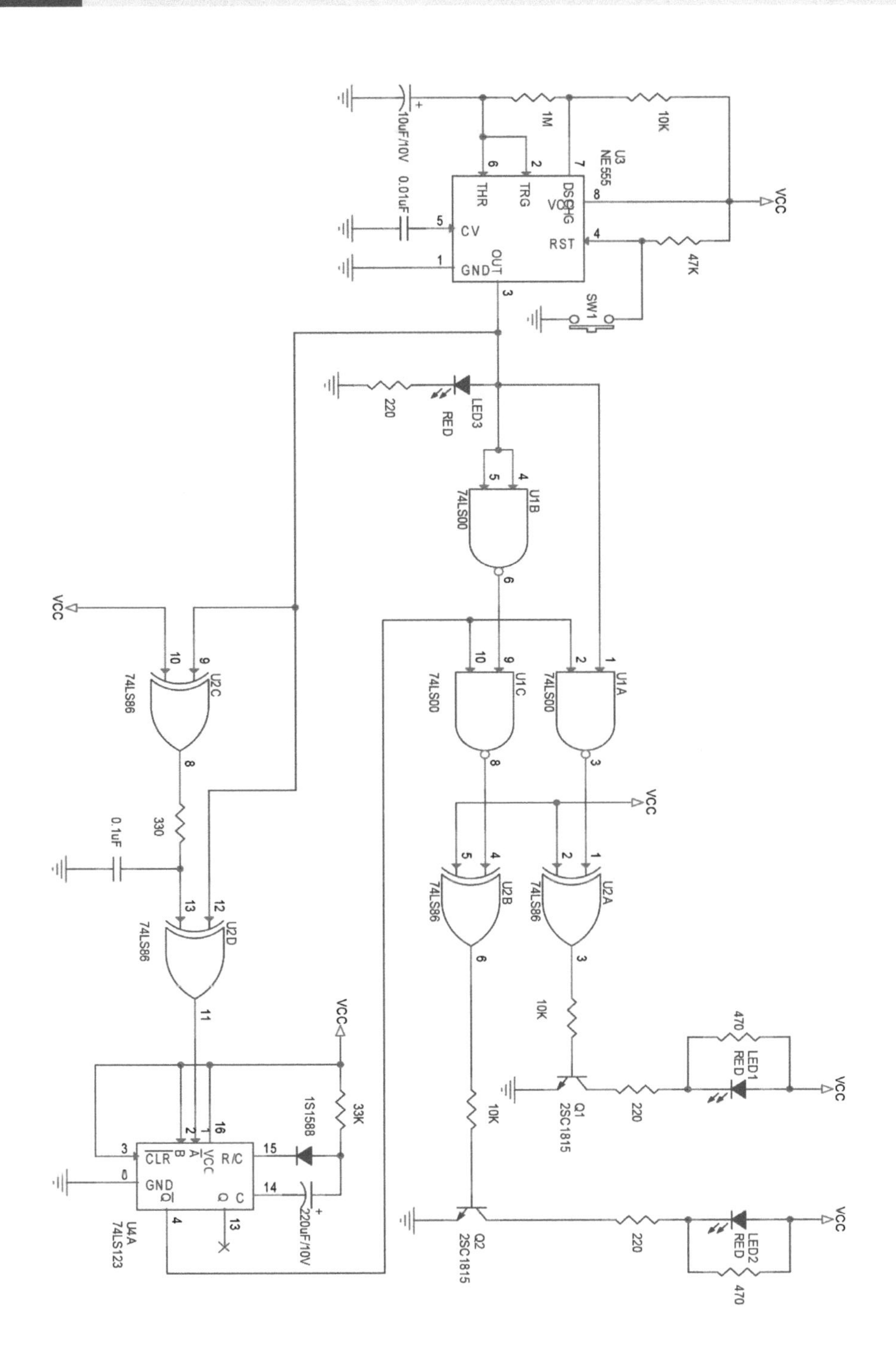
U3
NE555
10uF/10V
0.01uF
1M
10K
47K
THR
TRG
DSCHG
VCC
CV
RST
GND
OUT
SW1
LED3
RED
220
U1B
74LS00
U1A
74LS00
U1C
74LS00
U2C
74LS86
U2D
74LS86
U2A
74LS86
U2B
74LS86
VCC
330
0.1uF
33K
1S1588
220uF/10V
CLR
B
A
R/C
Q
C
U4A
74LS123
10K
Q1
2SC1815
Q2
2SC1815
220
LED1
RED
LED2
RED
470

6. 카운터 선택 표시 회로

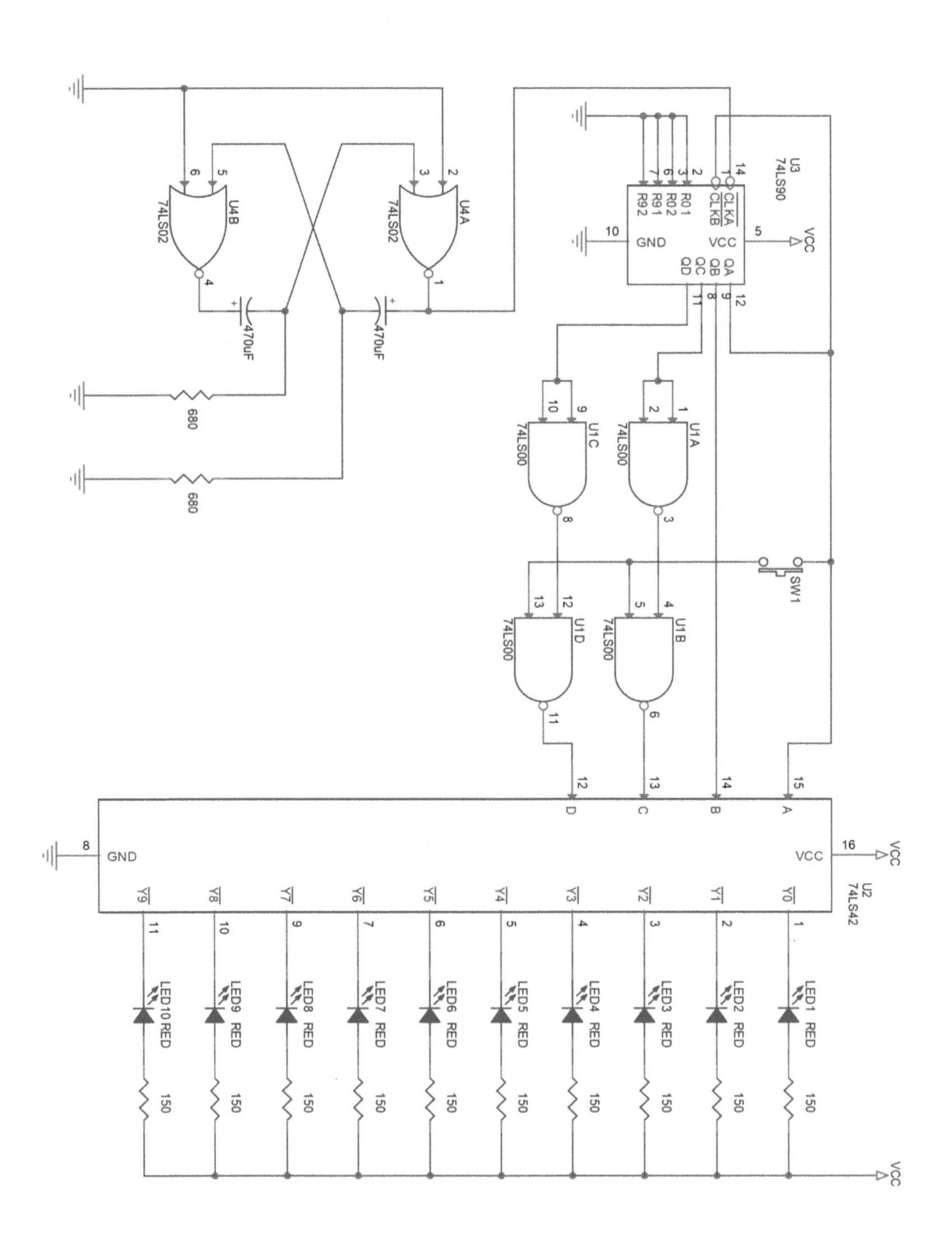

U4A
U4B
74LS02
470uF
680
U3
74LS90
CLKA
CLKB
R01
R02
R91
R92
GND
VCC
QA
QB
QC
QD
U1A
U1B
U1C
U1D
74LS00
SW1
U2
74LS42
A
B
C
D
Y0
Y1
Y2
Y3
Y4
Y5
Y6
Y7
Y8
Y9
LED1 RED
LED2 RED
LED3 RED
LED4 RED
LED5 RED
LED6 RED
LED7 RED
LED8 RED
LED9 RED
LED10 RED
150

7. 순차 점멸기 회로

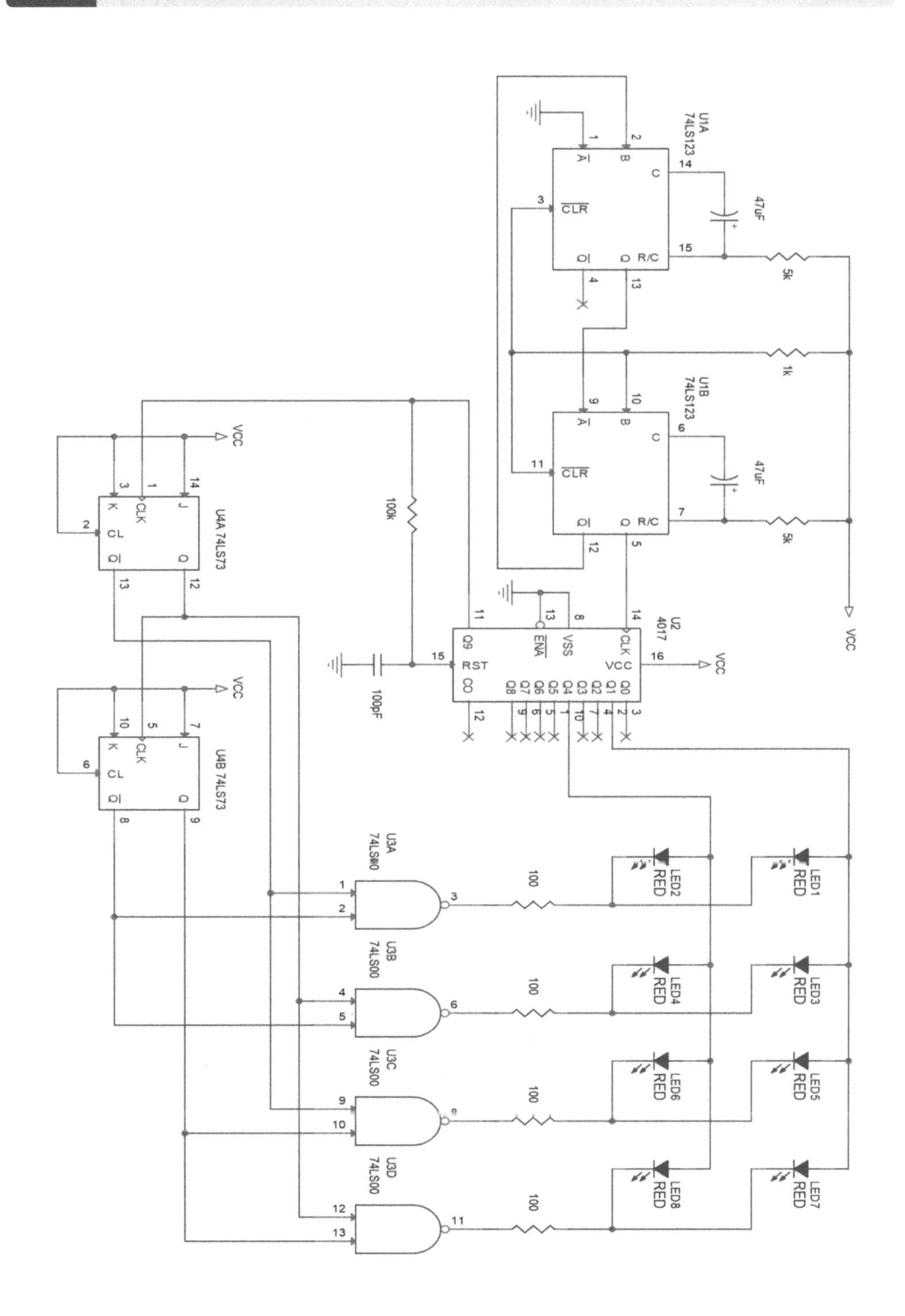
U1A
74LS123
47uF
5k
1k
U1B
74LS123
47uF
5k
VCC
U2
4017
VCC
100k
100pF
VCC
U4A 74LS73
VCC
U4B 74LS73
U3A
74LS00
U3B
74LS00
U3C
74LS00
U3D
74LS00
100
100
100
100
LED1
RED
LED2
RED
LED3
RED
LED4
RED
LED5
RED
LED6
RED
LED7
RED
LED8
RED

8. 위치 표시기 회로

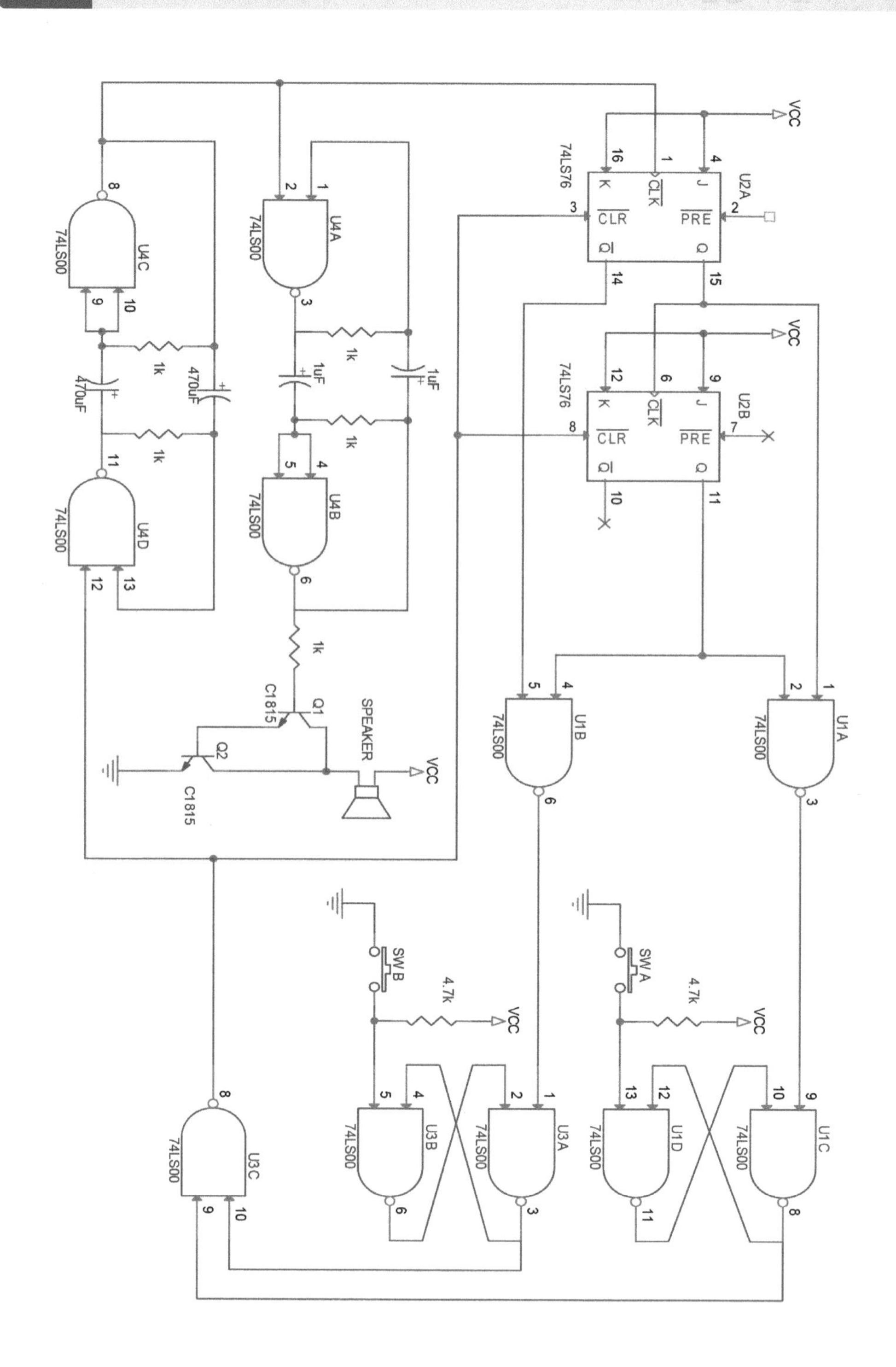

VCC
74LS76
U2A
CLK
PRE
CLR
U2B
U4A
U4B
U4C
U4D
74LS00
1k
1uF
470uF
C1815
Q1
Q2
SPEAKER
U1A
U1B
U1C
U1D
U3A
U3B
U3C
SW A
SW B
4.7k

9. 1-of-8 Decoder 회로

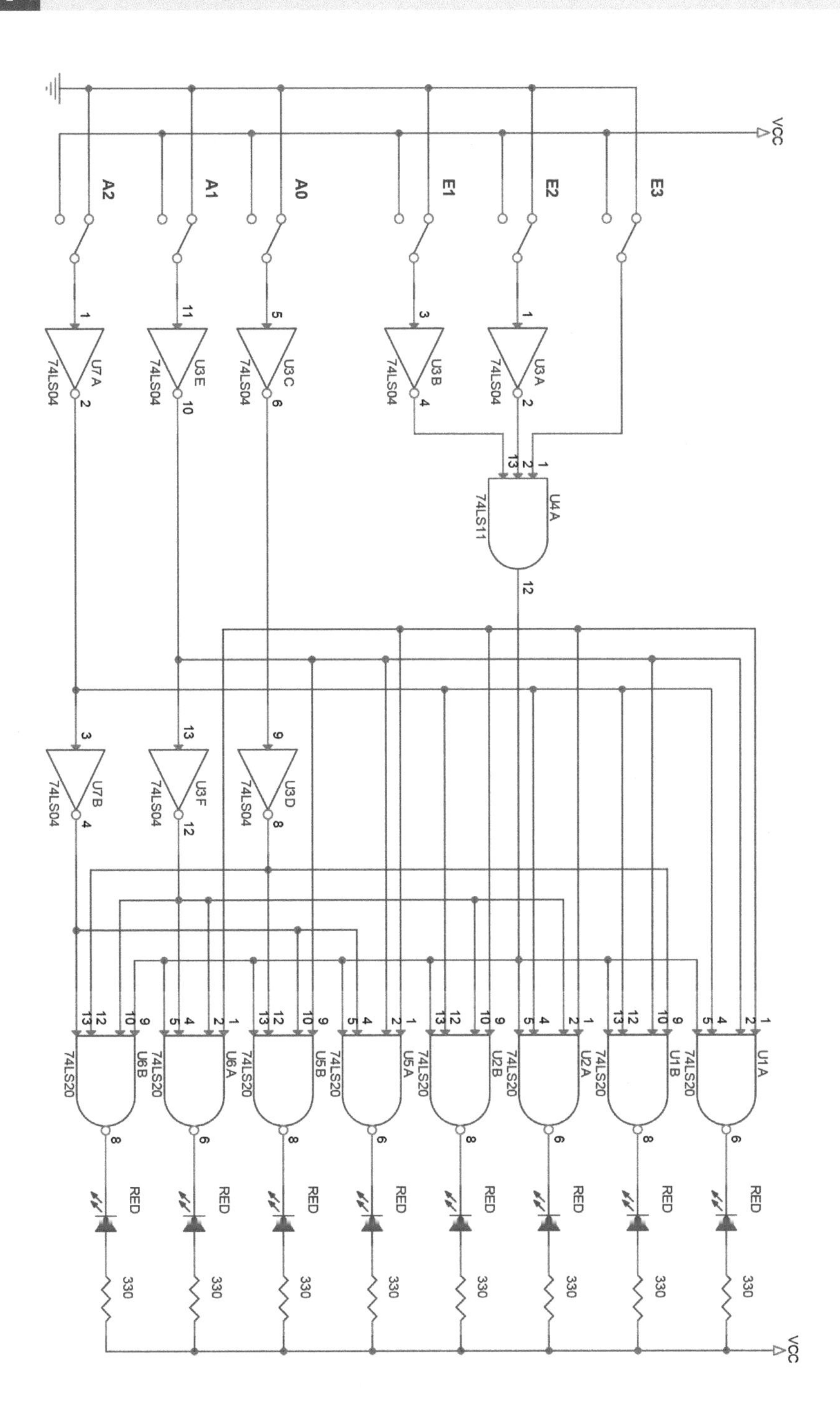

부록 IC 데이타 북

1. TTL IC 핀 배치도
2. CMOS IC 핀 배치도

1. TTL IC 핀 배치도

7400
Quad 2-Input NAND

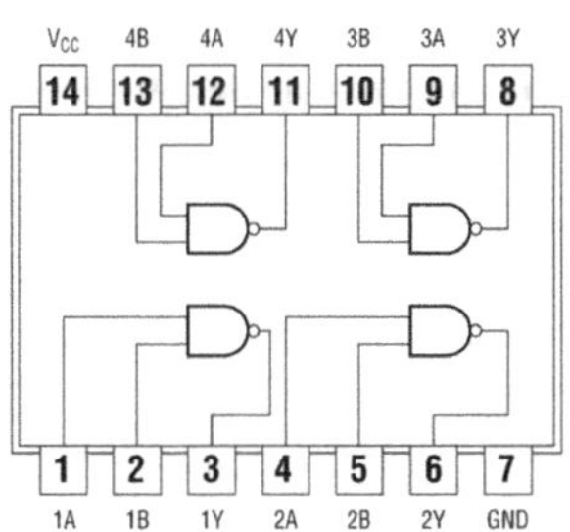

7401
Quad 2-Input NAND O.C.

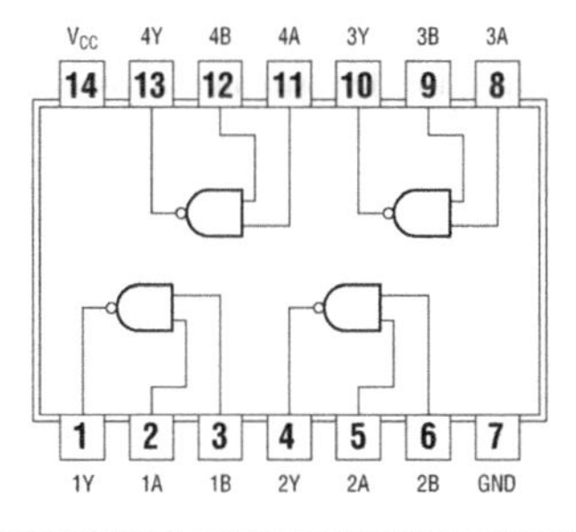

7402
Quad 2-Input NOR

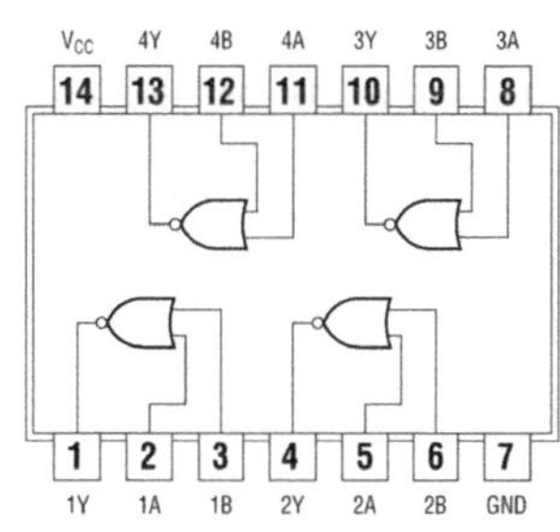

7403
Quad 2-Input NAND O.C.

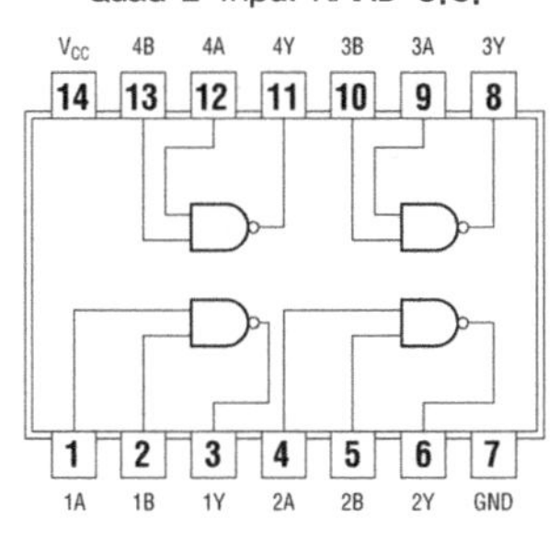

7404
Hex Inverters

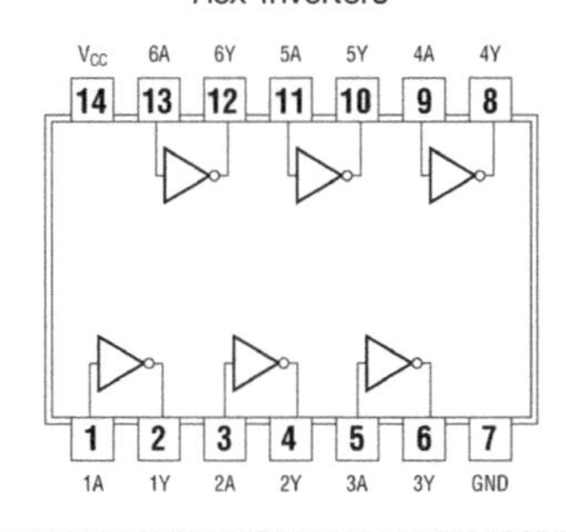

7405
Hex Inverters O.C.

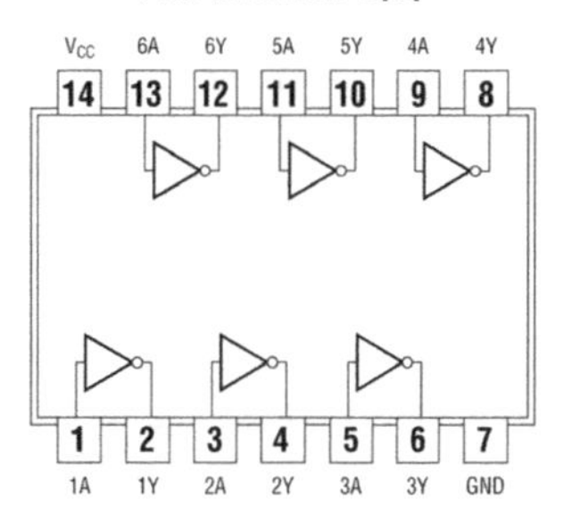

7406
Inverter Buffers/Drivers O.C.

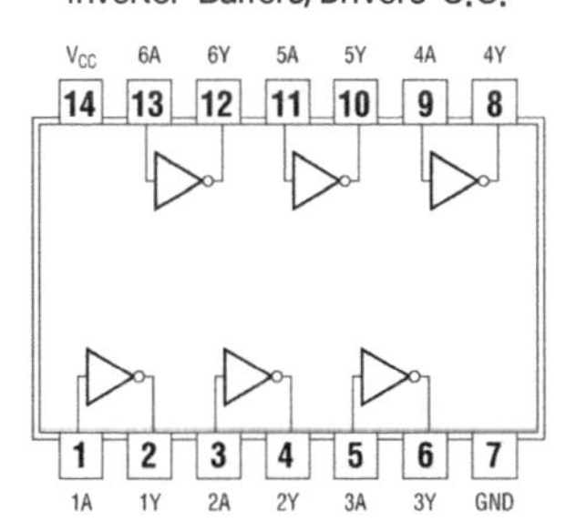

7407
Hex Buffers/Drivers O.C.

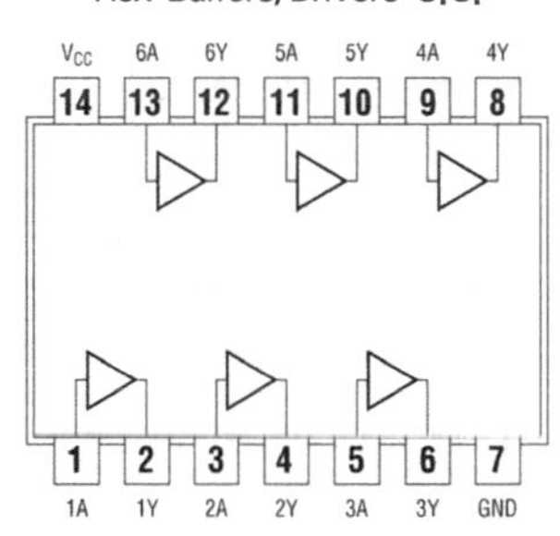

7408
Quad 2-Input AND

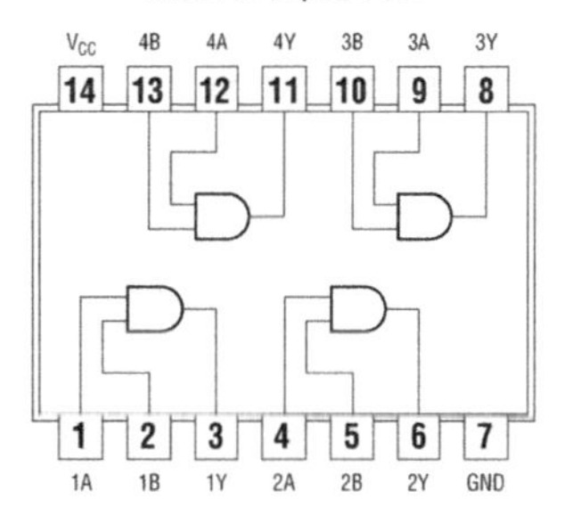

7409
Quad 2-Input AND O.C.

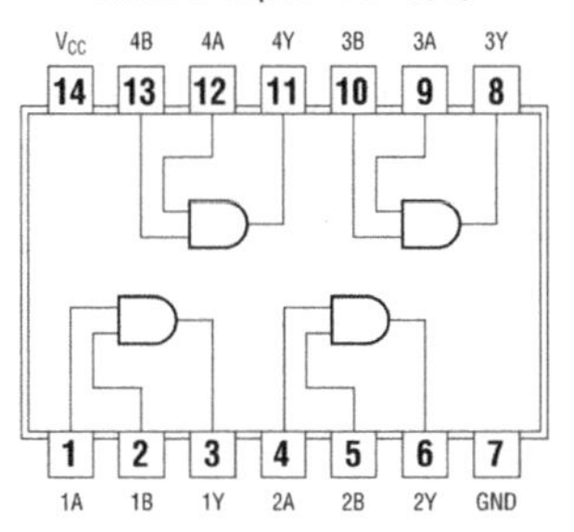

7410
Triple 3-Input NAND

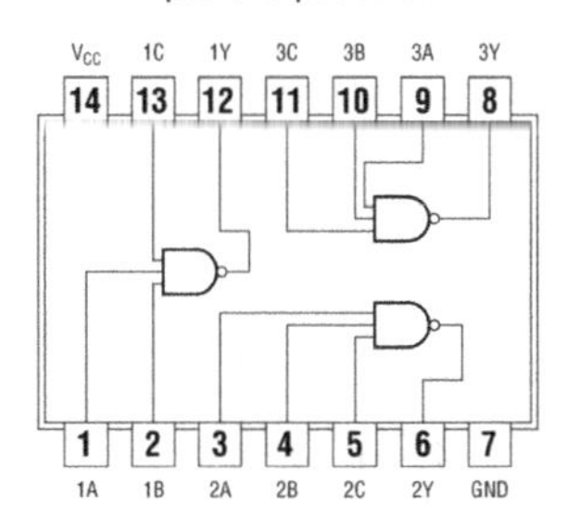

7411
Triple 3-Input AND

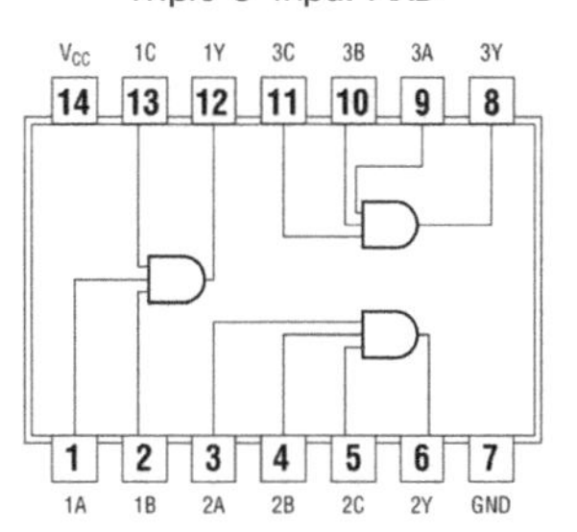

7412
Triple 3 Input NAND O.C.

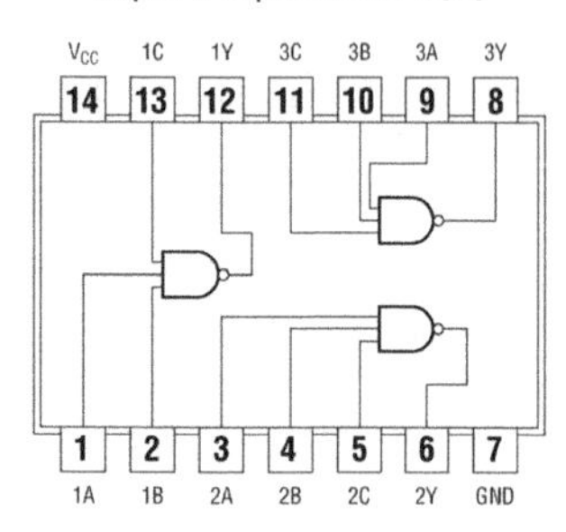

7413
Dual 4 Input NAND Schmitt Trigger

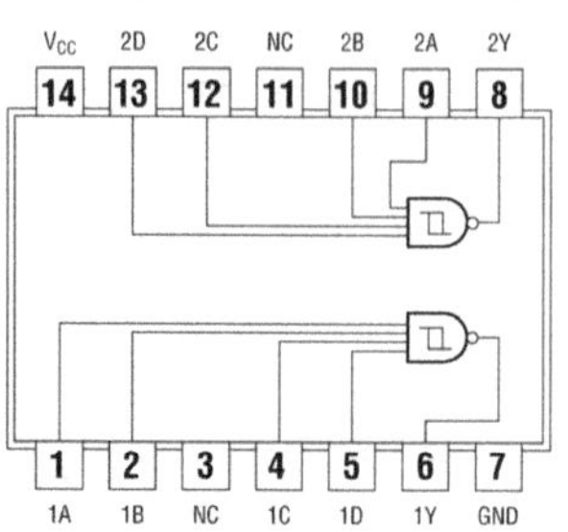

7414
Hex Schmitt Trigger Inverters

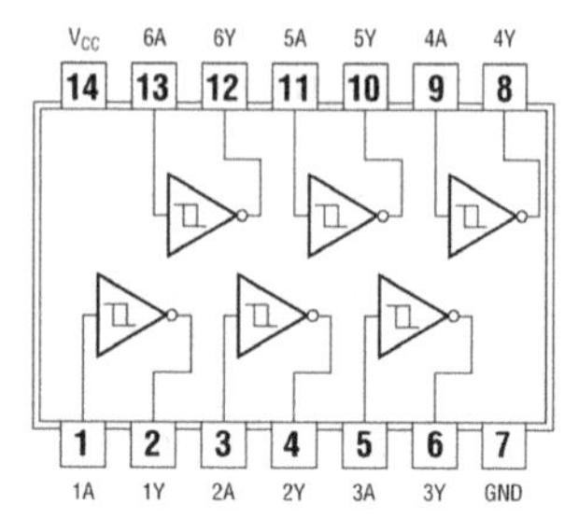

7415
Triple 3-Input AND with O.C.

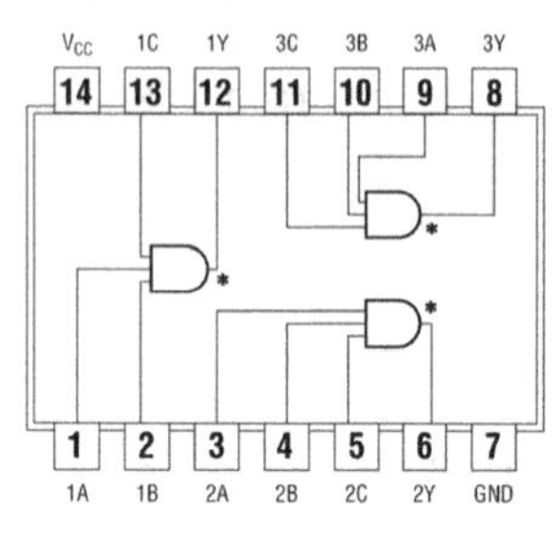

7416
Hex Inverter Buffers/Drivers O.C.

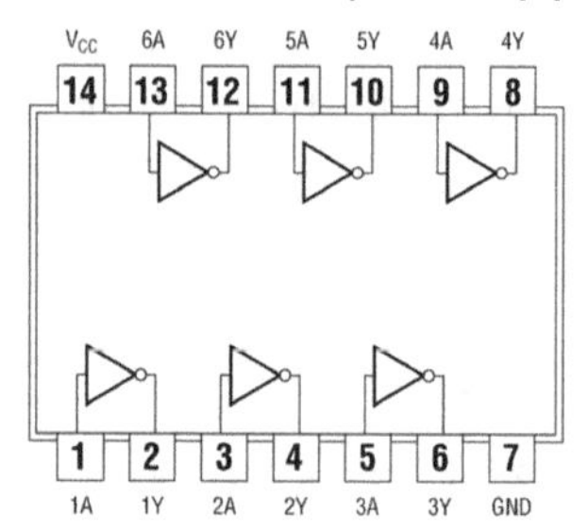

7417
Hex Buffers/Drivers O.C.

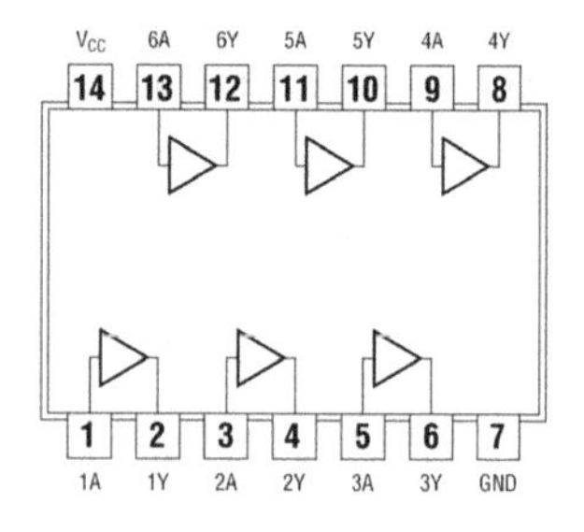

7418
Dual 4-Input NAND Schmitt Triggers

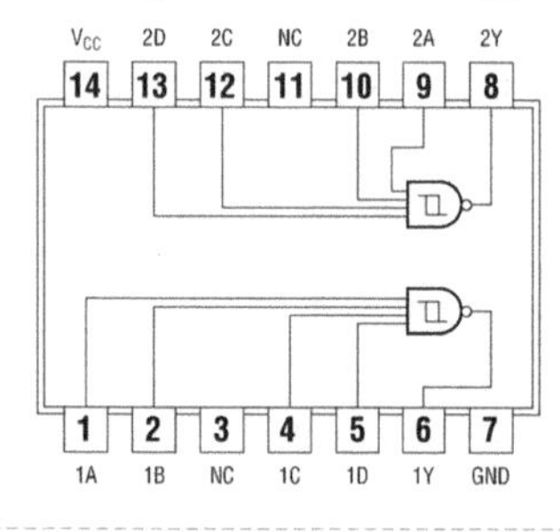

7419
Hex Schmitt Trigger Inverters

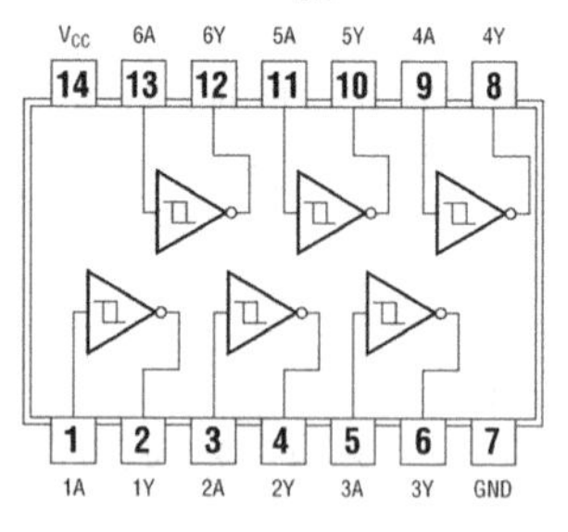

7420
Dual 4-Input NAND

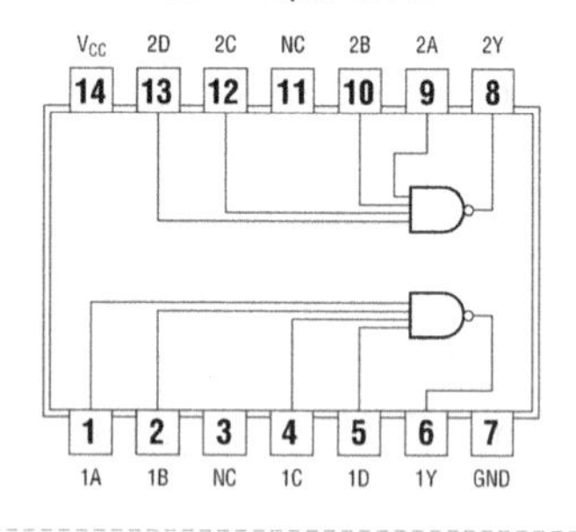

7421
Dual 4-Input AND

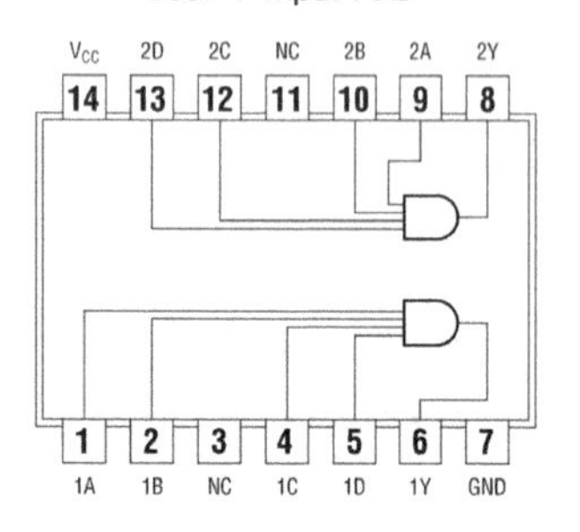

7422
Dual 4-Input NAND O.C.

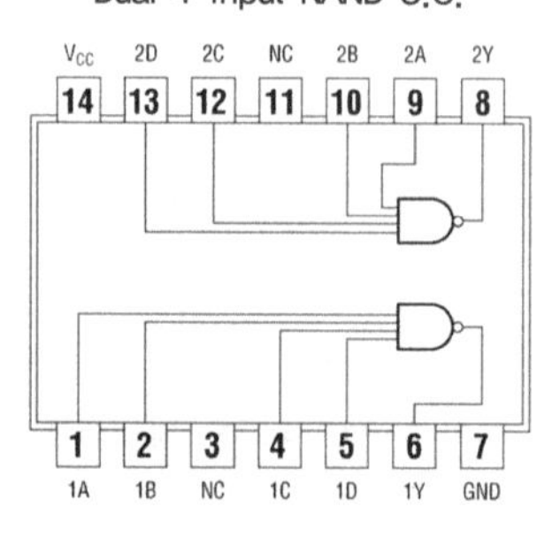

7423
Expandable Dual 4-Input NOR with strobe

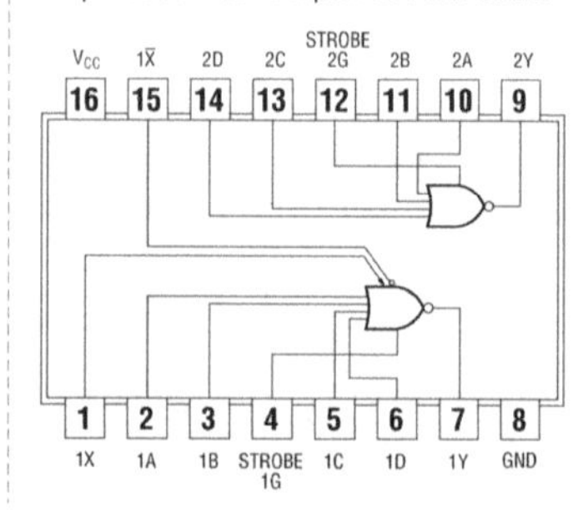

7424
Quad 2-Input NAND Schmitt Triggrs

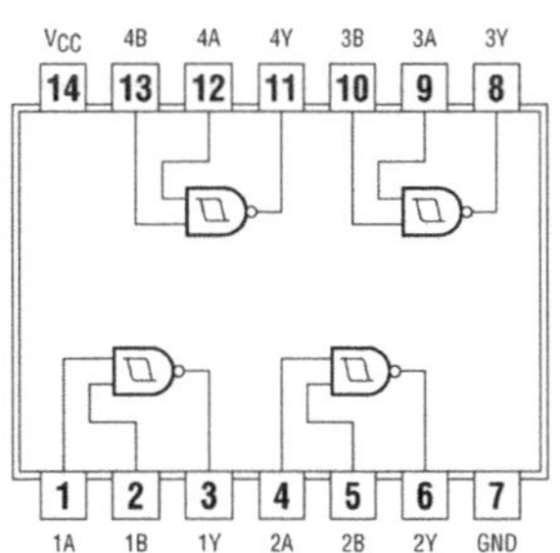

7425
Dual 4-Input NOR with Strobe

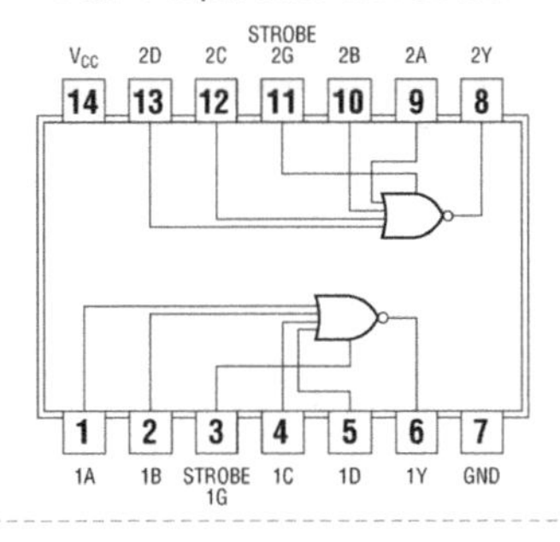

7426
Quad 2-Input High Voltage Interface NAND

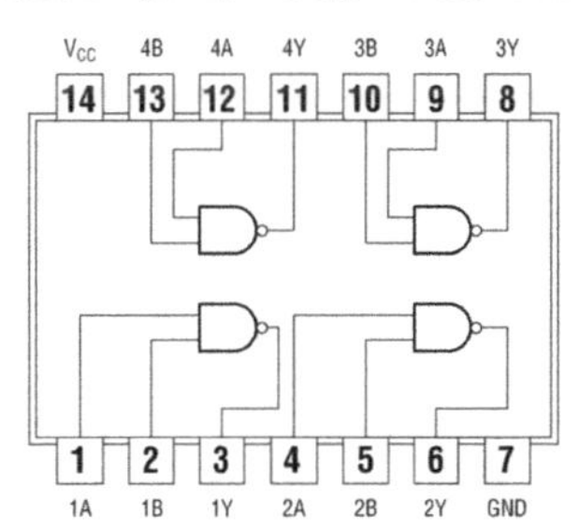

7427
Triple 3-Input NOR

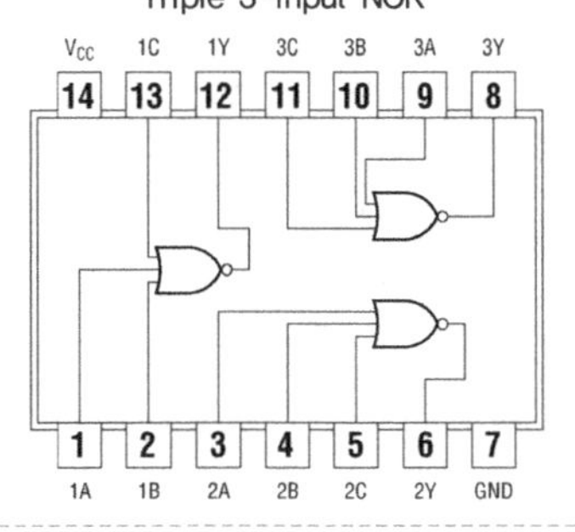

7428
Quad 2-Input NOR Buffer

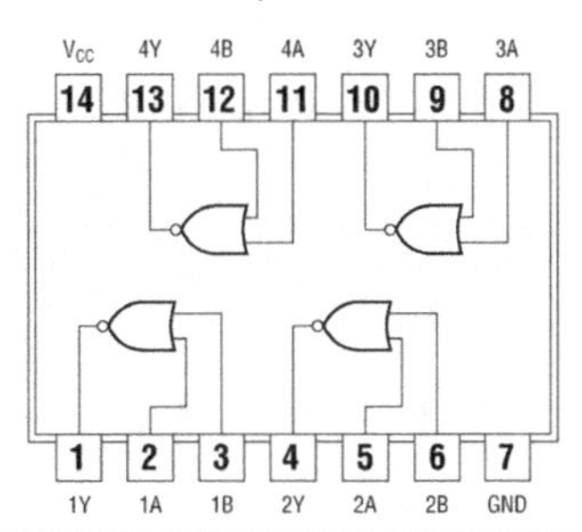

7430
8-Input NAND

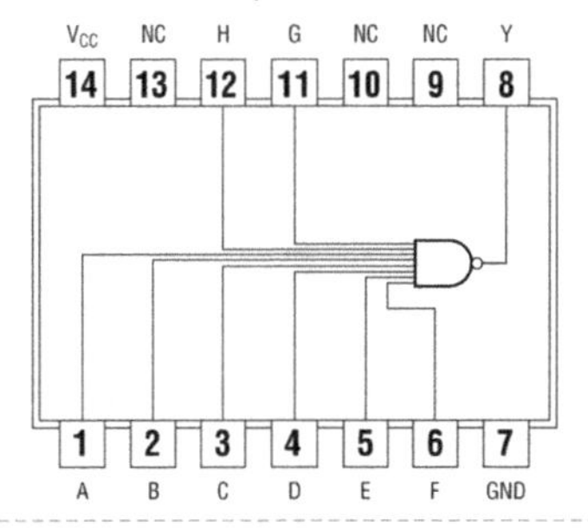

7431
Delay Elements

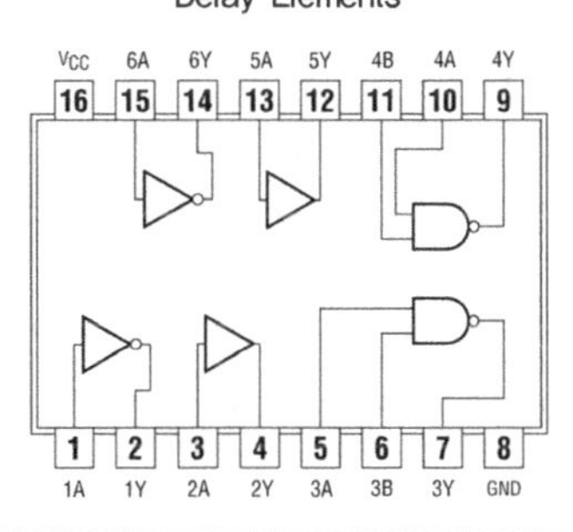

7432
Quad 2-Input OR

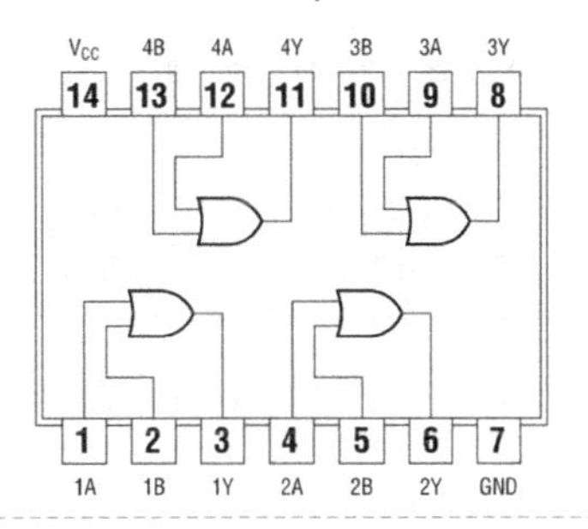

7433
Quad 2-Input NOR Buffers O.C.

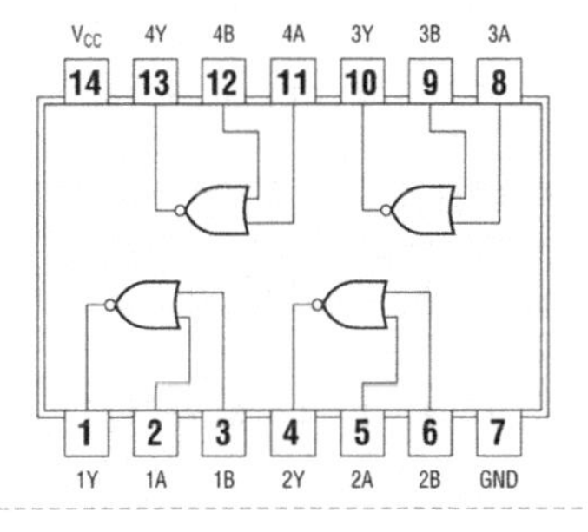

7437
Quad 2-Input NAND Buffers

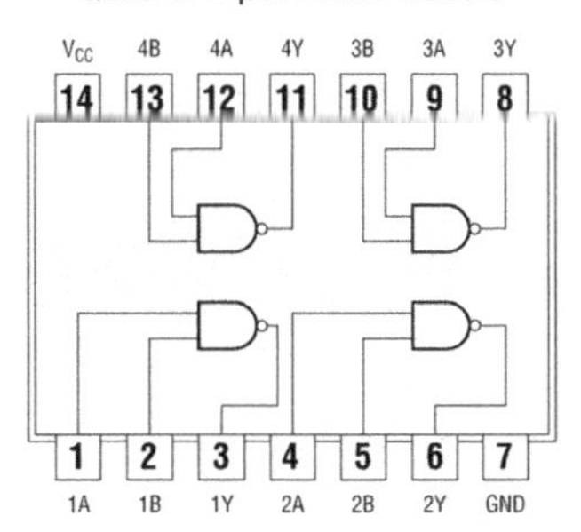

7438
Quad 2-Input NAND Buffers O.C.

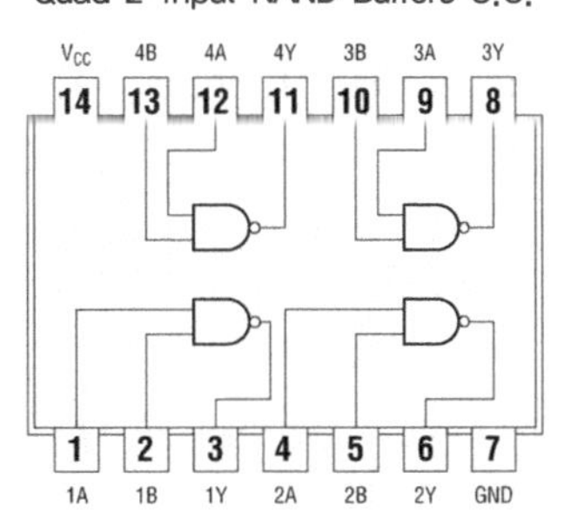

7440
Dual 4-Input NAND Buffers

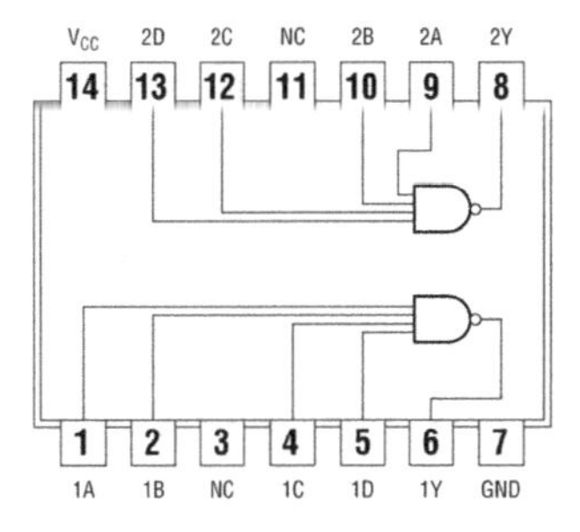

7442, 7443, 7444
4-Line to 10-Line Decoder, Excess-3 to Decimal Decoder, Excess-3 Gray to Decimal Decoder

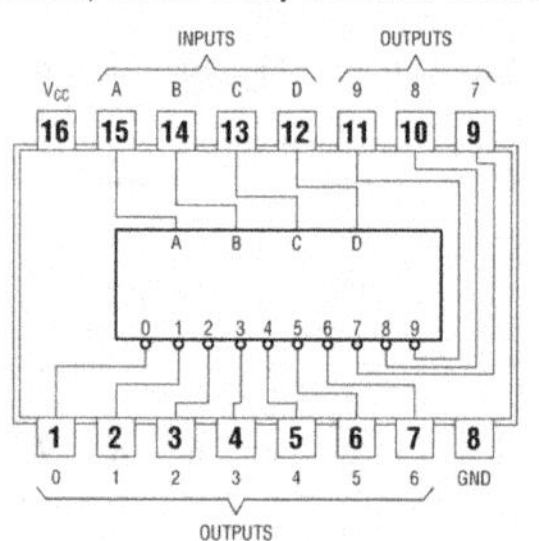

7445
BCD-to-Decimal Decoder/Driver 30V O.C.

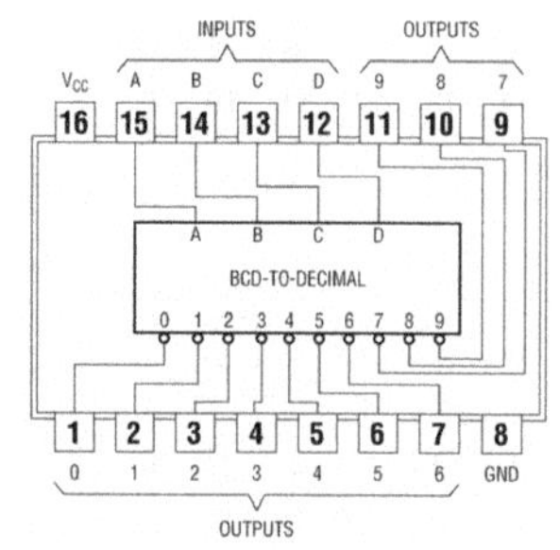

7446, 7447
BCD-to-Seven Segment Decoders/Drivers

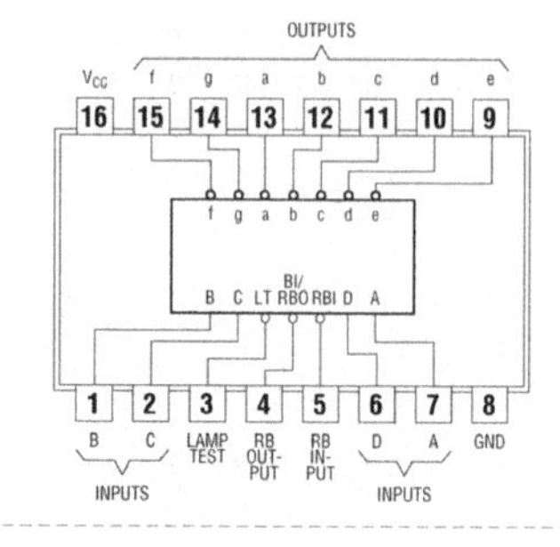

7448
BCD-to-Seven Segment Decoders/Drivers

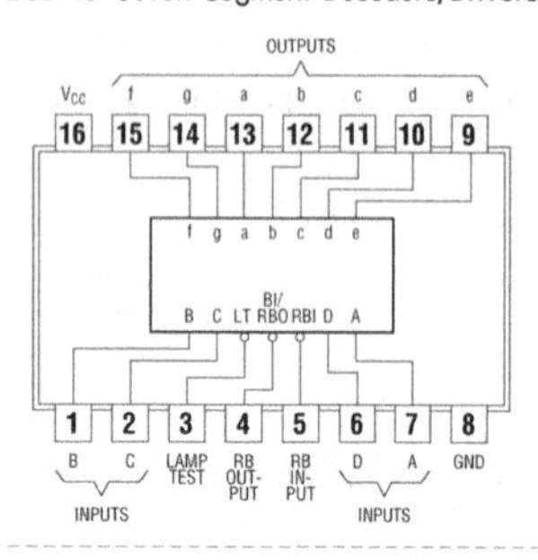

7449
BCD-to-Seven Segment Decoders/Drivers

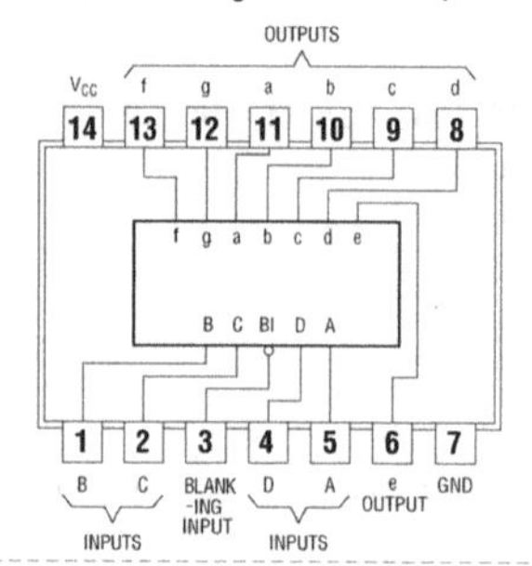

7450
Dual 2 wide 2-Input AND-OR-INVERT

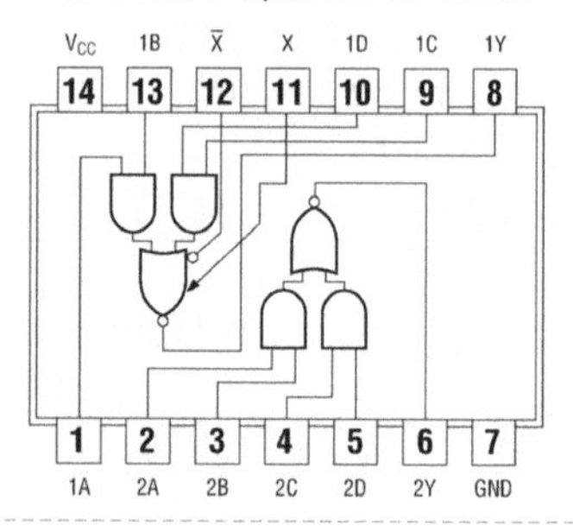

7451(7451, 74S51)
Dual 2 wide 2-Input AND-OR-INVERT

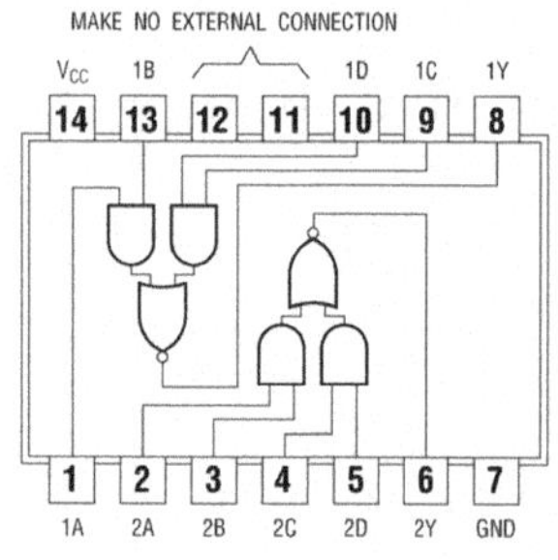

7451(74LS51, 74HC51)
Dual 2 wide 2-Input AND-OR-INVERT

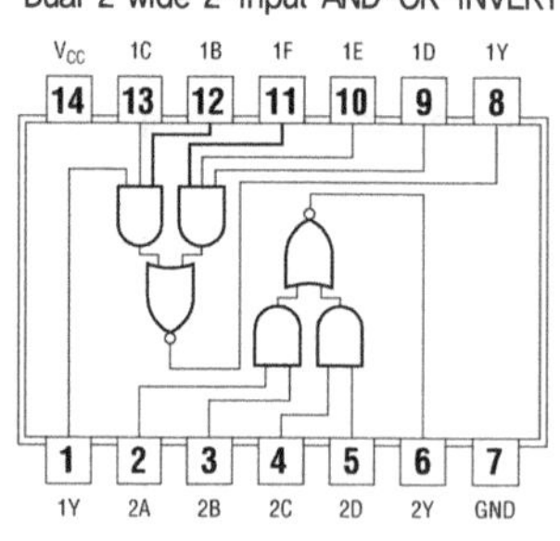

7453
4 wide 2-Input AND-OR-INVERT

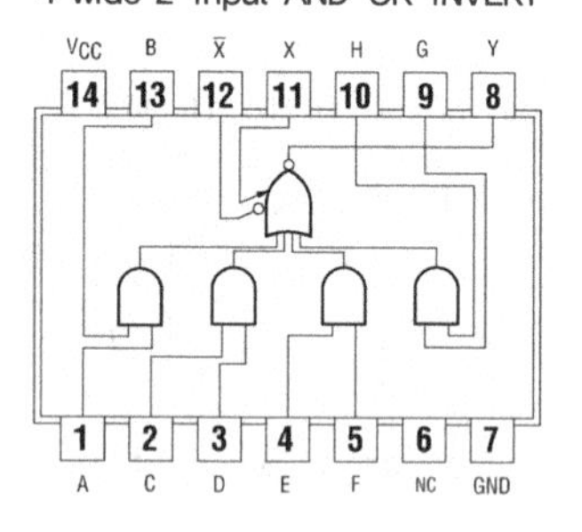

7454
4 wide 2-Input AND-OR-INVERT

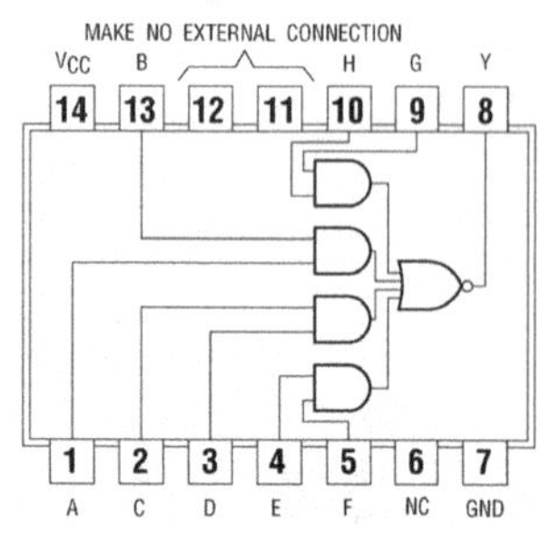

7454(74LS54)
4 wide 2-Input AND-OR-INVERT

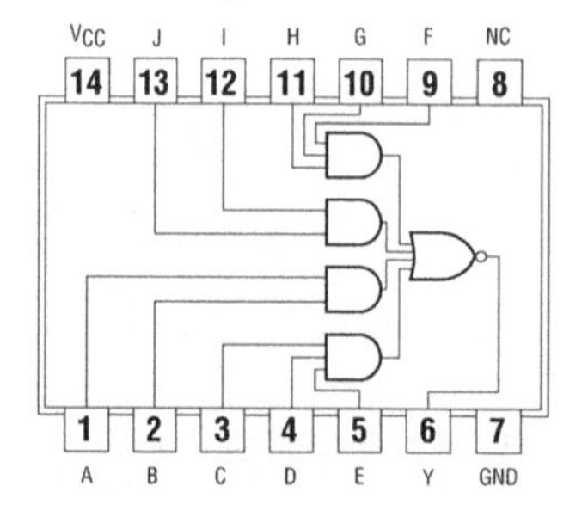

7455
Expandable 2 wide 4-Input AND-OR-INVERT

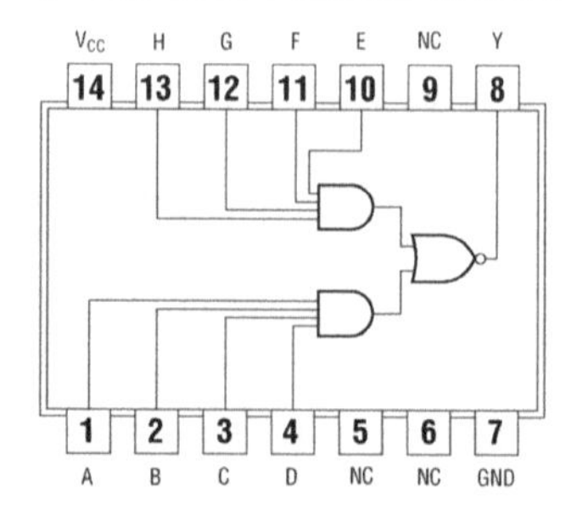

7456, 7457
50 to 1 Frequency Division
60 to 1 Frequency Division

QC QB CLR CLKA
8 7 6 5
1 2 3 4
CLKB VCC QA GND

7460
Dual 4-Input Expanders

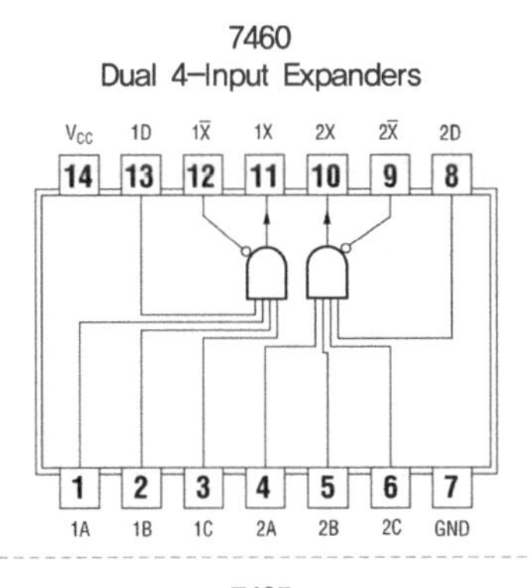

7463
Hex Current Sensing Interface Gates

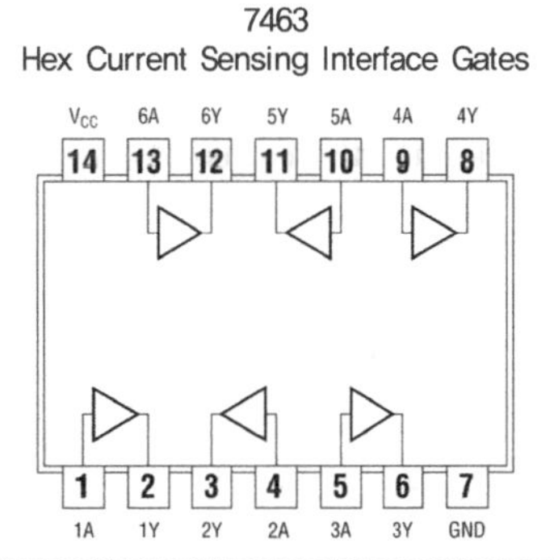

7464
4-2-3-2 Input AND-OR-INVERT

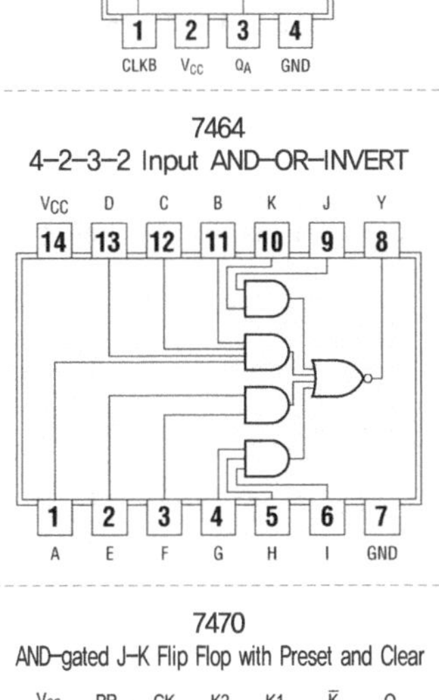

7465
4-2-3-2 Input AND-OR-INVERT O.C.

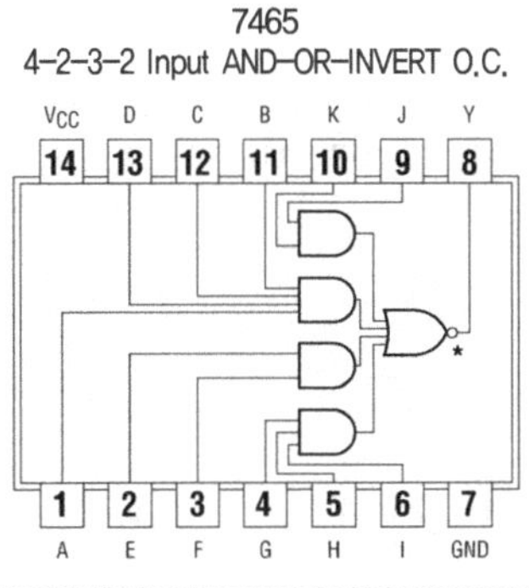

7468, 7469
Dual 4-Bit Decade Counters
Dual 4-Bit Binary Counters

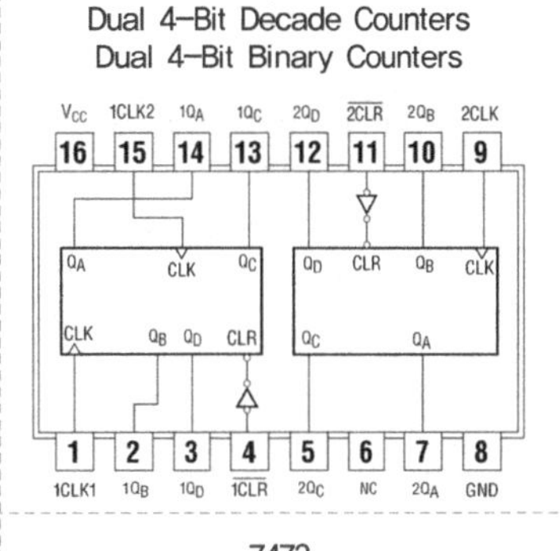

7470
AND-gated J-K Flip Flop with Preset and Clear

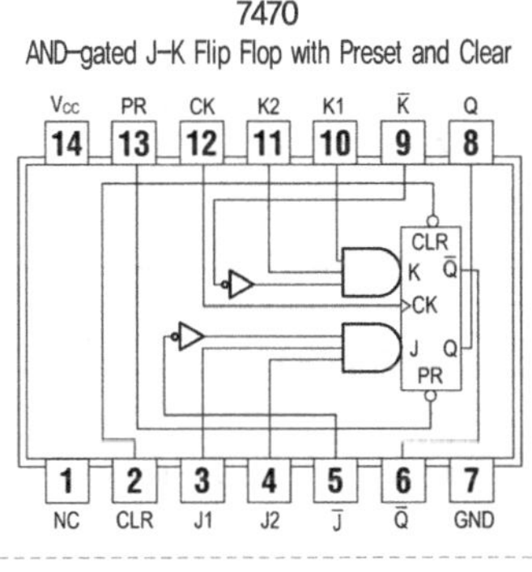

7472
AND-gated J-K Flip Flop with Preset and Clear

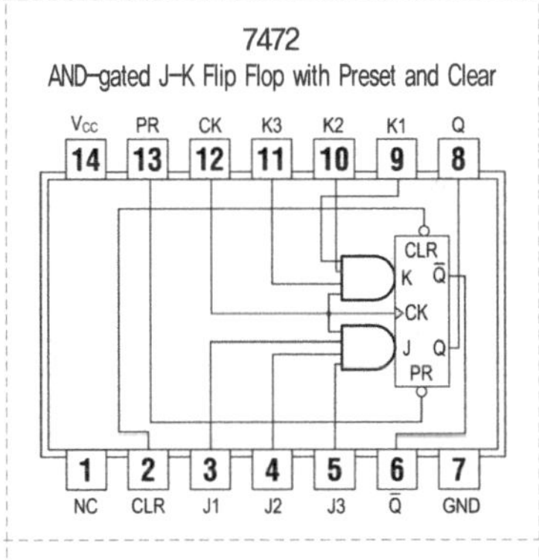

7473
Dual J-K Flip Flops with Clear

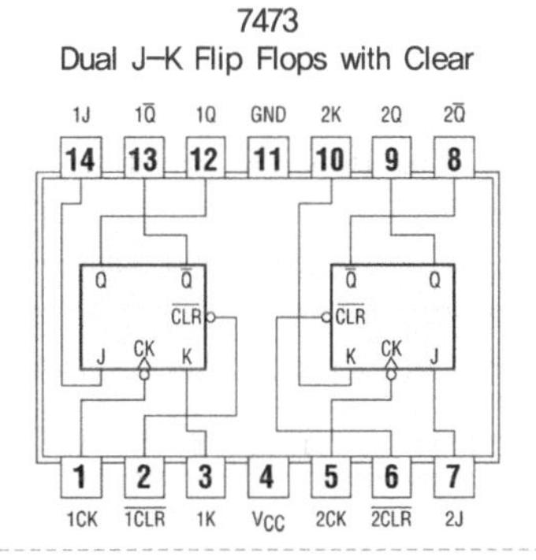

7474
Dual D-Type Flip Flops with Preset and Clear

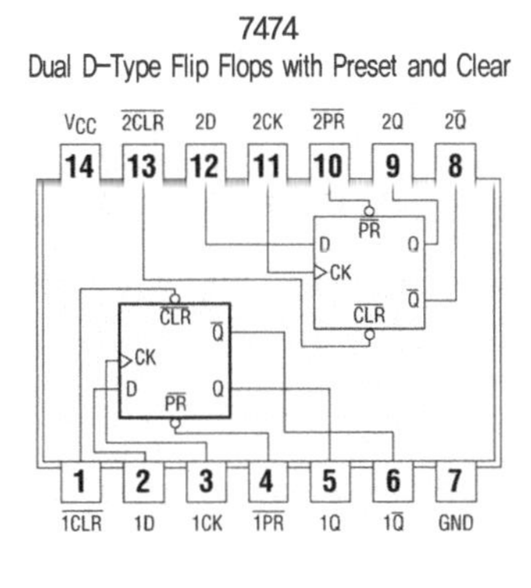

7475
4-Bit Bistable Latches

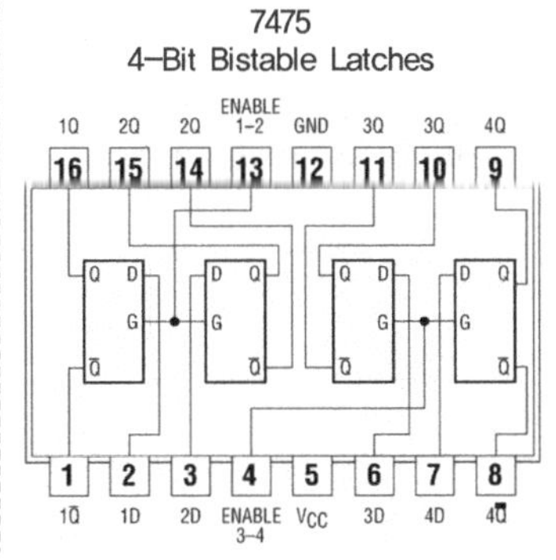

7476
Dual J-K Flip Flops with Preset and Clear

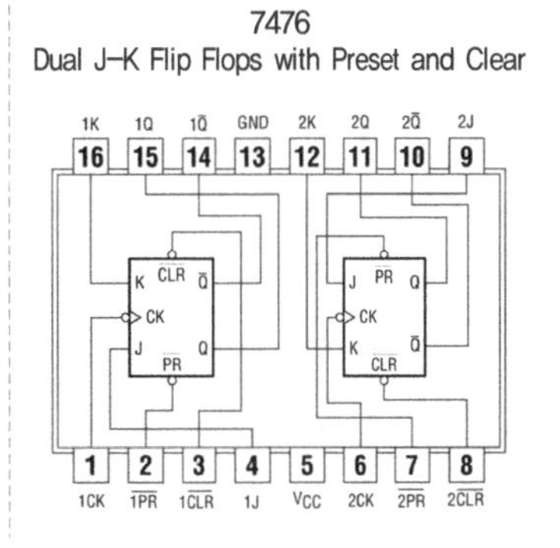

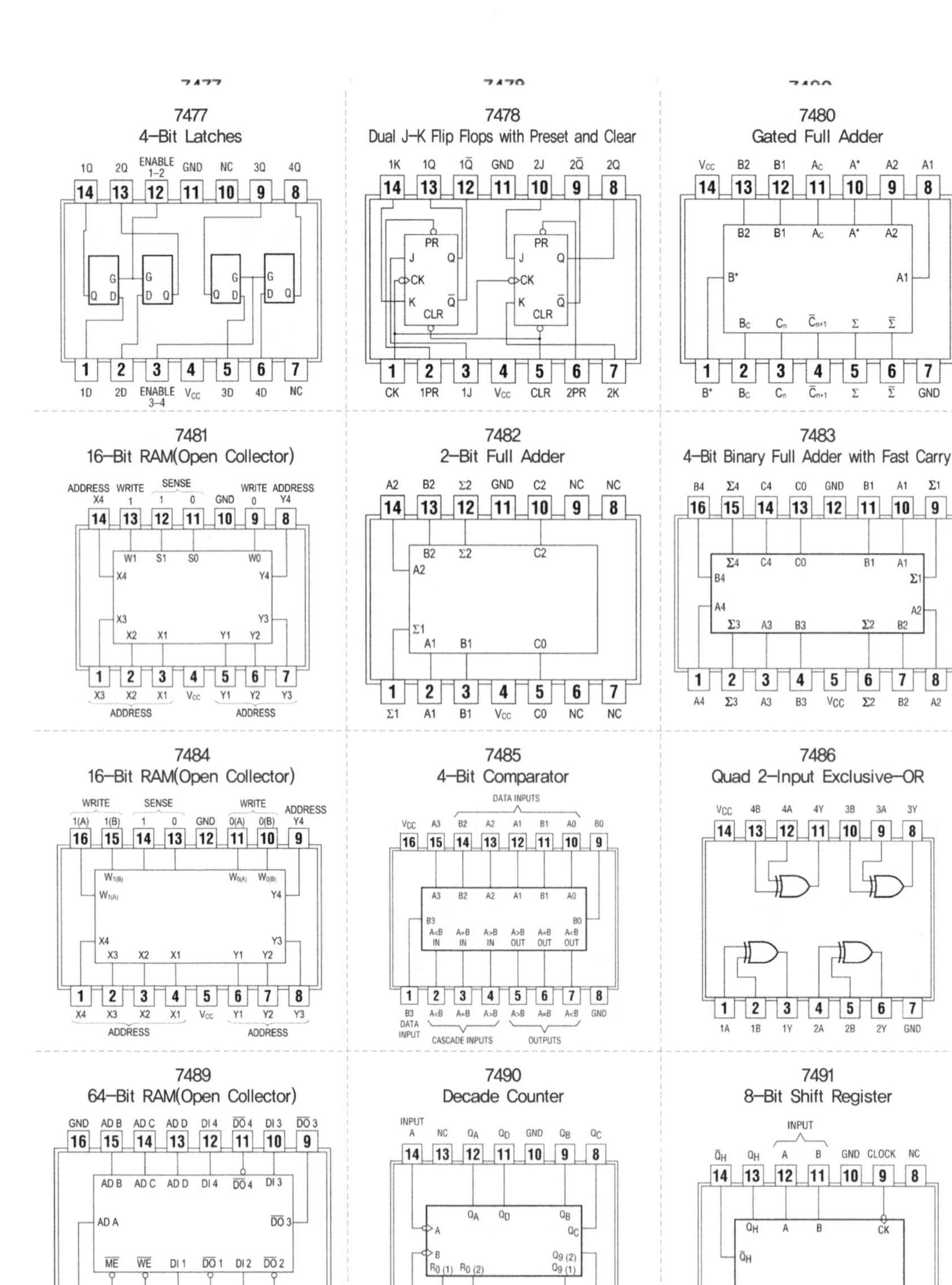
7477
4-Bit Latches
1Q 2Q ENABLE 1-2 GND NC 3Q 4Q
1D 2D ENABLE 3-4 VCC 3D 4D NC
7478
Dual J-K Flip Flops with Preset and Clear
1K 1Q 1Q̄ GND 2J 2Q̄ 2Q
PR J Q CK K Q̄ CLR
CK 1PR 1J VCC CLR 2PR 2K
7480
Gated Full Adder
VCC B2 B1 AC A* A2 A1
B* A1 BC Cn C̄n+1 Σ Σ̄
B* BC Cn C̄n+1 Σ Σ̄ GND
7481
16-Bit RAM(Open Collector)
ADDRESS X4 WRITE 1 SENSE 1 0 GND WRITE 0 ADDRESS Y4
W1 S1 S0 W0 X4 Y4 X3 Y3 X2 X1 Y1 Y2
X3 X2 X1 VCC Y1 Y2 Y3
ADDRESS ADDRESS
7482
2-Bit Full Adder
A2 B2 Σ2 GND C2 NC NC
Σ1 A1 B1 C0
Σ1 A1 B1 VCC C0 NC NC
7483
4-Bit Binary Full Adder with Fast Carry
B4 Σ4 C4 C0 GND B1 A1 Σ1
A4 A3 B3 Σ2 B2 A2
A4 Σ3 A3 B3 VCC Σ2 B2 A2
7484
16-Bit RAM(Open Collector)
WRITE 1(A) 1(B) SENSE 1 0 GND WRITE 0(A) 0(B) ADDRESS Y4
W1(B) W1(A) W0(A) W0(B) Y4 X4 Y3 X3 X2 X1 Y1 Y2
X4 X3 X2 X1 VCC Y1 Y2 Y3
ADDRESS ADDRESS
7485
4-Bit Comparator
DATA INPUTS
VCC A3 B2 A2 A1 B1 A0 B0
A3 B2 A2 A1 B1 A0 B3 B0 A<B IN A=B IN A>B IN A>B OUT A=B OUT A<B OUT
B3 DATA INPUT A<B A=B A>B A>B A=B A<B GND
CASCADE INPUTS OUTPUTS
7486
Quad 2-Input Exclusive-OR
VCC 4B 4A 4Y 3B 3A 3Y
1A 1B 1Y 2A 2B 2Y GND
7489
64-Bit RAM(Open Collector)
GND AD B AD C AD D DI 4 D̄Ō 4 DI 3 D̄Ō 3
AD A ME WE DI 1 D̄Ō 1 DI 2 D̄Ō 2
AD A M̄Ē W̄Ē DI 1 D̄Ō 1 DI 2 D̄Ō 2 GND
7490
Decade Counter
INPUT A NC QA QD GND QB QC
A B R0(1) R0(2) R9(2) R9(1)
INPUT B R0(1) R0(2) NC VCC Q9(1) Q9(2)
7491
8-Bit Shift Register
INPUT
Q̄H QH A B GND CLOCK NC
QH A B CK Q̄H
NC NC NC NC VCC NC NC

7492
Divide-by-12 Counters

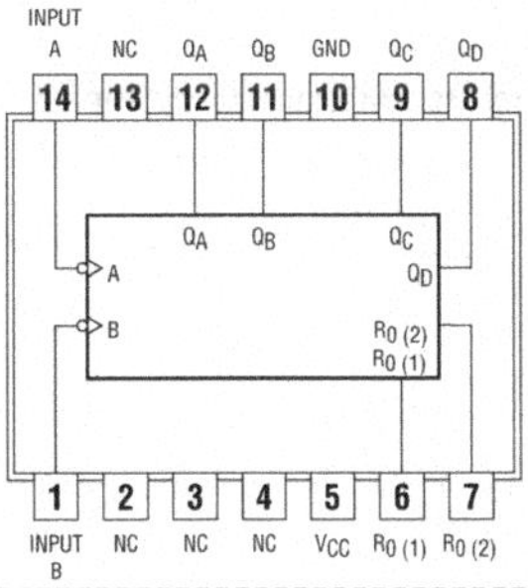

INPUT A, NC, Q_A, Q_B, GND, Q_C, Q_D
14 13 12 11 10 9 8
Q_A Q_B Q_C Q_D A B $R_{0(2)}$ $R_{0(1)}$
1 2 3 4 5 6 7
INPUT B, NC, NC, NC, V_{CC}, $R_{0(1)}$, $R_{0(2)}$

7493
4-Bit Binary Counters

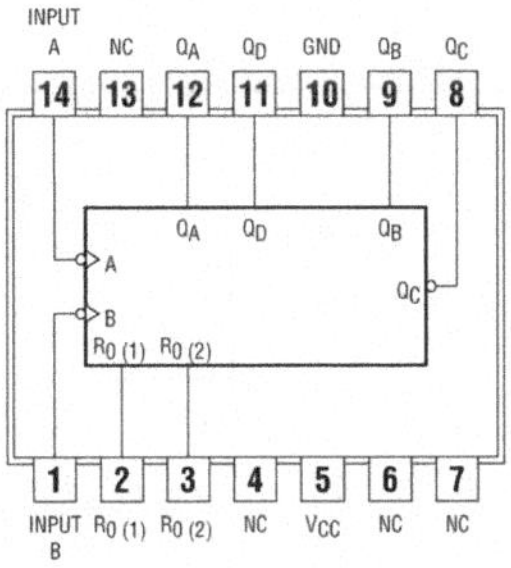

INPUT A, NC, Q_A, Q_D, GND, Q_B, Q_C
14 13 12 11 10 9 8
Q_A Q_D Q_B A Q_C B $R_{0(1)}$ $R_{0(2)}$
1 2 3 4 5 6 7
INPUT B, $R_{0(1)}$, $R_{0(2)}$, NC, V_{CC}, NC, NC

7494
4-Bit Shift Register

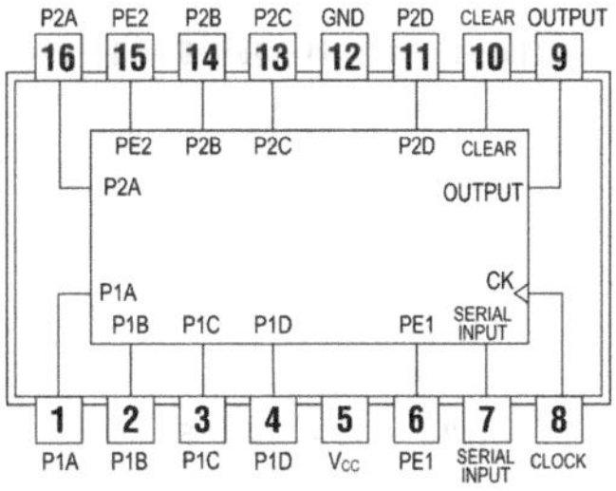

P2A, PE2, P2B, P2C, GND, P2D, CLEAR, OUTPUT
16 15 14 13 12 11 10 9
PE2 P2B P2C P2D CLEAR P2A OUTPUT P1A CK P1B P1C P1D PE1 SERIAL INPUT
1 2 3 4 5 6 7 8
P1A, P1B, P1C, P1D, Vcc, PE1, SERIAL INPUT, CLOCK

7495
4-Bit Shift Register PIPO

OUTPUTS
Vcc, Q_A, Q_B, Q_C, Q_D, CLOCK 1 R SHIFT, CLOCK 2 L SHIFT (LOAD)
14 13 12 11 10 9 8
Q_A Q_B Q_C Q_D CK1 CK2 SERIAL INPUT A B C D MODE
1 2 3 4 5 6 7
SERIAL INPUT, A, B, C, D, MODE CONTROL, GND
INPUTS

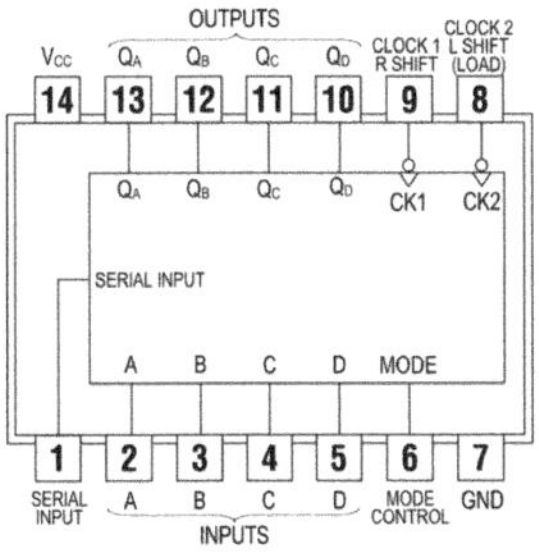

7496
5-Bit Shift Register PIPO

OUTPUTS OUTPUTS
CLEAR, Q_A, Q_B, Q_C, GND, Q_D, Q_E, SERIAL INPUT
16 15 14 13 12 11 10 9
Q_A Q_B Q_C Q_D Q_E CLEAR SERIAL INPUT CK G A B C D E
1 2 3 4 5 6 7 8
CLOCK, A, B, C, Vcc, D, E, PRESET ENABLE
PRESETS PRESETS

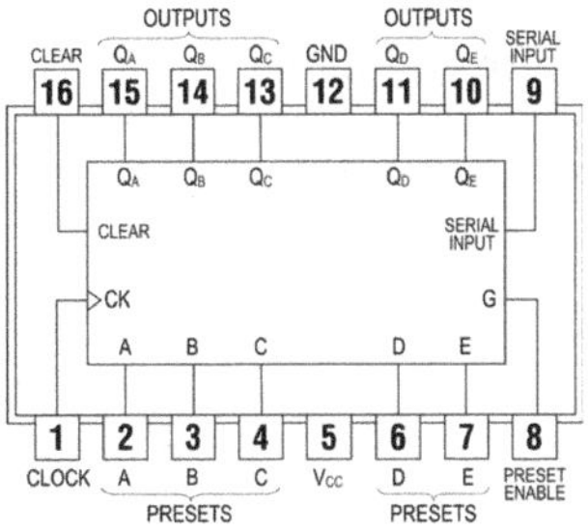

7497
6-Bit Synchronous Binary Rate Multipliers

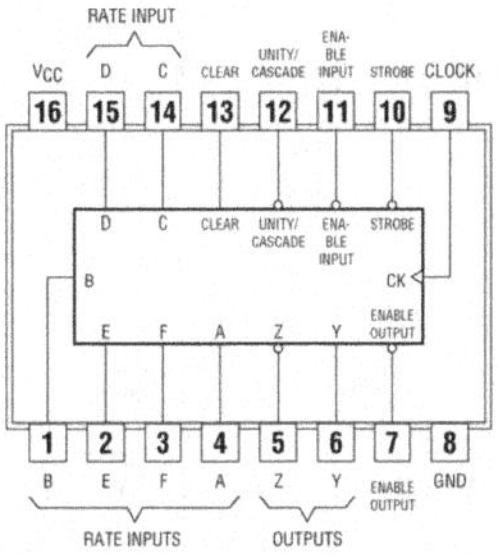

RATE INPUT
Vcc, D, C, CLEAR, UNITY/CASCADE, ENABLE INPUT, STROBE, CLOCK
16 15 14 13 12 11 10 9
D C CLEAR UNITY/CASCADE ENABLE INPUT STROBE B CK E F A Z Y ENABLE OUTPUT
1 2 3 4 5 6 7 8
B, E, F, A, Z, Y, ENABLE OUTPUT, GND
RATE INPUTS OUTPUTS

74100
8-Bit Latches

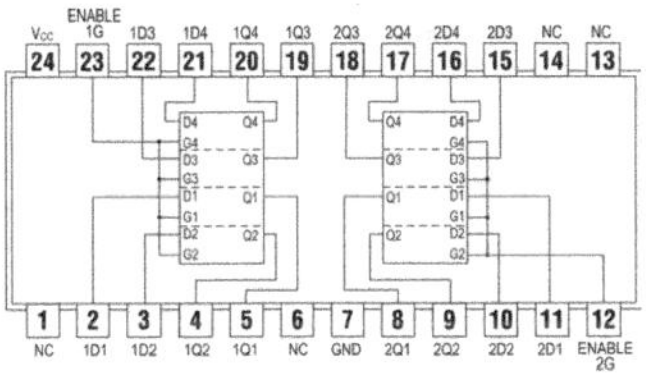

Vcc, ENABLE 1G, 1D3, 1D4, 1Q4, 1Q3, 2Q3, 2Q4, 2D4, 2D3, NC, NC
24 23 22 21 20 19 18 17 16 15 14 13
1 2 3 4 5 6 7 8 9 10 11 12
NC, 1D1, 1D2, 1Q2, 1Q1, NC, GND, 2Q1, 2Q2, 2D2, 2D1, ENABLE 2G

74107
Dual J-K Flip Flops with Clear

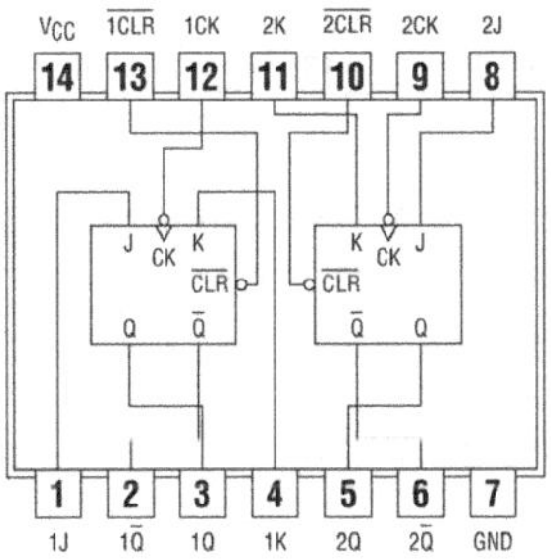

VCC, $\overline{1CLR}$, 1CK, 2K, $\overline{2CLR}$, 2CK, 2J
14 13 12 11 10 9 8
J CK K $\overline{CLR}$ Q $\overline{Q}$
1 2 3 4 5 6 7
1J, $1\overline{Q}$, 1Q, 1K, 2Q, $2\overline{Q}$, GND

74109
Dual J-K Flip Flops with Preset and Clear

VCC, $\overline{2CLR}$, 2J, $2\overline{K}$, 2CK, $\overline{2PR}$, 2Q, $2\overline{Q}$
16 15 14 13 12 11 10 9
J PR Q CK $\overline{K}$ $\overline{Q}$ CLR
1 2 3 4 5 6 7 8
$\overline{1CLR}$, 1J, $1\overline{K}$, 1CK, $\overline{1PR}$, 1Q, $1\overline{Q}$, GND

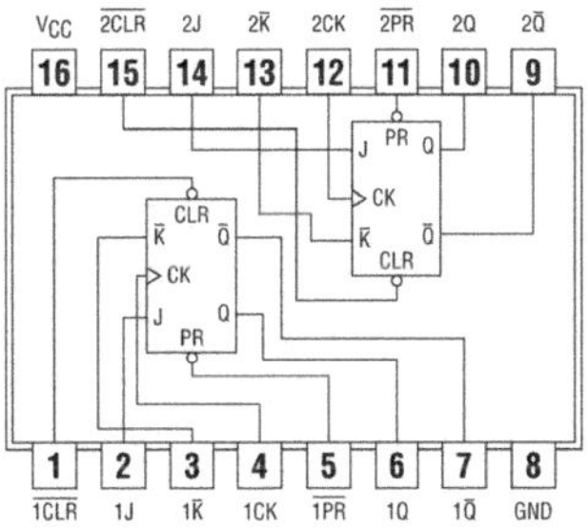

74112
Dual J-K Flip Flops with Preset and Clear

VCC, $\overline{1CLR}$, $\overline{2CLR}$, 2CK, 2K, 2J, $\overline{2PR}$, 2Q
16 15 14 13 12 11 10 9
K CLR $\overline{Q}$ CK J PR Q
1 2 3 4 5 6 7 8
1CK, 1K, 1J, $\overline{1PR}$, 1Q, $1\overline{Q}$, $2\overline{Q}$, GND

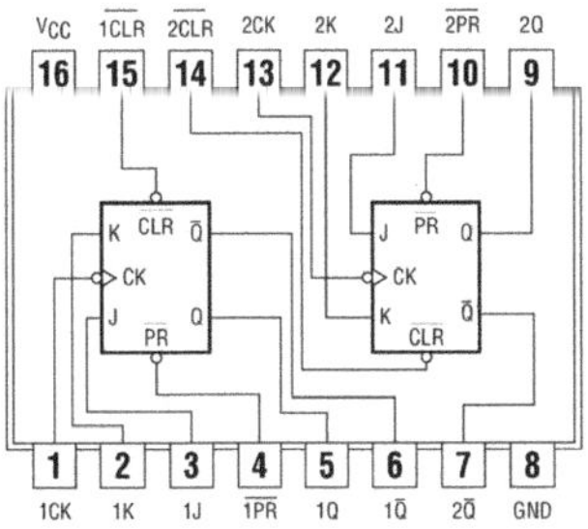

74113
Dual J-K Flip Flops with Preset

VCC, 2CK, 2K, 2J, $\overline{2PR}$, 2Q, $2\overline{Q}$
14 13 12 11 10 9 8
J PR Q CK K $\overline{Q}$
1 2 3 4 5 6 7
1CK, 1K, 1J, $\overline{1PR}$, 1Q, $1\overline{Q}$, GND

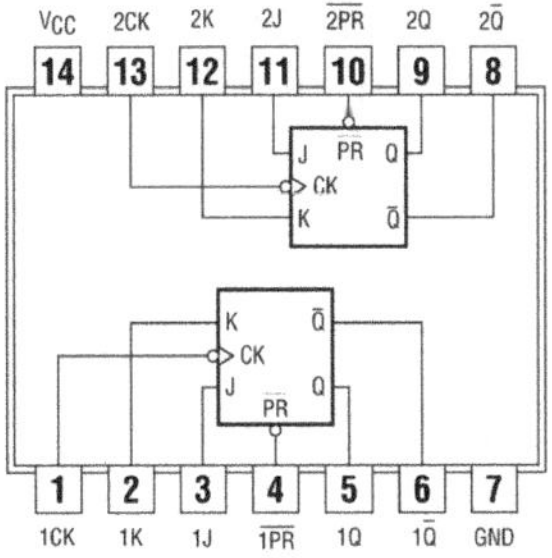

74114
Dual J-K Flip Flops with Preset and Clear

Vcc, CK, 2K, 2J, 2PR, 2Q, $2\overline{Q}$
14 13 12 11 10 9 8
PR J Q CK K $\overline{Q}$ CLR
1 2 3 4 5 6 7
CLR, 1K, 1J, 1PR, 1Q, $1\overline{Q}$, GND

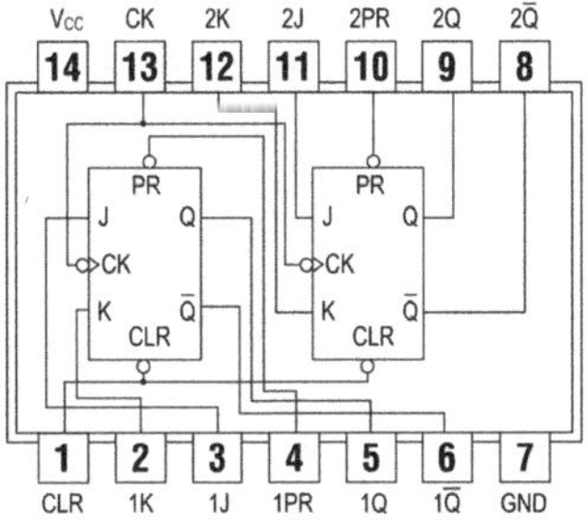

74121
Monostable Multivibrators

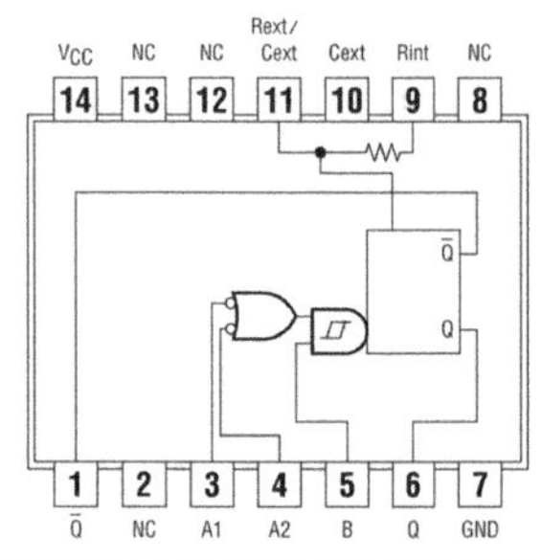

74122
Monostable Multivibrators with Clear

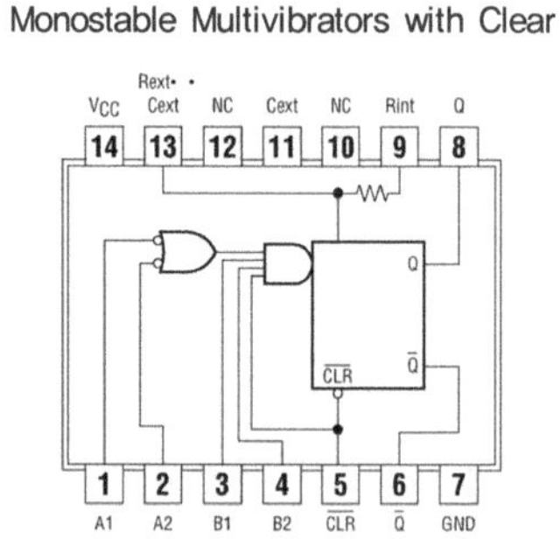

74123
Dual Monostable Multivibarators with Clear

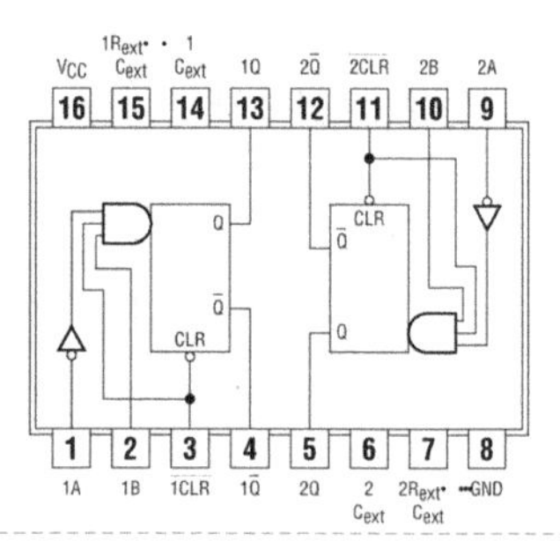

74125
Quad Bus Buffer Gates 3-State

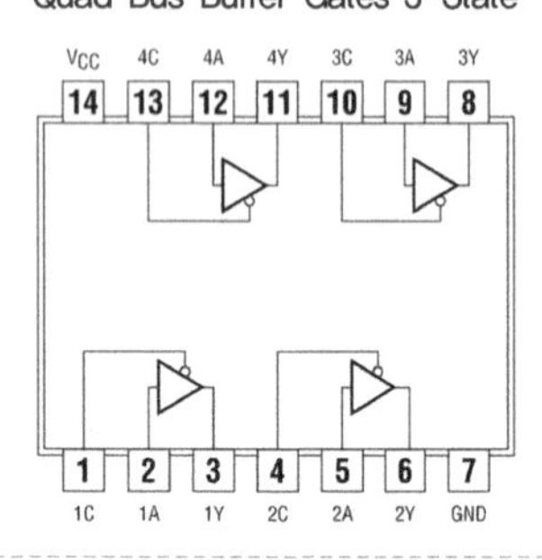

74126
Quad Bus Buffer Gates 3-State

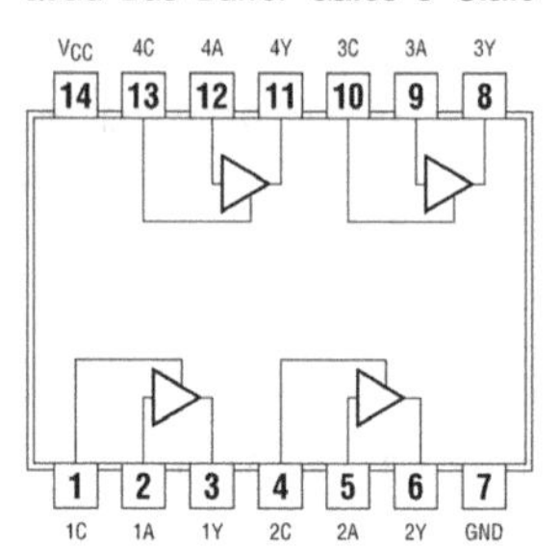

74132
Quad 2-Input NAND Schmitt Triggers

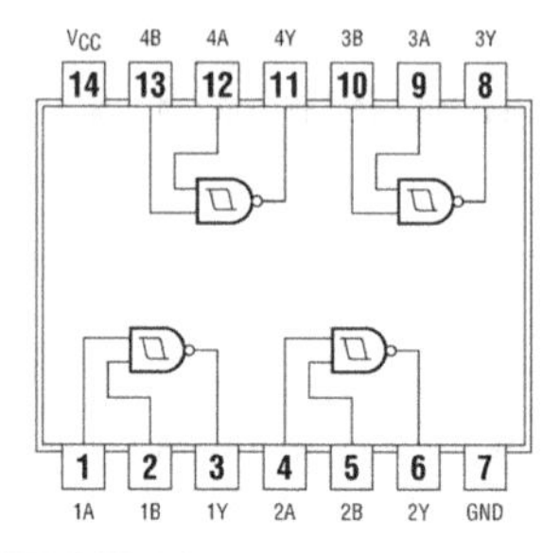

74133
13-Input NAND

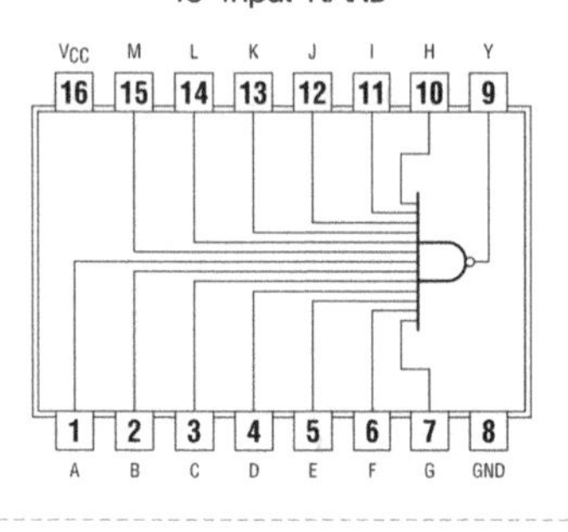

74134
12-Input 3 States NAND

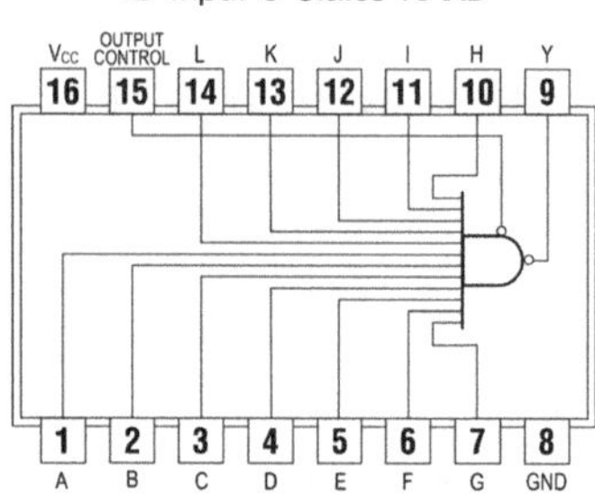

74135
Quad 2-Input XOR/XNOR

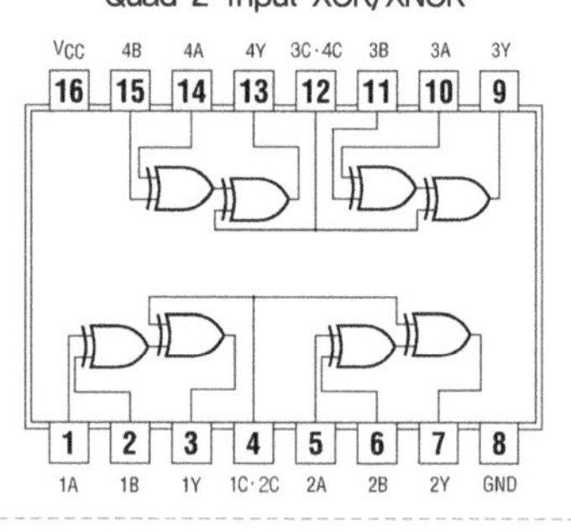

74136
Quad 2-Input XOR O.C.

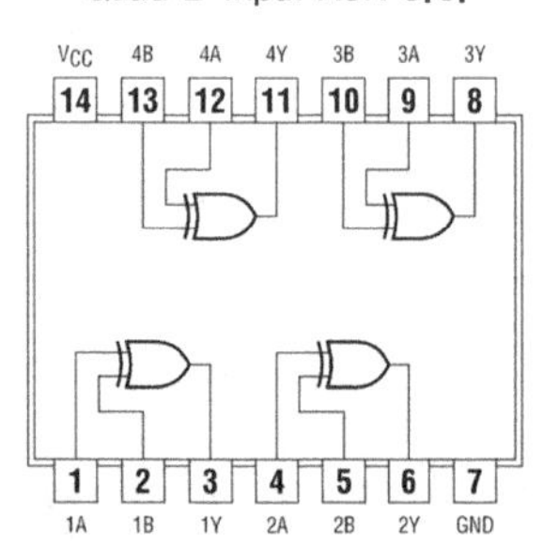

74137
3-to-8 Line Decoders/Demultiplexers Latch

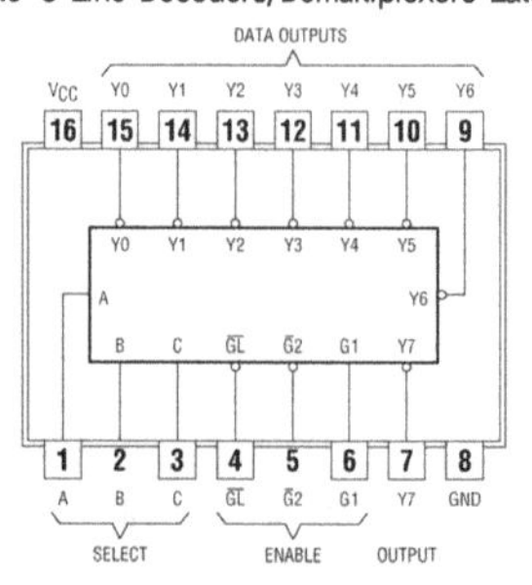

74138
3-to-8 Line Decoders/Demultiplexers

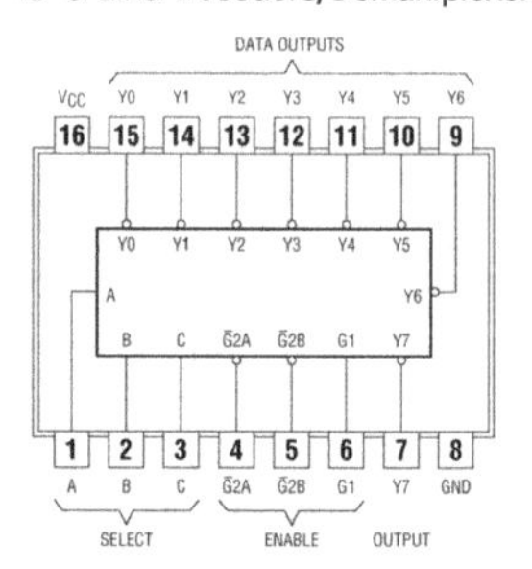

74139
Dual 2-to-4 Line Decoders/Demultiplexers

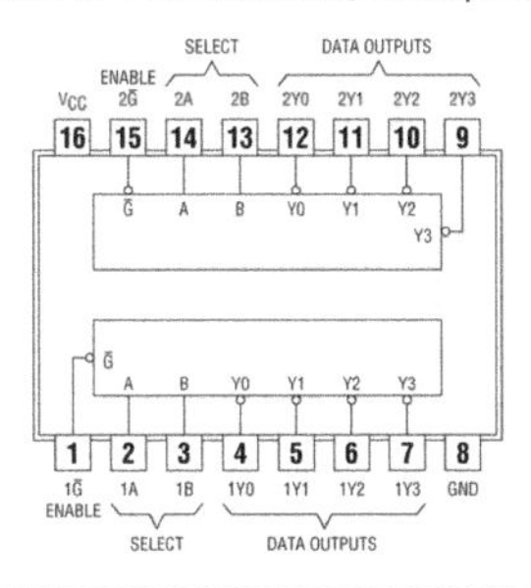

74140
Quad 4-input NAND Line Driver(50Ω)

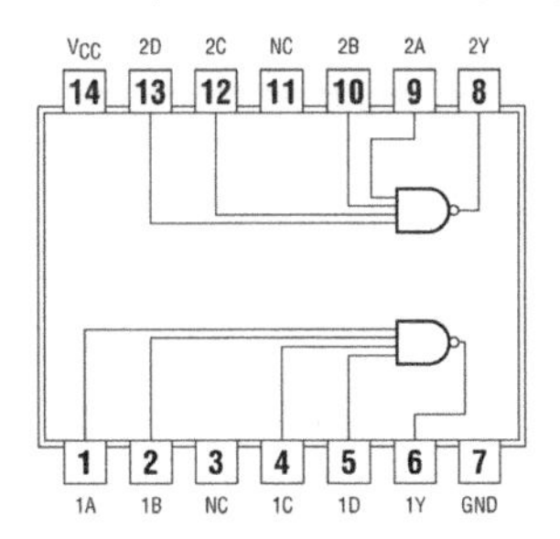

74145
BCD-to-Decimal Decoders/Drivers O.C.

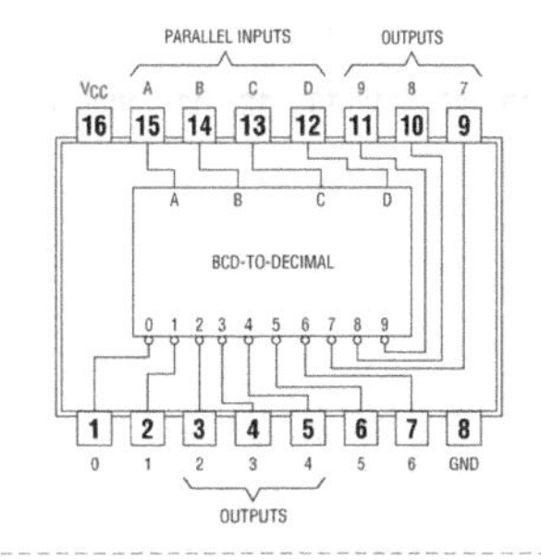

74147
10-to-4 Line Priority Encoder

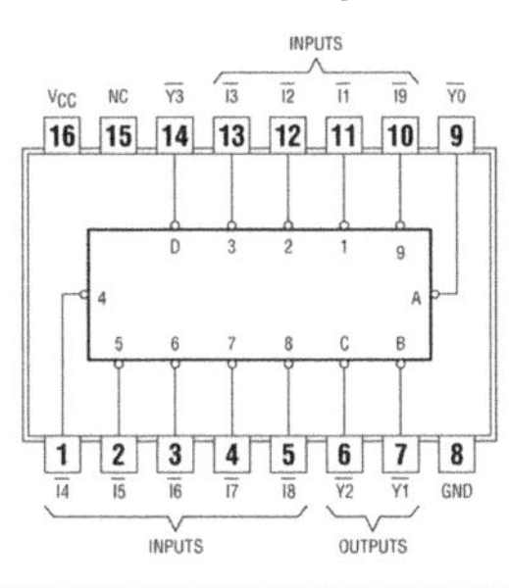

74148
8-to-3 Line Priority Encoders

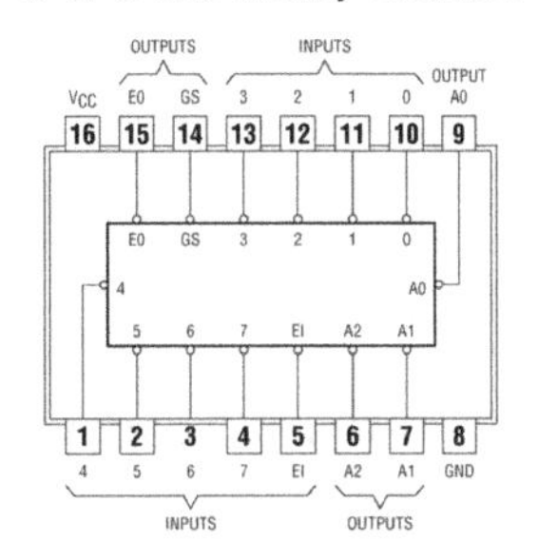

74150
16-to-1 Line Data Selector

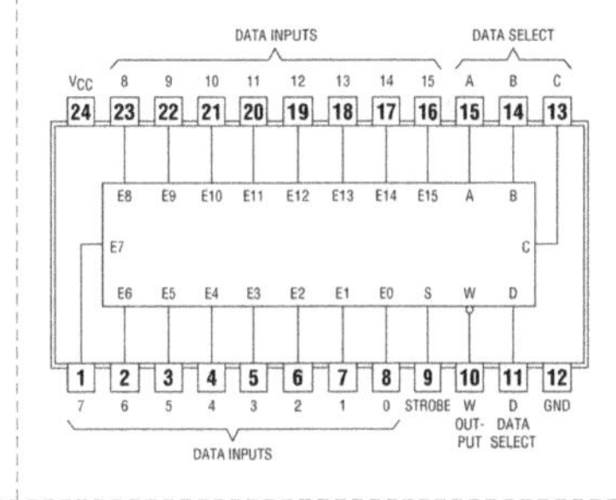

74151
8-to-1 Line Data Selectors/Multiplexers

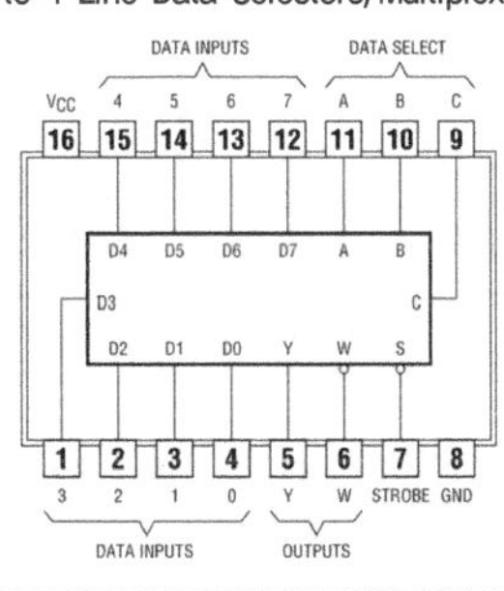

74152
8-to-1 Line Data Selector

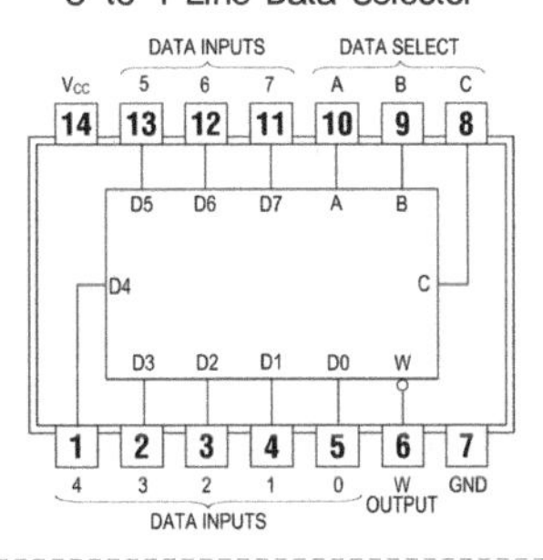

74153
Dual 4-to-1 Line Data Selectors/Multiplexers

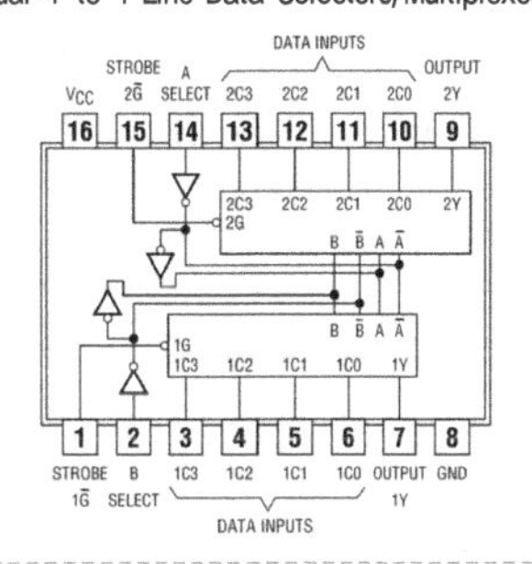

74154
4-to-16 Line Decoders/Demultiplexer

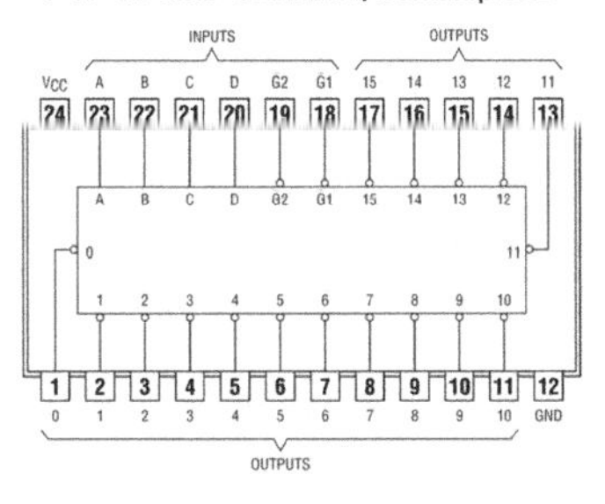

74155, 74156
Dual 2-to-4 Line Decoders/Demultiplexers

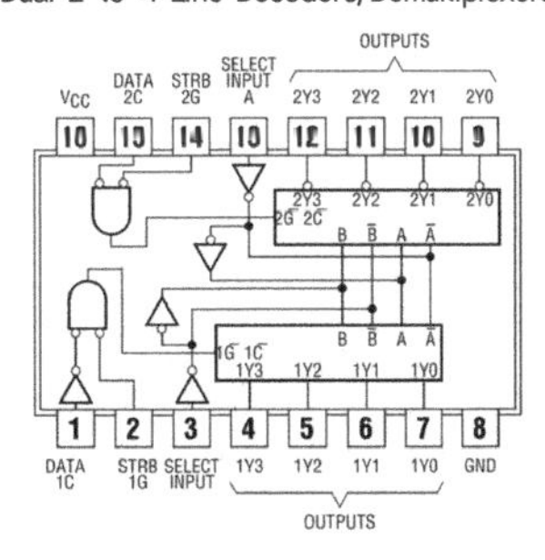

74157, 74158
Quad 2-to-1 Line Data Selectors/Multiplexers

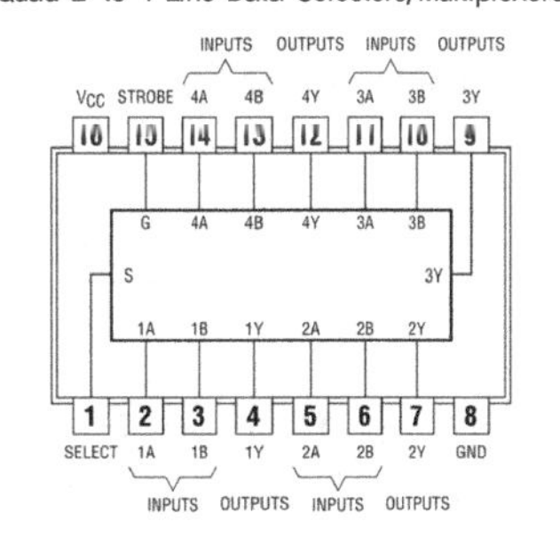

74160, 74162
Synchronous Presettable BCD Counter with Clear

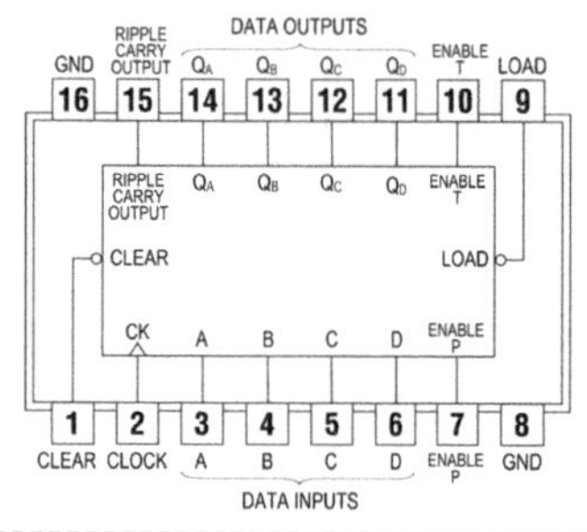

74161, 74163
Synchronous 4-bit Binary Counters

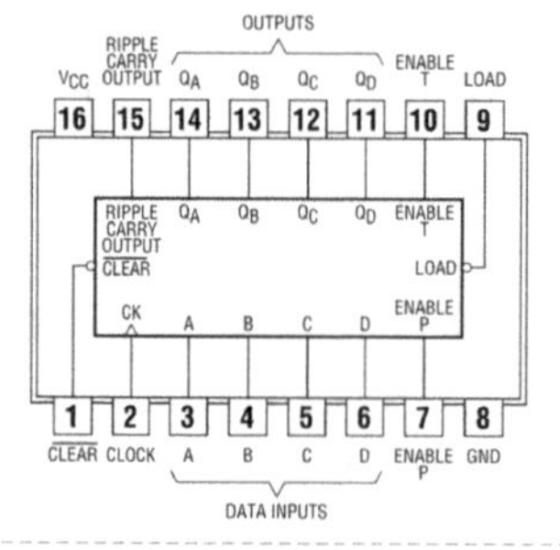

74164
8-Bit Shift Registers(P-Out Serial)

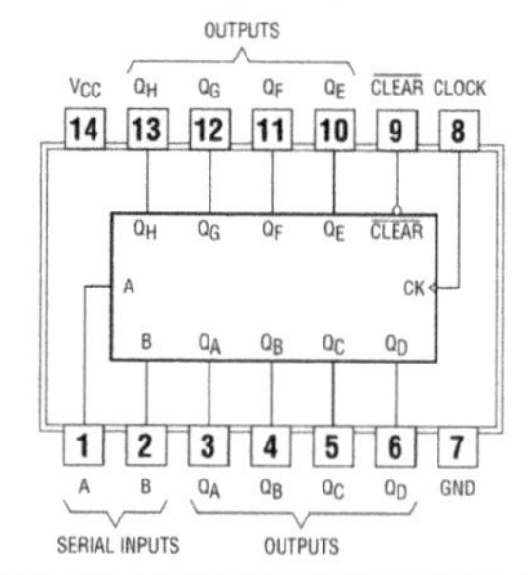

74165
8-Bit Shift Registers(P-Load)

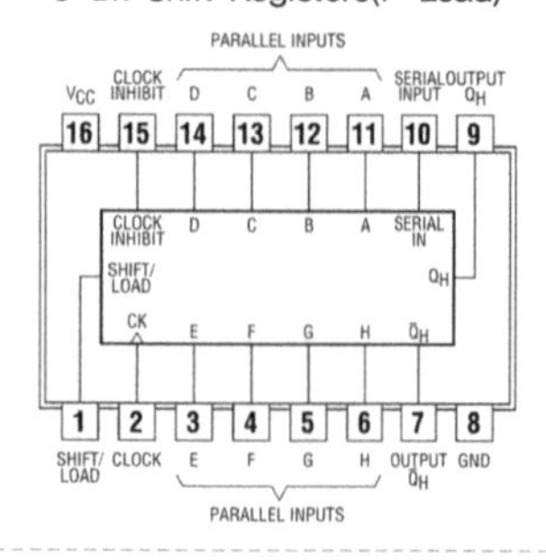

74166
8-Bit Shift Registers(P-Load)

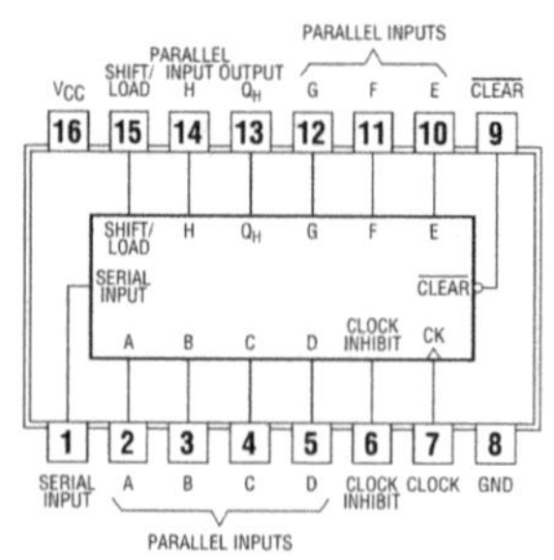

74168, 74169
BCD/Decade Synchronous Up-Down Counters

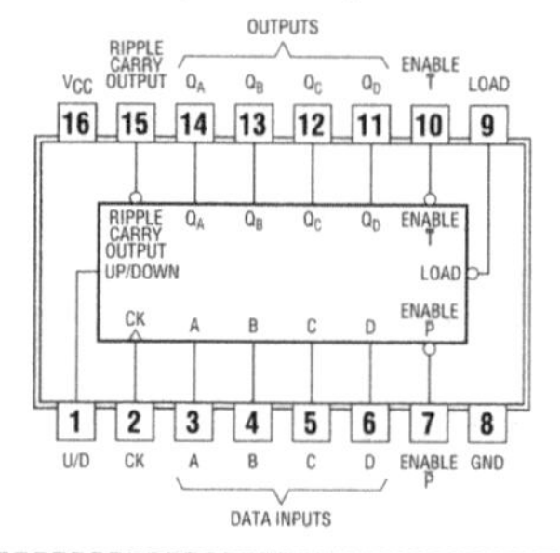

74170
4-by-4 Register Files NC-ND internal connection

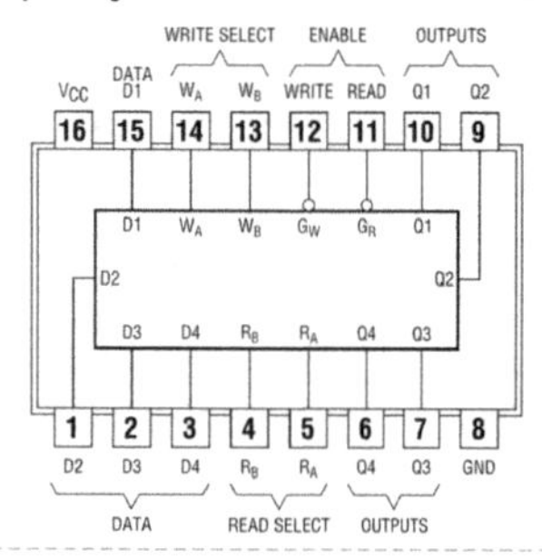

74173
4-Bit D-Type Registers

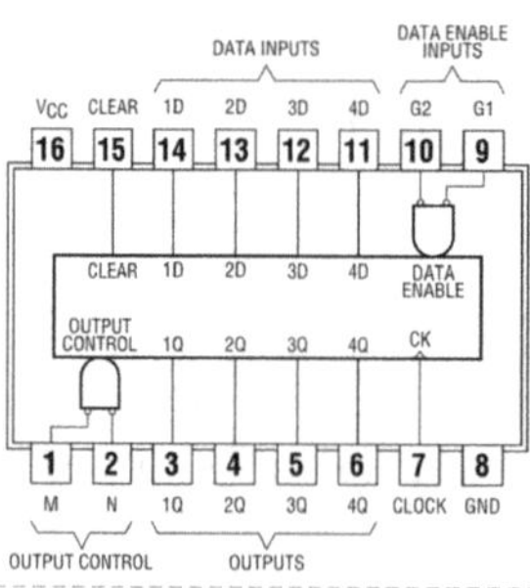

74174
Hex D-Type Flip Flops

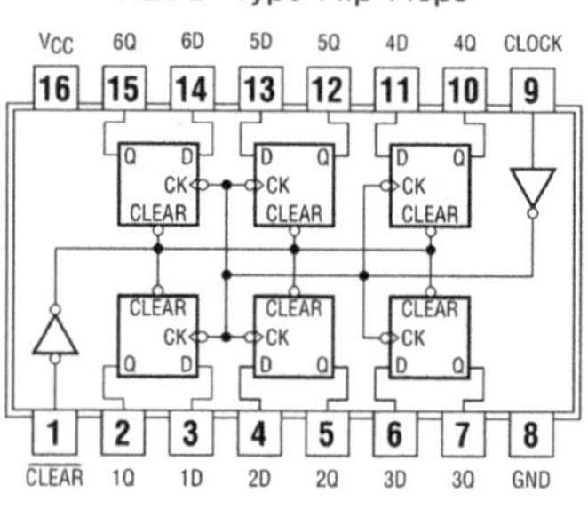

74175
Quad D-Type Flip Flops

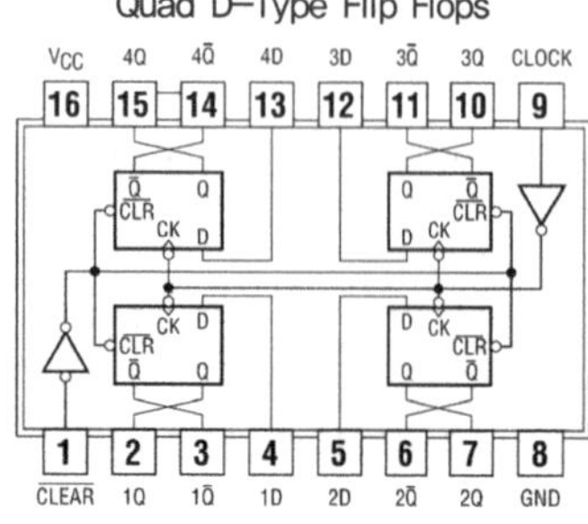

74176, 74177
Presettable Decade Counter
Presettable Binary Counter

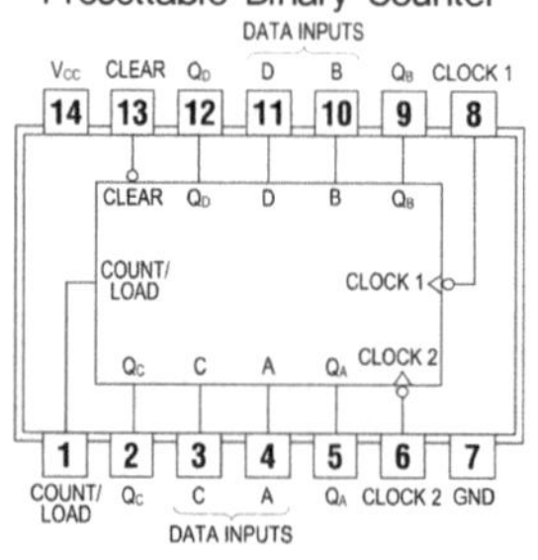

74178
4-Bit Register PIPO

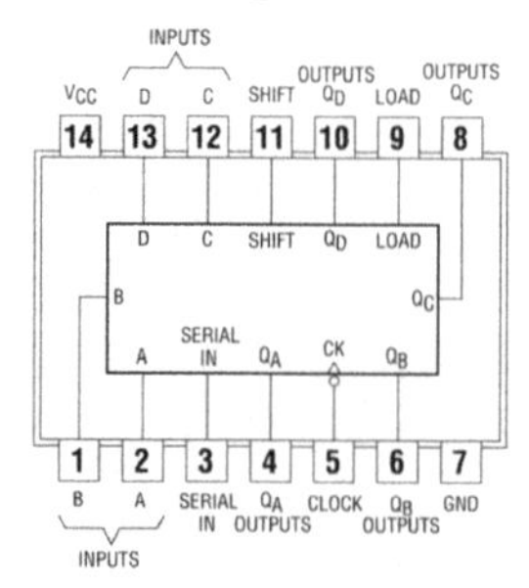

74179 74180 74181

74179
4-Bit Shift Register PIPO

INPUTS: C (15), D (14), B (2), A (3), SERIAL IN (4), CLOCK (6), LOAD (10), SHIFT (13)
OUTPUTS: $\overline{Q_D}$ (12), Q_D (11), Q_C (9), Q_A (5), Q_B (7)
GND (16), CLEAR (1), GND (8)

74180
8-Bit Parity Generator

74181
4-Bit ALU/Function Generators

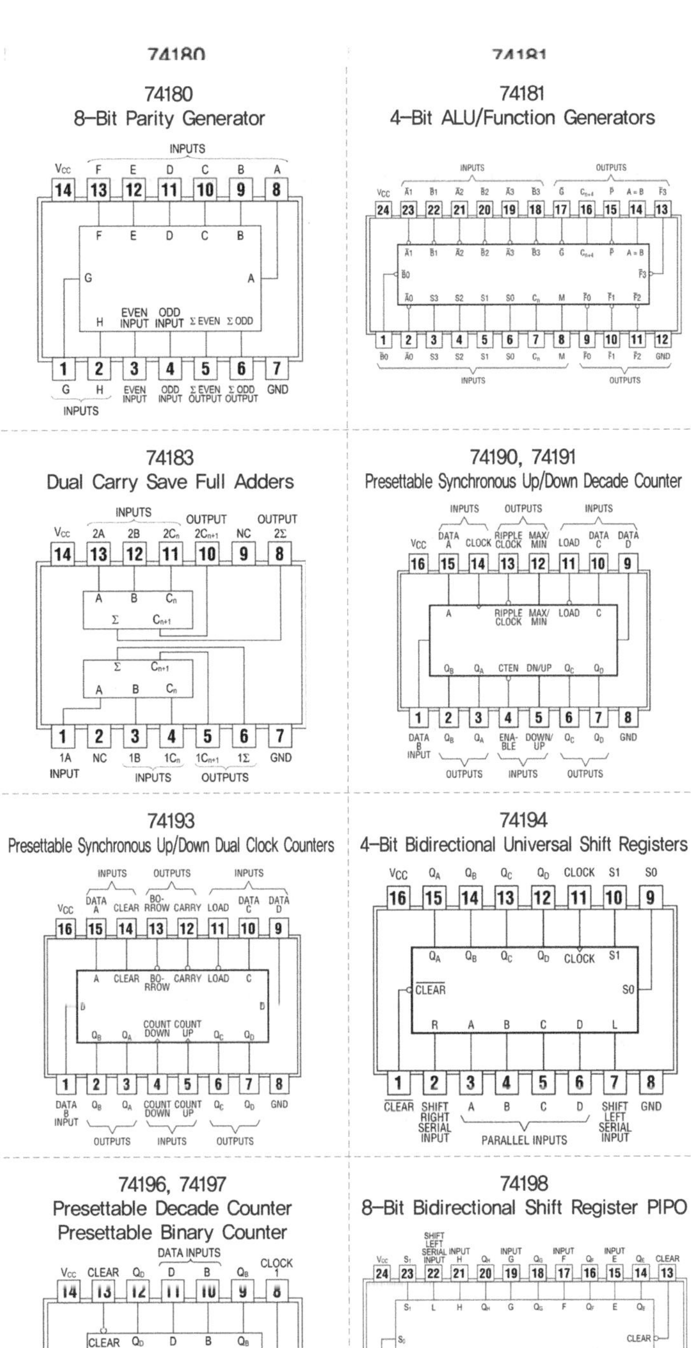

74182
Look-Ahead Carry Generators

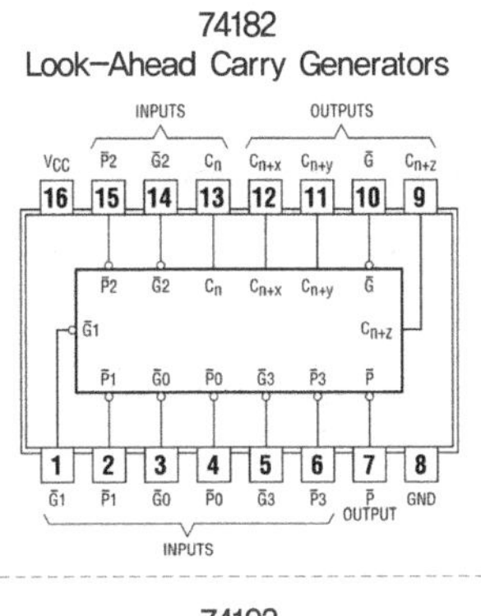

74183
Dual Carry Save Full Adders

74190, 74191
Presettable Synchronous Up/Down Decade Counter

74192
Presettable Synchronous 4-Bit Up/Down Counters

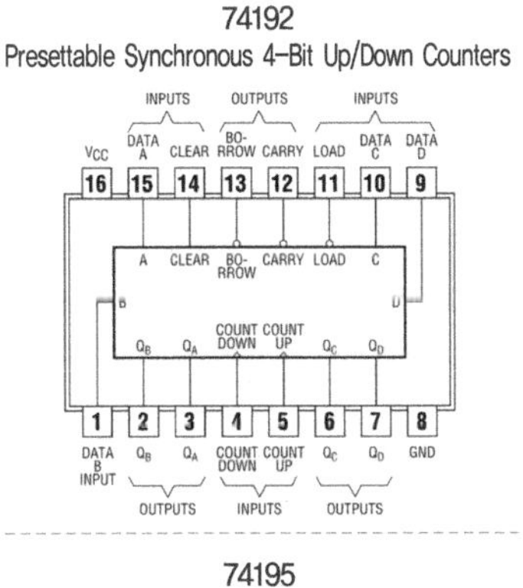

74193
Presettable Synchronous Up/Down Dual Clock Counters

74194
4-Bit Bidirectional Universal Shift Registers

74195
4-Bit Parallel Access Shift Registers

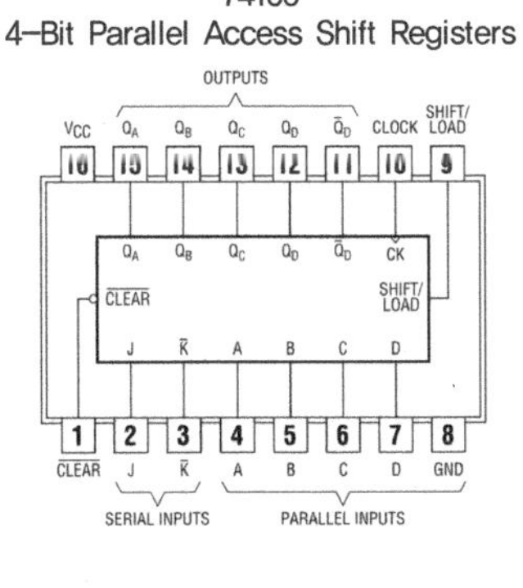

74196, 74197
Presettable Decade Counter
Presettable Binary Counter

74198
8-Bit Bidirectional Shift Register PIPO

74199
8-Bit Shift Register PIPO

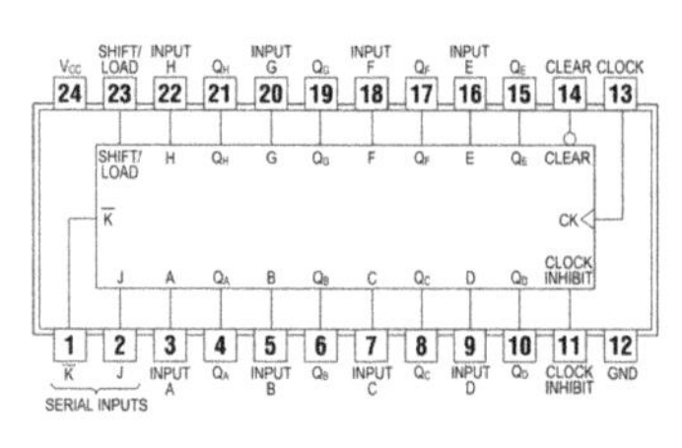

74221
Dual Monostable Multivibrators

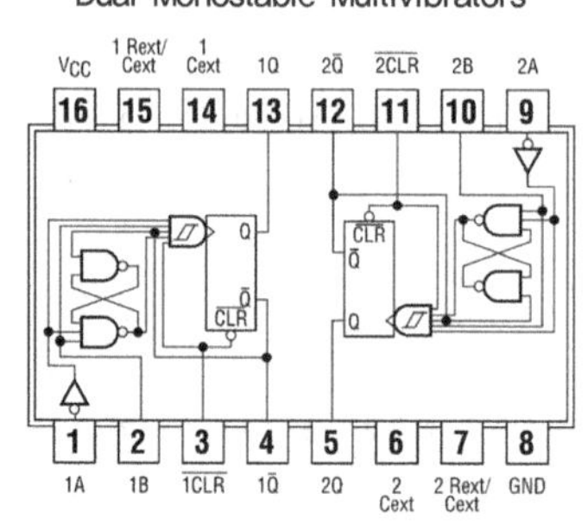

74224
16X4 Synchronous FIFO Memory with 3-State Outputs

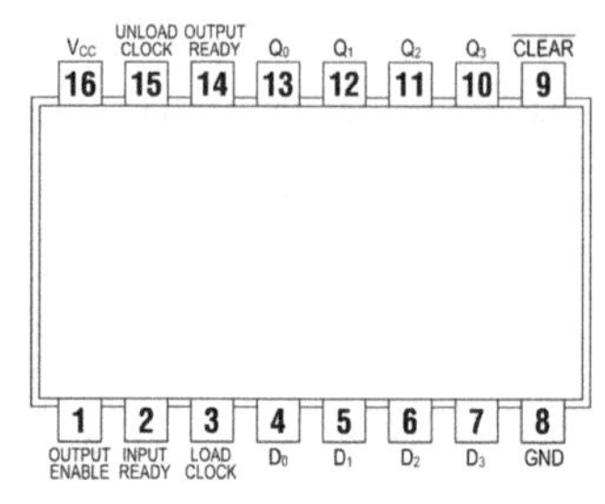

74238
3-to-8-Line Decoders/Demultiplexers

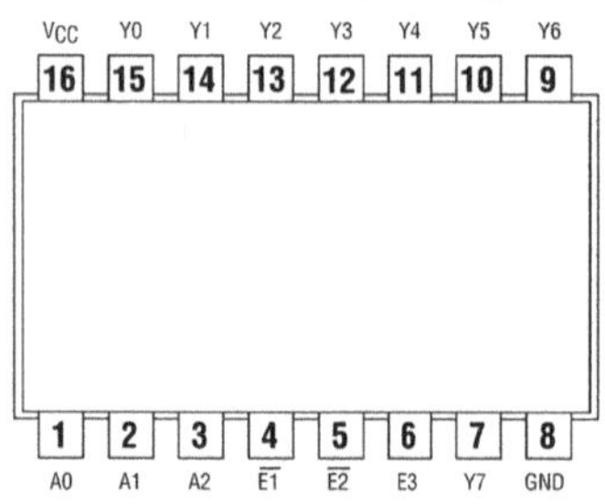

74240
Octal Bus Drivers 3-State

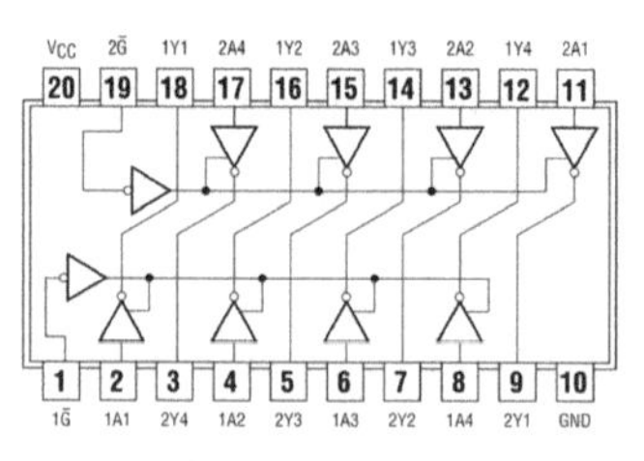

74241
Octal Bus Drivers 3-State

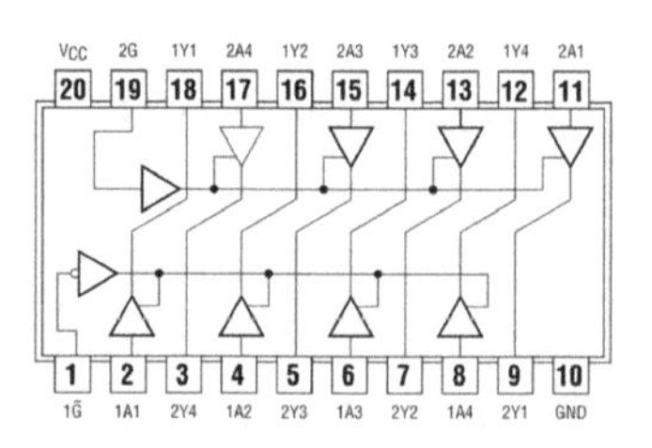

74242
Quad Bus Transceiver

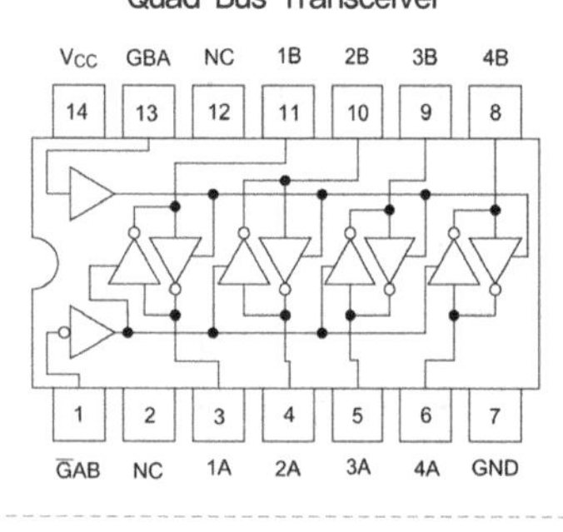

74243
Quadruple Bus Transceivers

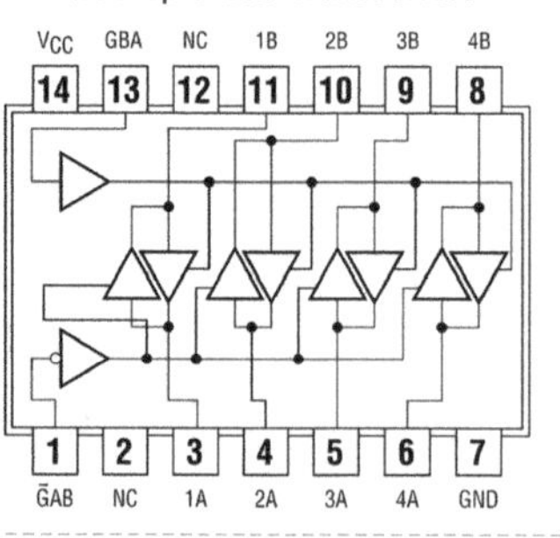

74244
Octal Bus Drivers 3-State

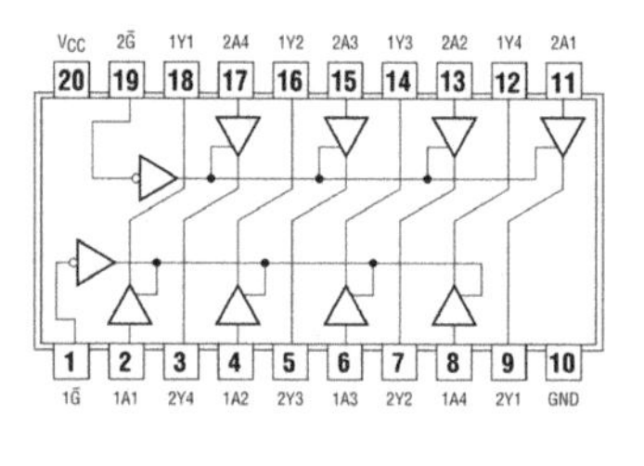

74245
Octal Bus Transceivers 3-State

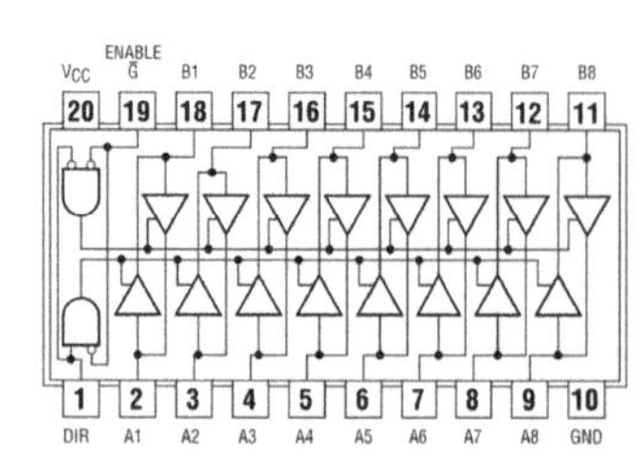

74246, 74247
BCD-to-Seven Segment Decoders

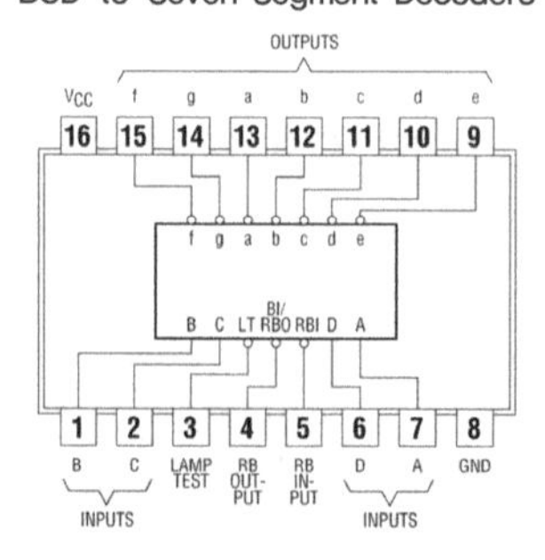

74248, 74249
BCD-to-Seven Segment Decoder

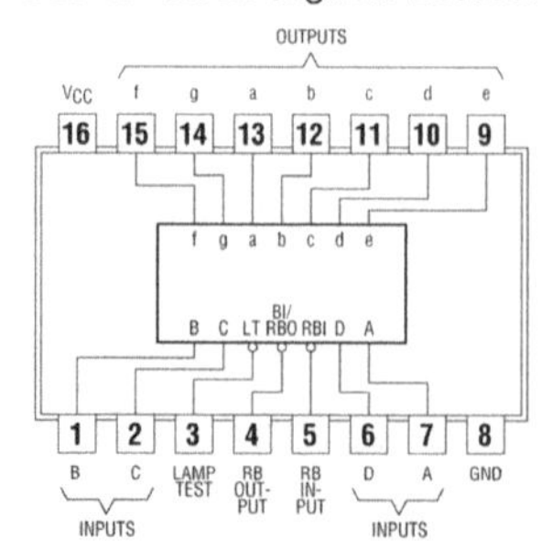

74251
Data Selectors/Multiplexers 3-State

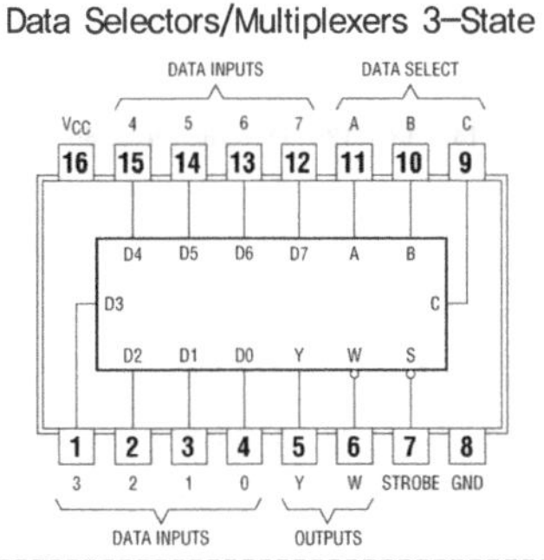

74253
Dual 4-to-1 Line Data Selector/Multiplexers 3-State

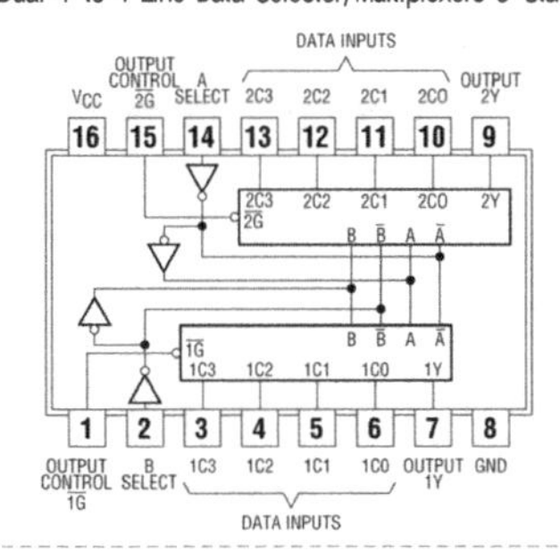

74256
Dual 4-Bit Addressable Latch

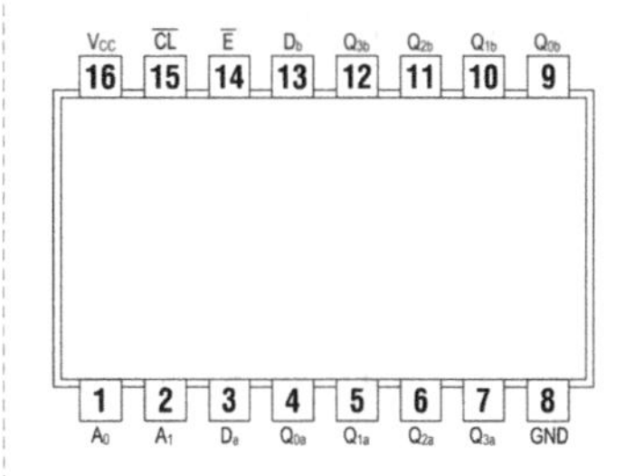

74257
Quad 2-to-1 Data Selector/Multiplexers 3-State

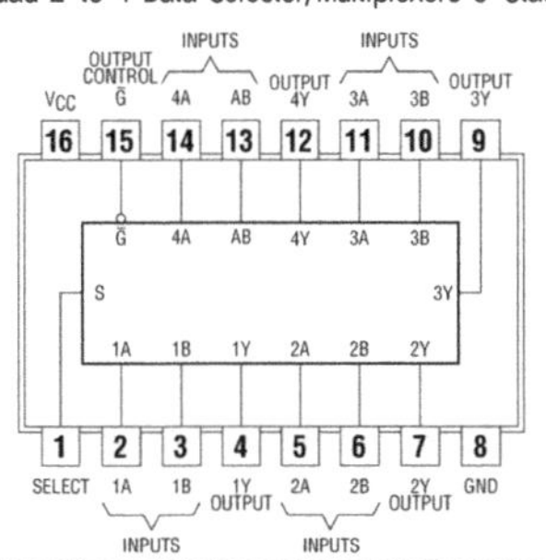

74258
Quad 2-to-1 Data Selector/Multiplexers 3-State

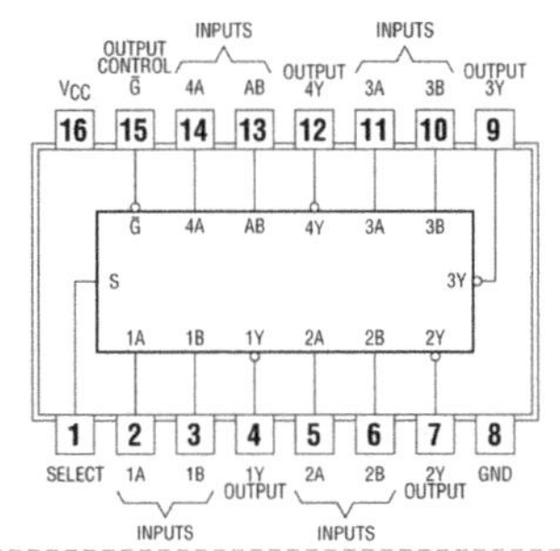

74259
8-Bit Addressable Latches

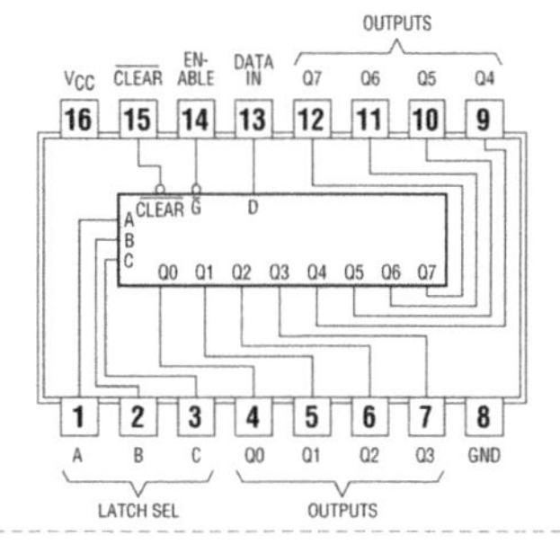

74260
Dual 5-Input NOR Gates

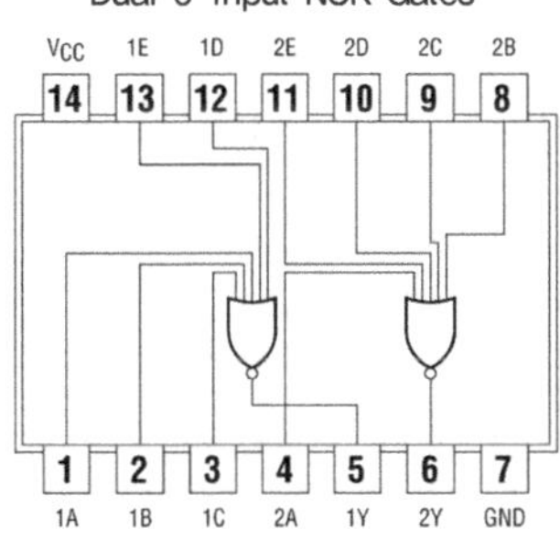

74266
Quad 2-Input XNOR O.C.

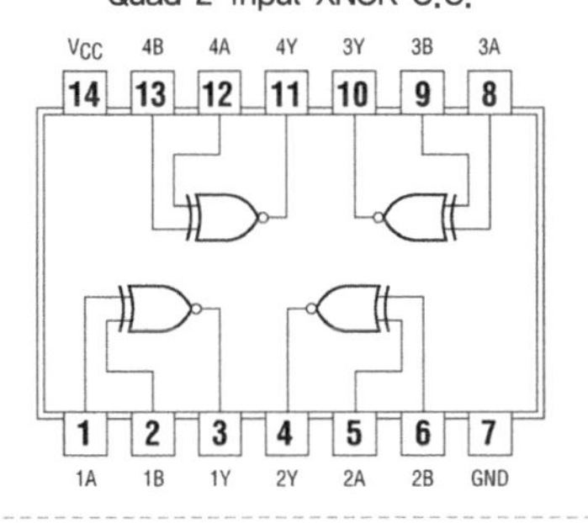

74273
Octal D-Type Flip Flops

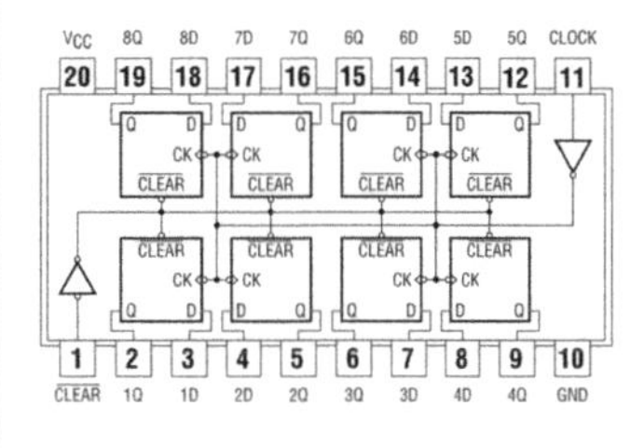

74276
Quad J-$\overline{K}$ Flip Flops

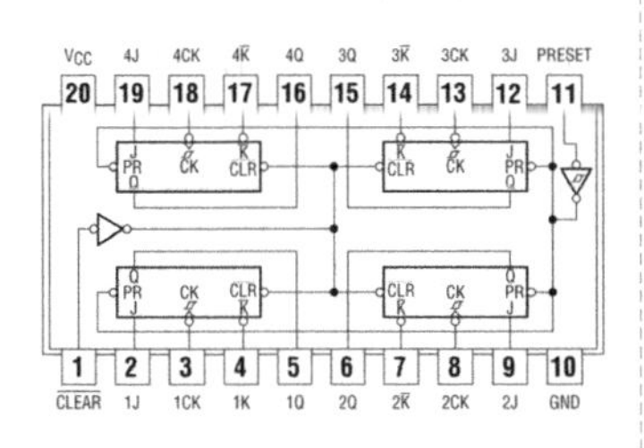

74279
Quad $\overline{S}$-$\overline{R}$ Latches

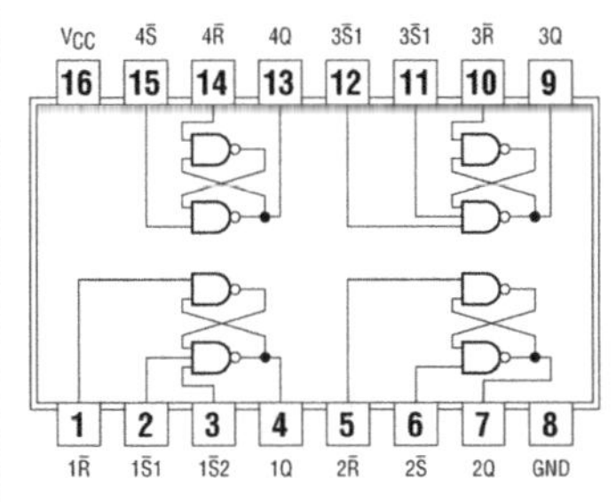

74280
9-Bit Parity Generators/Checkers

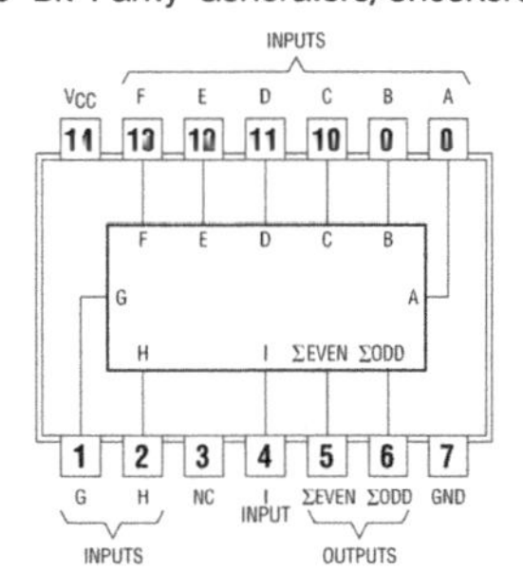

74283
4-Bit Binary Full Adders

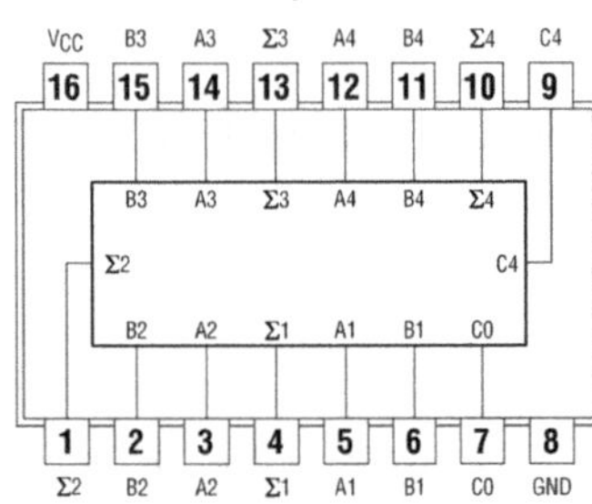

74286
9-Bit Parity Generators/Checkers

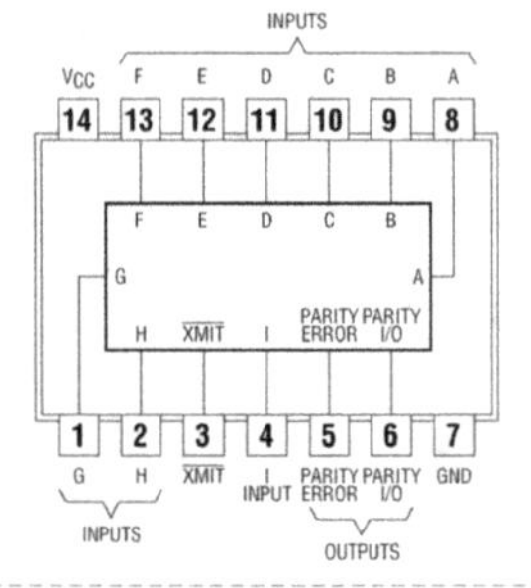

74290
Decade Counter

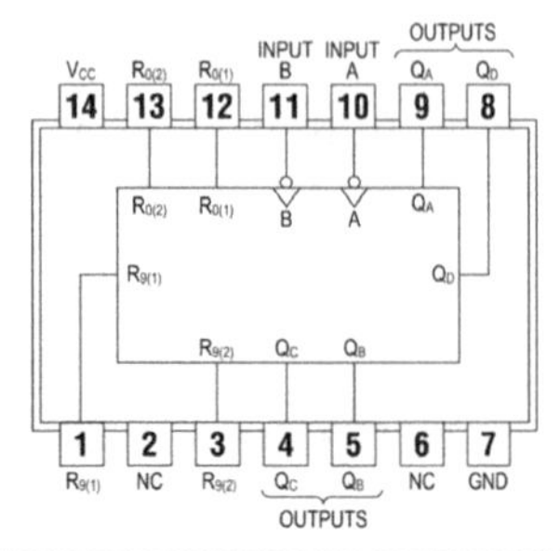

74293
4-Bit Binary Counters

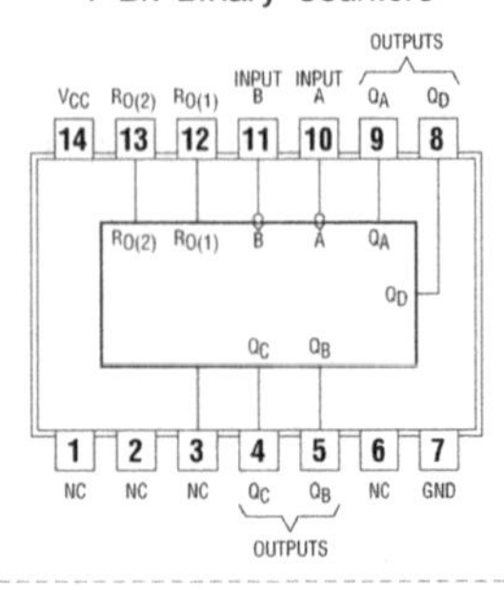

74295
4-Bit Shift PIPO 3-State

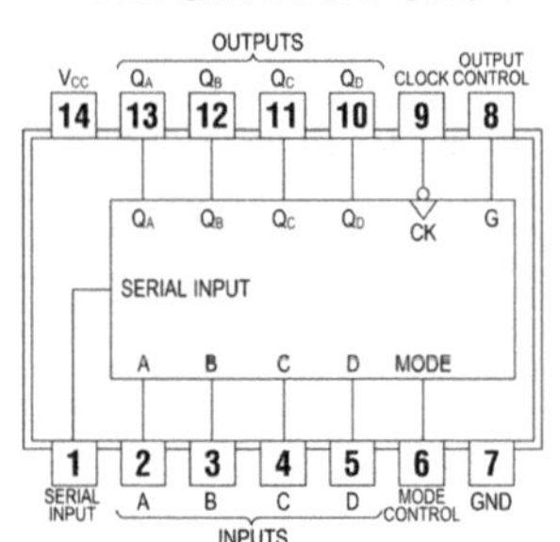

74298
Quad 2-Input Multiplexers with Storage

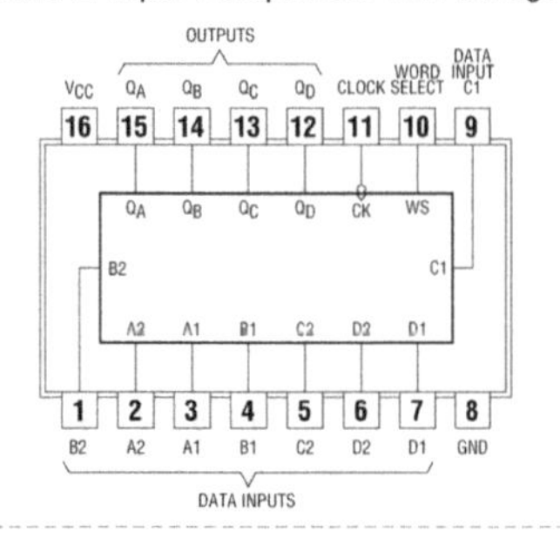

74299, 74323
8-Bit bidirectional Universal Shift/Storage Registers

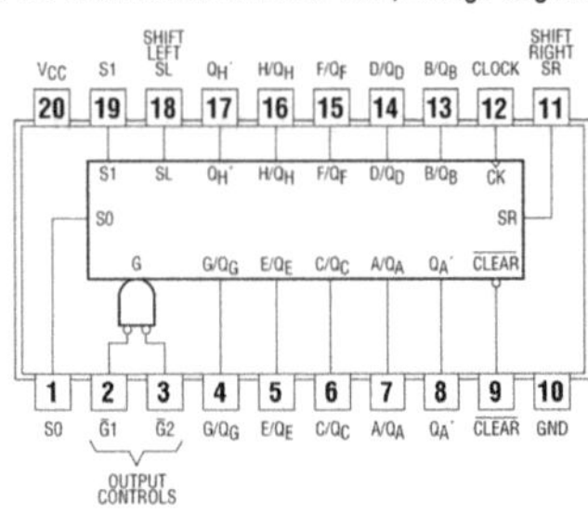

74322
8-Bit Shift Register with Sign Extend

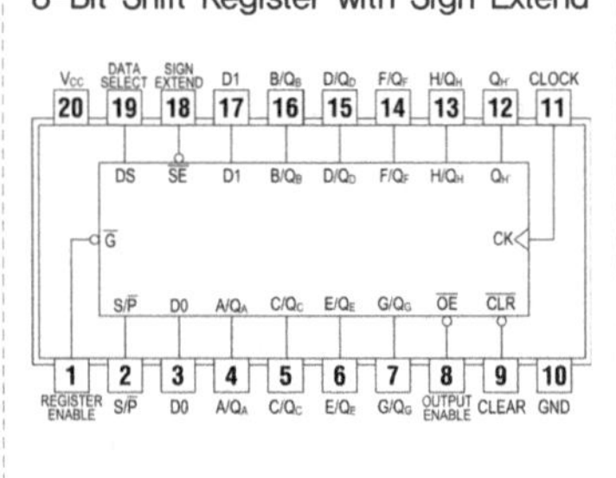

74348
8-to-3 Line Priority Encoder

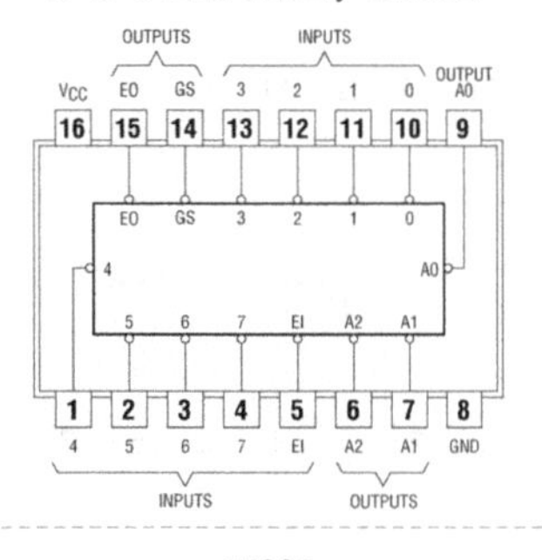

74352
Dual 4-to-1 Line Data Selector

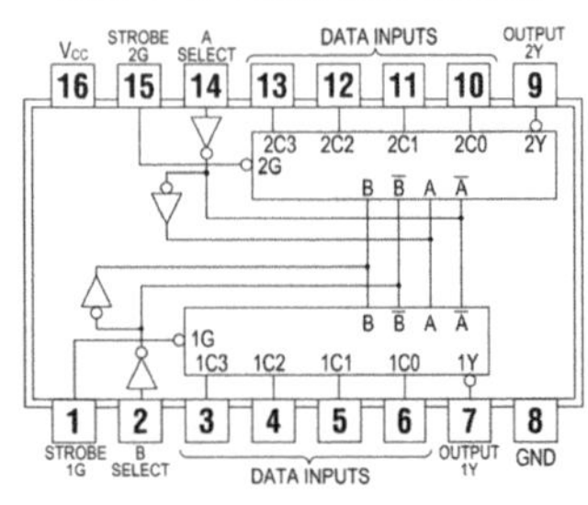

74353
Dual 4-to-1 Line Data Selector 3-State

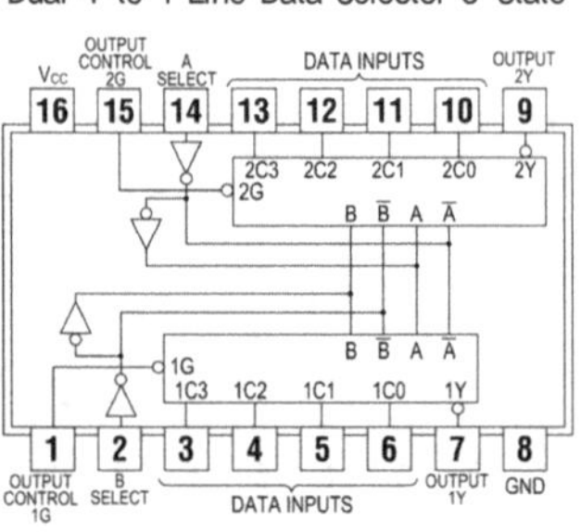

74365
Hex Bus Drivers Hex Buffers/Line Drivers 3-State

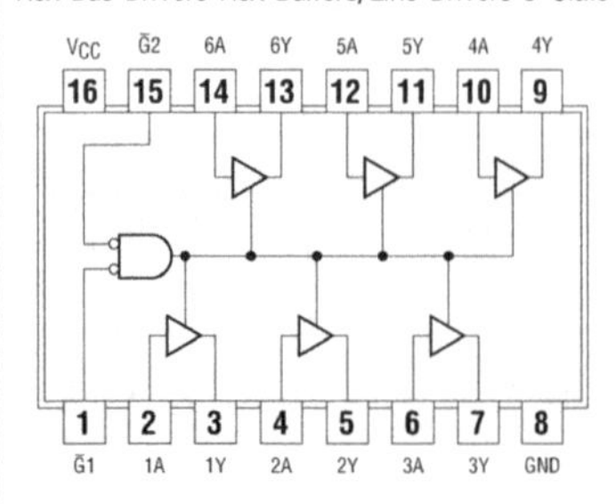

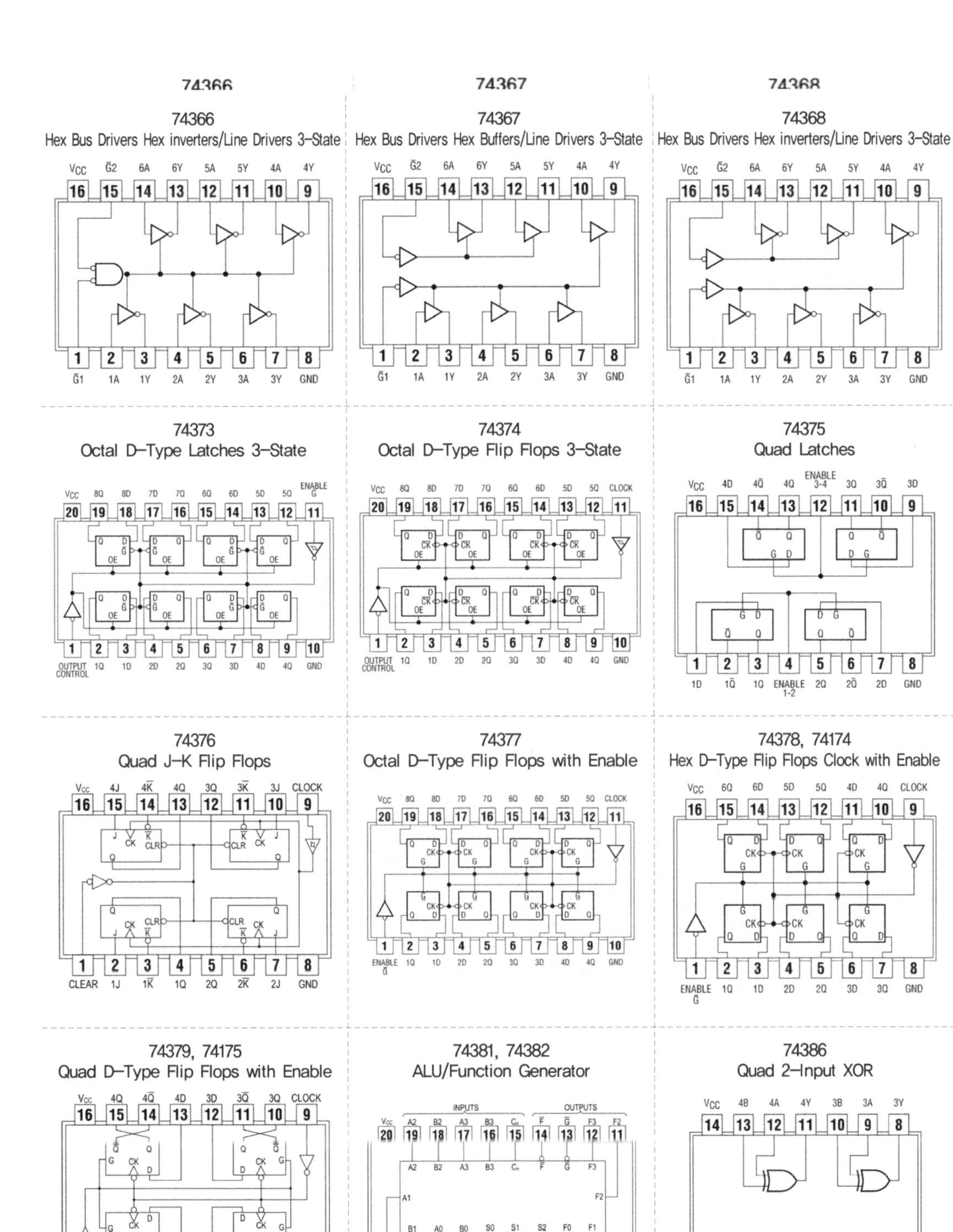
74366
Hex Bus Drivers Hex inverters/Line Drivers 3-State
74367
Hex Bus Drivers Hex Buffers/Line Drivers 3-State
74368
Hex Bus Drivers Hex inverters/Line Drivers 3-State
74373
Octal D-Type Latches 3-State
74374
Octal D-Type Flip Flops 3-State
74375
Quad Latches
74376
Quad J-K Flip Flops
74377
Octal D-Type Flip Flops with Enable
74378, 74174
Hex D-Type Flip Flops Clock with Enable
74379, 74175
Quad D-Type Flip Flops with Enable
74381, 74382
ALU/Function Generator
74386
Quad 2-Input XOR

74390
Dual Decade Counters

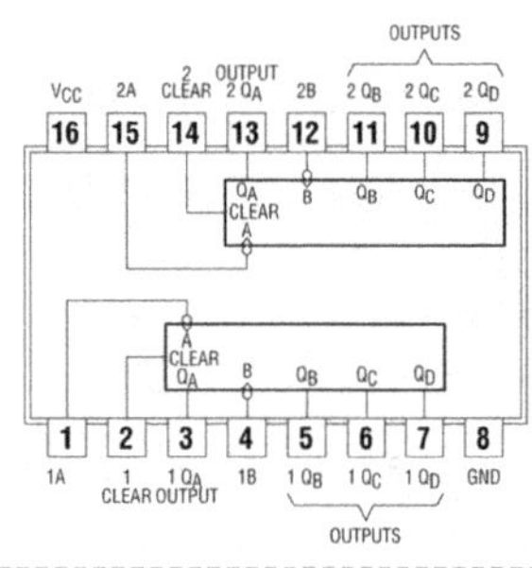

74393
Dual 4-Bit Binary Counters

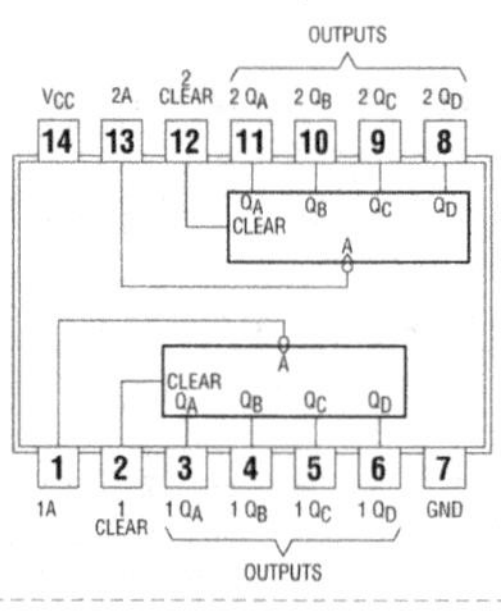

74395
4-Bit Shift Register PIPO

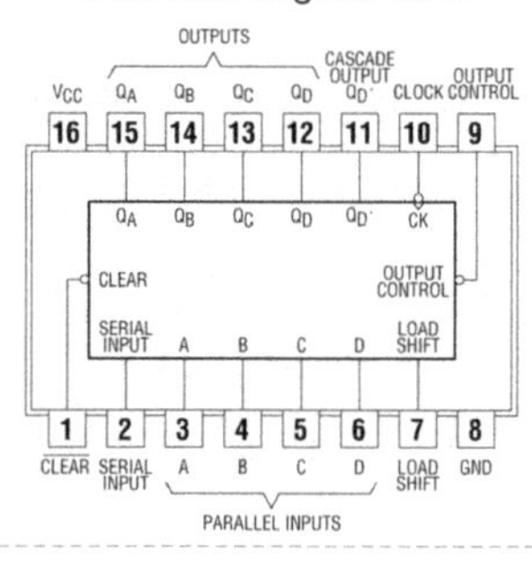

74396
Octal Storage Register

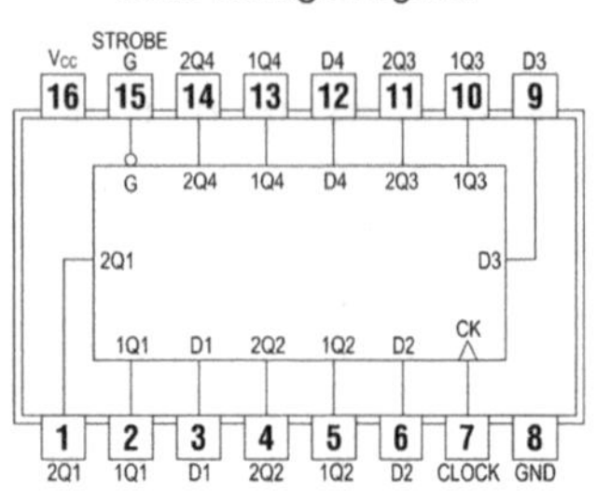

74398
Quad 2-Input Multiplexer with Storage

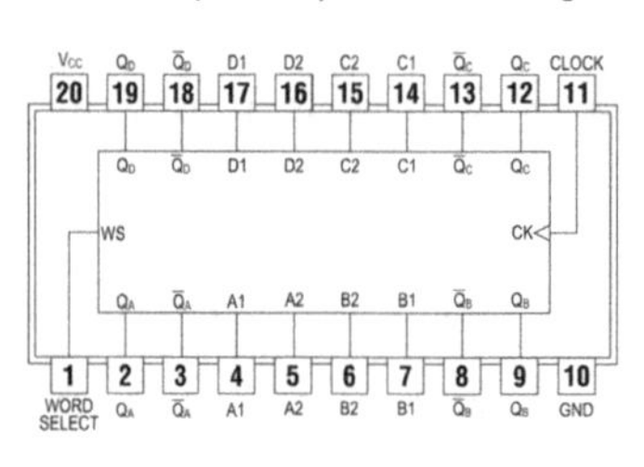

74399
Quad 2-Input Multiplexer with Storage

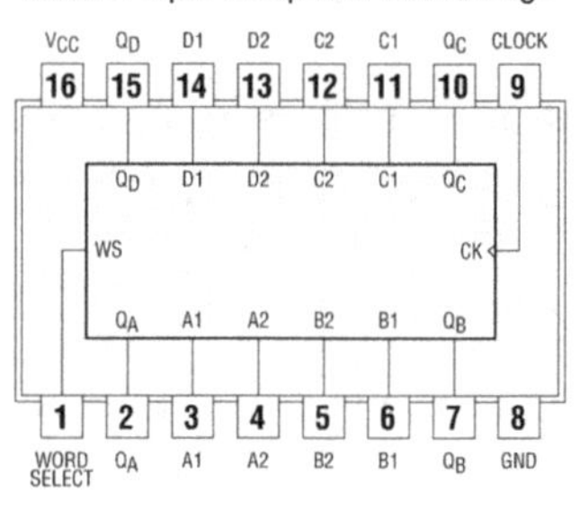

74422
Monostable Multivibrator

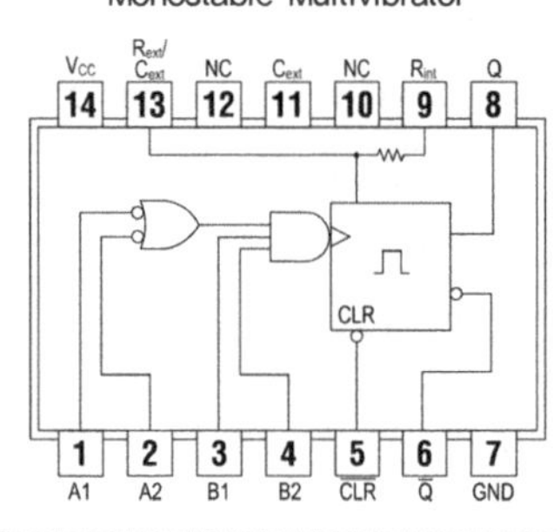

74423
Mono Stable Multivibrator

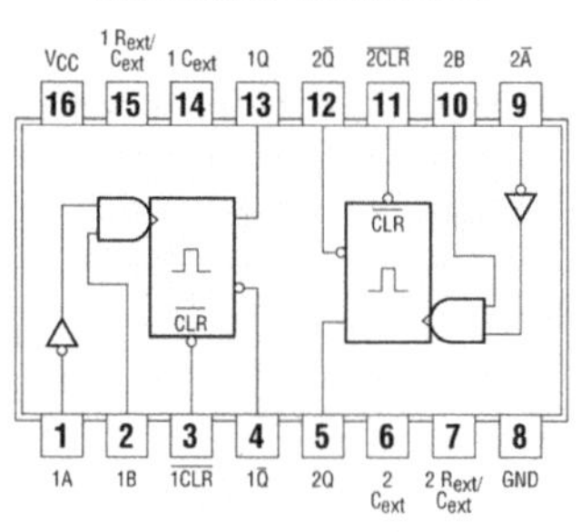

74425
Quad 3-State Buffers

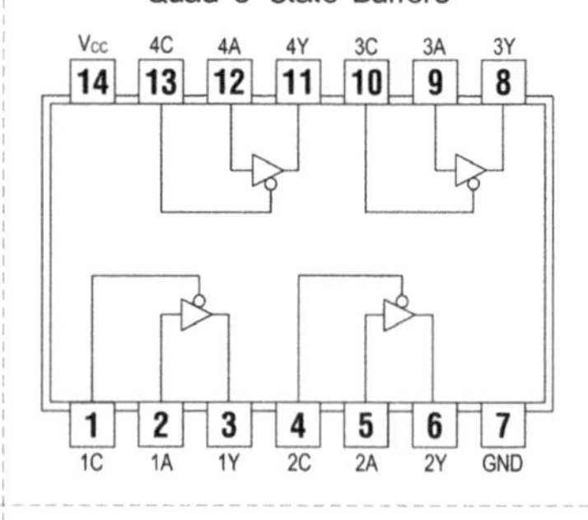

74426
Quad 3-State Buffers

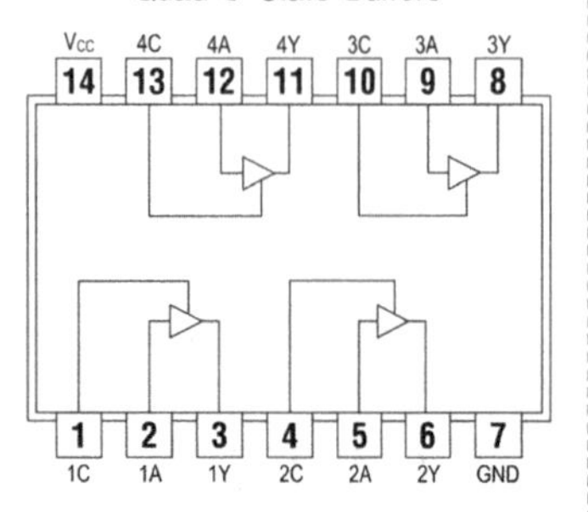

74440, 74441, 74442, 74443, 74444
Quadruple Tridirectional Bus Transceivers

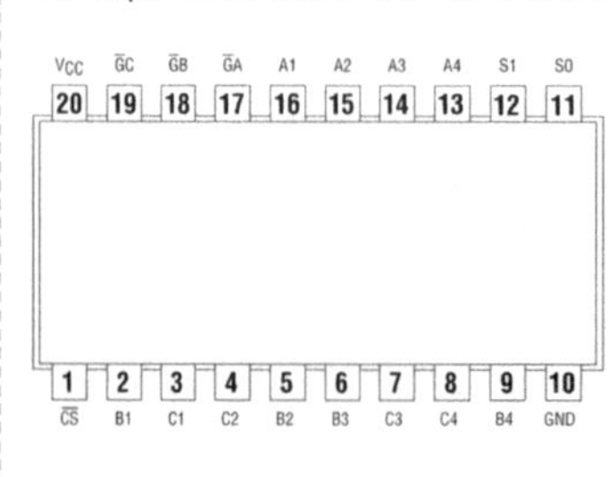

74490
Dual Decade Counters

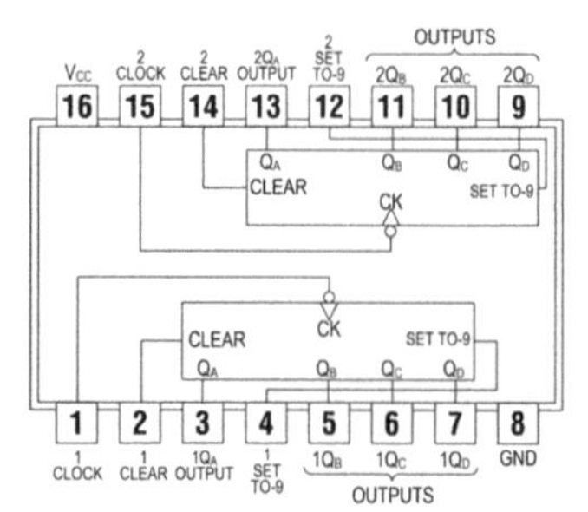

74520, 74521, 74688, 74689
8–Bit Identity Comparator

V_{CC} P=Q Q7 P7 Q6 P6 Q5 P5 Q4 P4
20 19 18 17 16 15 14 13 12 11
1 2 3 4 5 6 7 8 9 10
G P0 Q0 P1 Q1 P2 Q2 P3 Q3 GND

74534
Octal D–Type Edge–triggered Flip Flops

V_{CC} 8Q 8D 7D 7Q 6Q 6D 5D 5Q CLK
20 19 18 17 16 15 14 13 12 11
1 2 3 4 5 6 7 8 9 10
OC 1Q 1D 2D 2Q 3Q 3D 4D 4Q GND

74540, 74541
Octal Buffers/Drivers 3–State

V_{CC} G2 Y1 Y2 Y3 Y4 Y5 Y6 Y7 Y8
20 19 18 17 16 15 14 13 12 11
1 2 3 4 5 6 7 8 9 10
G1 A1 A2 A3 A4 A5 A6 A7 A8 GND

74543
Octal Registered Transceivers

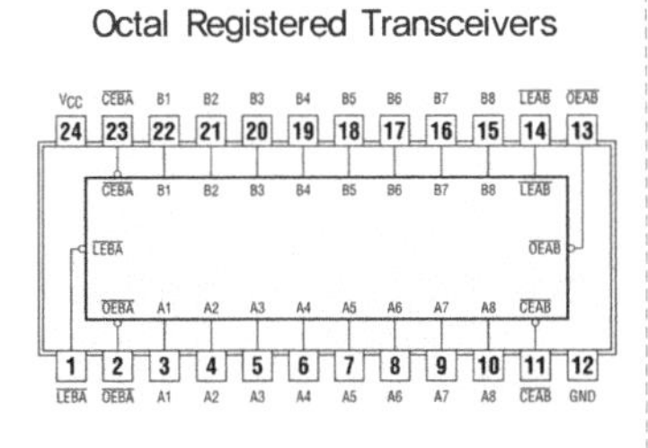

74564
Octal D–Type Flip Flops

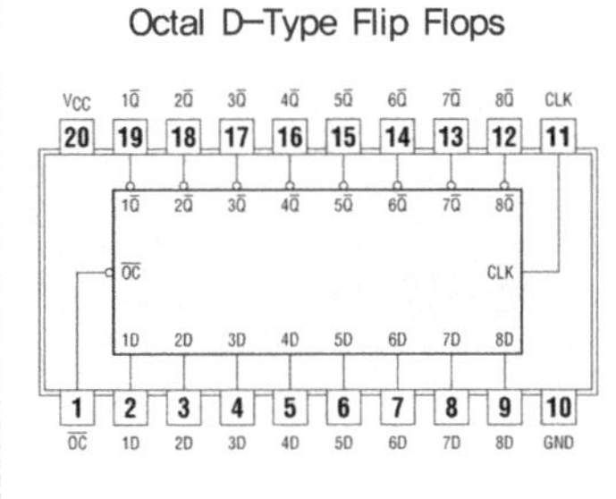

74569
Synchronous Binary Counter 3–State

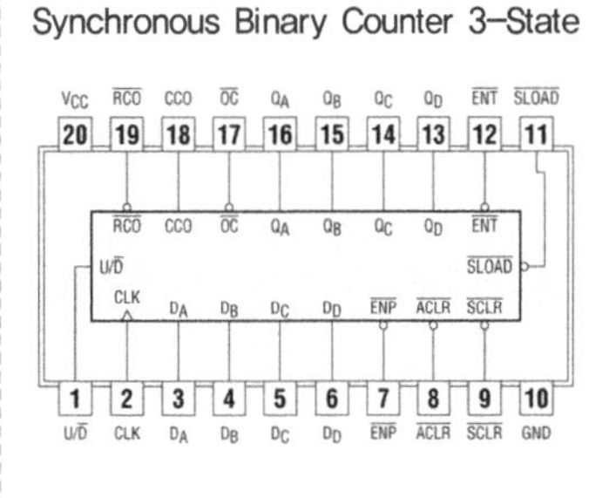

74573
Octal D–Type Latches

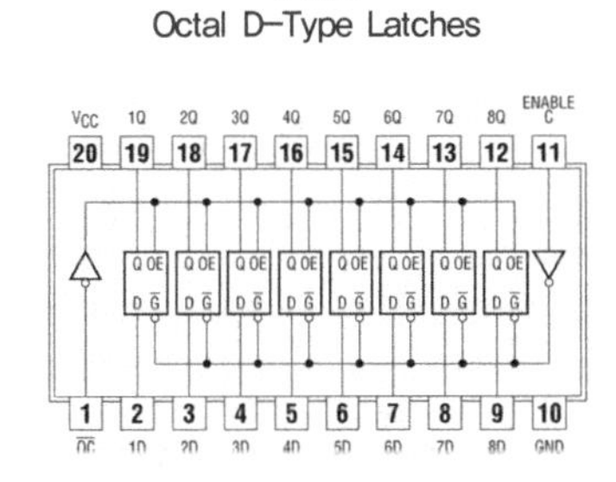

74574
Octal D–Type Edge–triggered Flip Flops

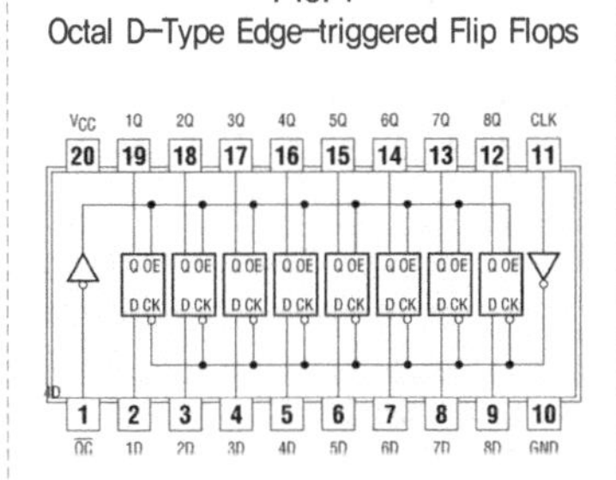

74575
Octal D–Type Edge–triggered Flip Flops

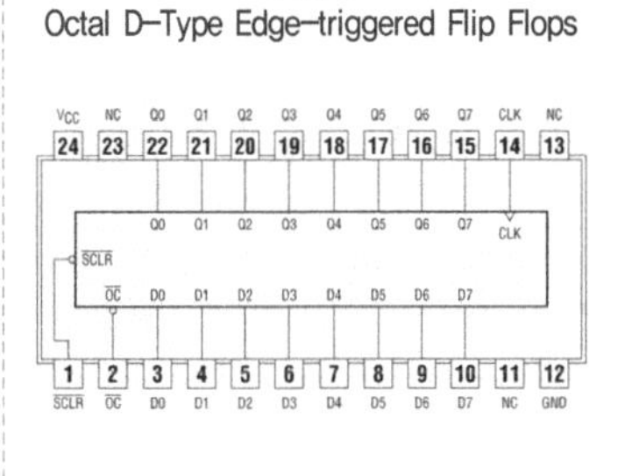

74595, 74596
8–Bit Shift Registers

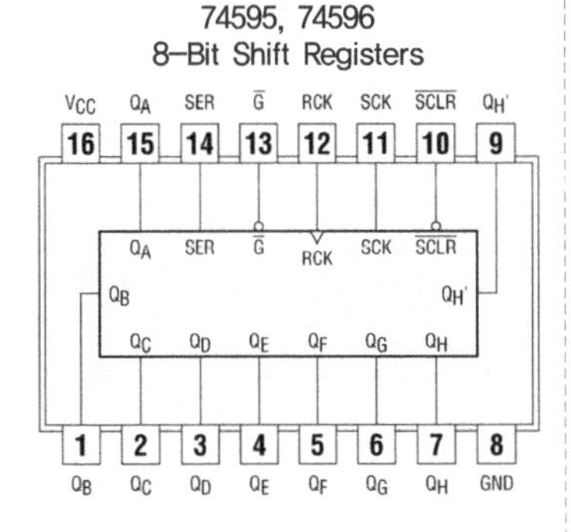

74597
8–Bit Shift Registers

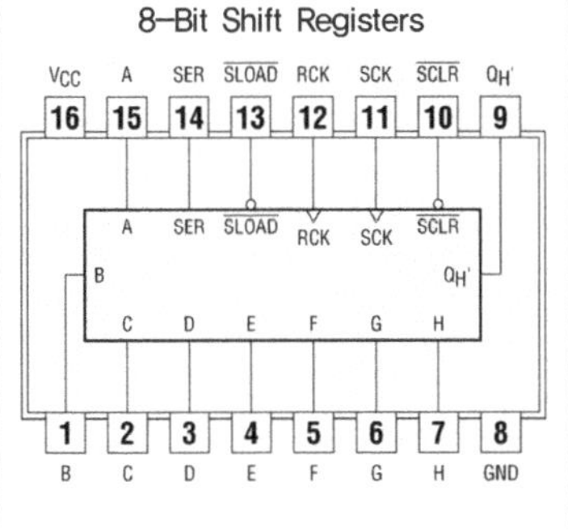

74620, 74621, 74623
Octal Bus Transceivers 3–State

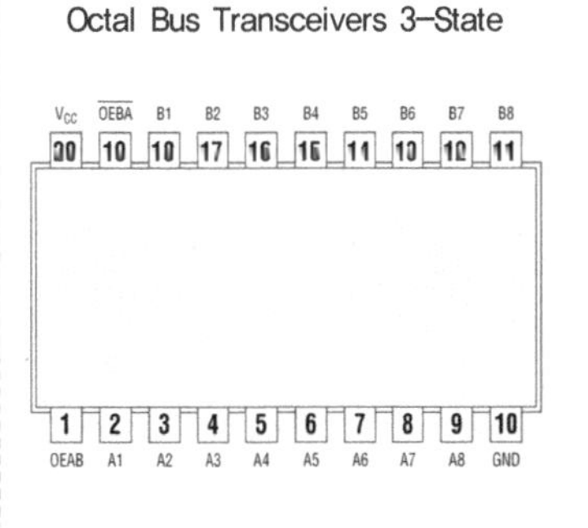

74622
Octal Bus Transceiver O.C.

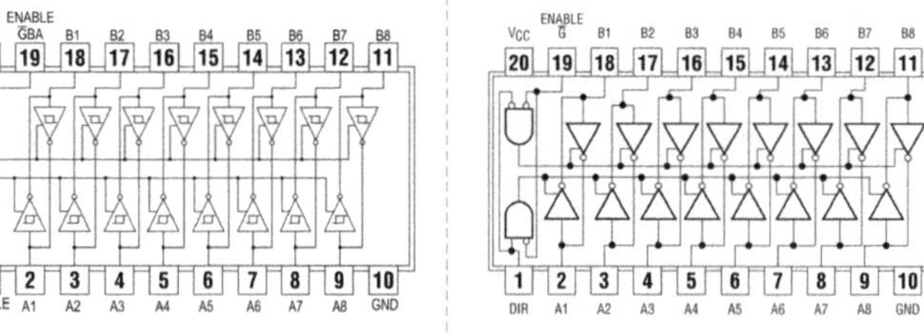

74638
Octal Bus Transceivers

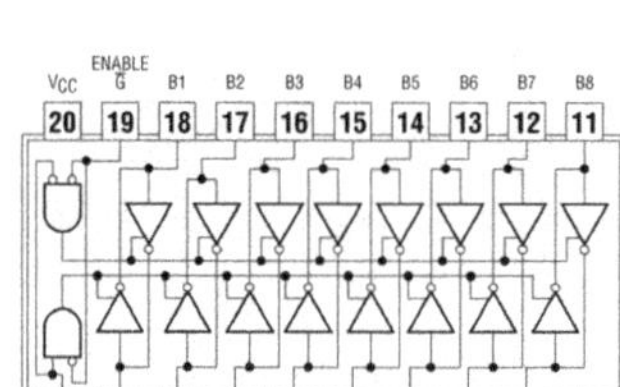

74639
Octal Bus Transceivers

74640, 74642
Octal Bus Transceivers 3-State

74641, 74645
Octal Bus Transceivers O.C.

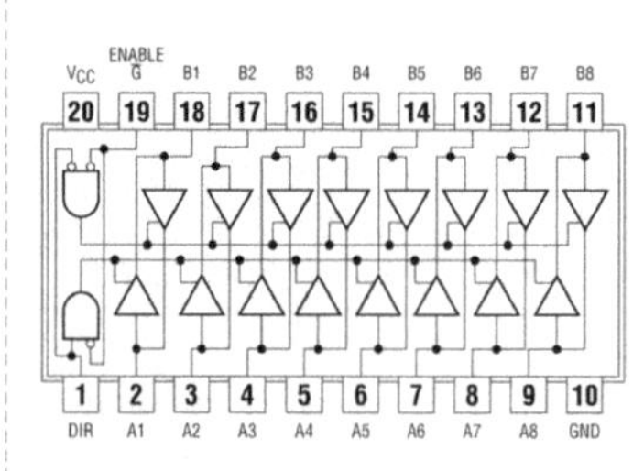

74643, 74644
Octal 3-State Bus Transceivers

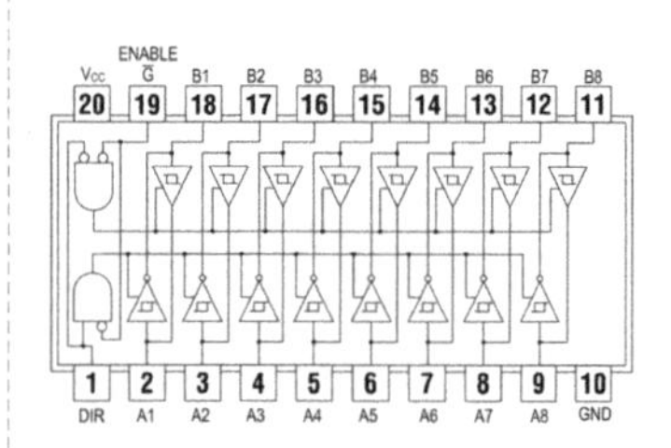

74646, 74647, 74648
Octal Bus Transceivers and Registers

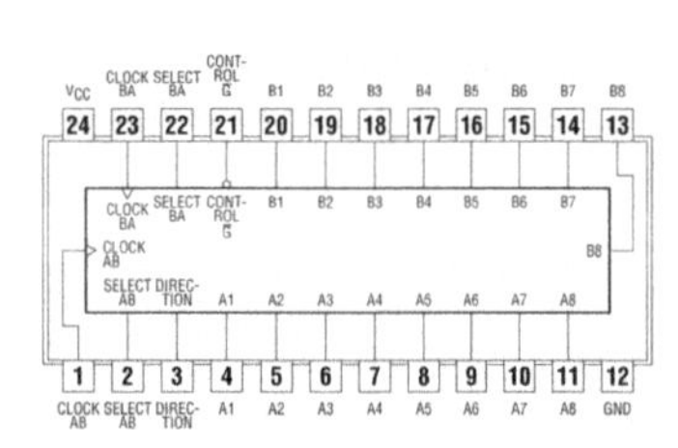

74651, 74652, 74653, 74654
Octal Bus Transceivers and Registers

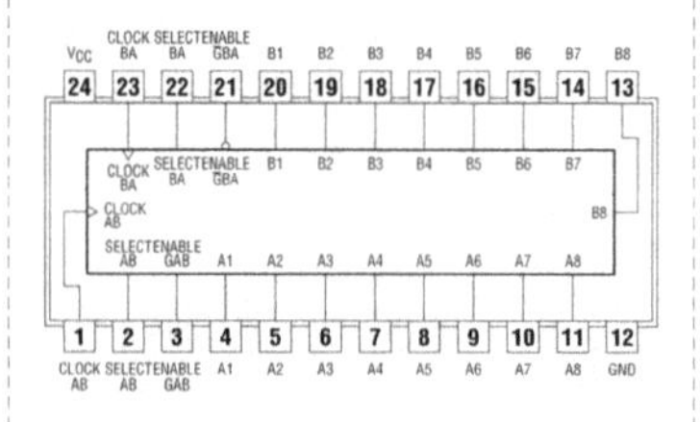

74668, 74669
Presettable Synchronous 4-Bit Up/Down Binary Counter

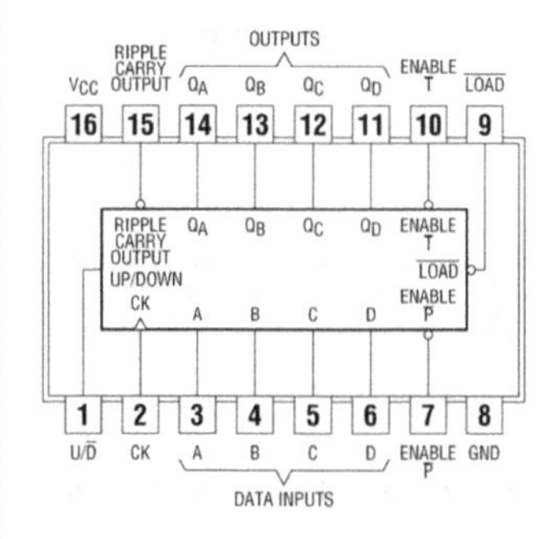

74670
4x4 Register File

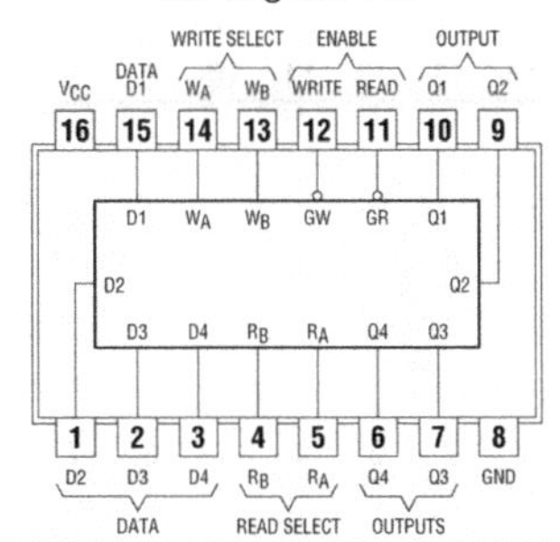

74673
16-Bit Shift Register

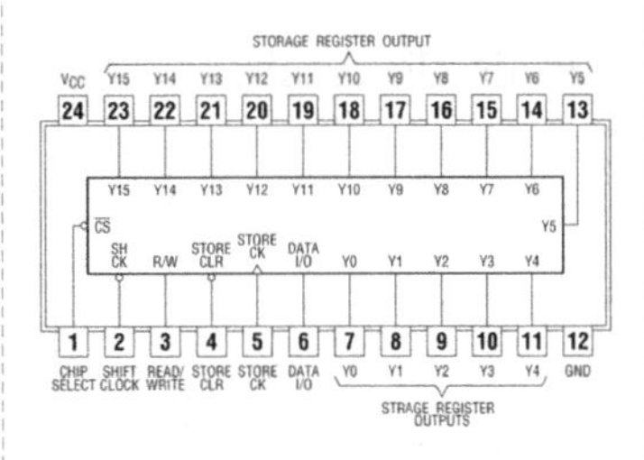

74688, 74689, 74520, 74521
8-Bit Equal-to Comparator

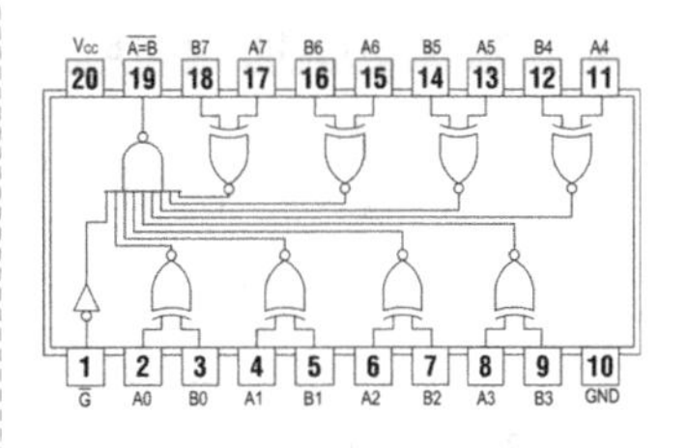

74843
9-Bit Bus Interface D-type Latches with 3-state Outputs

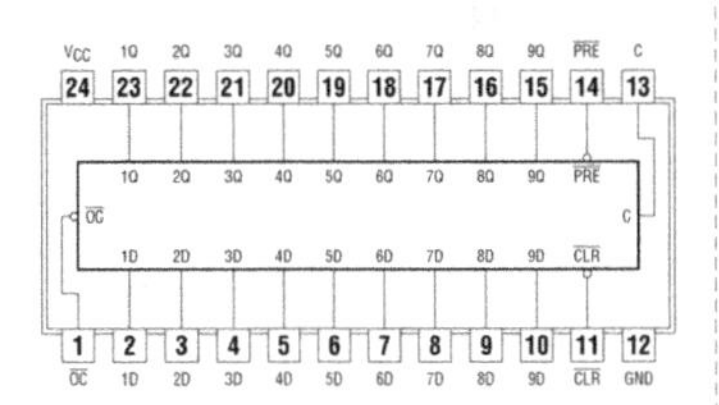

2. CMOS IC 핀 배치도

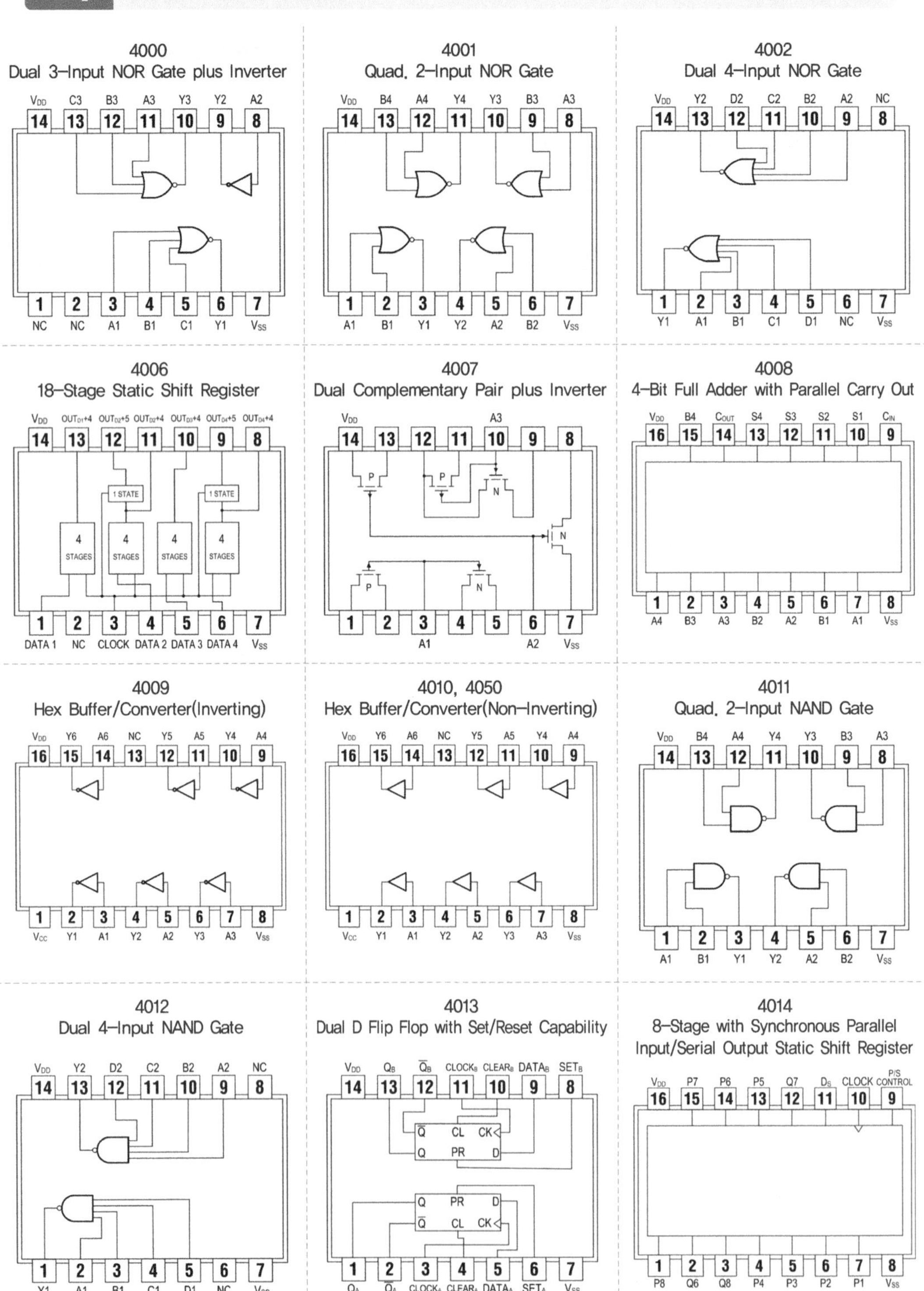

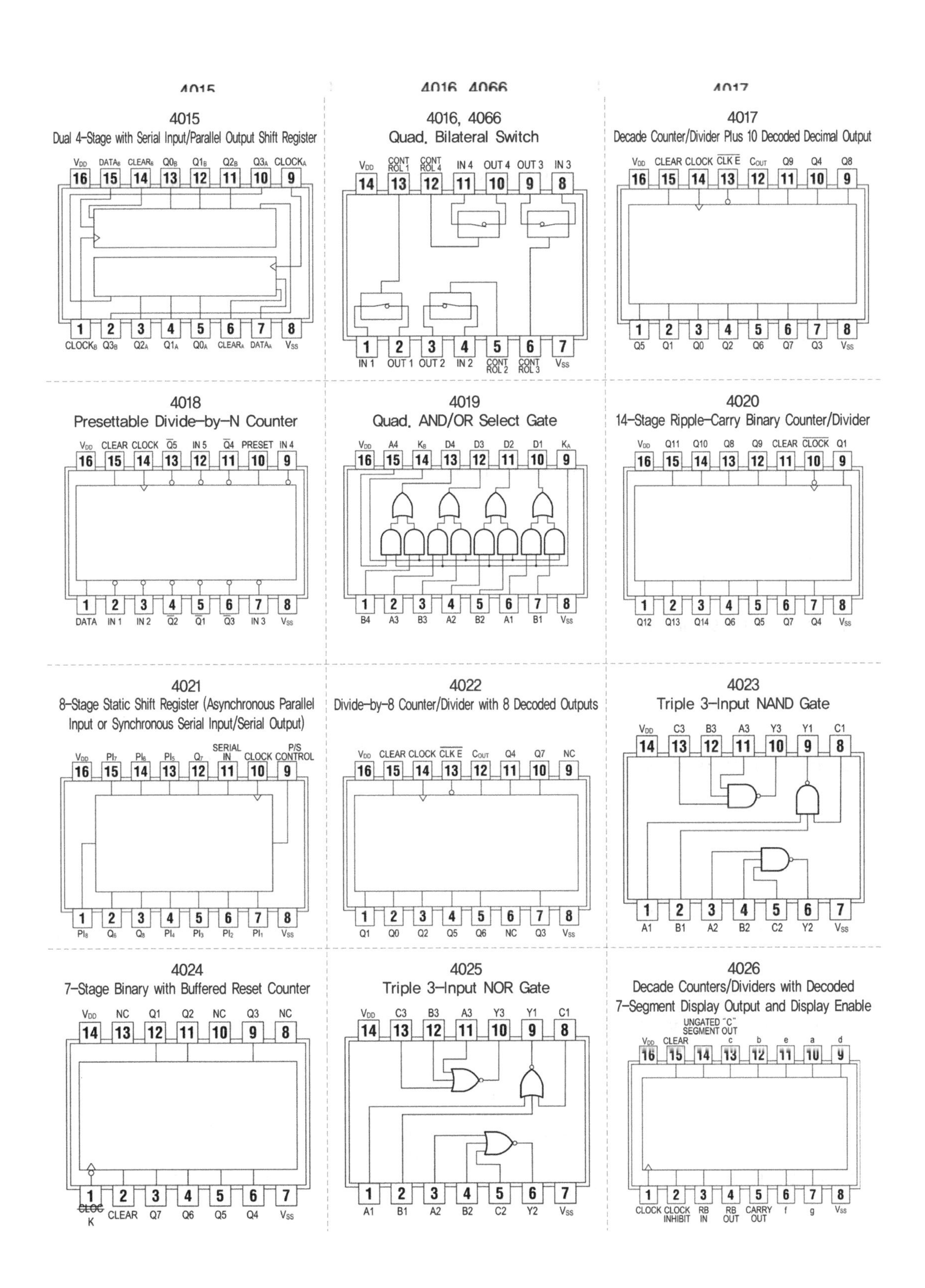
4015
Dual 4-Stage with Serial Input/Parallel Output Shift Register
VDD DATAB CLEARB Q0B Q1B Q2B Q3A CLOCKA
16 15 14 13 12 11 10 9
1 2 3 4 5 6 7 8
CLOCKB Q3B Q2A Q1A Q0A CLEARA DATAA VSS
4016, 4066
Quad. Bilateral Switch
VDD CONTROL 1 CONTROL 4 IN 4 OUT 4 OUT 3 IN 3
14 13 12 11 10 9 8
1 2 3 4 5 6 7
IN 1 OUT 1 OUT 2 IN 2 CONTROL 2 CONTROL 3 VSS
4017
Decade Counter/Divider Plus 10 Decoded Decimal Output
VDD CLEAR CLOCK CLK E COUT Q9 Q4 Q8
16 15 14 13 12 11 10 9
1 2 3 4 5 6 7 8
Q5 Q1 Q0 Q2 Q6 Q7 Q3 VSS
4018
Presettable Divide-by-N Counter
VDD CLEAR CLOCK Q5 IN 5 Q4 PRESET IN 4
16 15 14 13 12 11 10 9
1 2 3 4 5 6 7 8
DATA IN 1 IN 2 Q2 Q1 Q3 IN 3 VSS
4019
Quad. AND/OR Select Gate
VDD A4 KB D4 D3 D2 D1 KA
16 15 14 13 12 11 10 9
1 2 3 4 5 6 7 8
B4 A3 B3 A2 B2 A1 B1 VSS
4020
14-Stage Ripple-Carry Binary Counter/Divider
VDD Q11 Q10 Q8 Q9 CLEAR CLOCK Q1
16 15 14 13 12 11 10 9
1 2 3 4 5 6 7 8
Q12 Q13 Q14 Q6 Q5 Q7 Q4 VSS
4021
8-Stage Static Shift Register (Asynchronous Parallel Input or Synchronous Serial Input/Serial Output)
VDD PI7 PI6 PI5 Q7 SERIAL IN CLOCK P/S CONTROL
16 15 14 13 12 11 10 9
1 2 3 4 5 6 7 8
PI8 Q6 Q8 PI4 PI3 PI2 PI1 VSS
4022
Divide-by-8 Counter/Divider with 8 Decoded Outputs
VDD CLEAR CLOCK CLK E COUT Q4 Q7 NC
16 15 14 13 12 11 10 9
1 2 3 4 5 6 7 8
Q1 Q0 Q2 Q5 Q6 NC Q3 VSS
4023
Triple 3-Input NAND Gate
VDD C3 B3 A3 Y3 Y1 C1
14 13 12 11 10 9 8
1 2 3 4 5 6 7
A1 B1 A2 B2 C2 Y2 VSS
4024
7-Stage Binary with Buffered Reset Counter
VDD NC Q1 Q2 NC Q3 NC
14 13 12 11 10 9 8
1 2 3 4 5 6 7
CLOCK CLEAR Q7 Q6 Q5 Q4 VSS
4025
Triple 3-Input NOR Gate
VDD C3 B3 A3 Y3 Y1 C1
14 13 12 11 10 9 8
1 2 3 4 5 6 7
A1 B1 A2 B2 C2 Y2 VSS
4026
Decade Counters/Dividers with Decoded 7-Segment Display Output and Display Enable
VDD CLEAR UNGATED "C" SEGMENT OUT c b e a d
16 15 14 13 12 11 10 9
1 2 3 4 5 6 7 8
CLOCK CLOCK INHIBIT RB IN RB OUT CARRY OUT f g VSS

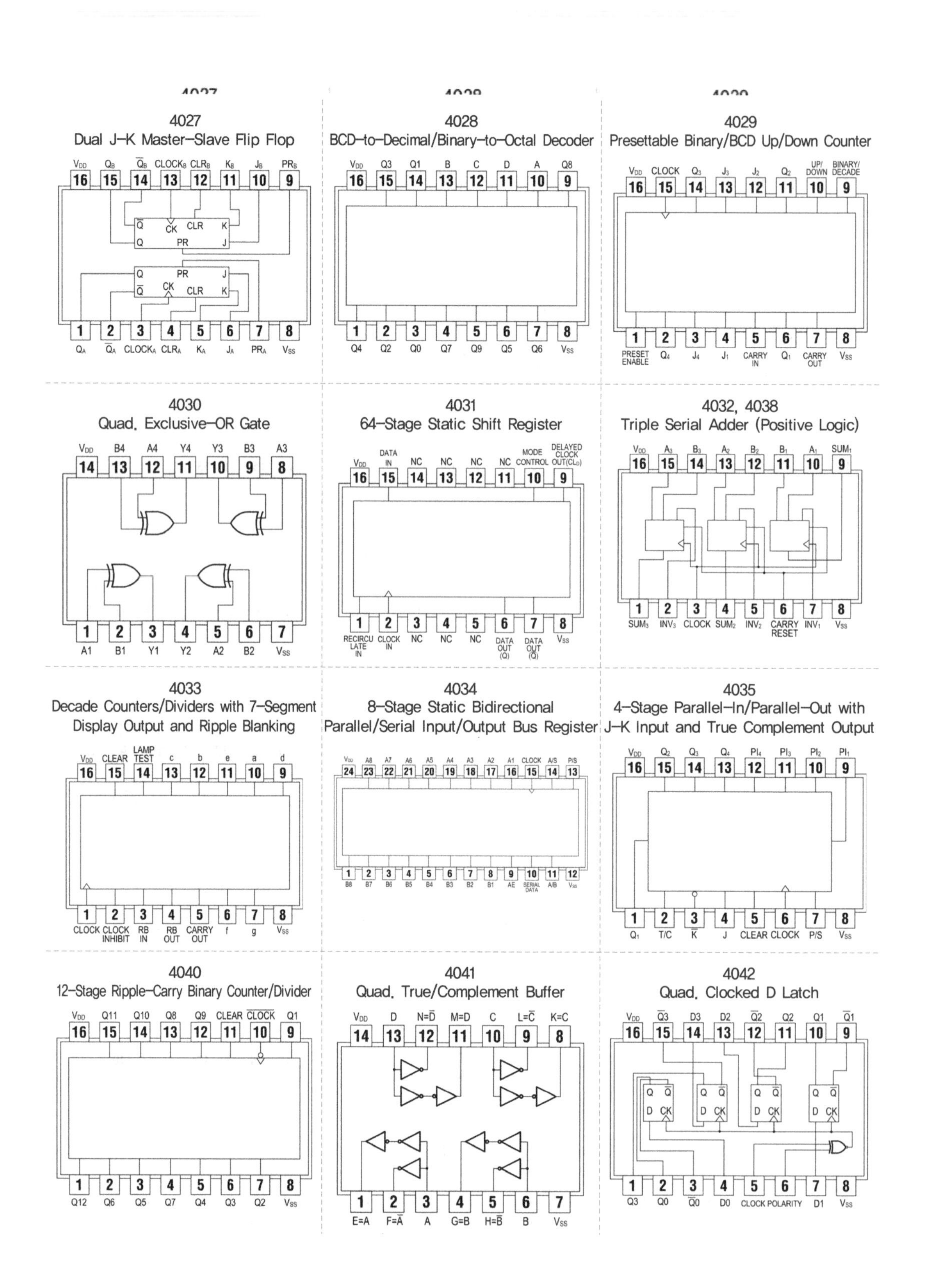

4027
Dual J-K Master-Slave Flip Flop
VDD QB Q̄B CLOCKB CLRB KB JB PRB
16 15 14 13 12 11 10 9
Q̄ CK CLR K
Q PR J
Q PR J
Q̄ CK CLR K
1 2 3 4 5 6 7 8
QA Q̄A CLOCKA CLRA KA JA PRA VSS
4028
BCD-to-Decimal/Binary-to-Octal Decoder
VDD Q3 Q1 B C D A Q8
16 15 14 13 12 11 10 9
1 2 3 4 5 6 7 8
Q4 Q2 Q0 Q7 Q9 Q5 Q6 VSS
4029
Presettable Binary/BCD Up/Down Counter
VDD CLOCK Q3 J3 J2 Q2 UP/DOWN BINARY/DECADE
16 15 14 13 12 11 10 9
1 2 3 4 5 6 7 8
PRESET ENABLE Q4 J4 J1 CARRY IN Q1 CARRY OUT VSS
4030
Quad. Exclusive-OR Gate
VDD B4 A4 Y4 Y3 B3 A3
14 13 12 11 10 9 8
1 2 3 4 5 6 7
A1 B1 Y1 Y2 A2 B2 VSS
4031
64-Stage Static Shift Register
VDD DATA IN NC NC NC NC MODE CONTROL DELAYED CLOCK OUT(CLD)
16 15 14 13 12 11 10 9
1 2 3 4 5 6 7 8
RECIRCULATE IN CLOCK IN NC NC NC DATA OUT (Q) DATA OUT (Q̄) VSS
4032, 4038
Triple Serial Adder (Positive Logic)
VDD A3 B3 A2 B2 B1 A1 SUM1
16 15 14 13 12 11 10 9
1 2 3 4 5 6 7 8
SUM3 INV3 CLOCK SUM2 INV2 CARRY RESET INV1 VSS
4033
Decade Counters/Dividers with 7-Segment Display Output and Ripple Blanking
VDD CLEAR LAMP TEST c b e a d
16 15 14 13 12 11 10 9
1 2 3 4 5 6 7 8
CLOCK CLOCK INHIBIT RB IN RB OUT CARRY OUT f g VSS
4034
8-Stage Static Bidirectional Parallel/Serial Input/Output Bus Register
VDD A8 A7 A6 A5 A4 A3 A2 A1 CLOCK A/S P/S
24 23 22 21 20 19 18 17 16 15 14 13
1 2 3 4 5 6 7 8 9 10 11 12
B8 B7 B6 B5 B4 B3 B2 B1 AE SERIAL DATA A/B VSS
4035
4-Stage Parallel-In/Parallel-Out with J-K Input and True Complement Output
VDD Q2 Q3 Q4 PI4 PI3 PI2 PI1
16 15 14 13 12 11 10 9
1 2 3 4 5 6 7 8
Q1 T/C K̄ J CLEAR CLOCK P/S VSS
4040
12-Stage Ripple-Carry Binary Counter/Divider
VDD Q11 Q10 Q8 Q9 CLEAR CLOCK Q1
16 15 14 13 12 11 10 9
1 2 3 4 5 6 7 8
Q12 Q6 Q5 Q7 Q4 Q3 Q2 VSS
4041
Quad. True/Complement Buffer
VDD D N=D̄ M=D C L=C̄ K=C
14 13 12 11 10 9 8
1 2 3 4 5 6 7
E=A F=Ā A G=B H=B̄ B VSS
4042
Quad. Clocked D Latch
VDD Q̄3 D3 D2 Q̄2 Q2 Q1 Q̄1
16 15 14 13 12 11 10 9
Q Q̄
D CK
1 2 3 4 5 6 7 8
Q3 Q0 Q̄0 D0 CLOCK POLARITY D1 VSS

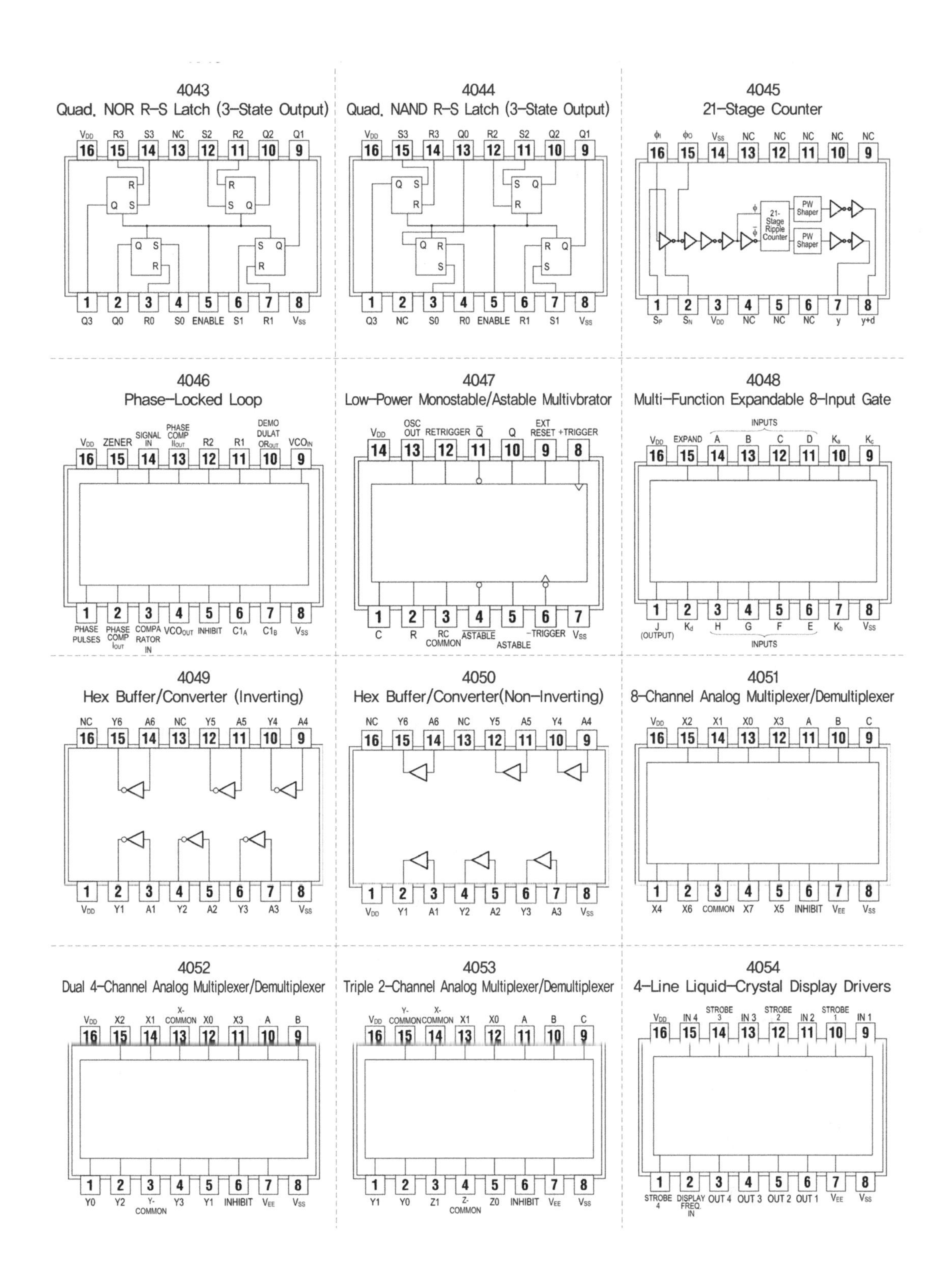
4043
Quad. NOR R-S Latch (3-State Output)
4044
Quad. NAND R-S Latch (3-State Output)
4045
21-Stage Counter
4046
Phase-Locked Loop
4047
Low-Power Monostable/Astable Multivbrator
4048
Multi-Function Expandable 8-Input Gate
4049
Hex Buffer/Converter (Inverting)
4050
Hex Buffer/Converter(Non-Inverting)
4051
8-Channel Analog Multiplexer/Demultiplexer
4052
Dual 4-Channel Analog Multiplexer/Demultiplexer
4053
Triple 2-Channel Analog Multiplexer/Demultiplexer
4054
4-Line Liquid-Crystal Display Drivers

4055
Liquid-Crystal BCD-to-7 Segment Decoder/Driver with Display-Frequency Outputs

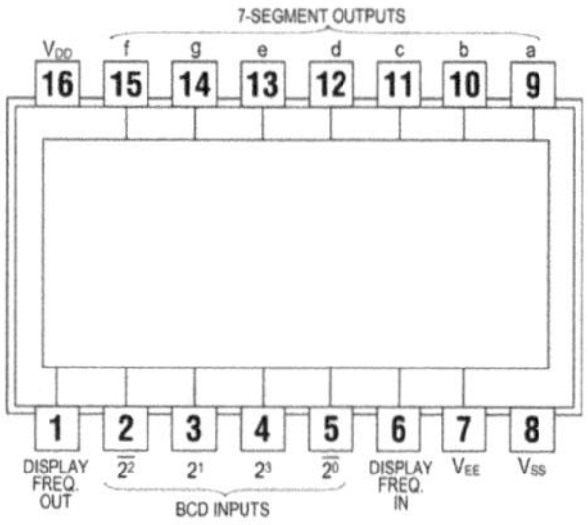

7-SEGMENT OUTPUTS
V_{DD} f g e d c b a
16 15 14 13 12 11 10 9
1 2 3 4 5 6 7 8
DISPLAY FREQ. OUT $\overline{2^2}$ 2^1 2^3 $\overline{2^0}$ DISPLAY FREQ. IN V_{EE} V_{SS}
BCD INPUTS

4056
Liquid-Crystal BCD-to-7 Segment Decoder/Driver with Strobed-Latch Function

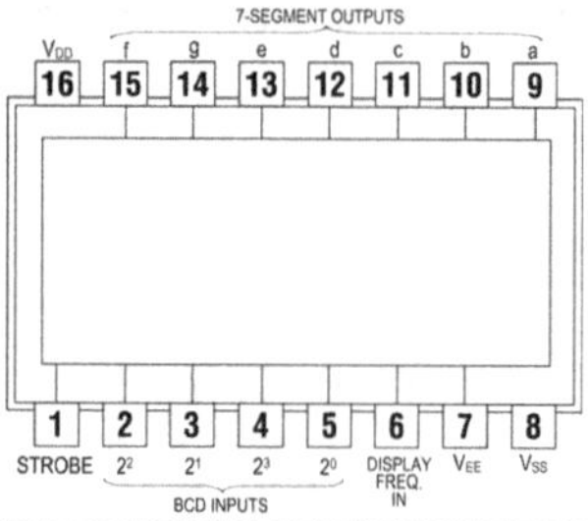

7-SEGMENT OUTPUTS
V_{DD} f g e d c b a
16 15 14 13 12 11 10 9
1 2 3 4 5 6 7 8
STROBE 2^2 2^1 2^3 2^0 DISPLAY FREQ. IN V_{EE} V_{SS}
BCD INPUTS

4059
Programmable Divide-By-N Counter

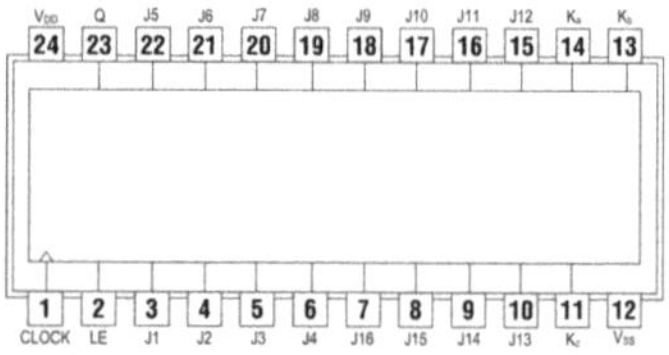

V_{DD} Q J5 J6 J7 J8 J9 J10 J11 J12 K_a K_b
24 23 22 21 20 19 18 17 16 15 14 13
1 2 3 4 5 6 7 8 9 10 11 12
CLOCK LE J1 J2 J3 J4 J16 J15 J14 J13 K_c V_{SS}

4060
14-Stage Ripple-Carry Binary Counter/Divider and Oscillator

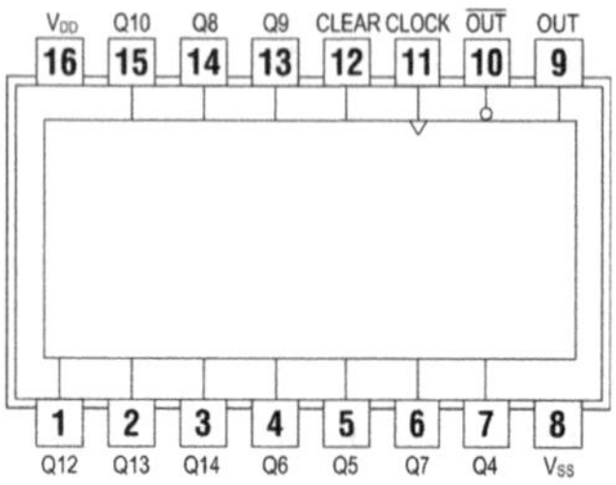

V_{DD} Q10 Q8 Q9 CLEAR CLOCK $\overline{OUT}$ OUT
16 15 14 13 12 11 10 9
1 2 3 4 5 6 7 8
Q12 Q13 Q14 Q6 Q5 Q7 Q4 V_{SS}

4063
4-Bit Magnitude Comparator

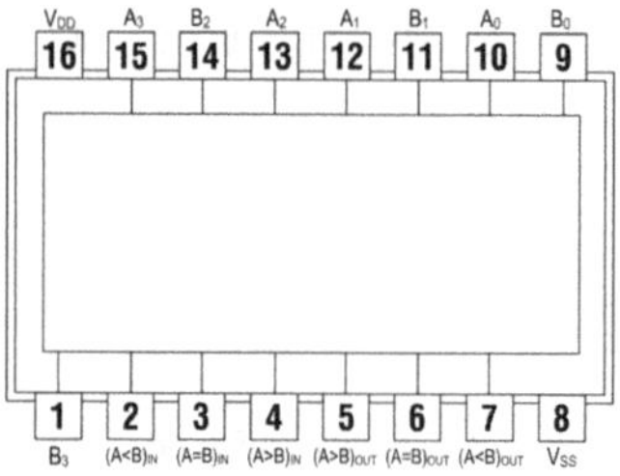

V_{DD} A_3 B_2 A_2 A_1 B_1 A_0 B_0
16 15 14 13 12 11 10 9
1 2 3 4 5 6 7 8
B_3 $(A<B)_{IN}$ $(A=B)_{IN}$ $(A>B)_{IN}$ $(A>B)_{OUT}$ $(A=B)_{OUT}$ $(A<B)_{OUT}$ V_{SS}

4067
16-Channel Analog Multiplexer/Demultiplexer

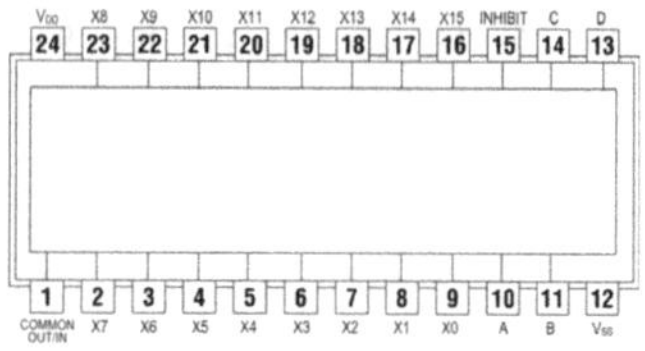

V_{DD} X8 X9 X10 X11 X12 X13 X14 X15 INHIBIT C D
24 23 22 21 20 19 18 17 16 15 14 13
1 2 3 4 5 6 7 8 9 10 11 12
COMMON OUT/IN X7 X6 X5 X4 X3 X2 X1 X0 A B V_{SS}

4068
8-Input NAND/AND Gate

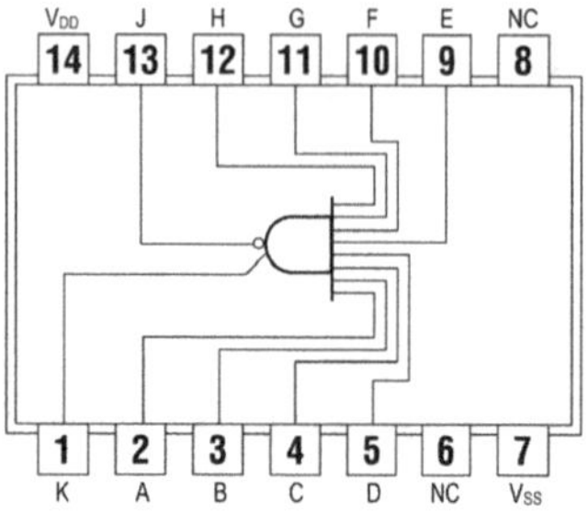

V_{DD} J H G F E NC
14 13 12 11 10 9 8
1 2 3 4 5 6 7
K A B C D NC V_{SS}

4069
Hex Inverter

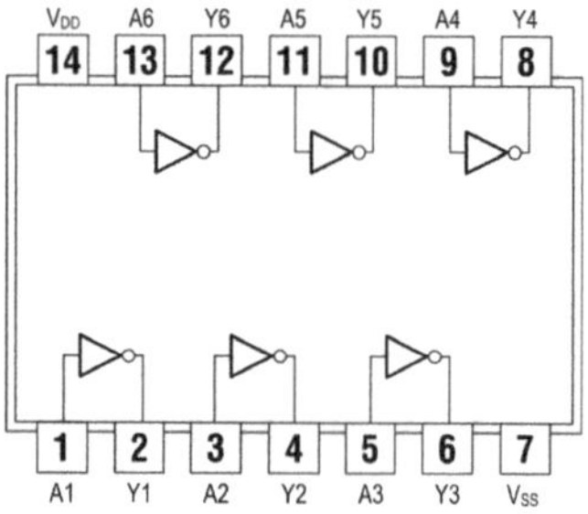

V_{DD} A6 Y6 A5 Y5 A4 Y4
14 13 12 11 10 9 8
1 2 3 4 5 6 7
A1 Y1 A2 Y2 A3 Y3 V_{SS}

4070
Quad. Exclusive OR Gate

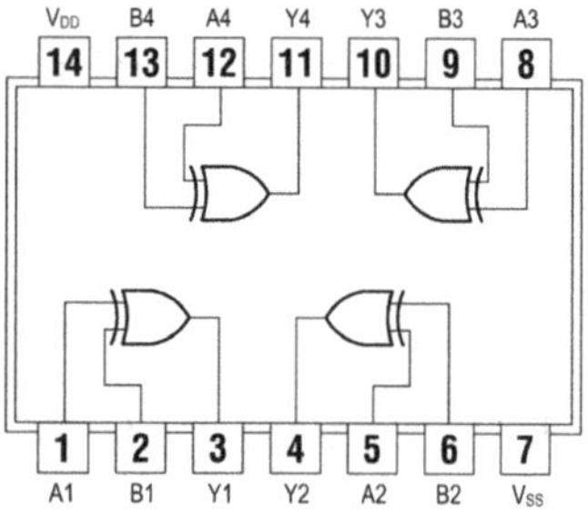

V_{DD} B4 A4 Y4 Y3 B3 A3
14 13 12 11 10 9 8
1 2 3 4 5 6 7
A1 B1 Y1 Y2 A2 B2 V_{SS}

4071
Quad. 2-Input OR Gate

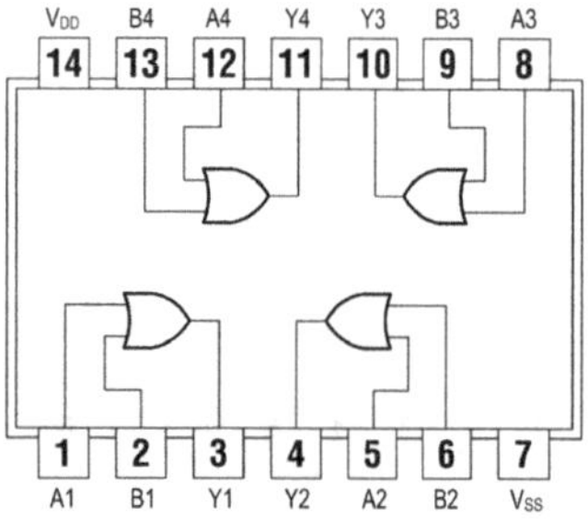

V_{DD} B4 A4 Y4 Y3 B3 A3
14 13 12 11 10 9 8
1 2 3 4 5 6 7
A1 B1 Y1 Y2 A2 B2 V_{SS}

4072
Dual 4-Input OR Gate

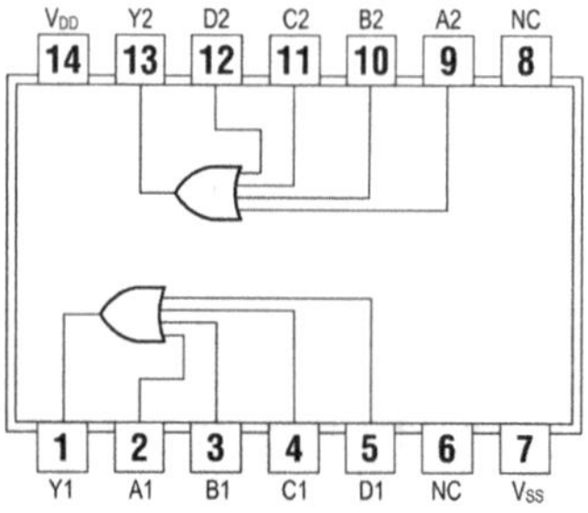

V_{DD} Y2 D2 C2 B2 A2 NC
14 13 12 11 10 9 8
1 2 3 4 5 6 7
Y1 A1 B1 C1 D1 NC V_{SS}

4073
Triple 3-Input AND Gate

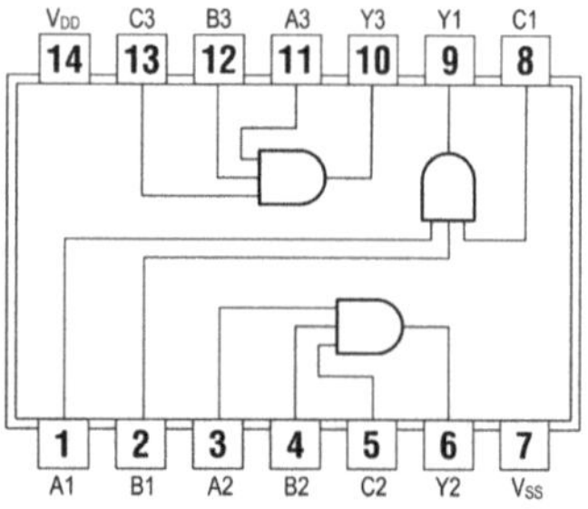

V_{DD} C3 B3 A3 Y3 Y1 C1
14 13 12 11 10 9 8
1 2 3 4 5 6 7
A1 B1 A2 B2 C2 Y2 V_{SS}

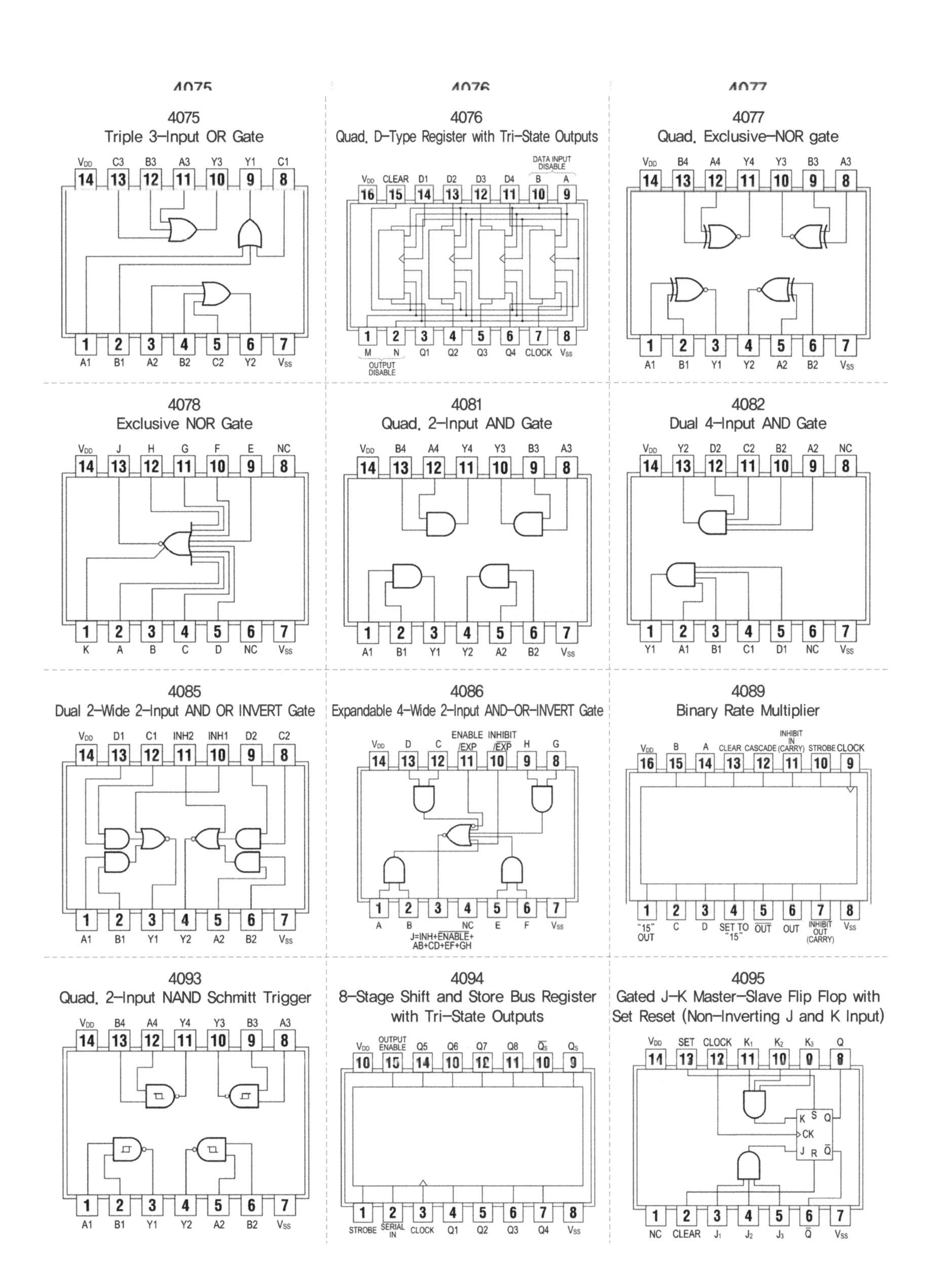
4075
Triple 3-Input OR Gate
VDD C3 B3 A3 Y3 Y1 C1
14 13 12 11 10 9 8
1 2 3 4 5 6 7
A1 B1 A2 B2 C2 Y2 VSS
4076
Quad. D-Type Register with Tri-State Outputs
DATA INPUT DISABLE
VDD CLEAR D1 D2 D3 D4 B A
16 15 14 13 12 11 10 9
1 2 3 4 5 6 7 8
M N Q1 Q2 Q3 Q4 CLOCK VSS
OUTPUT DISABLE
4077
Quad. Exclusive-NOR gate
VDD B4 A4 Y4 Y3 B3 A3
14 13 12 11 10 9 8
1 2 3 4 5 6 7
A1 B1 Y1 Y2 A2 B2 VSS
4078
Exclusive NOR Gate
VDD J H G F E NC
14 13 12 11 10 9 8
1 2 3 4 5 6 7
K A B C D NC VSS
4081
Quad. 2-Input AND Gate
VDD B4 A4 Y4 Y3 B3 A3
14 13 12 11 10 9 8
1 2 3 4 5 6 7
A1 B1 Y1 Y2 A2 B2 VSS
4082
Dual 4-Input AND Gate
VDD Y2 D2 C2 B2 A2 NC
14 13 12 11 10 9 8
1 2 3 4 5 6 7
Y1 A1 B1 C1 D1 NC VSS
4085
Dual 2-Wide 2-Input AND OR INVERT Gate
VDD D1 C1 INH2 INH1 D2 C2
14 13 12 11 10 9 8
1 2 3 4 5 6 7
A1 B1 Y1 Y2 A2 B2 VSS
4086
Expandable 4-Wide 2-Input AND-OR-INVERT Gate
VDD D C ENABLE /EXP INHIBIT /EXP H G
14 13 12 11 10 9 8
1 2 3 4 5 6 7
A B NC E F VSS
J=INH+ENABLE+AB+CD+EF+GH
4089
Binary Rate Multiplier
VDD B A CLEAR CASCADE INHIBIT IN (CARRY) STROBE CLOCK
16 15 14 13 12 11 10 9
1 2 3 4 5 6 7 8
"15" OUT C D SET TO "15" OUT OUT INHIBIT OUT (CARRY) VSS
4093
Quad. 2-Input NAND Schmitt Trigger
VDD B4 A4 Y4 Y3 B3 A3
14 13 12 11 10 9 8
1 2 3 4 5 6 7
A1 B1 Y1 Y2 A2 B2 VSS
4094
8-Stage Shift and Store Bus Register with Tri-State Outputs
VDD OUTPUT ENABLE Q5 Q6 Q7 Q8 Q̄S QS
1 2 3 4 5 6 7 8
STROBE SERIAL IN CLOCK Q1 Q2 Q3 Q4 VSS
4095
Gated J-K Master-Slave Flip Flop with Set Reset (Non-Inverting J and K Input)
VDD SET CLOCK K1 K2 K3 Q
K S Q
CK
J R Q̄
1 2 3 4 5 6 7
NC CLEAR J1 J2 J3 Q̄ VSS

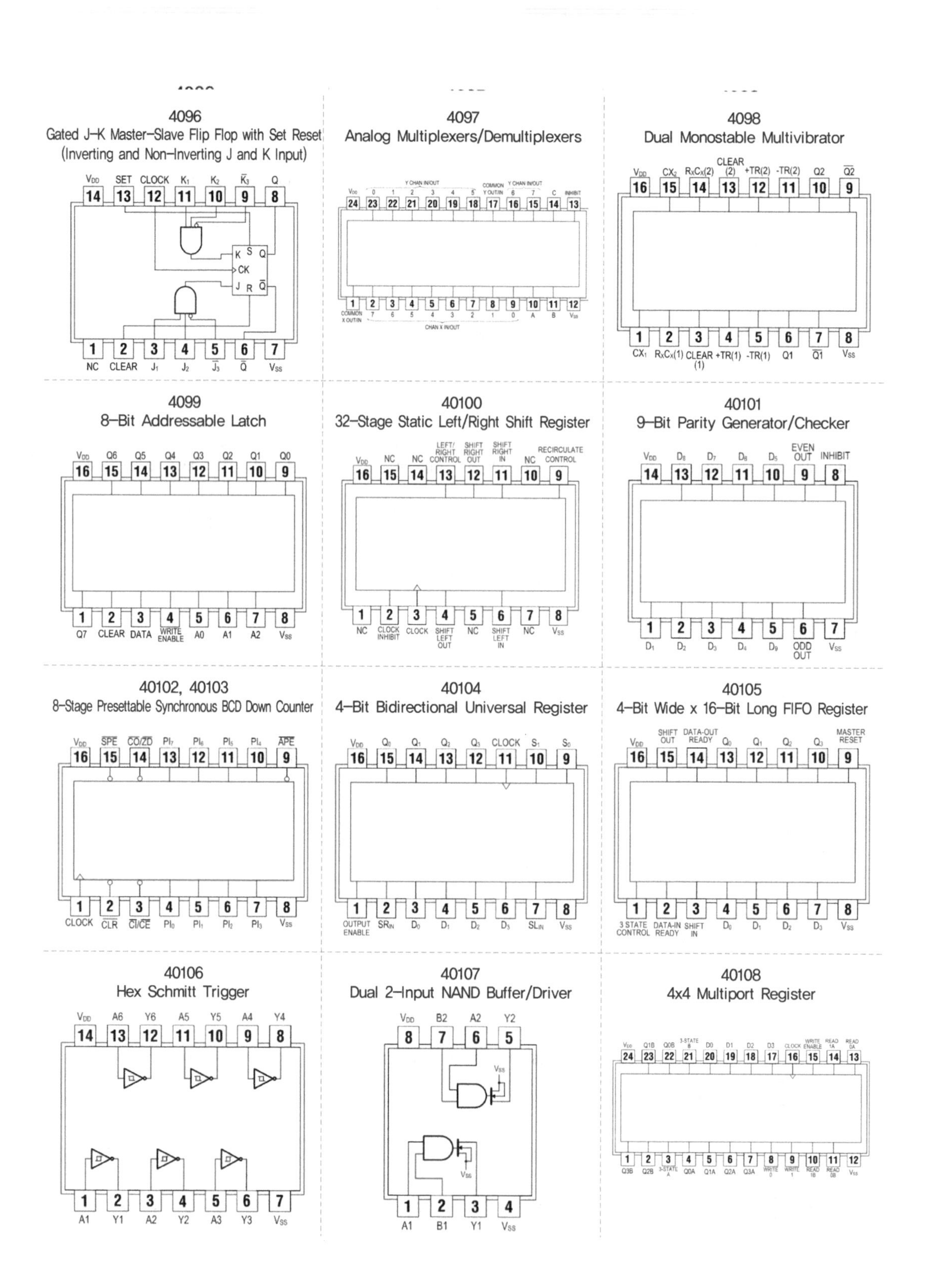
4096
Gated J-K Master-Slave Flip Flop with Set Reset
(Inverting and Non-Inverting J and K Input)
4097
Analog Multiplexers/Demultiplexers
4098
Dual Monostable Multivibrator
4099
8-Bit Addressable Latch
40100
32-Stage Static Left/Right Shift Register
40101
9-Bit Parity Generator/Checker
40102, 40103
8-Stage Presettable Synchronous BCD Down Counter
40104
4-Bit Bidirectional Universal Register
40105
4-Bit Wide x 16-Bit Long FIFO Register
40106
Hex Schmitt Trigger
40107
Dual 2-Input NAND Buffer/Driver
40108
4x4 Multiport Register

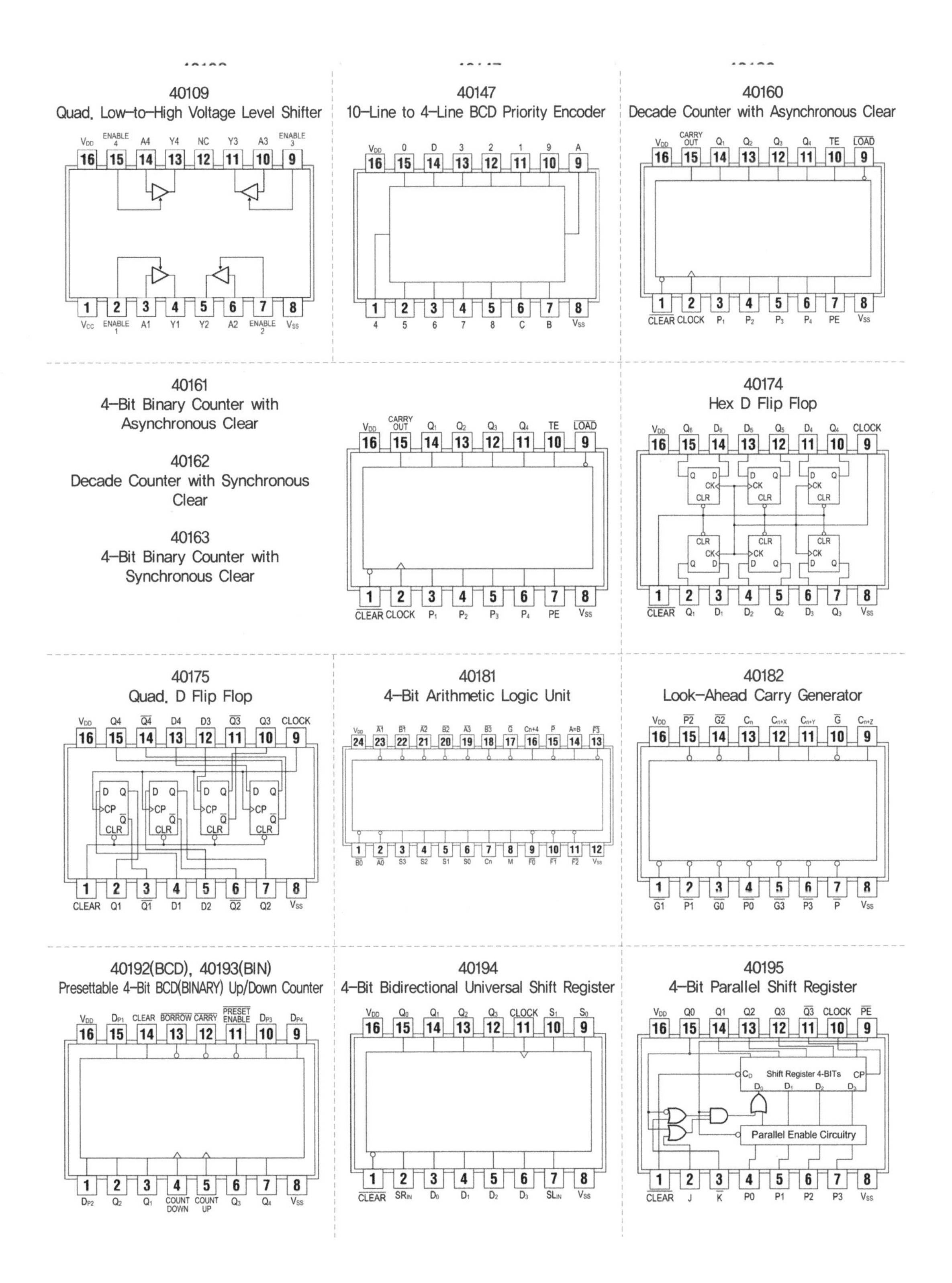

40109
Quad. Low-to-High Voltage Level Shifter
40147
10-Line to 4-Line BCD Priority Encoder
40160
Decade Counter with Asynchronous Clear
40161
4-Bit Binary Counter with Asynchronous Clear
40162
Decade Counter with Synchronous Clear
40163
4-Bit Binary Counter with Synchronous Clear
40174
Hex D Flip Flop
40175
Quad. D Flip Flop
40181
4-Bit Arithmetic Logic Unit
40182
Look-Ahead Carry Generator
40192(BCD), 40193(BIN)
Presettable 4-Bit BCD(BINARY) Up/Down Counter
40194
4-Bit Bidirectional Universal Shift Register
40195
4-Bit Parallel Shift Register
Shift Register 4-BITs
Parallel Enable Circuitry

40208
4x4 Multiport Register

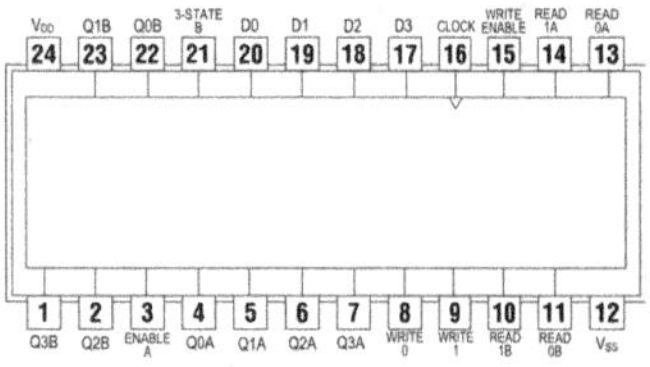

40240
Inverting Octal 3-State Buffer

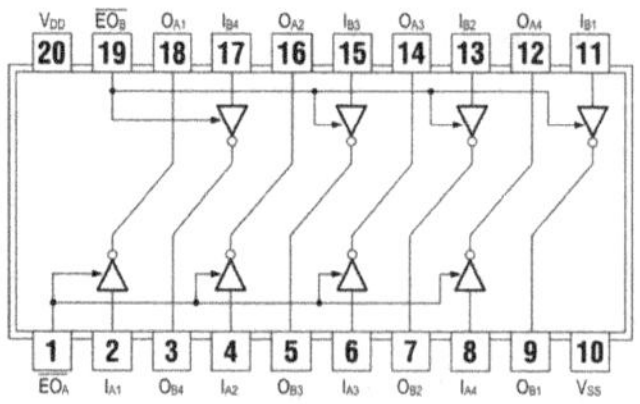

40244
Octal 3-State Buffer

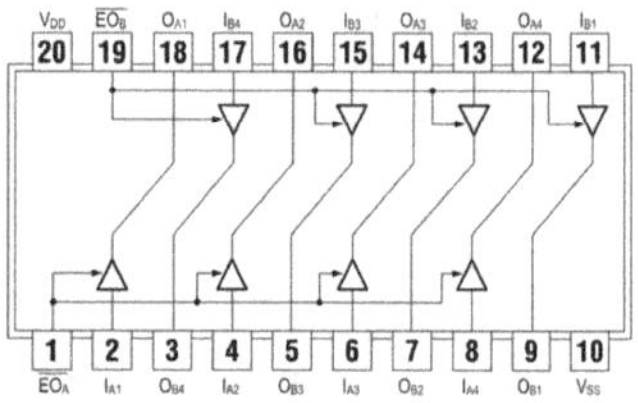

4501
Triple Gate(Dual 4-Input NAND, 2-Input NOR/OR, 8-Input AND/NAND)

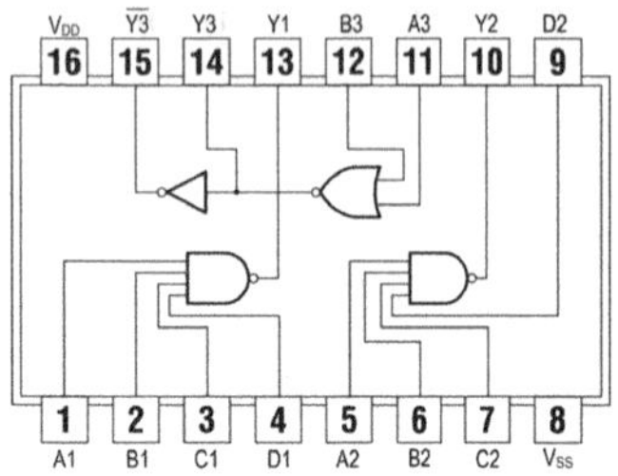

4502
Strobed Hex Inverter/Buffer

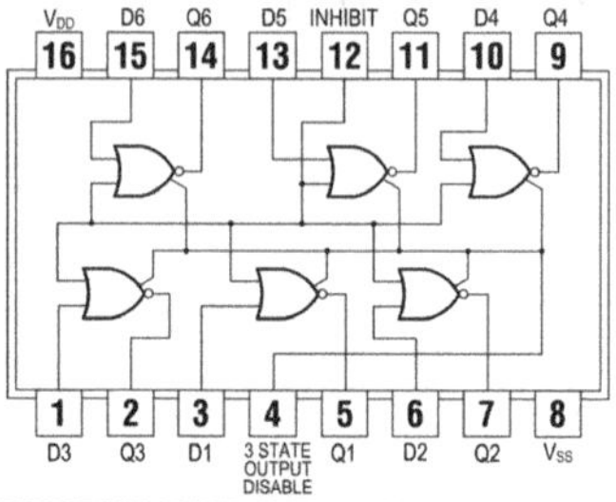

4503
Hex Non-Inverting 3-State Buffer

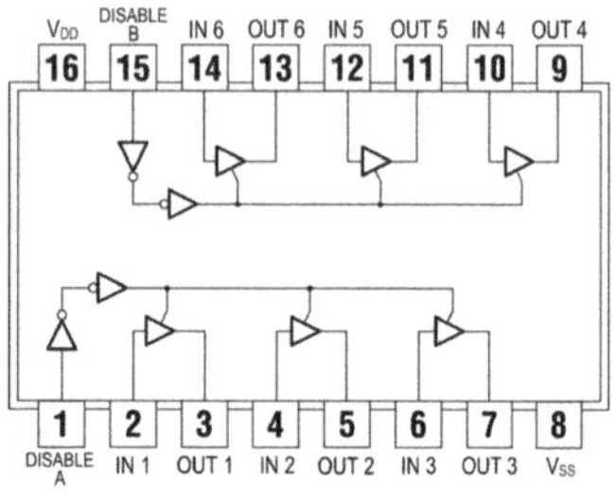

4504
Hex Level Shifter for TTL or CMOS to CMOS

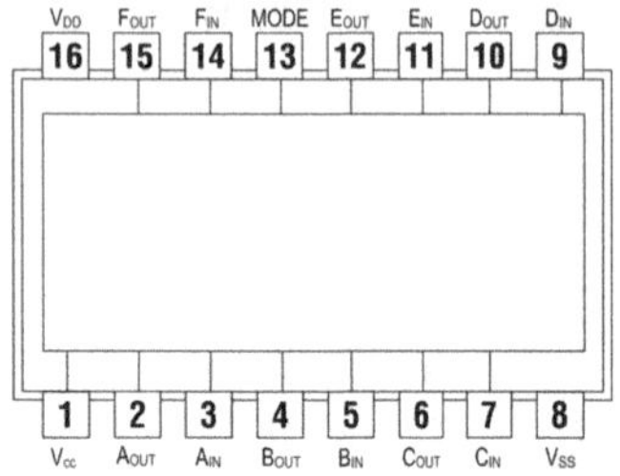

4506
Dual 2-Wide 2-Input Expandable AND-OR-INVERTER Gate

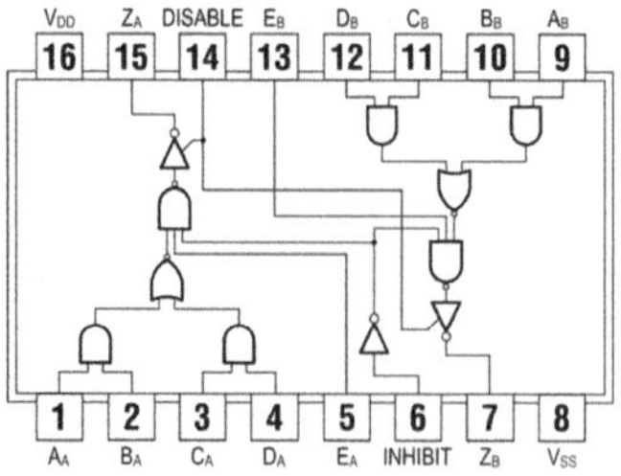

4508
Dual 4-Bit Latch

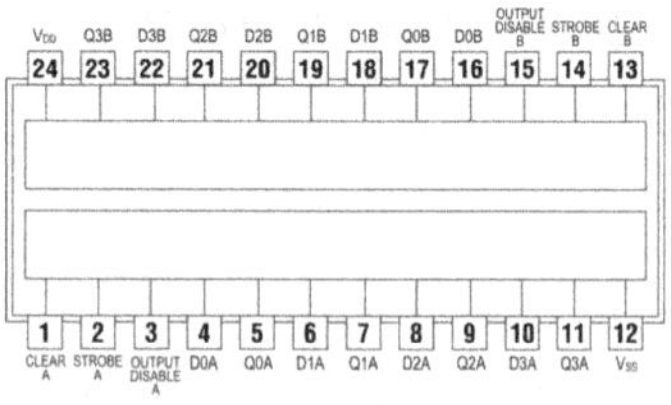

4510(BCD), 4516(BIN)
BCD(BINARY) Up/Down Counter

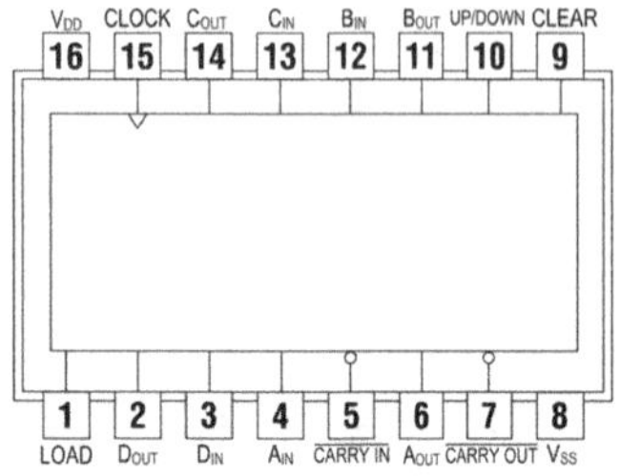

4511
BCD-to-7-Segment Latch/Decoder/Driver

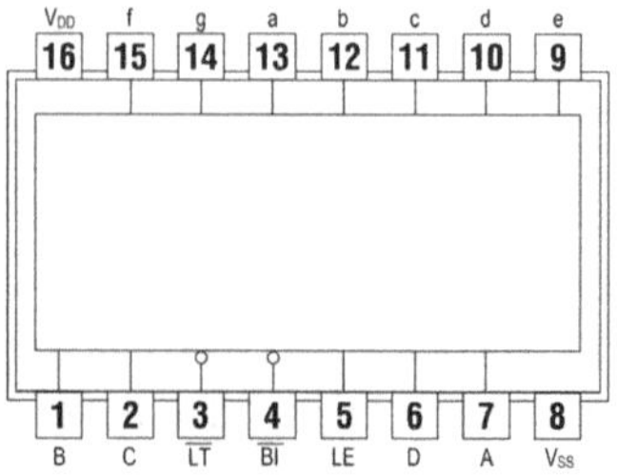

4512
8-Channel Data Selector

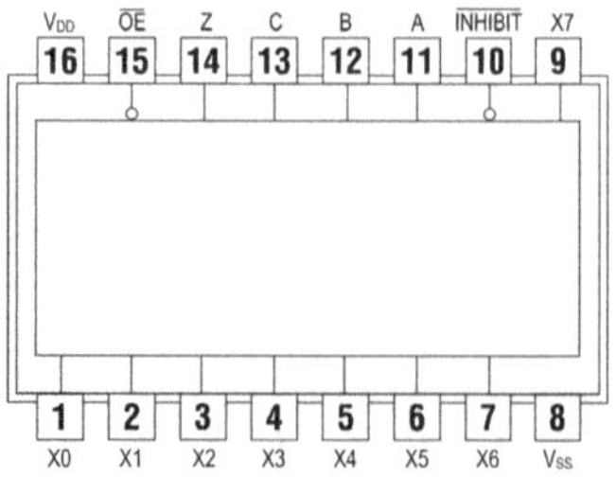

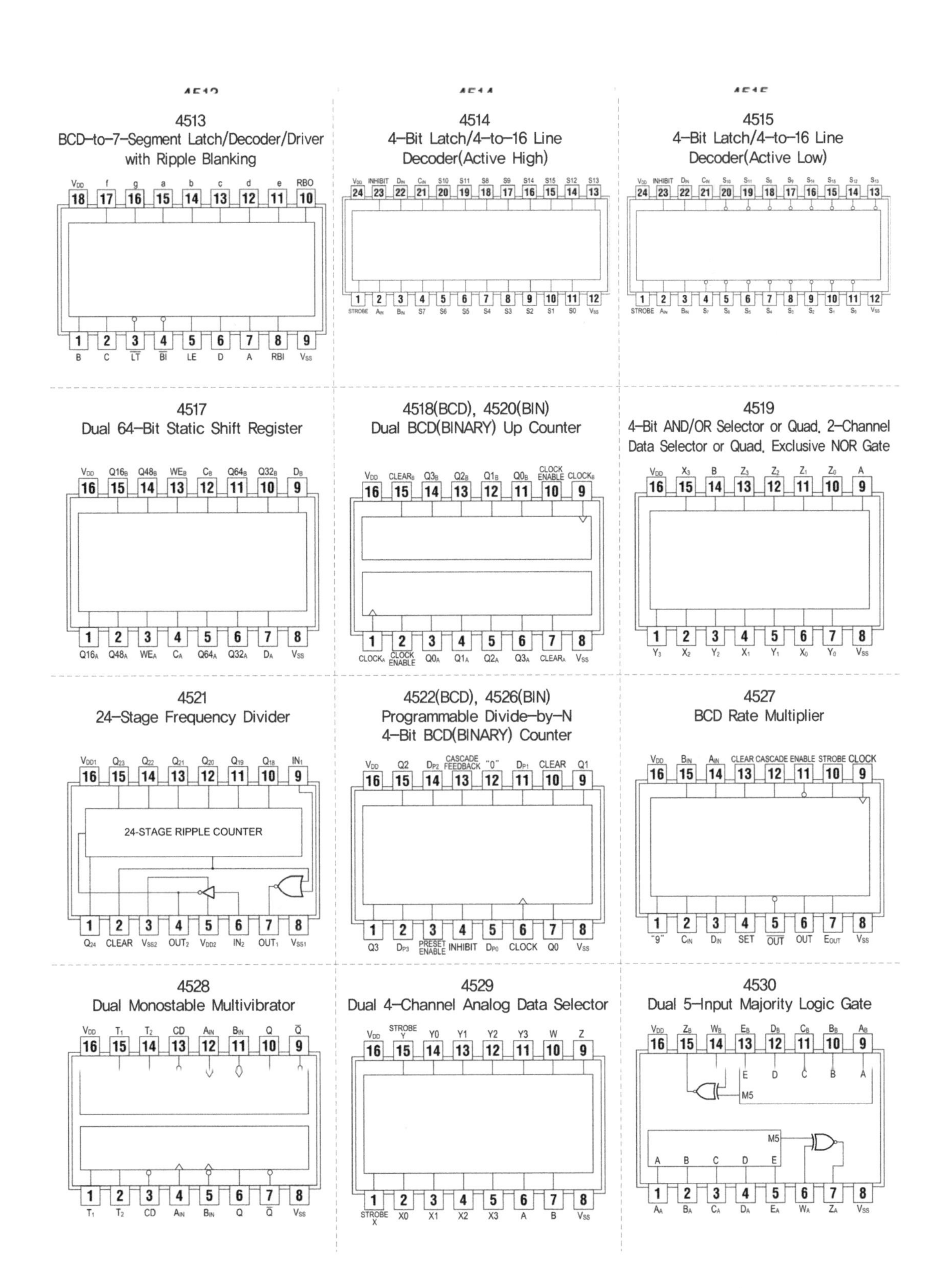
4513
BCD-to-7-Segment Latch/Decoder/Driver with Ripple Blanking
VDD f g a b c d e RBO
18 17 16 15 14 13 12 11 10
1 2 3 4 5 6 7 8 9
B C LT BI LE D A RBI VSS
4514
4-Bit Latch/4-to-16 Line Decoder(Active High)
VDD INHIBIT DIN CIN S10 S11 S8 S9 S14 S15 S12 S13
24 23 22 21 20 19 18 17 16 15 14 13
1 2 3 4 5 6 7 8 9 10 11 12
STROBE AIN BIN S7 S6 S5 S4 S3 S2 S1 S0 VSS
4515
4-Bit Latch/4-to-16 Line Decoder(Active Low)
VDD INHIBIT DIN CIN S10 S11 S8 S9 S14 S15 S12 S13
24 23 22 21 20 19 18 17 16 15 14 13
1 2 3 4 5 6 7 8 9 10 11 12
STROBE AIN BIN S7 S6 S5 S4 S3 S2 S1 S0 VSS
4517
Dual 64-Bit Static Shift Register
VDD Q16B Q48B WEB CB Q64B Q32B DB
16 15 14 13 12 11 10 9
1 2 3 4 5 6 7 8
Q16A Q48A WEA CA Q64A Q32A DA VSS
4518(BCD), 4520(BIN)
Dual BCD(BINARY) Up Counter
VDD CLEARB Q3B Q2B Q1B Q0B CLOCK ENABLE CLOCKB
16 15 14 13 12 11 10 9
1 2 3 4 5 6 7 8
CLOCKA CLOCK ENABLE Q0A Q1A Q2A Q3A CLEARA VSS
4519
4-Bit AND/OR Selector or Quad. 2-Channel Data Selector or Quad. Exclusive NOR Gate
VDD X3 B Z3 Z2 Z1 Z0 A
16 15 14 13 12 11 10 9
1 2 3 4 5 6 7 8
Y3 X2 Y2 X1 Y1 X0 Y0 VSS
4521
24-Stage Frequency Divider
VDD1 Q23 Q22 Q21 Q20 Q19 Q18 IN1
16 15 14 13 12 11 10 9
24-STAGE RIPPLE COUNTER
1 2 3 4 5 6 7 8
Q24 CLEAR VSS2 OUT2 VDD2 IN2 OUT1 VSS1
4522(BCD), 4526(BIN)
Programmable Divide-by-N 4-Bit BCD(BINARY) Counter
VDD Q2 DP2 CASCADE FEEDBACK "0" DP1 CLEAR Q1
16 15 14 13 12 11 10 9
1 2 3 4 5 6 7 8
Q3 DP3 PRESET ENABLE INHIBIT DP0 CLOCK Q0 VSS
4527
BCD Rate Multiplier
VDD BIN AIN CLEAR CASCADE ENABLE STROBE CLOCK
16 15 14 13 12 11 10 9
1 2 3 4 5 6 7 8
"9" CIN DIN SET OUT OUT EOUT VSS
4528
Dual Monostable Multivibrator
VDD T1 T2 CD AIN BIN Q Q
16 15 14 13 12 11 10 9
1 2 3 4 5 6 7 8
T1 T2 CD AIN BIN Q Q VSS
4529
Dual 4-Channel Analog Data Selector
VDD STROBE Y Y0 Y1 Y2 Y3 W Z
16 15 14 13 12 11 10 9
1 2 3 4 5 6 7 8
STROBE X X0 X1 X2 X3 A B VSS
4530
Dual 5-Input Majority Logic Gate
VDD ZB WB EB DB CB BB AB
16 15 14 13 12 11 10 9
E D C B A
M5
M5
A B C D E
1 2 3 4 5 6 7 8
AA BA CA DA EA WA ZA VSS

4531
12-Bit Parity Tree

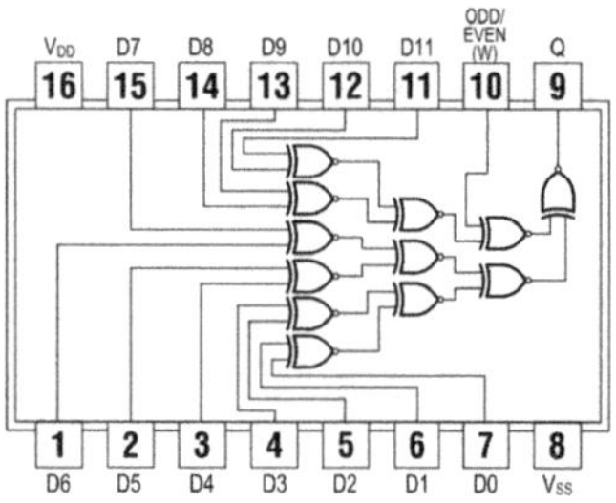

VDD 16, D7 15, D8 14, D9 13, D10 12, D11 11, ODD/EVEN (W) 10, Q 9
D6 1, D5 2, D4 3, D3 4, D2 5, D1 6, D0 7, VSS 8

4532
8-Bit Priority Encoder

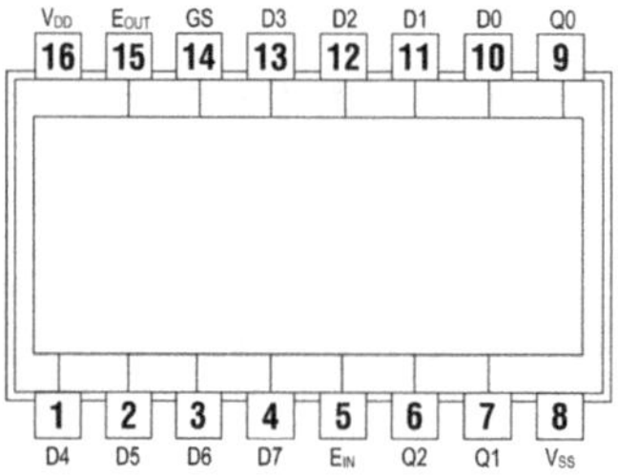

VDD 16, EOUT 15, GS 14, D3 13, D2 12, D1 11, D0 10, Q0 9
D4 1, D5 2, D6 3, D7 4, EIN 5, Q2 6, Q1 7, VSS 8

4534
Real Time 5-Decade Counter

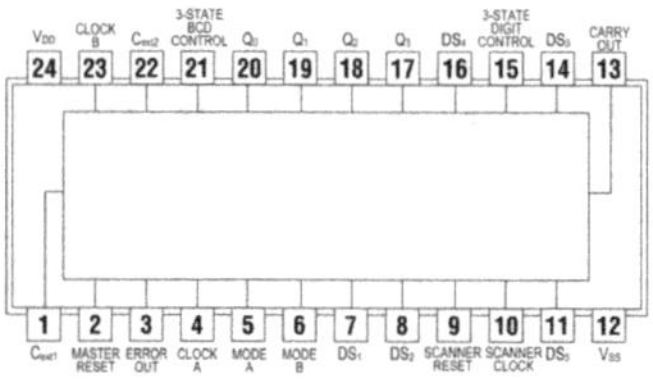

VDD 24, CLOCK B 23, Cext2 22, 3-STATE BCD CONTROL 21, Q0 20, Q1 19, Q2 18, Q3 17, DS4 16, 3-STATE DIGIT CONTROL 15, DS3 14, CARRY OUT 13
Cext1 1, MASTER RESET 2, ERROR OUT 3, CLOCK A 4, MODE A 5, MODE B 6, DS1 7, DS2 8, SCANNER RESET 9, SCANNER CLOCK 10, DS5 11, VSS 12

4536
Programmable Timer

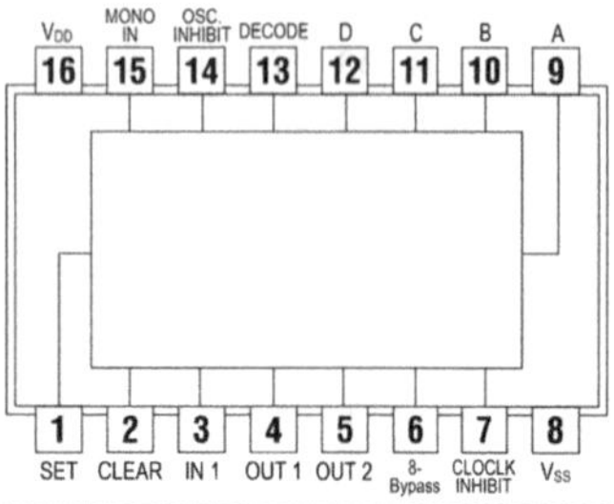

VDD 16, MONO IN 15, OSC INHIBIT 14, DECODE 13, D 12, C 11, B 10, A 9
SET 1, CLEAR 2, IN 1 3, OUT 1 4, OUT 2 5, 8-Bypass 6, CLOCLK INHIBIT 7, VSS 8

4538
Dual Precision Retriggerable/Resettable Monostable Multivibrator

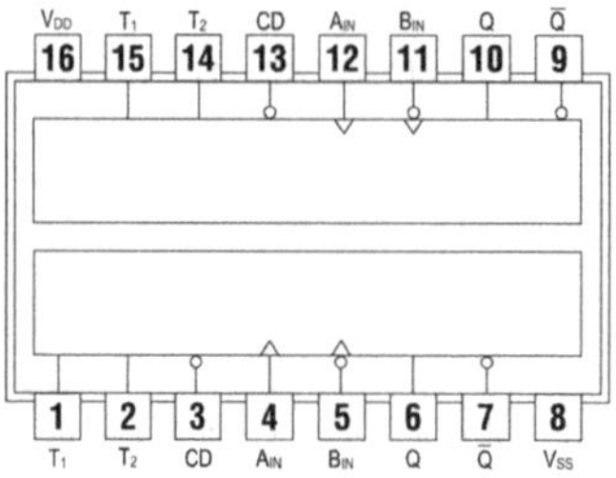

VDD 16, T1 15, T2 14, CD 13, AIN 12, BIN 11, Q 10, Q̄ 9
T1 1, T2 2, CD 3, AIN 4, BIN 5, Q 6, Q̄ 7, VSS 8

4539
Dual 4-Channel Data Selector/Multiplexer

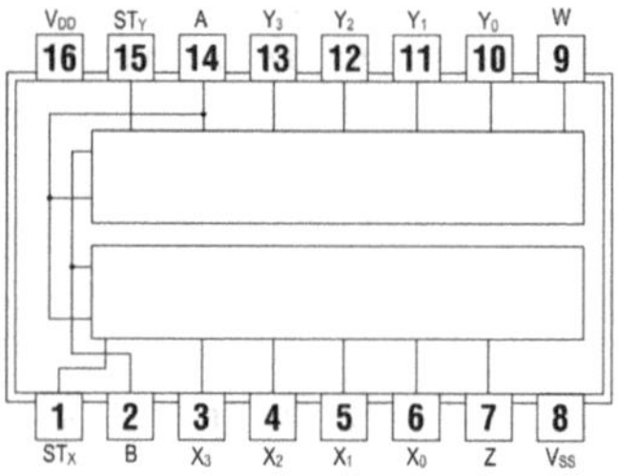

VDD 16, STY 15, A 14, Y3 13, Y2 12, Y1 11, Y0 10, W 9
STX 1, B 2, X3 3, X2 4, X1 5, X0 6, Z 7, VSS 8

4541
Programmable Oscillator/Timer

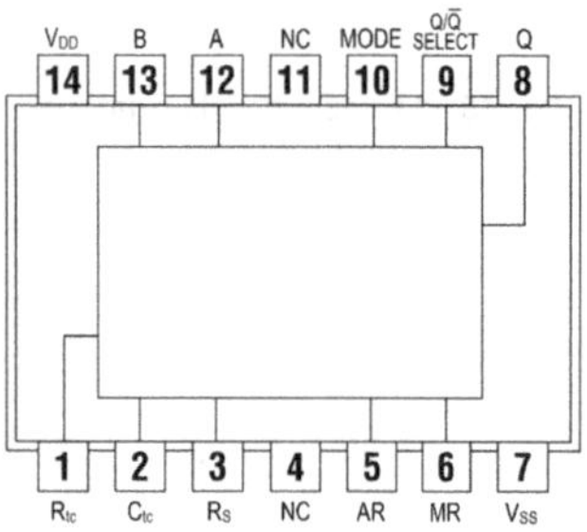

VDD 14, B 13, A 12, NC 11, MODE 10, Q/Q̄ SELECT 9, Q 8
Rtc 1, Ctc 2, RS 3, NC 4, AR 5, MR 6, VSS 7

4543
BCD-to-7-Segment Latch/Decoder/Driver (for Liquid Crystal)

VDD 16, f 15, g 14, e 13, d 12, c 11, b 10, a 9
LD 1, C 2, B 3, D 4, A 5, PHASE 6, BI 7, VSS 8

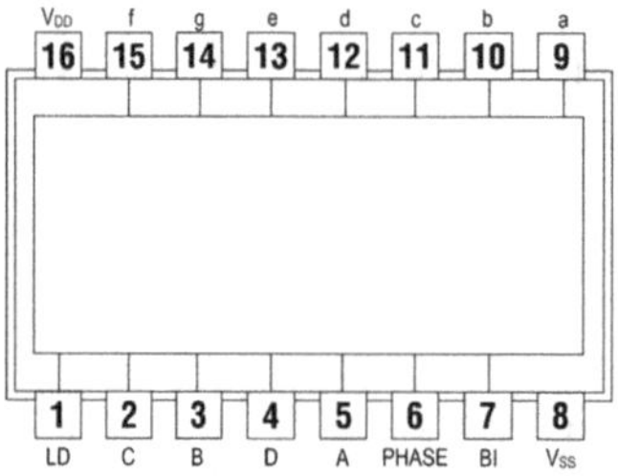

4544
BCD-to-7-Segment Latch/Decoder/Driver(for Liquid Crystal)

VDD 18, f 17, g 16, e 15, d 14, c 13, b 12, a 11, RBI 10
LD 1, C 2, B 3, D 4, A 5, PHASE 6, BI 7, RBO 8, VSS 9

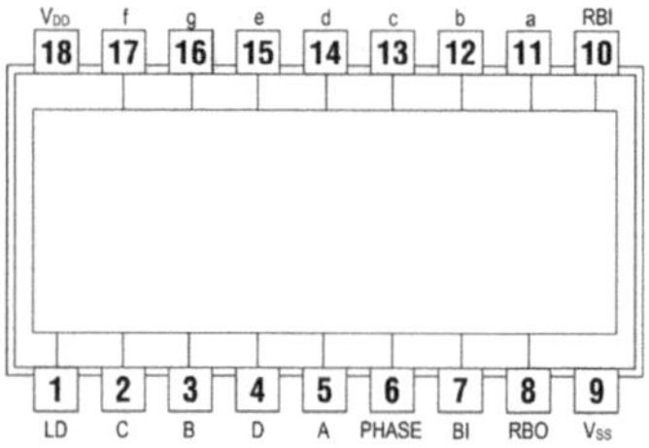

4547
BCD-to-7-Segment Decoder/Driver

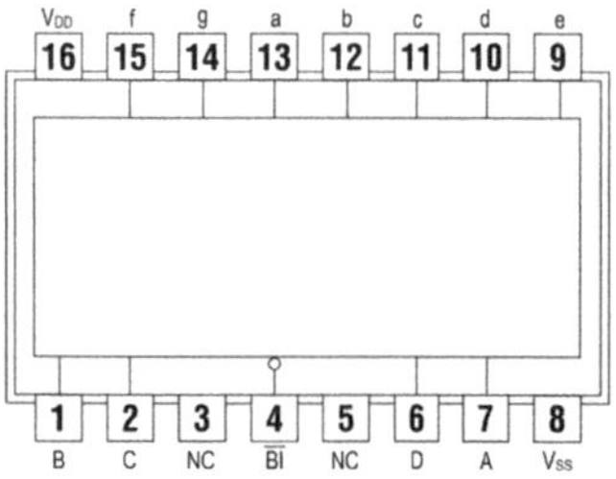

VDD 16, f 15, g 14, a 13, b 12, c 11, d 10, e 9
B 1, C 2, NC 3, B̄I 4, NC 5, D 6, A 7, VSS 8

4549, 4559
Successive Approximation Registers

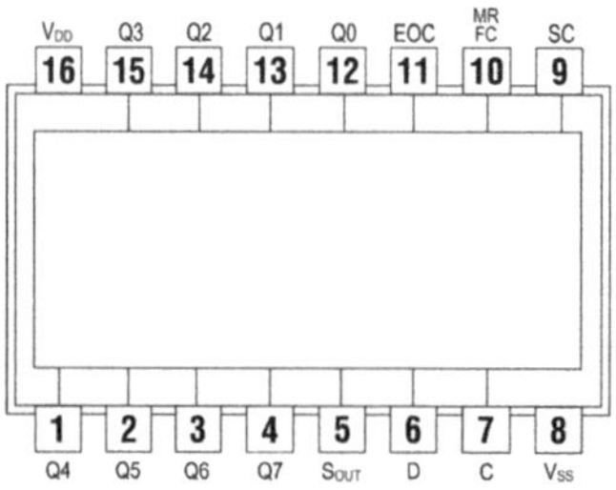

VDD 16, Q3 15, Q2 14, Q1 13, Q0 12, EOC 11, MR FC 10, SC 9
Q4 1, Q5 2, Q6 3, Q7 4, SOUT 5, D 6, C 7, VSS 8

4551
Quad, 2-Channel Analog Multiplexer/Demultiplexer

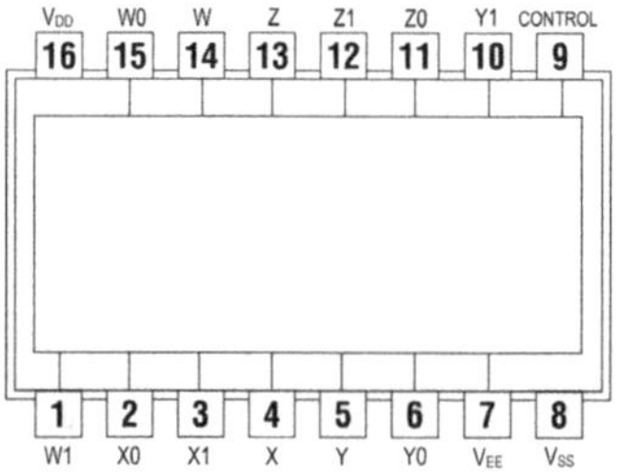

VDD 16, W0 15, W 14, Z 13, Z1 12, Z0 11, Y1 10, CONTROL 9
W1 1, X0 2, X1 3, X 4, Y 5, Y0 6, VEE 7, VSS 8

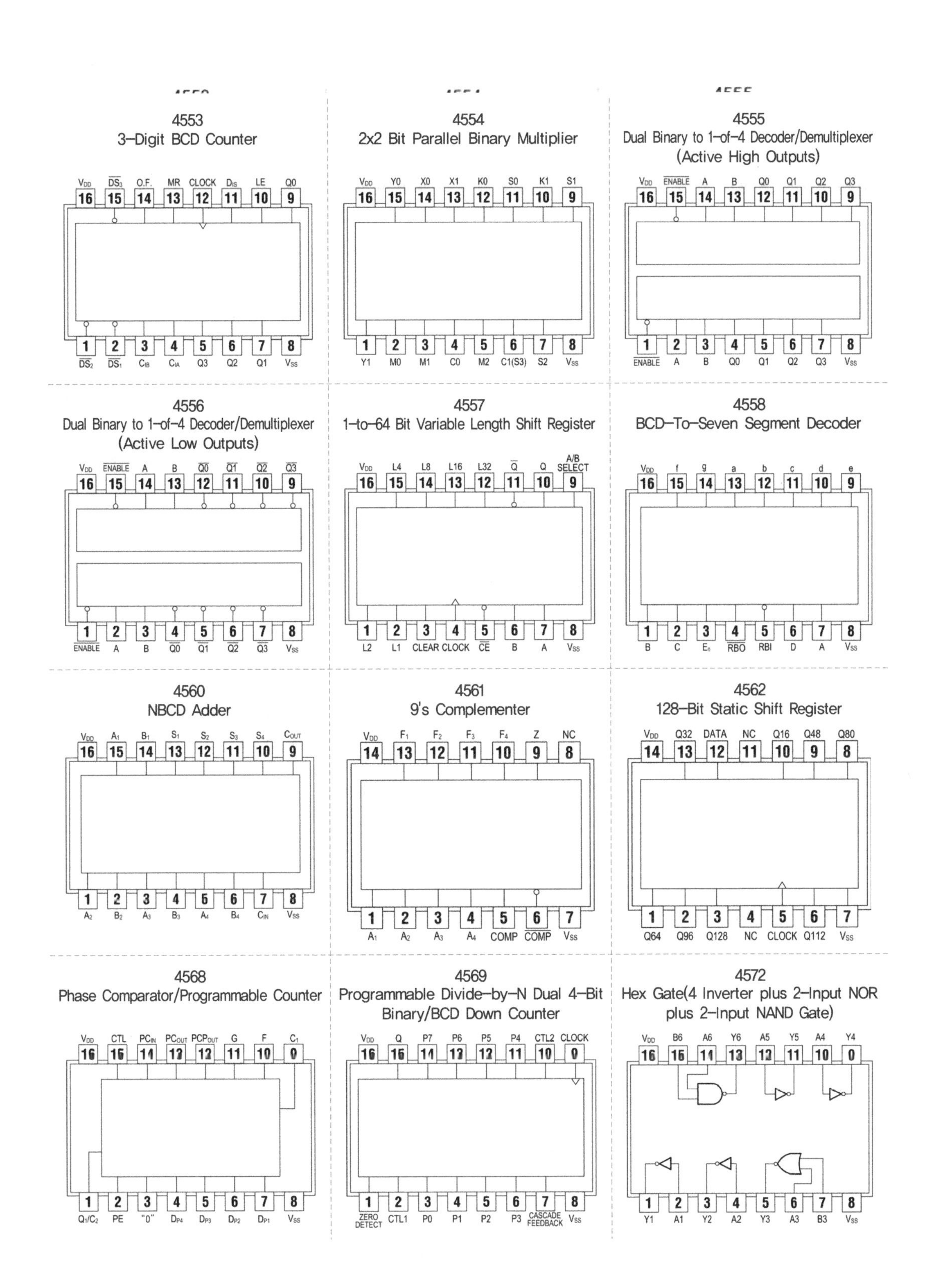

4553
3-Digit BCD Counter
VDD DS3 O.F. MR CLOCK DIS LE Q0
16 15 14 13 12 11 10 9
1 2 3 4 5 6 7 8
DS2 DS1 CIB CIA Q3 Q2 Q1 VSS
4554
2x2 Bit Parallel Binary Multiplier
VDD Y0 X0 X1 K0 S0 K1 S1
Y1 M0 M1 C0 M2 C1(S3) S2 VSS
4555
Dual Binary to 1-of-4 Decoder/Demultiplexer
(Active High Outputs)
VDD ENABLE A B Q0 Q1 Q2 Q3
ENABLE A B Q0 Q1 Q2 Q3 VSS
4556
Dual Binary to 1-of-4 Decoder/Demultiplexer
(Active Low Outputs)
VDD ENABLE A B Q0 Q1 Q2 Q3
ENABLE A B Q0 Q1 Q2 Q3 VSS
4557
1-to-64 Bit Variable Length Shift Register
VDD L4 L8 L16 L32 Q Q A/B SELECT
L2 L1 CLEAR CLOCK CE B A VSS
4558
BCD-To-Seven Segment Decoder
VDD f g a b c d e
B C En RBO RBI D A VSS
4560
NBCD Adder
VDD A1 B1 S1 S2 S3 S4 COUT
A2 B2 A3 B3 A4 B4 CIN VSS
4561
9's Complementer
VDD F1 F2 F3 F4 Z NC
14 13 12 11 10 9 8
1 2 3 4 5 6 7
A1 A2 A3 A4 COMP COMP VSS
4562
128-Bit Static Shift Register
VDD Q32 DATA NC Q16 Q48 Q80
Q64 Q96 Q128 NC CLOCK Q112 VSS
4568
Phase Comparator/Programmable Counter
VDD CTL PCIN PCOUT PCPOUT G F C1
Q1/C2 PE "0" DP4 DP3 DP2 DP1 VSS
4569
Programmable Divide-by-N Dual 4-Bit
Binary/BCD Down Counter
VDD Q P7 P6 P5 P4 CTL2 CLOCK
ZERO DETECT CTL1 P0 P1 P2 P3 CASCADE FEEDBACK VSS
4572
Hex Gate(4 Inverter plus 2-Input NOR
plus 2-Input NAND Gate)
VDD B6 A6 Y6 A5 Y5 A4 Y4
Y1 A1 Y2 A2 Y3 A3 B3 VSS

4580
4x4 Multiport Register

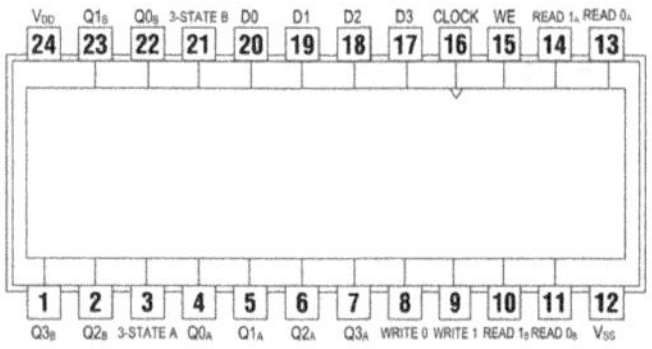

V_{DD} 24, $Q1_B$ 23, $Q0_B$ 22, 3-STATE B 21, D0 20, D1 19, D2 18, D3 17, CLOCK 16, WE 15, READ 1_A 14, READ 0_A 13
1 $Q3_B$, 2 $Q2_B$, 3 3-STATE A, 4 $Q0_A$, 5 $Q1_A$, 6 $Q2_A$, 7 $Q3_A$, 8 WRITE 0, 9 WRITE 1, 10 READ 1_B, 11 READ 0_B, 12 V_{SS}

4581
4-Bit Arithmetic Logic Unit

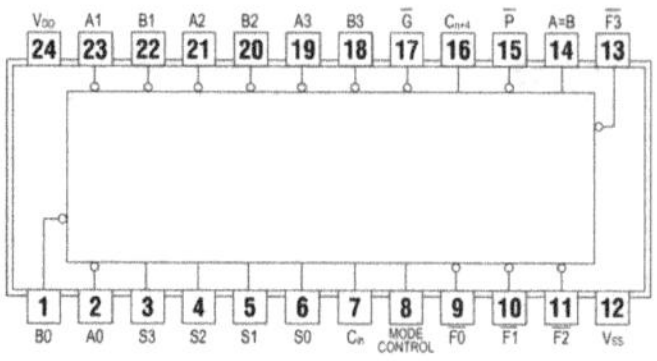

V_{DD} 24, A1 23, B1 22, A2 21, B2 20, A3 19, B3 18, $\overline{G}$ 17, C_{n+4} 16, $\overline{P}$ 15, A=B 14, $\overline{F3}$ 13
1 B0, 2 A0, 3 S3, 4 S2, 5 S1, 6 S0, 7 C_n, 8 MODE CONTROL, 9 F0, 10 F1, 11 F2, 12 V_{SS}

4582
Look-Ahead Carry Block

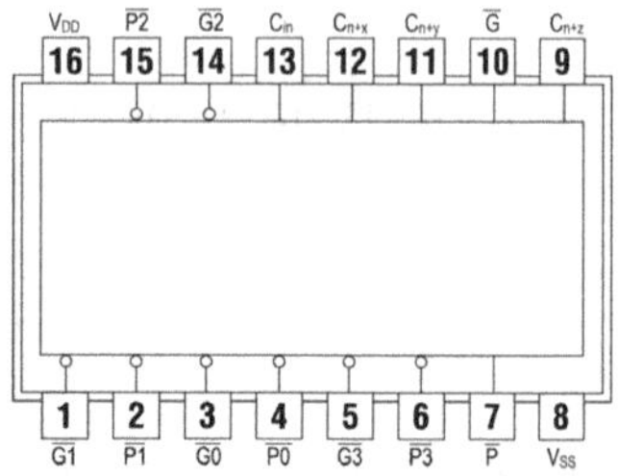

V_{DD} 16, $\overline{P2}$ 15, $\overline{G2}$ 14, C_n 13, C_{n+x} 12, C_{n+y} 11, $\overline{G}$ 10, C_{n+z} 9
1 $\overline{G1}$, 2 $\overline{P1}$, 3 $\overline{G0}$, 4 $\overline{P0}$, 5 $\overline{G3}$, 6 $\overline{P3}$, 7 $\overline{P}$, 8 V_{SS}

4583
Dual Schmitt Trigger

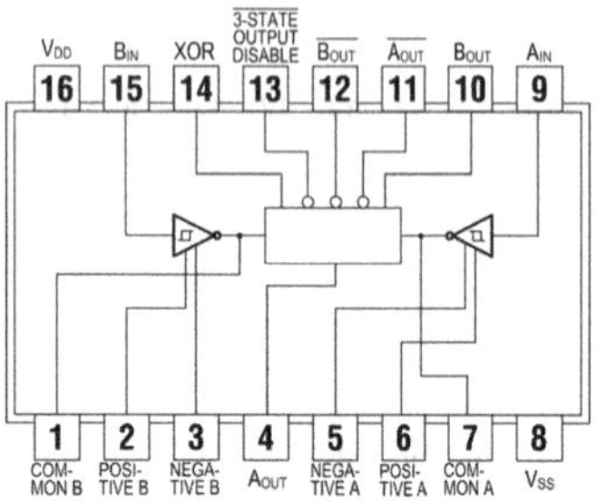

V_{DD} 16, B_{IN} 15, XOR 14, $\overline{\text{3-STATE OUTPUT DISABLE}}$ 13, $\overline{B_{OUT}}$ 12, $\overline{A_{OUT}}$ 11, B_{OUT} 10, A_{IN} 9
1 COM-MON B, 2 POSI-TIVE B, 3 NEGA-TIVE B, 4 A_{OUT}, 5 NEGA-TIVE A, 6 POSI-TIVE A, 7 COM-MON A, 8 V_{SS}

4584
Hex Schmitt Trigger

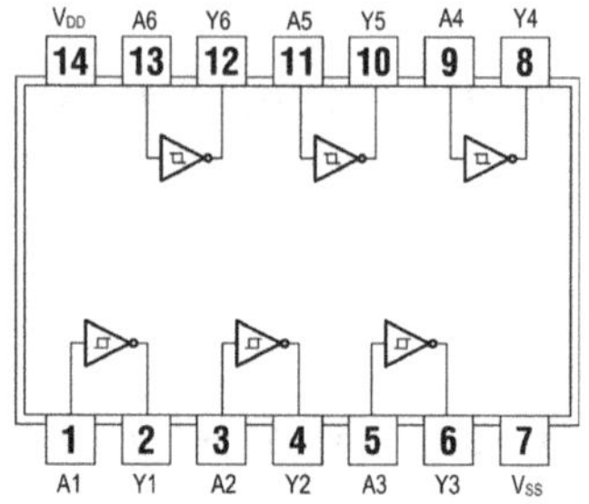

V_{DD} 14, A6 13, Y6 12, A5 11, Y5 10, A4 9, Y4 8
1 A1, 2 Y1, 3 A2, 4 Y2, 5 A3, 6 Y3, 7 V_{SS}

4585
4-Bit Magnitude Comparator

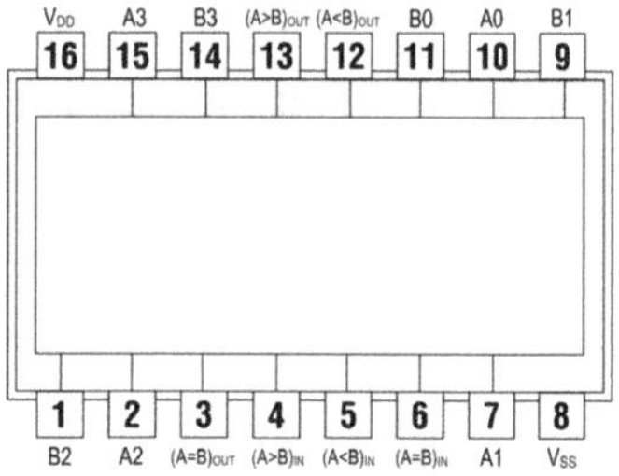

V_{DD} 16, A3 15, B3 14, $(A>B)_{OUT}$ 13, $(A<B)_{OUT}$ 12, B0 11, A0 10, B1 9
1 B2, 2 A2, 3 $(A=B)_{OUT}$, 4 $(A>B)_{IN}$, 5 $(A<B)_{IN}$, 6 $(A=B)_{IN}$, 7 A1, 8 V_{SS}

4597
8-Bit Bus-Compatible Counter Latch(3-State Output)

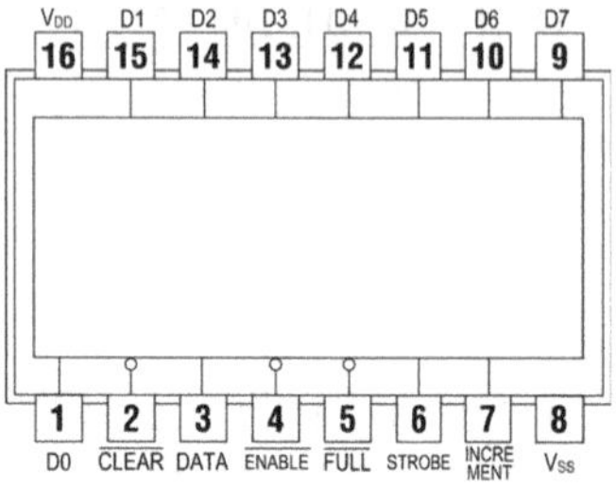

V_{DD} 16, D1 15, D2 14, D3 13, D4 12, D5 11, D6 10, D7 9
1 D0, 2 $\overline{\text{CLEAR}}$, 3 DATA, 4 $\overline{\text{ENABLE}}$, 5 $\overline{\text{FULL}}$, 6 STROBE, 7 INCRE MENT, 8 V_{SS}

4598
8-Bit Bus-Compatible Addressable Latch(3-State Output)

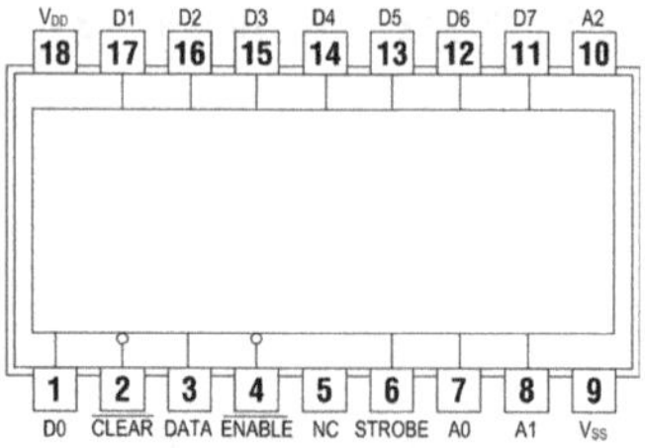

V_{DD} 18, D1 17, D2 16, D3 15, D4 14, D5 13, D6 12, D7 11, A2 10
1 D0, 2 $\overline{\text{CLEAR}}$, 3 DATA, 4 $\overline{\text{ENABLE}}$, 5 NC, 6 STROBE, 7 A0, 8 A1, 9 V_{SS}

4599
8-Bit Addressable Latch

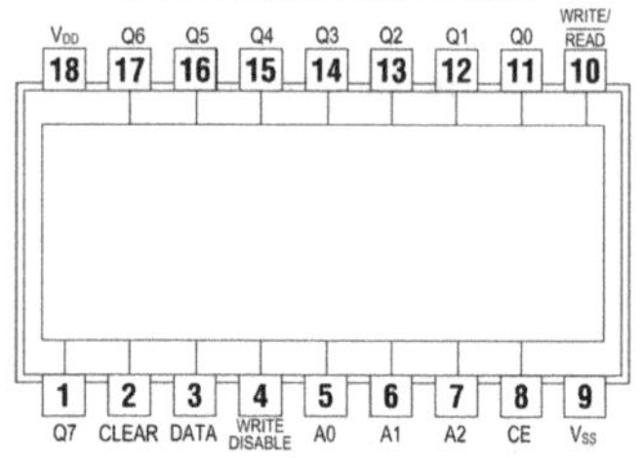

V_{DD} 18, Q6 17, Q5 16, Q4 15, Q3 14, Q2 13, Q1 12, Q0 11, WRITE/$\overline{\text{READ}}$ 10
1 Q7, 2 CLEAR, 3 DATA, 4 WRITE DISABLE, 5 A0, 6 A1, 7 A2, 8 CE, 9 V_{SS}

[참고 문헌]

[1] 유수봉/김선규 공저, 디지털 논리회로 설계, 복두출판사, 2013

[2] 박상철저, 디지털회로 실기, 한국산업인력공단, 2010

[3] 고재원외4 공저, 최신디지털공학, 북스힐, 2006

[4] 김일경외2 공저, 디지털논리회로실험, 광문각, 2002

개정판

디지털 논리회로 설계 및 실험

2018년 2월 28일 1판 1쇄 발 행
2024년 1월 31일 2판 1쇄 발 행

지은이 : 김선규, 염의종, 이봉수, 김진우

펴낸이 : 박 정 태

펴낸곳 : 광 문 각

10881
파주시 파주출판문화도시 광인사길 161
광문각 B/D 4층
등 록 : 1991. 5. 31 제12-484호
전화(代) : 031) 955-8787
팩 스 : 031) 955-3730
E-mail : kwangmk7@hanmail.net
홈페이지 : www.kwangmoonkag.co.kr

• ISBN : 978-89-7093-067-1 93560

값 24,000원

한국과학기술출판협회회원